新工科信息技术基础课系列教材

刘鹏　张玉宏　编著

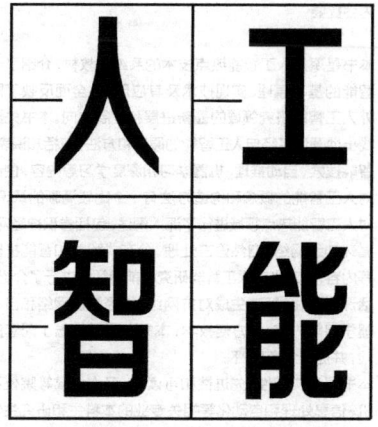

高等教育出版社·北京

内容提要

本书是聚焦人工智能热点技术的系统性教材,介绍了人工智能的基本原理、实现技术及其应用,并全面反映了国内外人工智能研究领域的最新进展和发展方向。本书先深入浅出地阐述了经典人工智能的原理和方法,包括知识表示、智能搜索、自动推理、机器学习和深度学习等内容,使读者对人工智能的概念和构造方法有一个比较清晰的认识;又对人工智能热点领域进行了深入阐述,包括卷积神经网络、循环神经网络、自然语言处理、分布式智能和智能机器人等内容;还对当前人工智能研究的前沿领域进行了介绍,包括深度强化学习、生成对抗网络、神经胶囊网络和自动机器学习等内容。为方便教学,本书在附录给出了配套的实验,并提供全套PPT。

本书强调实用性、先进性和可读性,可作为高等院校计算机、信息处理和自动化等相关专业的本科生和研究生学习人工智能的教材,也可供从事人工智能教学和科研的人员参考。

编委会

主　编　刘　鹏
副主编　张玉宏
委　员　史亚平　周湘贞　许伟涛　张闻强　吴彩云　周　毅　刘道华
　　　　高金锋　王　哲　武郑浩　张　燕　郭书涵　惠军华

前言

1687年,牛顿出版了《自然哲学的数学原理》,书中提出了影响深远、适用于宏观世界的力学三大定律和万有引力定律。从书名可以看出,牛顿的雄心在于,用数学工具描述机械运动的大千世界。

风水轮流转。300多年后的1900年8月8日,在巴黎召开的世界数学家大会上,著名数学家戴维·希尔伯特(David Hilbert)提出了包含23个数学问题的行动纲领。该纲领的本质在于——把数学形式化——认定数学就是一串字符变成另一串字符的过程。

设想再美,也得有人去实现。大数家罗素(Russell)便是其中的一位。历经波折,罗素和他的哲学专业导师怀海特(Whitehead)十年磨一"书",于1910年出版了《数学原理》(*Principia Mathematica*)。不同于希尔伯特的形式主义,罗素力推更为具体的逻辑主义。逻辑主义的主旨是把数学规约到逻辑。如果把逻辑问题解决了,数学问题不过是逻辑演绎罢了[①]。

不论是希尔伯特的形式主义,还是罗素的逻辑主义,它们都有共通的地方,那就是将数学问题机械化,即不受制于人类思维的束缚,让某个机器自动完成数学的演算,后人称之为自动机(automata)。罗素对自己理念笃信不移,以至于他在给友人的回信中说:"我相信演绎逻辑的所有事,机器都能干。"

但人类的进步,总是呈螺旋上升状。有上升时的喜悦,亦有回潮时的无奈。就在罗素和怀海特沾沾自喜于自己的成就时,数学家哥德尔(Gödel)于1931年捅破了数学完备性的天[②],表明像《数学原理》那样的体系,假如是自洽的,那就必然是不完备的——即存在一些无法证明的真命题。这对罗素和他所执着的逻辑主义都是一个沉重打击。数学大厦还没有建成,就开始倾倒。

哥德尔的结论告诉我们:数学机械化应有所为,有所不为。后来人们知道,在机器定理证明上,存在可判定和不可判定问题。

较为系统地阐述上述问题的人,是阿兰·图灵(Alan Turing)。1947年,图灵做了题为《智能机器》(*Intelligent Machine*)的科学报告(出于内部交流,当时并未公开)。据此,有人认为,图灵完成该报告之

---

① 尼克. 人工智能简史[M]. 北京:人民邮电出版社,2017.
② 1931年,哥德尔发表了一篇划时代的论文,题为"论《数学原理》及相关体系中的形式上不可判定命题"(*On Formally Undecidable Propositions of Principia Mathematica and Related Systems*)。

日,便是人工智能诞生之时,而非召开达特茅斯会议的1956年。

图灵不仅提出了著名的"图灵机",而且还泛化了机器的定义。他认为,"一个有纸、笔、橡皮擦,且严格遵循准则的人,实质上就是一台通用机器"。图灵提出的有限自动机(finite automata machine),解决的是如何自动地实现状态变化。这种自动机的状态转移,本质上就是机器指令的执行跳转。

如果说哥德尔和图灵是理论天才,那么在冯·诺依曼(von Neumann)身上则更多地显示出一种工程大师的气度。他设计的冯·诺依曼计算机体系结构,一直沿用至今。如果说图灵创造性地解决了计算的科学问题,而冯·诺依曼无疑是巨匠般地解决了计算的工程问题。[①]

哥德尔、图灵和冯·诺依曼等人的成就,奠定了数学机械化的基础,实际上他们也间接催生了人工智能。没有他们的贡献,"人工智能"可能还是"人工笔谈"。

图灵机和随之而来的计算机,基本上实现了计算的机械化。各种机械化的流程,便形成了当下各种眼花缭乱的算法。进入大数据时代,以数据驱动的方式,让计算的机械化日趋智能化、精确化。

不论是英国人认为的1947年,还是美国人认为的1956年,时至今日,人工智能的发展,已逾甲子。在这过去的60多年里,跌宕起伏,几起几落,令人赞叹不已的进展有之,令人不胜唏嘘的挫败亦有之。

麦卡锡、明斯基、香农、司马贺、王浩、费根鲍姆、罗森布拉特、辛顿、杨立昆、本吉奥,等等,一个个杰出人物,犹若一颗颗璀璨的明星,不断地划过人工智能的天空,留下的或明或暗的星光,引领人们探索前行。

众所周知,人工智能主要有符号主义、连接主义和行为主义学派。符号主义(又称逻辑主义)学派认为,人的认知是符号,人的认知过程就是符号操作的工程,智能行为可以通过符号操作来实现。以此为依据,符号主义学派做出了诸如逻辑学家等定理证明系统。

相比而言,连接主义学派(又称仿生学派)认为,人的思维基元是神经元,智能是相互连接的神经元竞争与协作的结果,其代表作为人工神经网络(包括现在的深度学习)。

[①] 张玉宏. 品味大数据[M]. 北京:北京大学出版社,2016.

行为主义学派(进化主义)认为,人工智能可以像人类智能一样逐步进化,该学派源于控制论(Cybernetics)[①],其代表作就是与环境可以交互的智能机器人。这三个学派各有所长,实际工程中可以融合使用,以解决问题为目的。

凡是过往,皆为序曲。当前,深度学习得到蓬勃发展,其性能高度依赖于数据,它既是连接主义的"春风又绿江南岸",也算得上数据驱动下的计算机械化的旗开得胜[②]。

但需要警醒的是,不要忘记,60多年前人工智能之父图灵的初心——实现推理的机械化,这种基于知识驱动的人工智能梦想,还未曾实现。

曾经的知识表示,昔日的机器推理,如今陷入研究的低潮,会不会峰回路转,拨云见日,依然值得人们期待。

幸运的是,人们得以见证当下人工智能的如火如荼,有机会成为时代的弄潮儿。伴随着大数据、云计算等高新技术的蓬勃发展,人工智能也进入爆发式的增长期,日益成为推动新一轮产业和科技革新的强劲动力,也在国家发展战略中赫然占据一席之地。

创新驱动社会,智能担当责任,人才培养先行。为了培养更多人才,很多高等院校的人工智能专业或人工智能学院,如雨后春笋,先后在国内外大学涌现。

培养人才的关键抓手之一,就是得有一本合适的教材。在这种背景下,组织国内产业界和学术界的专家学者,群策群力,悉心编撰了这本《人工智能》教材,以期在人工智能时代的人才培养上,奉献出自己的绵薄之力。

本书的编写汇集了众人的智慧。全书共分12章,由刘鹏教授主编,张玉宏博士为执行主编。第1章、第7章和第12章由张玉宏编写,第2章由周湘贞编写,第3章由张闻强编写,第4章由许伟涛编写,第5章由史亚平编写,第6章由刘鹏编写,第8章由刘道华编写,第9章由高金峰编写,第10章由周毅编写,第11章由王哲编写。武郑浩、张燕参与了本书的文字统稿工作,吴彩云、郭书涵、惠军华参与了实验的设计。

---

① 诺伯特·维纳(Norbert Wiener)是"控制论"的开创者之一,控制论包括三个核心思想:控制+反馈+人机交互,其中论述"机械大脑"的部分超过75%,而单纯的"自动控制"比例低于25%。
② 张玉宏.深度学习之美:AI时代的数据处理与最佳实践[M].北京:电子工业出版社,2018.

好的实验设计，能够提升读者对理论的认识。全书除概述性章节（如第1章、第11章和第12章）之外，都配备了实践步骤翔实、针对性强的实验，借以希望读者能对抽象的理论融会贯通。

在本书的编写过程中，得到高等教育出版社的大力支持，在此表示衷心感谢。

限于精力和水平所限，书中可能出现不足甚至错误之处，敬请读者朋友批评指正（邮箱：gloud@126.com），以便使本书得以改进和不断完善。

编者

2019年11月

目录

第1章 绪论 ……001

1.1 人工智能定义 ……001
- 1.1.1 什么是智能 ……001
- 1.1.2 为什么需要"人工"智能 ……002
- 1.1.3 图灵测试与人工智能的定义 ……004

1.2 人工智能的起源与发展 ……006
- 1.2.1 人工智能的起源 ……007
- 1.2.2 从感知器到深度学习 ……009
- 1.2.3 符号主义的兴衰 ……014
- 1.2.4 行为主义的进展 ……017

1.3 人工智能研究范畴 ……018
- 1.3.1 认知建模 ……019
- 1.3.2 知识表示 ……019
- 1.3.3 机器感知 ……019
- 1.3.4 自动推理 ……020
- 1.3.5 机器学习 ……021

1.4 人工智能应用领域 ……022
- 1.4.1 问题求解与博弈 ……022
- 1.4.2 专家系统 ……022
- 1.4.3 数据挖掘与知识发现 ……023
- 1.4.4 自然语言处理 ……024
- 1.4.5 深度神经网络 ……025
- 1.4.6 模式识别 ……026
- 1.4.7 智能信息检索 ……027
- 1.4.8 智能机器人 ……028
- 1.4.9 分布式智能与Agent ……029

1.5 人工智能面临的挑战 ……030
1.6 本章小结 ……031
习题 ……031
参考文献 ……032

第2章 知识表示 ……033

2.1 知识表示的内涵 ……033
- 2.1.1 知识与知识表示 ……033
- 2.1.2 知识表示方法 ……034

2.2 谓词逻辑表示法 ……035
- 2.2.1 命题逻辑 ……035
- 2.2.2 谓词逻辑 ……036
- 2.2.3 知识表示实例 ……038
- 2.2.4 谓词逻辑表示的特点和问题 ……041

2.3 产生式规则表示法 ……041
- 2.3.1 正向规则和逆向规则 ……042
- 2.3.2 确定和不确定规则 ……042
- 2.3.3 特殊和一般性规则 ……043
- 2.3.4 元规则（metarules）……043

2.4 语义网络表示 ……044
- 2.4.1 基本语义关系 ……044
- 2.4.2 语义网络的结构 ……046
- 2.4.3 知识的语义网络表示 ……046
- 2.4.4 语义网络的推理过程 ……048
- 2.4.5 语义网络表示法的特点 ……048

2.5 知识图谱表示 ……049
- 2.5.1 知识图谱的定义 ……049
- 2.5.2 知识图谱的架构 ……051
- 2.5.3 知识图谱构建的关键技术 ……053
- 2.5.4 知识图谱在搜索中的典型应用 ……060

2.6 框架表示法 ……060
- 2.6.1 框架的构成 ……061
- 2.6.2 框架的推理 ……063
- 2.6.3 框架表示法的特点 ……064

2.7 脚本表示法 ……064
- 2.7.1 脚本的结构 ……064
- 2.7.2 脚本的推理 ……066

2.7.3　脚本的特点……066
　2.8　本章小结……066
　习题……067
　参考文献……067

■ **第3章　智能搜索**……069
　3.1　搜索概论……069
　　3.1.1　搜索的定义……069
　　3.1.2　状态空间表示……069
　3.2　盲目搜索……072
　　3.2.1　宽度优先搜索……072
　　3.2.2　深度优先搜索……074
　3.3　启发式搜索……074
　　3.3.1　启发式搜索策略……074
　　3.3.2　有序搜索……076
　　3.3.3　通用图搜索算法……077
　　3.3.4　A*算法……082
　3.4　博弈树搜索……084
　　3.4.1　博弈的定义……084
　　3.4.2　极大极小分析法……085
　　3.4.3　$\alpha-\beta$剪枝技术……086
　　3.4.4　蒙特卡洛树搜索……087
　3.5　本章小结……090
　习题……090
　参考文献……091

■ **第4章　自动推理**……093
　4.1　确定性推理……093
　　4.1.1　自然演绎推理……093
　　4.1.2　归结演绎推理……095
　　4.1.3　经典的归结方法……098
　4.2　非确定性推理……101
　　4.2.1　非确定性推理的基本问题……101
　　4.2.2　概率方法……101
　　4.2.3　主观Bayes方法……102
　　4.2.4　可信度推理方法……109
　　4.2.5　模糊推理方法……113
　4.3　本章小结……118
　习题……120
　参考文献……120

■ **第5章　机器学习**……121
　5.1　理解机器学习……121
　　5.1.1　定义……121
　　5.1.2　分类……122
　　5.1.3　基本流程……123
　5.2　数据集……124
　　5.2.1　数据集的划分……124
　　5.2.2　数据预处理与可视化分析……126
　5.3　特征工程……127
　　5.3.1　特征提取……128
　　5.3.2　特征选择……130
　　5.3.3　降维……131
　5.4　机器学习算法……134
　　5.4.1　分类算法……134
　　5.4.2　聚类算法……148
　　5.4.3　回归算法……154
　5.5　模型选择与评估……159
　　5.5.1　性能度量……159
　　5.5.2　方差与偏差……162
　5.6　本章小结……165
　习题……166
　参考文献……166

■ **第6章　深度学习**……167
　6.1　深度学习形成过程……167
　　6.1.1　感知器……167
　　6.1.2　BP神经网络……168
　　6.1.3　深度神经网络……169
　6.2　深度学习基本方法……170
　　6.2.1　正向学习……170
　　6.2.2　反向调整……172
　6.3　深度学习中的正则化……173
　　6.3.1　参数惩罚……175
　　6.3.2　数据集扩充增强……176
　　6.3.3　Dropout……177

- 6.4 深度学习中的优化 ……178
  - 6.4.1 ReLU 激活函数 ……178
  - 6.4.2 批量归一化 ……180
  - 6.4.3 随机梯度下降 ……181
  - 6.4.4 动量法 ……182
  - 6.4.5 AdaGrad 优化算法 ……183
  - 6.4.6 RMSProp 优化算法 ……184
  - 6.4.7 Adam 优化算法 ……184
- 6.5 深度学习软硬件实现 ……185
  - 6.5.1 Caffe ……185
  - 6.5.2 TensorFlow ……186
  - 6.5.3 硬件支撑 ……187
  - 6.5.4 深度学习一体机 ……190
- 6.6 本章小结 ……192
- 习题 ……193
- 参考文献 ……193

■第 7 章 卷积神经网络 ……195

- 7.1 基于手工特征的图像分类 ……195
  - 7.1.1 "指鹿为马"的尴尬 ……195
  - 7.1.2 计算机"视界"中的图像 ……195
  - 7.1.3 深度学习的"端到端" ……198
- 7.2 卷积神经网络的发展历程 ……199
  - 7.2.1 神经生物学家的发现 ……199
  - 7.2.2 卷积网络的提出 ……200
  - 7.2.3 卷积神经网络的发展动力 ……201
- 7.3 卷积的本质 ……201
  - 7.3.1 什么是卷积 ……201
  - 7.3.2 什么是卷积核 ……203
  - 7.3.3 卷积运算 ……203
- 7.4 卷积神经网络的结构 ……207
- 7.5 卷积层 ……208
  - 7.5.1 局部连接 ……208
  - 7.5.2 卷积层的核心参数 ……209
  - 7.5.3 权值共享 ……212
- 7.6 非线性激活层 ……213
  - 7.6.1 传统激活函数 ……214
  - 7.6.2 激活函数 ReLU ……215
- 7.7 池化层 ……216
- 7.8 全连接层 ……218
- 7.9 CNN 网络的训练 ……220
- 7.10 经典的卷积神经网络 ……221
  - 7.10.1 LeNet-5 ……221
  - 7.10.2 AlexNet ……223
- 7.11 本章小结 ……224
- 习题 ……225
- 参考文献 ……225

■第 8 章 循环神经网络 ……227

- 8.1 循环神经网络的工作原理 ……227
  - 8.1.1 循环神经网络的模型结构 ……227
  - 8.1.2 循环神经网络的基本工作原理 ……228
  - 8.1.3 循环神经网络的前向计算 ……229
  - 8.1.4 循环神经网络的梯度计算 ……230
- 8.2 改进的循环神经网络 ……233
  - 8.2.1 梯度爆炸与梯度消失 ……233
  - 8.2.2 长短时记忆神经网络 ……234
- 8.3 深层循环神经网络 ……240
- 8.4 双向循环神经网络 ……241
- 8.5 循环神经网络的应用 ……243
  - 8.5.1 情感分析 ……243
  - 8.5.2 语音识别 ……244
  - 8.5.3 机器翻译 ……245
  - 8.5.4 基于循环神经网络的语言模型 ……246
- 8.6 本章小结 ……250
- 习题 ……251
- 参考文献 ……251

■第 9 章 自然语言处理 ……253

- 9.1 概论 ……253
- 9.2 自然语言处理原理 ……254
  - 9.2.1 语言学基础 ……254
  - 9.2.2 汉语分词 ……256

		9.2.3 词性标注……257
		9.2.4 命名实体识别……259
		9.2.5 句法理论与自动分析……259
	9.3	自然语言模型……261
		9.3.1 语料库……262
		9.3.2 统计语言模型……262
		9.3.3 语言模型的平滑……263
		9.3.4 概率图模型……265
	9.4	自然语言处理应用……266
		9.4.1 文本情感分析……266
		9.4.2 自然语言模型在消歧中的应用……269
	9.5	自然语言处理前瞻……271
	9.6	本章小结……272
	习题……273
	参考文献……273

■ 第 10 章 分布式智能……275

- 10.1 分布式人工智能……275
  - 10.1.1 多智能体系统……276
  - 10.1.2 边缘计算……280
  - 10.1.3 群智感知……284
- 10.2 分布式协同体系架构……285
  - 10.2.1 符号推理体系……285
  - 10.2.2 行为主义体系……288
  - 10.2.3 协进化体系……288
  - 10.2.4 平行智能体系……291
- 10.3 分布式智能应用……292
  - 10.3.1 智慧交通……292
  - 10.3.2 柔性制造……295
  - 10.3.3 工业区块链……297
  - 10.3.4 战术物联网……298
- 10.4 本章小结……301
- 习题……301
- 参考文献……301

■ 第 11 章 智能机器人……303

- 11.1 智能机器人基本概念……303
  - 11.1.1 定义……303
  - 11.1.2 分类……304
- 11.2 智能机器人关键技术……305
  - 11.2.1 多传感器融合……305
  - 11.2.2 自主导航与避障……306
  - 11.2.3 路径规划……307
  - 11.2.4 智能控制……308
  - 11.2.5 人机接口技术……308
- 11.3 智能机器人控制策略……309
  - 11.3.1 PID 控制……309
  - 11.3.2 模糊控制……309
  - 11.3.3 自适应控制……310
  - 11.3.4 神经网络控制……311
- 11.4 智能机器人应用……311
  - 11.4.1 智能工业机器人……311
  - 11.4.2 智能农业机器人……313
  - 11.4.3 家庭智能机器人……316
  - 11.4.4 其他应用……317
- 11.5 本章小结……318
- 习题……319
- 参考文献……319

■ 第 12 章 人工智能前沿……321

- 12.1 深度强化学习……321
  - 12.1.1 从 AlphaGo 谈技术……321
  - 12.1.2 深度强化学习的理念……322
- 12.2 生成对抗网络（GAN）……326
  - 12.2.1 感性认识……326
  - 12.2.2 基本原理……327
  - 12.2.3 生成对抗网络的应用领域……330
- 12.3 可解释的深度学习理论……331
  - 12.3.1 深度学习的不足……331
  - 12.3.2 理论探索的方向……332
- 12.4 神经胶囊网络……332
  - 12.4.1 基于反向传播的神经网络缺陷……333
  - 12.4.2 神经胶囊网络的核心思想……333
- 12.5 自动机器学习……335
  - 12.5.1 自动学习的背景……335

12.5.2 创建无需编程的学习模型……336
12.6 其他人工智能高阶技术……336
　　12.6.1 云端人工智能……336
　　12.6.2 神经形态计算……337
　　12.6.3 元学习……339
12.7 本章小节……340
习题……341
参考文献……341

■ 附录A 实验……343
实验一　A* 算法……343
实验二　家用洗衣机模糊推理系统……349
实验三　梯度下降求最小值……351
实验四　线性回归……353
实验五　KNN 分类算法……355
实验六　手写数字识别……360
实验七　利用 CNN 神经网络识别手写数字……369
实验八　基于 LSTM 模型的股票预测……376
实验九　基于强化学习的"走迷宫"游戏……384
实验十　基于 GAN 的手写数字生成……392

■ 附录B 人工智能实验平台介绍……401

第1章 绪论

什么是智能？什么是人工智能？它们之间有什么联系和区别？人工智能发展历程是什么？它研究的内容和应用领域又是什么？同时，它还面临着什么样的挑战？这些都是人们非常感兴趣而又值得深入探讨的问题。本章将针对这些人工智能的基本问题展开讨论。

1.1 人工智能定义

1.1.1 什么是智能

倘若要深刻理解"人工智能"的内涵，还得把"人工"和"智能"分开来思考：什么是"智能"？为什么要"人工"？先来讨论它的核心内涵，什么是"智能"？

对"智能"的理解，仁者见仁，智者见智。古今中外，很多哲学家、脑科学家、心理学家、计算机科学家都对智能及其本质，进行过不懈地探索，但个中奥秘，至今仍未定论，众"说"纷纭。

有人认为，所谓智能，就是智力和能力的总称。例如，中国古代思想家荀子就把"智"与"能"当作是两个相对独立的概念来阐述。在《荀子·正名篇》有这样的描述："所以知之在人者谓之知，知有所合谓之智。所以能之在人者谓之能，能有所合谓之能"。大意是说，人所固有的认识客观事物的本能，谓之"知"。这种本能与万物相结合，通过后天努力获得认识，就叫"智"。"智"和"能"都是人与环境交互的产物，从自然环境中感知和解析信息，提炼知识并运用于自适应行为的能力，就是"智能"。

中国另一位先哲孟子则说："是非之心，智也"（《孟子·告子上》）。孟子认为，能分辨是非得失，就是有智能的表现。而这里的"是非"之别，在西方，可用莎士比亚的名句"to be or not to be"来浓缩，两者之间的活动——"应该"（should）即是智能。在智能里，它既包含了逻辑，同时也包含了大量非逻辑成分，如模糊、直觉、非公理等因素。

近年来，随着脑科学和神经心理学等学科的发展，人们对大脑的结构和功能有了进一步的认知，但神经系统的内部机制和运作机制，还没有认知清楚，因此，关于智能的定义，很难给予公认的定义。

根据对大脑的内部认知，结合智能的外在表现，1983年哈佛大学心理发展学家霍华德·加德纳（Howard Gardner）提出比较有影响力的多元智能理论。他认为，人类的智能是多维的，可分成八个范畴：语言（verbal / linguistic）、数理逻辑（logical / mathematical）、空间（visual / spatial）、肢体动觉（bodily / kinesthetic）、音乐（musical / rhythmic）、人际（inter-personal / social）、内省（intra-personal / introspective）和自然（naturalist，这是加德纳在1999年补充）。加德纳强调，每个人都拥有独特的一套智力组合体系。从这个意义上说，多元智能理论实际上是复合智能理论。

对智能的理解，总是争议不断。哈佛大学罗兰科学研究所（Rowland Institute for Science）教授威尔逊（Stewart Willson）就有不同的见解。他认为，关于对智能的认识，我们应当向大自然学习。在大自然中，智能的表现与生物体对生存的需求密切相关。正是生存的压力和动力，不断划清自然界中的不同问题，并逐步习得解决这些问题的能力，从而使得生物表现出多样性，进而也进化出不同层次的智能。[1]

1.1.2 为什么需要"人工"智能

无疑，人类是具备智能的。这里不禁要问，为什么有了人类的智能，还要发展"人工"的"智能"呢？

在回答这个问题之前，先认知一个基本的事实。从宏观上来看，人类科学技术的发展，主要靠两条腿驱动而行：一条腿是能量传输，从生火、烧柴、烧煤、蒸汽机，到火电、风电、太阳能及核聚变；另一条腿就是信息传输，从语言、文字、烽火台、穿孔卡、磁带、无线电，到硬盘、电子计算机、量子通信。它们的研究与进展，大致都遵循着这样的规律：现象观察、理论提取和人工模拟（或重现）。

人工智能的发展和演化也不例外，同样是上述两条腿砥砺前行的产物。人类对模拟大脑，进而重现智能的愿望，由来已久。简单来讲，人工模拟、重现或延展人类的部分智能，就是"人工"智能的本质。

那人类为什么会有这样的动力呢？简单来说，无非是人类想让自己更加自由。因为通过智能的模拟、重现和延展，可以增强人类在改造自然、治理社会的各项任务中的能力和效率，最终实现一个人与机器和谐共生、共存的社会。

例如，2000多年前，亚里士多德就曾有过憧憬，设想如果有一天能够发明一套设备帮人干活，那就可以把奴隶给解放出来。

在中国古代，同样有类似的梦想。在《三国志·蜀志·诸葛亮传》中有记载："亮性长于巧思，损益连弩，木牛流马，皆出其意。"说的是，三国时期蜀汉丞相诸葛亮在北伐时，发明了木牛流马，其载重量为"一岁粮"，大约四百斤，每日行程为"特行者数十里，群行三十里"，为蜀国十万大军提供粮食。

以"人造物"代替人类劳作的梦想，一直延续到近代。第一次工业革命的标志，是蒸汽机的发明。在此之前，制造业依靠的动力，主要来源于大型动物（如牛、马、骆驼、大象等）、奴隶及底层劳动力。自从有了蒸汽机，人类的动力成本大大降低。底层社会的人们开始解放出来，奴隶也渐渐变成自由人类。

虽然在某种程度上，蒸汽机够解决人类缺乏劳力的问题，但是这个劳力只能局限于当前环境下使用，不能期望一台在英国工作的蒸汽机，同时又为万里之外的美国工作。

因此，历史呼唤第二次工业革命的到来。第二次工业革命最典型的代表，就是内燃机的出现及电力的广泛使用。电力的出现，可以把风能、水能甚至后来的核能转化为电能，瞬间传递到千里之外，极大地解决能源在地域分布上不均的问题。

解决了劳力和能源分布不均问题，这还不够。人类还需要迈开另一条腿——不断优化信息的流通，否则人类文明的演进，难以跨越式地发展。于是，第三次工业革命适时爆发了，它的典型标志是电子计算机和新型通信方式的出现。

有了电子计算机，人们可以将信息数据化，把那些人类重复做的、易出错的事情程序化，交给计算机运行实现生产自动化。而新型通信方式的发展，也使得人与人之间、计算机与计算机之间、甚至人与计算机之间的跨时空信息传送，更加高效和便捷。

如果说前三次工业革命主要是延伸了人手的功能，把人类从繁重的体力劳动中解放出来，那么被人们称为第四次工业革命的"人工智能"，则沿着继续解放人类的脉络前进，它延展了人类大脑的功能，实现了脑力劳动的自动化。把人类的思考过程机械化，对人类不擅长的、伤脑筋的脑力活动，外包给机器。这，正是当前人工智能的主要工作。

1.1.3 图灵测试与人工智能的定义

前文给出了人工智能的感性认知,下面再给出人工智能的学术化定义。由于审视的角度不同,导致人们对人工智能(artificial intelligence,AI)的定义也不尽相同。

定义1 人工智能是一种技艺,创造机器来执行人需要智能才能完成的工作。

该定义来自著名未来学家雷·库兹韦尔(Ray Kurzweil)[2],该观点和图灵测试(Turing test)非常契合。1950年,计算机科学先驱阿兰·图灵(Alan Turing)发表了一篇题为《计算机器与智能》(Computing Machinery and Intelligence)的论文。在论文中,图灵提出了判断机器是否具有智能的思想实验(即仅靠大脑逻辑推理而完成的一种实验)。

在实验中,将一个人(A)和一台机器(B)分置于不同房间,另外一个人(C)与A和B分隔开,作为询问者的C,不能直接见到房间中的A和B,但可通过类似于终端的文本设备,与A和B进行交互问答。如果C在询问过程中,无法分辨出A和B的差别,即认为A和B是等同的。而A作为人类,是有智能的,那么作为与A无差别的B,也就是机器,也应是具备智能的,于是B通过了图灵测试。如图1.1所示为图灵测试的示意。

如前文所言,"智能"这一概念难以给予确切的定义。但图灵测试简化了对智能的评判标准,具有直观上的吸引力,令人信服地说明了"思考的机器"是可能的,因此成为很多现代人工智能系统的评价标准。

图1.1 图灵测试

当然，图灵测试也引发了很多争议。从中国的先哲荀子，到现代哲学家约翰·塞尔（John Searle），对智能的判断，哲学家们从来都不失自己的立场。对于图灵测试，塞尔就不认可。他同样提供了一个思想实验给予反驳。实验的名称叫做中文屋子（the Chinese room）。该实验的精巧之处在于，塞尔自己充当了图灵测试中被测机器的角色。

具体实验安排如下：想象在一间封闭的屋子，里面有一个人，即塞尔自己（仅会说英文，但对中文一窍不通）、一沓纸、一支笔和一个中英文规则对照表。测试人员从门缝里递进纸条，上面是用中文提的问题。塞尔用对照表查出与其对应的英文问题，然后给出英文答案，最后再用对照表查出对应的中文回答，抄写在纸条上塞回门缝，如图1.2所示。

这样你来我往多个回合，问答完美无缺，屋外的人无法分辨屋里的是人还是机器（不能分辨彼此，意味着二者等同），于是图灵测试通过。尽管过程完美，但人们知道，对于不懂中文的塞尔来说，压根就不存在理解中文这回事，更谈不上有什么智能思维。因为人们无法知道，机器的回答是否是纯粹依据既定的程序来回答测试者的问题，还是经过了自己的理解学习加工得出来的结果，因此依据屋外的人所问的问题和屋内

图1.2 塞尔的中文屋子

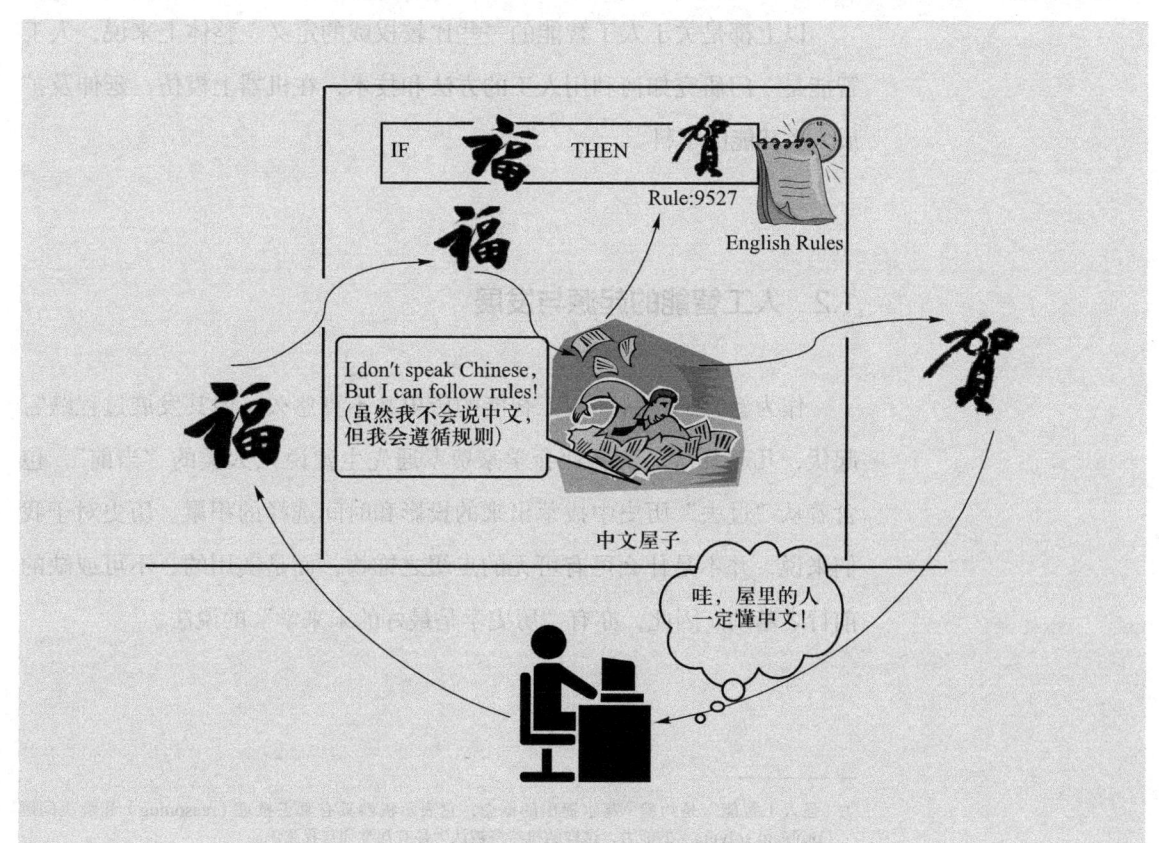

的"人"返回的答案并不能判断屋内的"人"是否有智能。

基于这一点,塞尔认为,形式符号不能表示语义,也就是说,即使通过了图灵测试,一个按照规则行事的机器,是不能说明它已经具备像人一样的智能。

当然,也有很多人对塞尔的思想实验进行了反驳,但并没有彻底驳倒的证据。的确,不论是图灵测试,还是中文屋子,这些思想实验,都争议不断。但毫无争议的是,要让机器达到人类智能的水平,即达到强人工智能水平①,科研人员还有很长的路要走。

关于人工智能的定义还有很多,例如:

定义2　人工智能是那些与人的思维、决策、问题求解和学习等有关活动的自动化。

——贝尔曼（Richard E. Bellman，1978年）

定义3　人工智能是研究智能行为的学科。它的最终目的是建立自然智能实体行为的理论和指导创造具有智能行为的人工制品。这样一来,人工智能可有两个分支:科学人工智能和工程人工智能。

——尼尔森（Nils Nilsson，1987年）

以上都是关于人工智能的一些比较权威的定义。整体上来说,人工智能是一门研究如何利用人工的方法和技术,在机器上模仿、延伸及扩展人类智能的学科。

1.2　人工智能的起源与发展

作为新兴的学科,人工智能的历史并不算悠久,但其发展过程跌宕起伏,几起几落。著名社会学家费孝通先生曾说[3],人类的"当前",包含着从"过去"历史中拔萃出来的投影和时间选择的积累。历史对于我们来说,并不是什么可有可无的点缀之饰物,而是实用的、不可或缺的前行之基础。因此,亦有"历史学是最好的未来学"的说法。

---

① "强人工智能"是约翰·塞尔提出的概念,它表示机器具有真正推理（reasoning）和解决问题（problem solving）的能力,这样的机器将被认为是有知觉和自我意识。

1.2.1 人工智能的起源

1956年,在美国召开的达特茅斯(Dartmouth)会议,被公认为现代人工智能的起源[①]。约翰·麦卡锡(John McCarthy)是这次会议的主要召集人,"人工智能"这个概念,正是他在这次会议上提出来的。当时,为了办好这次会议,麦卡锡煞费苦心,给这个学术活动起了一个在当时颇具新意的名字:"人工智能夏季研讨会(Summer Research Project on Artificial Intelligence)"[4]。

除了提出"人工智能"这个概念,麦卡锡还发明了人工智能领域的著名语言LISP(list processing,表处理)。因在人工智能领域的杰出贡献,在1971年,麦卡锡荣获图灵奖,被世人称为"人工智能之父"。但1956年的他,还是一个初出茅庐的学者——仅为达特茅斯学院数学系的一名助理教授。

此次会议的另一个积极推动者是马文·明斯基(Marvin Minsky),他和麦卡锡在年轻读书时就相识,是普林斯顿大学的数学博士,其博士论文的主题是有关神经网络方面的。明斯基时任哈佛大学初级研究员。就是这位明斯基,虽也被尊称为"人工智能之父"(1969年度图灵奖获得者,是第一位获此殊荣的人工智能学者),却和人工智能的另一大学派——神经网络,结下了不小的"学术"恩怨,甚至直接导致人工智能进入长达20年的停滞期。

奥利弗·赛弗里奇(Oliver Selfridge)也是达特茅斯会议的参与者之一。他是模式识别领域的奠基者之一,完成了第一个可以工作的人工智能程序,后被称为"机器感知之父"。

在麦卡锡的邀请下,信息论创始人克劳德·香农(Claude Shannon)也参加了达特茅斯会议。相比于其他参会者,香农要年长10岁左右,当时已是贝尔实验室的资深学者,后期他被尊称为"信息论之父"。

另外两位重量级参与者是艾伦·纽厄尔(Alan Newell)和赫伯特·西蒙(Herbert Simon[②])。1957年,西蒙与他人合作开发了IPL(information processing language),这是一种最早的AI程序设计语言。1975年,西蒙和纽厄尔因为在人工智能、人类心理识别等方面进行的基础

---

① 这个说法也是有争议的。也有人认为,1947年图灵完成该《智能机器》(Intelligent Machine)报告之日,就是人工智能学科的诞生之时。
② 西蒙与中国学术界颇有渊源,他还为自己取了个中文名司马贺。

研究，荣获计算机科学最高奖——图灵奖（三年后，西蒙再获诺贝尔经济学奖）。

在美国，大学教授通常都是九个月有薪，剩余三个月（主要集中在夏季）教授们要自谋生路。这样的"路"通常有两条：如果科研经费充足，就自己雇佣自己，用科研经费给自己发薪（这在美国是合法的）；另外一条路更为普遍，就是到其他企业或高校做学术兼职。

出于这个原因，1955年夏，麦卡锡到IBM学术访问。当时他的上司就是IBM第一代通用机701的主设计师纳撒尼尔·罗切斯特（Nathaniel Rochester）。麦卡锡和罗切斯特相处融洽，且罗彻斯特也一直对神经网络学习感兴趣。因此，次年麦卡锡就联合罗切斯特，商定邀请香农和明斯基一起，筹备前文提到的达特茅斯会议。

召开会议是需要经费的。特别是这个会议要在暑假召开两个月。如果此时召开会议，无疑是断了教授们去他处学术兼职（或说挣钱）的机会。因此，如何吸引学界来参加一个长达两个月的会议，是一个亟需解决的问题。

于是，达特茅斯会议筹备组想了一个办法，由麦卡锡、罗切斯特、香农和明斯基等四人，联名向洛克菲勒基金会提交申请，希望他们能给予资助。洛克菲勒基金是美国著名的慈善组织，一向对教育和医疗卫生事业慷慨解囊。

麦卡锡他们申请的预算是一万三千五百美元，但洛克菲勒基金会倒也没有手软，只批准七千五百美元，预算大幅缩水。但聊胜于无，麦卡锡根据经费，邀请六位学界教授出席会议，会议支付每人两个月的薪水约一千两百美元。由此可见，当时美国大学教授的平均工资并不高。

除了上述学者之外，受邀出席会议的还有来自IBM的阿瑟·塞缪尔（Arthur Samuel）。塞缪尔的主要研究方向是机器博弈，如西洋跳棋。其棋力已经可以挑战具有相当水平的业余爱好者。有关人机博弈（包括现在的AlphaGo）的进展，一直被认为是评价AI进展的标准之一。

此外，达特茅斯学院教授特伦查德·摩尔（Trenchard More）也参加了会议。而另一位参与人是多被后人忽视的学者是雷·所罗门诺夫（Ray Solomonoff），他是算法信息论（algorithmic information theory）的发明人。

1956年夏，达特茅斯会议顺利召开。麦卡锡、明斯基、纽厄尔、西蒙等10余位先驱，共同叩开了人工智能的大门，他们一起谱写了"人类群星闪耀时"的壮丽诗篇。在这次会议上，形成了一个基本断言：

"学习或者智能的任何其他特性的每一个方面，都应能被精确地加以描述，并使得机器可以对其进行模拟。"

自此，人工智能正式诞生。

在此后的数十年里，人工智能的发展，先后经历了两次寒冬和三次浪潮，起起伏伏，螺旋上升。如今，正处在人工智能第三次浪潮的巨变时代之中，以深度学习为代表的连接主义学派，正给人们带来智能时代的红利。下面，就先谈谈神经网络的发展史。

1.2.2 从感知器到深度学习

一般认为，人类的智能主要包括归纳总结和逻辑演绎，它们分别对应着人工智能中的连接主义（如人工神经网络）和符号主义。下面先介绍连接主义的发展历程，然后再讨论符号主义。

人类"观察大脑"的历史由来已久，但由于对大脑缺乏"深入认识"，常常"绞尽脑汁"，也难以"重现大脑"。自20世纪40年代起，科学家们对大脑科学的研究，让这一困境开始得以缓解。1943年，神经生理学家沃伦·麦克洛克（McCulloch）和数学家沃尔特·皮茨（Pitts），发表了一篇开创性论文，提出了"M-P神经元模型"，其核心思想是通过模拟大脑皮层神经网络，来模拟大脑神经元的行为，他们的研究工作，开创了人工神经网络方法。

20世纪40年代，加拿大心理学家唐纳德·赫布（Donald Hebb）一直致力于研究神经元在心理过程中的作用。1949年，他出版《行为的组织》一书，书中提出了赫布定律（Hebb's rule）。在本质上，这个定律是心理学和神经科学结合的产物，其中还夹杂着某些合理的猜想。因此，赫布定律也被称之为赫布假说（Hebb's postulate）。该理论经常被简化为"连在一起的神经元会被一起激活"。

赫布假说是第一个能对神经元如何发挥功能做出合乎情理解释的机制。通过这个机制，可以对神经元的连接实施编码。赫布认为，人脑神经细胞的突触上的强度是可以变化的。概念和记忆是细胞集（即相互激发的神经元群体）在大脑中表示出来的。每个细胞集既可以包含来自不同大脑区域的神经元，也可以和其他集合相互重叠。

其实这就是"联合学习"（associative learning）概念的起源。在这种学习中,如果在时间上很接近的两个事件重复发生,那么最终就会在大脑中形成关联。这个概念在心理学上也称为联想学习。在这种学习中通过对神经元的刺激使得神经元间的突触强度增加。这样的学习方法被称为赫布型学习(Hebbian learning)。

后来,连接主义学派(connectionism)的科学家们考虑用调整网络参数权值的方法,来完成基于神经网络的机器学习任务,在某种程度上,这个假说就奠定了今日人工神经网络(包括深度学习)的理论基础。

连接主义的兴起,标志着神经生理学和非线性科学向人工智能领域的结合,这主要表现为人工神经网络(artificial neural network,ANN)的兴起。人工神经网络的研究进展,自然得益于对于生物神经网络(biological neural network,BNN)的"仿生"[①]。连接主义认为,人工智能源于仿生学,人的思维就是某些神经元的组合。其理念在于,在网络层次上模拟人的认知功能,用人脑的并行处理模式,来表现认知过程如图1.3所示。

1958年,计算科学家罗森布拉特(Rosenblatt)提出了由两层神经元组成的神经网络,并将其命名为"感知器"(perceptron)。罗森布拉特在理论上证明了,单层神经网络在处理线性可分的模式识别问题时,可以做到收敛。

但在本质上,应该清楚认识到,感知器是一种简易的线性分类器,其功能非常有限。其训练机制如下:如果分类器预测是正确的,则无需修正权重;如果预测有误,则用学习率(learning rate)乘以差错(期望值与实际值之间的差值),来对应调整权重(如图1.4所示)。

后来,罗森布拉特因"感知器"而名声大振,很多新闻媒体(包括纽约时报)都先后报道了他的研究成果。但罗森布拉特的高调,引起了连接主义的奠基人、图灵奖得主明斯基的不满。他在会议上与罗森布拉特争辩,认为神经网络并不能解决所有问题。

经过充分的理论研究,1969年,明斯基和其同事西摩尔·派普特(Seymour Papert)合作撰写了学术著作《感知器》[5],书中他们认为,"人工神经网络被认为充满潜力,但实际上无法实现人们期望的功能"。他们指出,感知器模型存在两个关键问题难以解决:

---

① 仿生学派有时也被称为"鸟飞派"。"鸟飞派"说的是,如果人类想学习飞行,就得学习鸟飞行的原理。但很明显,飞机飞起来的方式(依靠空气动力学)和鸟飞起来的方式是不一样的。所以,对"鸟飞派"的争议也是很大的。

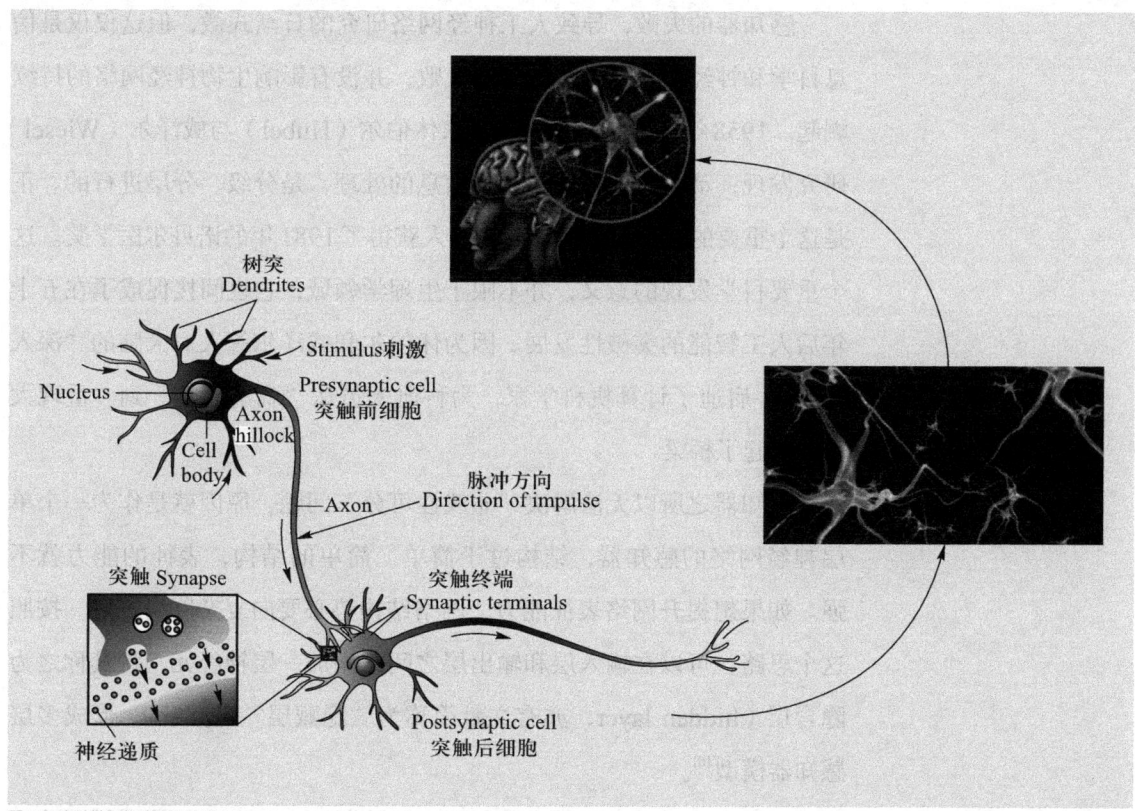

图1.3 大脑神经细胞的工作流程

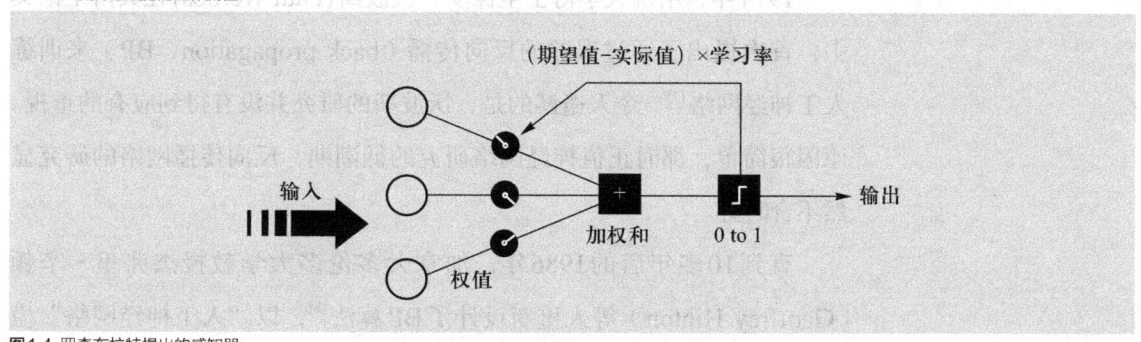

图1.4 罗森布拉特提出的感知器模型

（1）单层神经网络无法解决不可线性分割的问题，典型的证据就是连简单"异或门电路（XOR circuit）"都难以实现；

（2）更为严重的问题是，即使利用当时最先进的计算机，也没有足够计算能力，完成神经网络模型训练所需的超大计算量（比如调整网络中的权重参数）。

鉴于明斯基的学术地位（1969年，刚刚获得计算机科学界最高奖项——图灵奖），他的论断，直接就把人工智能的研究，送进一个长达近二十年的低潮，史称"人工智能冬天（AI winter）"。

感知器的失败，导致人工神经网络研究的日渐式微，但这仅仅是信息科学和神经网络科学结合部的失败，并没有影响生物神经网络的持续崛起。1958年，著名神经生物学家休伯尔（Hubel）与威泽尔（Wiesel）研究发现，动物大脑皮层对视觉信息的处理，是分级、分层进行的。正是这个重要的生理学发现，使得二人获得了1981年的诺贝尔医学奖。这个重要科学发现的意义，并不限于生理学领域，它也间接促成了在五十年后人工智能的突破性发展。因为休伯尔和威泽尔等人对大脑的"深入认识"，启迪了计算机科学家，为科研人员从"观察大脑"到"重现大脑"搭起了桥梁。

感知器之所以无法解决"非线性可分"问题，原因就是作为一个单层神经网络的感知器，结构过于简单。简单的结构，表征的能力就不强。如果想提升网络表征能力，网络结构势必要向复杂网络进发。按照这个思路，可以在输入层和输出层之间，添加一层神经元，将其称之为隐含层（hidden layer，亦有文献简称为"隐藏层""隐层"），形成多层感知器模型[6]。

1974年，哈佛大学博士生保罗·沃波斯(Paul Werbos)在其博士论文中，首次提出了通过误差的反向传播（back propagation，BP）来训练人工神经网络[7]。令人遗憾的是，沃波斯的研究并没有得到应有的重视。原因很简单，那时正值神经网络研究的低潮期，反向传播网络的研究显然不合时宜。

直到10多年后的1986年，加拿大多伦多大学教授杰弗里·辛顿（Geoffrey Hinton）等人重新设计了BP算法[8]，以"人工神经网络"模仿大脑工作机理，唤醒了沉睡多年的人工智能研究。

在此后的20多年里，BP算法最成功的应用案例，莫过于体现在美国纽约大学的扬·勒丘恩（Yann LeCun①）于1998年提出的卷积神经网络（convolutional neural network，CNN）上[9]。

由于CNN的特殊结构，它在一些数据集上（如手写体数字识别、文档分类等）取到了良好的效果。于是，在20世纪80年代末和90年代初，人工神经网络的研究与应用达到巅峰。

但随后，神经网络又陷入衰落。其中一个重要原因在于，基于BP算

---

① 除了正式的翻译，他也给自己取了一个中文名字叫杨立昆。

法的神经网络，无法有效支撑更深层次的神经网络。究其原因，是因为BP算法存在严重的"梯度扩散（gradient diffusion）"现象。梯度是调整整个网络权值的向导。如果梯度一旦消失，那对网络权值训练就没有任何指导意义。此外，由于依赖于梯度调参，也容易让神经网络陷入局部最优解[10]。

此外，人们也发现，随着网络的层数加深，BP网络的输出结果，通过反向传播，最终抵达初始的几层，其对网络权值的调节作用微乎其微，从而导致整个网络的训练过程无法保证收敛。故此，BP算法多用于浅层网络结构（通常小于等于3），这就限制了BP算法的数据表征能力，从而也就限制了BP的应用范围。

与此同时，20世纪90年代，俄罗斯统计学家弗拉基米尔·瓦普内克（Vladimir Vapnik）提出了著名的支持向量机（support vector machine，SVM）。虽然SVM也可以归属于一个特殊的两层神经网络，但因其具有高效的学习算法，且不存在局部最优解的问题，使得很多神经网络的研究者，逐渐转向投入SVM的研究上来。就这样，多层前馈神经网络的研究，再次受到冷落。

2006年，距离BP算法提出已经过去三十年，辛顿教授再次厚积而薄发，和他博士学生萨拉赫丁诺夫（Salakhutdinov）一起在世界著名学术刊物《科学》上[11]，发表了一篇关于深度学习的开山之作。在这篇文章中，辛顿首次提出了"深度信念网络(deep belief network，DBN)"的概念，并给出了下面两个重要结论。

（1）具有多个隐层的人工神经网络，具有更优秀的特征学习能力，每一层特征的抽取，都是对前一层的抽象，从而学习得到的特征能对数据具有更佳的刻画。深度学习的分层预训练，在本质上，就是对输入数据进行逐级抽象，这暗合生物大脑的认知过程。大脑在认知过程中，会逐层将听到的声波信号或看到的视觉图像逐层抽象，最终抽象成语义符号。

（2）通过逐层初始化的"逐层预训练"（layer-wise pre-training）来克服训练上的困难，从而可以方便地让神经网络中的权值找到一个接近最优解的值，然后再通过"微调"(fine-tuning)技术来对整个网络进行优化训练。这样就大幅减少了训练多层神经网络所需的时间。相比于传统的人工神经网络，深度学习最具有革命性的变化是，从最原始的输入层开始，到中间为数众多的隐藏层，每一层的数据抽取变换，再到最终输出层的判断，所有层的特征提取，都无需人工干预。

就这样，辛顿教授开辟了连接主义（神经网络）的新天地。随后，深度学习的相关研究，如雨后春笋一般铺陈开来。当然，连接主义之所以能再次风生水起，还要得益于时势——有两个层面的技术进步为其打下坚实基础。

第一，高性能计算技术的快速发展。摩尔定律（每18个月计算机能力翻一番，价格降低一半）一直驱动着计算能力的高速发展，如图形处理器（graphics processing unit，GPU）、大规模集群，基本上都是今天深度学习网络训练的标配硬件。当年被明斯基诟病的计算能力问题，已被当前高性能计算技术（包括云计算）的高速发展而得到极大缓解。

第二，大数据时代的来临。深度学习是一个数据驱动（data-driven）的计算模型，它需要使用大量数据进行训练，通过反复研究样本，以此调整神经网络连接节点的权值，只有这样才能有较好的性能表现。而大数据为其提供了充分的智能"土壤"，让大规模卷积神经网络在参数调整上有了充分的依据。

值得一提的是，杰弗里·辛顿、扬·勒丘恩和另一位加拿大科学家约书亚·本希奥被称为"深度学习三巨头"，共同被授予了2018年度图灵奖。

1.2.3 符号主义的兴衰

连接主义认为大脑是一切智能的基础，因此关注大脑神经元机器连接机制，至关重要。相比而言，还有一种智能表现方式，那就是基于公理系统的符号演算方法，它们利用大量的数学推导，这种定理证明是有强烈主观意识，它们对应的学派就是符号主义（symbolisms）。

符号主义学派认为，人工智能源于数理逻辑，只要在符号计算上实现了相应的功能，那么对应的智能就实现了。

逻辑学的源头，最早可追溯到亚里士多德提出的三段论。三段论说的是，以一个一般性的原则（大前提）及一个附属于一般性原则的特殊化陈述（小前提），由此引申出一个符合一般性原则的特殊化陈述（结论）的过程。举例来说，所有人终有一死（大前提）；苏格拉底是人（小前提）；因此，苏格拉底也会死（结论）。

以上推理，均是由人来完成的，逻辑严谨，推理缜密，尽显"人类"智能。那能不能让机器来完成这个过程呢？把人类的思考过程机械化，进而把机械化的思考工程化实现。如果这个过程能得以完成，岂不就实现"人工"智能了吗？

符号主义学派的核心理念就是，应用逻辑推理法则，把逻辑演算自动化，从公理出发推演整个理论体系。数理逻辑在19世纪获得迅猛发展，到20世纪30年代开始用于描述智能行为。在这个过程中，现代数理逻辑的奠基人戈特洛布·弗雷格（Gottlob Frege）和伯特兰·罗素（Bertrand Russell）表现突出。1922年，弗雷格在他的《逻辑》一书中，最早提出使用函数来表示谓词（即刻画事和物之间的某种关系表现的词）。著名逻辑学家威廉·约翰逊（William Johnson）使用"(x)"表示全称，$\exists x$表示存在实体。因此对于"所有人终有一死"这样的判定，就可以用一个简单的一阶谓词逻辑表示为：$(x)Mortal(x)$，对它的理解就是，"对于所有的人x,x必有一死（mortal）"。

1935年，德国的数学家和逻辑学家格哈德·根岑（Gerhard Gentzen）模仿存在的符号$\exists$表示存在（即"Exist"首字符"E"的反写），引入了符号$\forall$表示"所有"（即"All"首字母"A"的反写），因此前面的一阶谓词$(x)Mortal(x)$，可简化为：$\forall x Mortal(x)$。

推理符号的简化和标准化，为计算机的自动推理，即数学机械化，奠定了基础。1954年，美国逻辑学家马丁·戴维斯（Martin Davis）在普林斯顿大学的一台电子管计算机中，编写了人类历史上第一个定理自动证明的程序——实现了普利斯博格算术（Presburger）的判定过程，从此拉开了自动定理的序幕。

符号主义的主要理论基础是物理符号系统假设。符号主义将符号定义为如下三个部分[12]：

（1）一组符号，对应于客观世界的某些物理模型；

（2）一组结构，由某种方式相关的符号实例构成；

（3）一组过程，作用于符号和结构之上而产生另一组符号和结构，这些作用包括创建、修改和消除等。

在这样的定义之下，一个物理符号系统就是一个能够逐步生成一组符号的生成器。在物理符号假设下，符号主义认为，人的认知基础就是符号。人的认知过程就是符号操作过程。人就是一个物理符号系统，计算机同样也是一个物理符号系统。因此，人们可以用计算机的推理过程，来模拟人类的智能行为。这在实质上认为，人的思维是可操作的。

符号主义的一个代表性作品，就是前文提到的纽厄尔和西蒙等人于1956年开发的自动推理系统——逻辑理论家（logic theorist，LT），该系统可以证明罗素和怀海特（Whitehead）所著的《数学原理》第一卷中逻辑部分52个命题的38个。

1959年，华裔著名数学家王浩进一步推动了这项工作，他在IBM 704机器上证明了《数学原理》中一阶逻辑全部150条定理和200条命题逻辑定理。后来，王浩的定理证明程序，成为高级语言的基准程序。例如，麦卡锡发明的LISP语言，在早期就以王浩的程序作为测试程序。

如果说王浩是逻辑系列定理证明的先驱，那么将机器定理证明推到巅峰的则是我国著名学者吴文俊先生，他开创了几何系列定理证明的先河，其所创立的"吴文俊方法"在国际机器证明领域产生很大影响，当前国际流行的主要符号计算软件（如Mathematica）都实现了"吴算法"。

在AI发展史上，符号主义学派曾长期一枝独秀，独领风骚，经历了从启发式算法到专家系统，再到知识工程，为人工智能的发展做出了可圈可点的贡献。

但符号主义也存在缺陷，导致它目前的研究陷入不温不火之态。

首先，从哲学层面，机器证明难以完备。哥德尔（Gödel）已在理论方面证明了任何一个形式系统，只要包括了简单的初等数论描述，而且是自洽的，那么它一定包含该系统内无法证明真伪的命题。换言之，人们（包括机器）无法建立包罗万象的公理体系，总存在游离在有限公理体系之外的真理。这在理论上限制了机器定理证明的应用范围。

其次，从计算角度而言，机器证明的算力难以实现。无论是Grobner基方法，还是"吴方法"，定理证明的复杂度都是超指数级别的。即便对于简单的命题，机器证明过程都可能引发参数空间的指数爆炸，这揭示了机器证明的计算之重。

最后，机器证明的意义，存在纷争。例如，1976年，凯尼斯·阿佩尔（Kenneth Appel）和沃夫冈·哈肯（Wolfgang Haken）借助计算机完成了地图四色定理（four-color theorem）的证明，轰动一时。四色定理说的是，如果在平面上划出一些邻接的有限区域，那么在合适的条件下，必定可以用四种颜色来给这些区域染色，使得任意相邻的两个区域染色都不一样。

虽然在1979年阿佩尔和哈肯因四色定理证明，美国数学学会授予二人富尔克森奖，但是对于这一证明的意义，一直饱受争议。首先，机器在该定理证明中扮演的角色尴尬。其过程是，先由人类将所有可能的情况进行分类组合，然后交给机器验证各类情况的存在性，机器的贡献大打折扣；其次，这种暴力穷举的证明方法，既不优雅，也没有提出新概念、践行新方法；再次，这样的证明，并没有产生任何"蜜蜂效应"。

蜜蜂的最大效益，可能并非是它酿造的蜂蜜，而是蜜蜂采花传粉对农牧业的贡献。同样，在逻辑命题证明中，命题本身可能并不重要。真正重要的是，在证明过程中，引发新的概念思想、内在联系和理论体系。因此，许多人认为，地图四色定理的证明，不过是"验证"了一个事实，而非"证明"了一个定理。

故此，有学者总结说，和人类的智慧相比，符号主义所推崇的方法，依然处于相对幼稚的阶段。2006年，曾经风光一时的美国阿贡国家实验室（Argonne National Laboratory）定理自动证明研究小组被裁掉，是符号主义陷入低潮的标志性事件，它宣告符号主义的衰落，同时也呼唤另一种机器证明范式的到来。

1.2.4 行为主义的进展

人工智能研究大致可分为三大学派：连接主义、符号主义和行为主义。前面分别介绍了连接主义和符号主义的主要理念和方法论，下面再谈谈行为主义的研究进展。

行为主义（actionism）又称进化主义（evolutionism），它是控制论向人工智能领域渗透的产物。行为主义最早来源于20世纪初的一个心理学流派，认为行为是有机体用以适应环境变化的各种身体反应的组合，它的目标在于预测和控制行为[13]。

行为主义的理论基础是控制论。1948年，控制论之父维纳（Norbert Wiener）在其著作《控制论——关于在动物和机器中控制和通信的科学》指出："控制论是在自控理论、统计信息论和生物学的基础上发展起来的，机器的自适应、自组织、自学习功能是由系统的输入输出反馈行为决定的"，从而将心理学的某些成果引入到控制理论中。

行为主义试图把神经系统的工作原理与信息论联系在一起，着重研究模拟人在控制过程中的智能行为和作用。该学派认为：

（1）传统人工智能所推崇的知识形式化表达和模型化方法是有问题

的，它们反而可能是实现人工智能的重要障碍之一；

（2）智能取决于感知和行为之间的映射规则，所以应直接利用机器对环境的作用，然后以环境对作用的影响作为获取智能的原动力；

（3）智能只能通过与现实世界和周围环境的交互作用，才能体现出来；

（4）人工智能可以像人类智能一样逐步进化（也就是进化主义名称的由来），分阶段发展和增强。

进化主义学派的代表性人物首推罗德尼·布鲁克斯（Rodeny A. Brooks）。他是美国麻省理工学院（MIT）人工智能实验室教授，继承并发扬了前文提到的威尔逊学说。1991年，布鲁克斯在其著作《没有表征的智能》(*Intelligence without representation*)[14]和《没有推理的智能》(*Intelligence without reason*)[15]中，对传统意义上的人工智能提出了批评和反思。他认为，不论是连接主义，还是符号主义，它们对真实世界客观事物的描述，以及对其智能行为的工作模式，都过于简化和抽象，因此"假"到难以真实反映客观存在。

布鲁克斯认为，智能可以在没有明显的内部表征情况下产生，也可以在没有明显的推理下出现。进化主义学派的核心理念在于，可以使用控制取代表征，从而取消所谓的概念、模型及显式表征的知识，它否定了抽象对于智能及智能模拟的必要性，强调了分层结构对于智能演化的可能性和必要性[16]。可以简单理解进化主义学派的观点是，感知周围环境，通过进化算法来适应环境，它强调了与现实进行交互的作用。

到目前为止，进化主义学派的观点未形成完整的理论体系，但见解独特，也引起了人工智能界的关注。当然，进化主义的研究方法也受到其他学派的怀疑和挑战，他们认为，进化主义的研究方向，最多只能创造出来智能昆虫的行为，而无法创造出与人类比拟的智能行为。进化主义学派研究的代表作，就是布鲁克斯研制的智能昆虫（一种六足机器人）。到目前为止，该派的整体进展依然不大。

1.3 人工智能研究范畴

人工智能是自然科学和社会科学的交叉学科。它吸纳了自然科学和社会科学的最新成果，研究内容十分广泛。由于研究视角的不同，导致研究内容的分类也有所不同。下面列出具有普遍意义的人工智能研究的基本内容。

1.3.1 认知建模

所谓认知，一般是指和情感、动机、意志相对应的理智或认识过程。人类的认知过程是非常复杂的。认知建模的目的在于，探索和研究人类的思维机制，特别是人的信息处理机制。

尽管计算机和人在信息处理机制上相差较大，但依然能从人类的认知过程中，获得启迪。例如，对符号的处理上，计算机和人具有一定的相似性，它是人工智能得以实现和发展的基础。

1.3.2 知识表示

知识是一切智能系统的基础。任何智能系统的活动过程，都是一个获取并运用知识的过程，而要获取和运用知识，首先需要对知识进行表示。

所谓知识表示，就是用某种约定俗成的方式，对知识进行的描述。它可以是一组规则，也可以是一种计算机能接受的用于描述知识的数据结构。知识表示问题，一直就是人工智能研究最活跃的部分之一。目前，常见的知识表示有：一阶谓词逻辑表示法、产生式表示法、框架表示法、语义网络表示法、状态空间表示法及神经网络表示法。

1.3.3 机器感知

所谓机器感知，就是要让计算机具有类似于人的感知能力，如视觉、听觉、触觉、嗅觉、味觉等，其中以机器视觉和机器听觉为主。机器视觉是让机器能够识别并理解图像、文字、景物等，它包括模式识别、图像处理等领域；机器听觉是让机器能够识别并理解语言和语音等。

机器感知是机器获取外部信息的基本途径。正如人类的智能离不开感知一样，只有机器具备感知能力之后，才能在加工的基础上，给出智能输出。对此，人工智能中已经形成了两个专门的子领域——模式识别和自然语言理解。

1.3.4 自动推理

从若干个已知的判断（前提），逻辑推导出一个新的判断（结论），这样的思维方式称为推理。推理是知识的使用过程，也是人脑的基本功能。几乎所有的人工智能领域都不离开推理。因此，如果想让机器表现出智能，具备推理能力就是最重要的标志之一。

按照结论（新判断）的推导过程不同，自动推理主要分为归纳推理、演绎推理和反绎推理。归纳推理是一种从众多个体中归纳出一般规律的过程。比如说，当人们看到：第1只天鹅是白色的，第2只天鹅是白色的……第n只天鹅是白色的，可以"归纳"出新知识：天鹅都是白色的。

与归纳推理相反的是，演绎是一种从一般到个体的推理过程。演绎推理是人工智能中的一种重要推理方式，很多智能系统都是用演绎推理实现的。这是因为，在某种程度上，"演绎"代表着"预测"。而"预测"是大数据系统、机器学习系统的核心功能。举例来说，假设知道"天鹅都是白色的"这样的一般性知识，那么对于第$n+1$只天鹅而言，很容易预测（演绎）出，它也是白色的。

当然，需要说明的是，归纳法在哲学上属于"证实主义"，它是有逻辑缺陷的。正如爱因斯坦所言，从单称陈述（看到的每一只白天鹅）到全称陈述（所有白天鹅）是没有逻辑通路的。简单来说，即使前n只天鹅都是白色的（无论n有多大），也不能归纳出所有天鹅都是白色的。因此，在演绎过程中，得出"第$n+1$只天鹅是白色的"这一结论，也是不可靠的。有趣的是，的确有黑天鹅存在。

但辩证来看，人类绝大部分知识是来自于归纳法，即使归纳法得出的知识，并不能确保非常可靠，但知识并不等于真理。在很多场合，人类通过归纳和演绎推理得到的新知识和新判断，还是非常有价值的，也是人类智能的表现。

最后再介绍一下反绎推理。反绎推理是一种由结论倒推原因的思维过程。其推理的过程为：给定$p \rightarrow q$（规则）和q（结论），然后希望在某种解释下得到谓词p为真。同样，反绎推理也不是完全可靠的，但由于q的存在，p（原因）是"最合理"的解释。

举例说明，通常会有这样的社会规范，把人撞到了（p），就应该把这人扶起来（q）。这条规则就是$p \rightarrow q$。现在发生了一个事实：张三把一个人扶起来了（q成立）。在反绎推理中，就会得出的这样结论：

张三撞人了（即p成立）。基于生活的常识，这种推理并不可靠，但它并不妨碍人们在现实生活广泛使用它。例如，狄仁杰断案，福尔摩斯查案等，他们常用的策略就是反绎推理。因此，反绎推理同样是智能的表现之一。

需要说明的是，"智能"从来都不是以百分之一百的可靠为唯一的衡量标准，因为作为拥有智能（甚至更高层面的智慧）的人，都不能说处理各种事情是完全确定的。与之相反的是，人类的大部分智能，都在一定程度上表现出不确定性推理。

1.3.5 机器学习

人工智能的研究有多个脉络。早期以"推理"为重点，后来发展到以"知识"为重点，到目前再发展到以"学习"为重点。机器学习是实现人工智能的一个重要途径。

理解机器学习之前，先得理解什么是学习。前文提到的西蒙教授（Herbert Simon）曾对"学习"下了定义："如果一个系统，能够通过执行某个过程，就此改进了它的性能，那么这个过程就是学习。"

遵循西蒙教授的观点，对于计算机系统而言，通过运用数据及某种特定的方法（比如统计的方法或推理的方法），来提升机器系统的性能，就是机器学习（Machine Learning，ML）。

卡耐基·梅隆大学的机器学习和人工智能教授汤姆·米切尔（Tom Mitchell），在他的经典教材《机器学习》中，也给出了更为具体的定义[17]："对于某类任务（task，简称T）和某项性能评价准则（performance，简称P），如果一个计算机程序在T上，以P作为性能的度量，随着经验（experience，简称E）的积累，不断地自我完善，那么就称这个计算机程序从E中学习了。"

比如说，对于学习围棋的程序AlphaGo，它可以通过和自己下棋获取经验，那么，它的任务T就是"参与围棋对弈"；它的性能P就是用"赢得比赛的百分比"来度量。类似地，学生的任务T就是"上课看书写作业"；它的性能P就是用"考试成绩"来度量。

机器学习已被广泛应用于数据挖掘、计算机视觉、自然语言处理、搜索引擎、医学诊断、检测信用卡欺诈、证券市场分析、语音和手写识别、DNA序列测序等领域。

1.4 人工智能应用领域

人工智能的应用领域非常广泛,几乎所有学科分支都在支撑并共享着人工智能领域所涉及的理论和技术。下面仅列举人工智能经典的且具有代表性的应用领域。

1.4.1 问题求解与博弈

人工智能在应用上最早的尝试,就是求解智力难题和博弈。直到今天,这种研究仍在继续。2016年3月,通过自我对弈数以万计盘,实施练习强化,谷歌 DeepMind 团队开发围棋程序 AlphaGo(阿尔法围棋),在一场围棋比赛中,以4:1击败人类顶尖职业棋手李世石,成为轰动一时的事件。

机器博弈程序的出现,是人工智能发展的一大成就。在博弈程序中应用的推理(如落子向前多看几步,就是把复杂困难的问题,分解为一些较容易的子问题)等技术,逐渐发展成为搜索和问题归约等基本技术。为了缩小博弈时的搜索空间,Alpha-beta 剪枝、启发式搜索及蒙特卡洛树搜索(Monte Carlo tree search)等方法常被使用,其中最后者就是 AlphaGo 框架中的核心技术之一。

搜索策略可分为无信息导引的盲目搜索和利用经验知识导引的启发式搜索,它决定着在问题求解推理步骤中,使用知识的优先级关系。另一种问题的求解程序,是把各类数学公式符号汇编在一起,搜索解答空间,寻求较优的解答,其性能也已达到很高的水平。

1.4.2 专家系统

专家系统(expert system)是早期人工智能的一个重要分支,它可以看作是一类具有专门知识和经验的计算机智能系统。1968年,被誉为"专家系统与知识工程之父"的费根鲍姆(Edward Feigenbaum),成功研制出第一个专家系统——DENDRAL,用于质谱仪分析有机化合物的分子结构。

专家系统应用人工智能技术(如知识表示和知识推理),根据某个领域的多个人类专家提供的知识和经验进行推理和判断,模拟人类专家的决策过程,从而可解决需要专家才能解决的复杂问题。

专家系统执行的求解任务是知识密集型的,它适合于完成那些没有公认的理论和方法、数据模糊或信息不完整、人类专家短缺或专业知识复杂的解释、诊断、监控、预测、规划和设计等任务。

一般来说，专家系统 = 知识库（knowledge base）+ 推理引擎（inference engine）。一个专家系统必须具备三要素：具备领域专家级的知识体系、模拟专家思维和能达到专家级的解题水平。

在发展史上比较有名的专家系统有以下几种。

MYCIN：它是20世纪70年代初由美国斯坦福大学开发的血液感染患者诊断与抗菌素类药物选用的医疗诊断系统，其误诊率之低，媲美专家级水平。

ExSys：它是第一个商用专家系统，应用领域涵盖监管与合规管理、设备诊断与维护、Web自助服务客户与技术支持、智能问答、智能客户关系管理（CRM）等，至今仍保持活力。

Siri：它是"Speech Interpretation & Recognition Interface"的首字母缩写，意为"言语解释与识别接口"，是苹果公司开发的通过辨识语音作业的专家系统，目前广泛应用于iPhone、iPad及iMac等苹果系列产品之中。

Watson：它是一个由IBM公司开发的癌症诊断与治疗的专家系统。2013年，IBM与世界顶级肿瘤治疗与研究机构MD安德森癌症中心合作，用Watson辅助医生开展抗癌药物的临床测试。

在IBM和MD安德森癌症中心这两大机构合作之初，福布斯杂志发表了题为《在MD安德森癌症中心，IBM Watson解决了临床测试难题》的社论，可谓是对Watson寄予厚望。在当时看来，一扇新的大门正被人类打开，而支撑这一切的，正是AI与现代医疗技术的无缝结合。然而，4年之后的2017年7月，福布斯杂志同样发表了一篇关于Watson的文章，但标题则是《Watson是不是一个笑话？》，这表明Watson近几年进展缓慢、难以大用。

Watson系统面临的窘境，其实也是整个专家系统现状的缩影。造成专家系统发展乏力的因素有很多，主要原因在于：专家数据匮乏而昂贵，也就是知识获取成了问题。

1.4.3 数据挖掘与知识发现

随着信息技术（IT）及数据技术（DT）的快速发展，积累的数据激增，人们面临的最大问题，已不再是信息匮乏，而是数据爆炸。而如何从海量数据中抽取有价值的信息,成为一个时代的迫切需求。

数据挖掘(data mining)就是为了解决上述问题而快速发展起来的学科,它是一个跨学科的计算机科学分支,主要是用人工智能、机器学习、统计学和数据库等交叉领域的方法,在大数据集中发现有价值的模式。这里的"模式",可以是一组规则、聚类、决策树、依赖网络或其他方式的知识表示。数据挖掘过程的总体目标是,从一个数据集中提取有价值的信息,并将其转换成可理解的结构,以便进一步使用。

数据挖掘的过程,就是知识发现(knowledge discovery in databases, KDD)。KDD的过程通常有5个阶段:数据选择(selection)、预处理(pre-processing)、变换(transformation)、数据挖掘(data mining)和解释/评估(interpretation/evaluation)。

数据挖掘的方法包括监督式学习、非监督式学习、半监督学习和增强学习。监督式学习包括:分类、估计和预测等。非监督式学习包括:聚类和关联规则分析等。

数据挖掘的应用领域非常广泛,包括但并不限于:推荐系统、文本挖掘、多媒体数据挖掘、智能广告、社交媒体挖掘、空间数据挖掘、恶意软件智能检测、信用卡欺诈检测等。

知识获取是人工智能的关键问题之一。因此数据挖掘和知识发现依然是人工智能研究的热点问题之一。

1.4.4 自然语言处理

人与计算机打交道,少不了使用计算机语言(如C、Java、Python等)来编写程序。为了让计算机能懂得人类的思维,计算机程序必须严格遵循语法规定,不能越雷池一步,否则编译器就报错。解决了语法错误之后,还得小心翼翼地处理语义错误。这种模式,其实是方便了计算机理解,而难为了人类。

那能不能角色反转一下呢?让人类毫无障碍地表达,而让计算机来理解人类的自然语言呢?事实上,自然语言处理(natural language processing,NLP)领域从事的研究,就是为上述问题提供解决方案。NLP是人工智能和语言学领域的分支学科。它探讨的主要议题是如何让电脑"懂"得人类的语言。

自然语言处理如果想要达到实用级别,需要在如下几个方面获得突破:单词边界的界定(也就是分词)、词义的消歧(许多字词有多个意思)、句法的模糊性(自然语言的文法通常是模棱两可的)、有瑕疵的或不规范的输入(比如语言有地方口语、文本拼写错误等)、语言行为与计划(句子通常并非只是字面上的意思)。

对于最后一个难点,列举一个例子说明。例如,对于问题"你能把书本递过来吗",显然,在大多数上下文环境中,仅仅回答一个"能"是不够的。回答"不"或者"太远了我拿不到"也是可接受的。如果回答是"能",还应该配合动作动手把书递过去,这才说明真正"理解"了提问者的自然语言。

时至今日,自然语言处理依然是个很热的研究课题,它的研究范畴包括但不限于如下几个方面:语音识别(speech recognition)、词性标注(part-of-speech tagging)、句法分析(parsing)、自然语言生成(natural language generation)、信息检索(information retrieval)、文本分类(text categorization)、机器翻译(machine translation)、自动摘要(automatic summarization)等。

2012年10月,微软首席研究官Rick Rashid在天津举行的"21世纪的计算大会"上,公开演示了一个全自动同声传译系统,他的英文演讲被后台服务器实时转换成与他的音色相近、字正腔圆的中文,这就是自然语言处理的典范之作。微软同声传译之所以能一气呵成,和它背后使用的关键技术——深度神经网络(deep neural networks,DNN)密切相关。

1.4.5 深度神经网络

神经网络技术起源于20世纪五六十年代。1958年计算科学家罗森布拉特提出了由两层神经元组成的神经网络[1],并将其命名为"感知器"。输入的特征向量通过隐含层变换达到输出层,在输出层得到分类结果。

如前文所言,输入的特征向量通过隐含层变换达到输出层,在输出层得到分类结果。包含单个隐含层的感知器有个非常严重的问题,即它对稍复杂一些的函数都难以拟合(比如说"异或")。

随着研究的深入,人们提出了多层感知器(multilayer perceptron)的概念。多层感知器可显著提升网络的表达能力(如轻易解决了"异或"

---

[1] 拥有输入层、输出层和一个隐含层。由于输入层通常就是输入数据,无需设计,有时也不将该层计算在内。

问题），除此之外，还可用Sigmoid或Tanh等激活函数，能充分模拟神经元对激励的响应，在训练算法上可使用更加高效的反向传播BP算法。

神经网络的层数，直接决定了它的刻画能力，从而可利用多层神经元拟合更加复杂的函数。这一洞察，使得神经网络向着深度神经网络（deep neural networks，DNN）进发。

随着神经网络层数的加深，优化函数越来越易陷入局部最优解。同时，另一个不可忽略的问题是，随着网络层数增加，"梯度消失"现象更加严重。2006年，杰弗里·辛顿教授利用"预训练"的方法，缓解了局部最优解问题。隐含层的数量可以提升至7层及以上，神经网络才真正意义上有了"深度"，由此揭开了深度学习的序幕。为了克服梯度消失的缺陷，人们先后用ReLU、Maxout等新激活函数代替了传统的sigmoid，从而造就如今DNN的基本形态。

现在，深度神经网络已经成为人工智能中一个极其重要的研究领域。在有了大数据和大计算（包括云计算及众核GPU）等基础设施的支撑下，传统的CNN（卷积神经网络）、RNN（循环神经网络）都可以把网络深度不断加深。算力（云计算）、算据（大数据）和算法（深度神经网络）已经成为牵引人工智能快速前行的三驾马车。

1.4.6 模式识别

模式识别（pattern recognition）是用计算机对人类感知外界功能的模拟。模式识别是机器学习的一个重要分支，它利用数学方法从数据中获取模式和规则。这里所谓的"模式"是指，一个客体或某些其他感兴趣实体定量或结构性的描述。模式类是指某些共同属性的模式集合。

计算机技术的快速发展，为研究复杂信息处理提供了技术基础。信息处理过程的一个重要形式，就是生命体对环境及客体的识别。例如，识别"3"这个数字。在融入一些智能和直觉后，模式识别可以区分"3"和"B"或者"3"和"8"等。

对人类而言，通过视觉器官来获得对光学信息的识别和通过听觉器官来获得声学信息的识别，都非常重要，因为它们是人们获取信息的主要源泉。利用机器实现的模式识别，也大致遵循这两大类信息的模式分析和识别。通过机器的模式识别，人们希望借助机器能自动或尽可能少地干预把被识别客体，分配到它们各自的模式类之中。

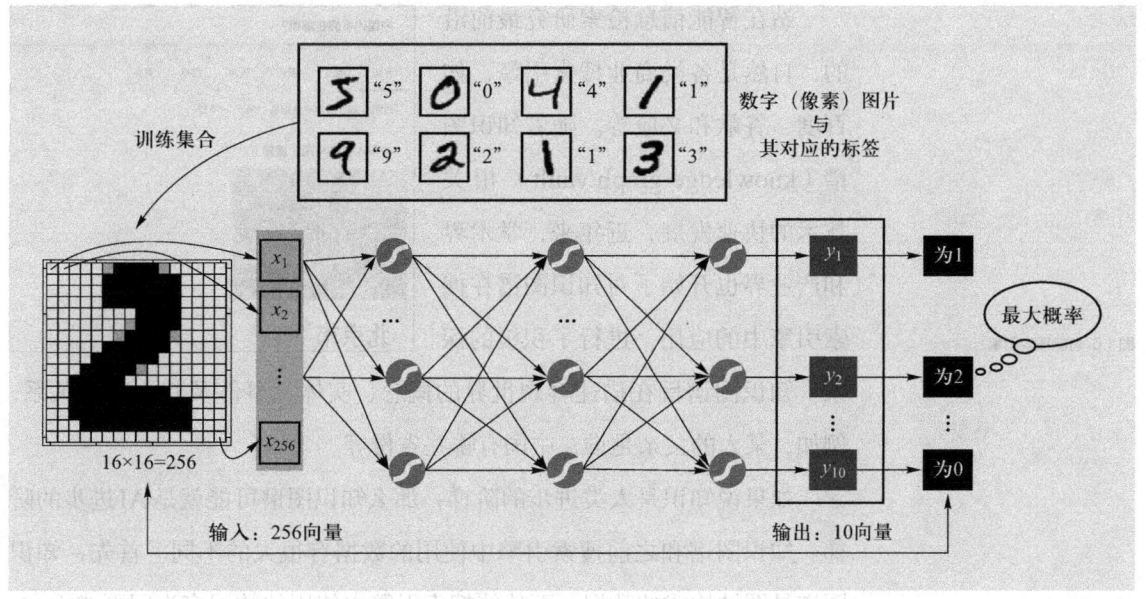

图1.5 基于神经网络的模式识别

传统的模式识别可分为统计模式识别和结构模式识别。但近年来，随着技术不断地更新迭代，基于模糊数学和人工神经网络的技术也被成功应用于模式识别当中，形成了模糊模式识别、神经网络模式识别等方法（如图1.5所示）。其应用的领域包括医学视频分析、语音识别手写识别、生物特征识别、人脸识别、指纹识别、虹膜识别等。

1.4.7 智能信息检索

随着科学技术的发展，特别是（移动）互联网技术的发展，"知识爆炸"反而成为人们获取有用信息的障碍之一。这是因为，从种类繁多、数量巨大的资料库，寻找自己感兴趣的信息，已非人力所能胜任。这时，就需要借助智能检索技术。信息检索（information retrieval）是指，把信息按一定的方式组织起来，并根据用户的需要，找出有关的信息。

信息检索系统如果想要具备"智能"化性质，它还应该具有如下功能。

（1）能理解自然语言，允许用户使用自然语言提出检索要求。

（2）具有一定的推理能力，能根据知识库存储的知识，推理产生用于询问的答案。例如，提出问题"中国的首都在哪里"，智能信息检索系统不应只根据上述问题中的关键词，给出搜索网页，而是给出问题的答案："北京"。如图1.6所示。

（3）系统具备一定的常识性知识，能根据常识性和专业知识，演绎推理出专业知识库中没有包括的答案。

站在智能信息检索研究最前沿的，自然是各类商业搜索引擎，如百度、谷歌和必应等。随着知识图谱（knowledge graph/vault）相关技术的快速发展，近年来，学术界和产业界也开始了对知识图谱在搜索引擎中的应用，进行了积极的探

图1.6 智能搜索引擎

索。知识图谱旨在描述客观世界的概念、实体、事件及其之间的关系，例如，某人的父亲是谁，中国有哪些省份等。

如果说知识是人类进步的阶梯，那么知识图谱可能就是AI进步的阶梯。知识图谱和之前搜索引擎中使用的数据有很大的不同。首先，知识图谱是图结构式的数据，而传统搜索引擎中使用的数据多为网页或文本；其次，知识图谱中的信息更加语义化。在智能搜索中使用知识图谱，需要将知识图谱语义中的实体和搜索引擎对接起来。

1.4.8 智能机器人

机器人（robot）泛指一切模拟人类行为和模拟其他生物的机械（如机器猫、机器狗等）。它的任务是协助或取代人类不愿从事的、高重复性的工作，或人类风险太高而无法胜任的工作，如外太空漫游或深海探险。几乎人工智能的所有技术都可在机器人上集成和使用。因此，机器人也是人工智能理论、方法和技术的试验场。

智能机器人是一种高度灵活的自动化机器，它具备一些与人或生物相似的智能能力，如感知、规划、协同能力。随着人们对机器人技术智能化本质认知的加深，机器人技术已向人类活动的各个领域渗透。结合特定领域的特点，人们开发了各式各样的特种机器人，如工业机器人（包括焊接机器人、涂装机器人、组装机器人等）、科研机器人（如水下机器人、地外探测机器人、洞火山研究机器人、太空探索机器人等）、宠物及玩偶类机器人。

需要说明的是，机器人并非必须具备人的外在形态。自动驾驶机器人作为轮式机器人，已经开始走向实用化。特斯拉、谷歌等厂商，已经实现自动驾驶汽车的小规模量产。

随着机器人越来越复杂，专家及学者开始关注机器人的伦理、道德

及法律问题。著名科幻作家艾萨克·阿西莫夫（Isaac Asimov）曾为机器人提出的三条"定律"（law）：

第一定律，机器人不得伤害人类，且确保人类不受伤害；

第二定律，在不违背第一法则的前提下，机器人必须服从人类的命令；

第三定律，在不违背第一及第二法则的前提下，机器人必须保护自己。

在现实中，"机器人三定律"成为机械伦理学的基础，但在看起来完美的定律中，仍然存在许多逻辑漏洞。例如，这三条定律对何为"人"、何为"机器人"都没有明确的定义。再例如，在避祸时，自动驾驶机器人是救车主一人，还是救路上三个行人（无论机器人采取了哪种措施，都违反了第一定律）？还例如，出了车祸，在法律程序层面，责任在于车主还是在于生产厂商？这些都是值得讨论的问题。

1.4.9 分布式智能与Agent

分布式人工智能（distributed artificial intelligence，DAI）是分布式计算和人工智能结合的产物，其研究的内容是，把逻辑上或物理上松散耦合的智能体（agent），根据系统的目标状态及自身的目的，合理利用资源和知识，利用通信网络，相互之间通过协商来确定各自的任务，并通过协调和协作，并行完成任务并达到整体目标。

在动态环境下，由于存在时间和资源的约束，DAI需要解决的关键问题在于，如何进行任务调度、冲突消解及资源分配，使功能独立的单个智能体通过协商、协调来完成复杂的控制任务。

DAI理论研究的核心问题是分布式智能的体系结构和相对应的协调机制。相关研究大致可以分为三种学派：符号推理、行为主义和协作进化。

多智能体系统（multi-agent system，MAS）是由多个在环境相互作用的智能体组成的计算系统，可被用在解决分离的智能体以及单层系统难以解决的问题上，它更能体现人类的社会智能，更适合开放和动态的环境，因而备受关注。

分布式智能应用领域很广。如智慧交通、柔性制造、战术物联网、工业区块链，都可以找到它的用武之地。其中的区块链方法是人工智能研究的热点之一。本质上，区块链（blockchain）是一个去中心化的分布式账本数据库，建立分布式共识机制，从而实现去中心化信任体系。

以区块链为底层技术，可以为分布式人工智能的训练提供可靠的数据交换环境。

1.5 人工智能面临的挑战

虽然人工智能研究取得了很大的进展，但现有人工智能仍存在一定的局限性，面临着很大的挑战。在技术层面上存在如下6大瓶颈[18]。

（1）数据瓶颈：以深度学习为代表的连接主义，为获取智能，需要大量的训练数据。因此，人工智能的未来呼唤基于小数据样本的智能。

（2）泛化瓶颈：现有的人工智能方法在训练样本中表现上乘，但换一个环境，训练好的模型性能明显下降。因此，未来人工智能获取智能的方式，可能会通过迁移学习的方式。

（3）能耗瓶颈：相比大脑，现有计算机上实现的人工智能系统能耗非常高。因此，在未来设计低能耗的人工智能芯片是大势所趋。

（4）语义鸿沟瓶颈：目前语言服务大多为简单查询，不涉及语义推理问题，缺乏真正的语言理解能力。故此，基于知识图谱的人工智能可能是未来的发展方向之一。

（5）可解释性瓶颈：有些人工智能系统（如基于深度学习的人脸识别、语音识别等）性能很高，甚至超越人类，但都是知其然而不知其所以然，性能很好但解释性不足。因此，获取可解释性和结果重现性，也是未来人工智能发展的前沿方向之一。

（6）可靠性瓶颈：现有人工智能系统可靠性（即鲁棒性）较差。有些错误识别可能会带来致命后果。例如，2016年5月，由于特斯拉（Tesla）的自动驾驶（Autopilot）功能①的误判，导致车在毫无减速的情况下，钻进了前方大卡车货柜下方，酿成车毁人亡的悲剧。因此，没有可靠性，就难以有大规模的人工智能应用，这也应是未来人工智能需要着重解决的问题。

正是因为现在还有这么多技术瓶颈需要突破，所以人工智能的研究"路漫漫其修远兮"，还需要该领域的科研工作者"上下而求索"。

---

① Autopilot属于商业误导宣传，本质上它属于自动辅助驾驶范畴。

1.6 本章小结

本章首先讨论了什么是智能和什么是人工智能，以及它们之间的关联。简单来说，人工智能是一门研究如何利用人工的方法和技术，在机器上模仿、延伸及扩展人类智能的学科。

然后，从人工智能的起源——达特茅斯会议谈起，介绍了人工智能研究的三大学派——连接主义、符号主义和进化主义的研究进展和现状。

接着，讨论了人工智能的研究内容和应用领域。从整体来讲，虽然人工智能取得了突破性进展（如AlphaGo战胜人类顶尖棋手），但是它还处于婴幼儿时期——还需要更多努力、加油生长。以深度学习为代表的连接主义，虽然摧枯拉朽、战果辉煌，但是依然缺乏坚实的理论基础，可解释性不足，核心作用领域多停留于"可统计不可推理"象限。

虽然AlphaGo的胜利，让人工智能得到极大社会曝光度，但显然，这并不是智能的全部。人类的大部分智能决策，都是在残缺信息下做出的，这是当前的人工智能做不到的。

此外，许多抽象的数学定理，本身已经概念嵌套概念，在现实的物理世界中找不到对应的示例，因此以归纳法为主要抓手的机器学习方法，不再适用，因为它没有足够的数据可以学习。而完全的自动定理证明，理论上存在不可证明的残缺。以上很多因素都导致人工智能的发展存在诸多瓶颈。因此人工智能的发展之路，还很崎岖，需要人们投入更多资源加以研究。

习题

1. 什么是人工智能？它和人类智能有什么区别和联系？
2. 人工智能有哪些学派？它们的认知观是什么？
3. 人工智能有哪些研究内容和应用领域？
4. 当前人工智能有哪些发展瓶颈？

参考文献

[1] WILSON S W. Knowledge Growth in an Artificial Animal[C]// International Conference on Genetic Algorithms, 1985:255-264.

[2] KURZWEIL R. The age of intelligent machines[M]. Cambridge: MIT press, 1990.

[3] 费孝通.乡土中国[M].北京：北京大学出版社，2012.

[4] 尼克.人工智能简史[M].北京：人民邮电出版社，2017.

[5] MARVIN M, SEYMOUR P. Perceptrons: An Introduction to Computational Geometry[M].2nd edition. Cambridge: The MIT Press, 1972.

[6] 张玉宏.深度学习之美：AI时代的数据处理与最佳实践[M]. 北京：电子工业出版社，2018.

[7] PAUL J W. Beyond Regression: New Tools for Prediction and Analysis in the Behavioral Sciences[D]. Harvard University, 1974.

[8] WILLIAMS D, HINTON G. Learning representations by back-propagating errors[J]. Nature, 1986, 323(6088): 533-538.

[9] LÉCUN Y, BOTTOU L, BENGIO Y, et al. Gradient-based learning applied to document recognition[J]. Proceedings of the IEEE, 1998, 86(11): 2278-2324.

[10] 朱军.深度学习——机器学习领域的新热点[J].中国计算机学会通讯.2013, 9(7): 64-69.

[11] HINTON G E, Salakhutdinov R R. Reducing the dimensionality of data with neural networks[J]. Science, 2006, 313(5786): 504-507.

[12] 朱福喜，朱三元，伍春香.人工智能基础[M].北京：清华大学出版社，2006.

[13] 徐心和，么健石.有关行为主义人工智能研究综述[J].控制与决策，2004.19(3): 241-246.

[14] BROOKS R A. Intelligence without representation[J]. Artificial intelligence, 1991, 47(1-3): 139-159.

[15] BROOKS R A. Intelligence without reason[J]. Artificial intelligence: critical concepts, 1991, 3: 107-163.

[16] 王万良.人工智能及其应用[M].3版.北京：高等教育出版社， 2016.

[17] TOM M.机器学习[M].曾华军，等，译.北京：机械工业出版社，2002.

[18] 谭铁牛.人工智能新动态[C]//模式识别与人工智能学科前沿研讨会，2018.

第2章 知识表示

计算机和人类最大的不同在于,计算机比较容易理解一些结构非常明确的数据。计算机能够理解人类的语言,也是因为它把人类的语言表示成了比较容易理解的数据结构才得以实现。而人类具有的创新能力和自我思考能力,是计算机所不具有的。所以,知识表示(knowledge representation)在人机交互上起到非常重要的桥梁作用,因此,这是人工智能的一个核心问题,也是非常基本的一个问题。长期以来,知识表示一直是人工智能研究中的一个重要议题,在智能信息系统研究中,知识表示也是其核心部分之一。本章介绍几种常用的知识表示方法及其在信息系统中的应用。

2.1 知识表示的内涵

2.1.1 知识与知识表示

知识与知识表示是人工智能中的一项基本技术,这项技术决定着人工智能如何进行知识学习。

1. 什么是知识

知识是一个结论性的描述。知识也是人类在实践中认识客观世界(包括人类自身)的成果,它包括事实、信息的描述或在教育和实践中获得的技能[1]。由于知识并非等同于真理,所以并非所有的知识都是正确的。

下面来看两个重要概念,它们与知识相关,却又迥然不同。这两个概念,一个是数据,一个是信息。

2. 什么是数据

计算机里面所有存储的东西,都可以叫数据。数据是信息的表现形式和载体,可以是符号、文字、数字、语音、图像、视频等,数据就是存储在硬盘或者光盘、U盘等里的0、1组合。

3. 什么是信息

信息就是数据的语义,是数据在特定场合下的具体含义。简单来说,信息就是有用的数据。因为数据不一定是有用的,或许很多数据是冗余的。例如,某个监控系统中一个摄像头实时记录数据,数据存储在硬盘中,硬盘中存储了好多年的监控数据。但是这些数据里面可能只有十分钟有用,如小偷作案时间的那十分钟。这就是数据和信息的一个区别。

知识是很多信息关联以后得到的一种信息结构,它是由事实和信息之间的规则形成的,它是经过加工、理解、整理、改造以后得到的信息。

信息很多都是发生过的事情，但知识一般都具有一定的预见性。例如，可以通过整理以往台风的信息对未来台风的行程、风力、登陆地点、影响范围等做出预测，这就形成了知识。

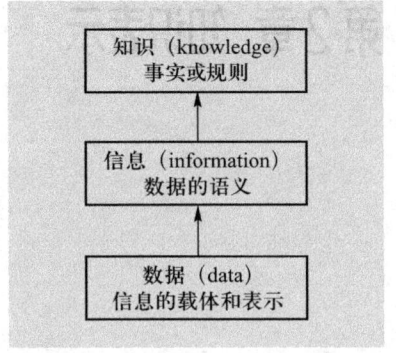

信息与数据的关系是内容与形式的关系，信息是数据所包含的内容，而数据是信息的表现形式。在数据的基础上形成信息，在信息的基础上形成知识，数据是信息的起源，信息是知识的原料，知识是信息加工提炼的结晶。数据、信息和知识的基本概念及其关系如图2.1所示。

图2.1 数据、信息、知识的基本概念及其关系

2.1.2 知识表示方法

知识是一切智能系统的基础。任何智能系统的活动过程，都是一个获取并运用知识的过程，而要获取和运用知识，首先需要对知识进行表示。

所谓知识表示，就是用某种约定俗成的方式，对知识进行的描述。它可以是一组规则，也可以是一种计算机能接受的用于描述知识的数据结构。知识表示问题，一直就是人工智能研究最活跃的部分之一。在人工智能领域里已经发展了许多种知识表示方法，常用的有：产生式规则、谓词逻辑、语义网络和框架。从其表示特性上可归纳为两类：说明型（declarative）表示和过程型（procedural）表示。

1. 说明型表示

说明型表示中，知识是一些已知的客观事实，实现知识表示时，把与事实相关的知识与利用这些知识的过程明确区分开来，并重点表示与事实相关的知识。例如，谓词逻辑，将知识表示成一个静态的事实集合，这些事实是关于专业领域的元素或实体的知识，如问题的概念及定义，系统的状态、环境和条件。它们具有很有限的如何使用知识的动态信息。这种方法的优点是：具有透明性，知识以显式的准确的方法存储，容易修改；实现有效存储，每个事实只存储一次，可以不同方法使用多次；具有灵活性，指知识表示方法可以独立于推理方法；这种表示容许显式的、直接的、类似于数学方式的推理。

2. 过程型表示

过程型表示中，知识是客观存在的一些规律和方法，实现知识表示

时，对事实型知识和利用这些知识的方法不作区分，使二者融为一体，如产生式规则方法。该类方法常用于表示关于系统状态变化、问题求解过程的操作、演算和行为的知识。这种方法的好处是：能自然地表达如何处理问题的过程；易于表达不适合用说明型方法表达的知识，如有关缺省推理和概率推理的知识；容易表达有效处理问题的启发式知识；知识与控制相结合，使得知识的相互作用性较好。

目前普遍接受的观点是，在大多数领域中既需要状态方面的知识，如有关事物、事件的事实，它们之间的关系，以及周围事物的状态；也需要知道如何应用这些知识。所以实际上，大多数知识系统综合运用这两类知识表示方法。

一个好的知识表示方法应满足以下几点要求：

（1）具有良好定义的语法和语义；

（2）有充分的表达能力，能清晰地表达有关领域的各种知识；

（3）便于有效地推理和检索，具有较强的问题求解能力，适合于应用问题的要求，提高推理和检索的效率；

（4）便于知识共享和知识获取；

（5）容易管理，易于维护知识库的完整性和一致性。

2.2 谓词逻辑表示法

谓词逻辑表示法是指各种基于形式逻辑（formal logic）的知识表示方式，利用逻辑公式描述对象、性质、状况和关系，例如，"书在桌子上"可以描述成：On(book,table)。它是人工智能领域中使用最早和最广泛的知识表示方法之一。其根本目的是把教学中的逻辑论证符号化，能够采用属性演绎的方法。在这种方法中，知识库可以看成一组逻辑公式的集合，知识库的修改是增加或删除逻辑公式。使用逻辑法表示知识，需要将以自然语言描述的知识通过引入命题、谓词、函数来加以形式描述，获得有关的逻辑公式，进而以机器内部代码表示。

2.2.1 命题逻辑

把用语言、符号或式子表达的，可以判断真假的陈述句称为命题。

其中判断为真的语句称为真命题，判断为假的语句称为假命题。简单来说，命题就是可以判断真假的语句。

比如：1<2，为真命题。1>2，为假命题。

命题分为原子命题和复合命题。

1. 原子命题也称为简单命题，就是不含"或""且""非"的简单判断句。如"今天是星期五""2是自然数"等。

2. 复合命题是指由简单命题用连接词连接而成的命题。

例如：

（1）如果天在下雨或者洒水车在工作，那么地是湿的；

（2）如果没有电，那么交换机是不能工作的；

（3）如果明天不下雨，运动会就会举行。

注意：虽然复合命题是由命题构造而成的，但并不是任意命题组合在一起就可构成复合命题。如果仅仅把两个命题摆在一起而没有连接词，例如，"天在下雨"和"地是湿的"仍然只是两个命题。命题必须通过连接词的组合作用才能构成复合命题。

2.2.2 谓词逻辑

谓词，在谓词逻辑中，原子命题分解成个体词和谓词。个体词是可以独立存在的具体事物或抽象的概念，如电子计算机、实数、唯物主义、油菜花等。谓词则是用来刻画个体词性质的词，即刻画事和物之间某种关系表现的词。如"苹果"是一个个体词，"苹果可以吃"是一个原子命题，"可以吃"是谓词，刻画"苹果"的一个性质，即与人或动物的一个关系。

谓词演算用来表示各种自然语言的事实，并提供一种从旧知识直接求得新知识的有效方法——数学演绎。这种演绎方法被广泛用作求解问题的方法，并较容易实现。

谓词逻辑使用以下几个基本元素。

1. 常量

常量表示事物或概念等特指的对象，如20、苹果、书、椅子等。

2. 变量

变量是一个宽泛的概念，相对于常量而言的。常量是指恒定不变的量，变量是指值不是恒定不变，而是变化的量。

变量常用一些符号表示，如 X、Y、Z 等。

3. 函数

不同的变量之间往往有一定的制约关系。函数表示了两个变量之间的映射关系。比如函数 $y=f(x)$ 这个函数表示 y 随着 x 的变化而变化，或者说 y 因为 x 的变化而变化。这时候把 x 叫做自变量，y 叫做因变量。即 x 是自己变化的，y 是因为 x 变了因而跟着变了。

如：$y=2x$，y 是因变量，x 是自变量。

如果对于任意一个 x 都有唯一确定的一个 y 和它对应，那么就称 x 是自变量，y 是 x 的函数。x 的取值范围叫做这个函数的定义域，相应 y 的取值范围叫做函数的值域。

如：$y=|x|$，x 的取值范围为整数即定义域为整数，那么函数的值域就为正整数。

4. 谓词（predicate）

谓词表示对象的属性和对象之间的关系，用 $P(x_1, x_2, \cdots, x_n)$ 表示一个 n 元谓词，P 是谓词符号，$x_i(i=1, 2, \cdots, n)$ 是谓词的参量，它可以是常量或变量。

例如，"姚明喜欢篮球。"这个自然语言语句可表示为"Likes（姚明，篮球）"，Likes 是谓词，姚明和篮球是参量。

5. 逻辑运算符

∧（conjunction）：合取（与）。

∨（disjunction）：析取（或）。

~（not）：否定（非）。

→（implication）：蕴含（如果……，则……）

6. 量词

∀（universal quantifier）：全称量词（对于所有的）。

∃（existential quantifier）：存在量词（存在某个）。

7. 分隔符

为了明确量词的限定范围，使用"()""[]""{}"等分隔符。使用以上基本元素，就可以定义以下谓词逻辑的构成元素。

（1）项（term）

常数、变量或函数称为项，它可作为谓词的参数。

（2）原子式（atom）

命题或谓词称为原子式。

(3) 文字 (literal)

原子式或原子式的否定称为文字。

(4) 范式 (well-formed formula)

- 原子公式是范式。
- 如果 A 和 B 是范式，则 $\sim A$, $A \wedge B$, $A \vee B$, $A \rightarrow B$ 是范式。
- 若 A 是范式，x 是任何变量，那么 $(\forall x)A$ 和 $(\exists x)A$ 是范式。
- 有限次运用 $A \rightarrow C$ 所产生的公式均为范式。

(5) 子句 (clause)

子句是用析取符号 $\vee$ 连接文字组成的逻辑式。

定理：任何一个范式公式都可以等价地变换成一个子句集合，集合中各子句之间用合取符号 $\wedge$ 连接。

若 P_1, P_2, Q_1, Q_2, $\cdots$, Q_n 为原子式，则 $P_1 \vee P_2 \vee Q_1 \vee Q_2 \vee \cdots \vee Q_n$ 为子句，根据逻辑的等价性，该式与下式等价：

$$Q_1 \wedge Q_2 \wedge \cdots \wedge Q_n \rightarrow P_1 \vee P_2$$

(6) Horn 子句

最多由一个正文字（非否定的原子公式）组成的子句称为 Horn 子句。或者说，最多包含一个结论的子句称为 Horn 子句。Horn 子句有两种形式：

- 有头 Horn 子句

$P \vee \sim Q_1 \vee \sim Q_2 \vee \cdots \vee \sim Q_n$

它等价于：$Q_1 \wedge Q_2 \wedge \cdots \wedge Q_n \rightarrow P$

- 无头 Horn 子句

$\sim Q_1 \vee \sim Q_2 \vee \cdots \vee \sim Q_n$ 它等价于：$Q_1 \wedge Q_2 \wedge \cdots \wedge Q_n \rightarrow$

2.2.3 知识表示实例

在谓词逻辑中，表示知识的元素是谓词、子句和规则。在 Prolog 语言（Prolog 是一种逻辑编程语言。它建立在逻辑学的理论基础之上，最初被用于自然语言等研究领域。现已广泛应用在人工智能的研究中，可以用来建造专家系统、自然语言理解、智能知识库等）中，所有谓词都是 Horn 子句。若一个子句中的项全是常量，则该子句称为事实或实例。从这种观点出发，每个子句模式可以包含若干事实或实例。为了便于推理，可将逻辑蕴含关系表示为规则。

谓词逻辑应用归结原理（归结反演）来求解问题，为证明一个语句成立，转化为归结证明其非，导出一个与已知语句（公理）矛盾的结果（为空子集），说明该语句的非不成立，则该语句成立。在归结证明过程中，要使用谓词匹配操作，即证明两个谓词表达式恒等。谓词匹配的规则如下。

（1）两个谓词符相同，否则不匹配。

（2）参量个数相等，否则不匹配。

（3）对应参量匹配：

- 两者均为常量，两者应相等；
- 一个为常量，另一个为变量，将常量赋给变量；
- 两者均为变量，作变量代换；
- 一个变量能匹配一个函数或谓词表达式，必须是这个函数或谓词表达式不包含该变量的任一个实例。

现用一个 Prolog 程序例子说明知识的表示并演绎检索（deductive retrieval）处理。

1. 事实

事实用于描述对象之间的关系。事实的一般格式为：

关系（对象，对象，…，对象）

其中，"关系"是谓词，"对象"是谓词的参量。

例如，书籍信息可用书籍谓词描述，谓词参量包括：书号、书名、著者、出版社、出版日期、主题，即

书籍（书号，篇名，著者，出版社，出版日期，主题）

主题知识可用主题谓词表示：主题（主概念，子概念）。"主概念"可代表单个概念，"子概念"是一个词表，标志着数据库中这个主题组面，它们直接从属于主概念。所有主题谓词集中在一起，可以形成一个主题词索引。

用户信息可使用用户谓词表示：用户（用户名，主题）。其中的"主题"描述用户感兴趣的主题领域。

2. 规则

规则是一个有头 Horn 子句，它的一般格式为：

关系（对象，对象，…，对象）:—

关系（对象，对象，…，对象）and

······

关系（对象，对象，…，对象）

其中，":—"表示 if（如果），其左边为"结论"，是总目标，其右边为前提，是子目标。该规则是逆向规则。

例如，检索操作可用一个规则表示：

检索（用户名，书号）:—用户（用户名，X）and 书籍（书号，X）

它的含义是：如果某个用户对项目 X 感兴趣，并且某本书籍中包含项目 X，那么这个用户对该书籍感兴趣。

用户的提问可用无头 Horn 子句表示：

?:—E, F

或者

?E, F

它的意思是，查找 X 使得 E、F 均为真。

3. 知识库

事实和规则的集合就构成了知识库，知识库的例子如下：

书籍（00001，云计算，张三，电子工业出版社，2015，云计算技术）；

书籍（00002，大数据，李四，清华大学出版社，2016，云计算大数据技术）；

书籍（00003，人工智能，王万森，北京邮电大学出版社，2016，云计算大数据技术）；

用户（张明，云计算大数据技术）；

用户（张亮，云计算技术）；

检索（用户名，书号）:—用户（用户名，X）and 书籍（书号，X）

基于以上知识库就可以执行检索操作。Prolog 查找机制解决用户提问，是利用定理证明技术叫做归结（resolution）。检索例子如下：

?书籍（云计算，张三）

系统用提问谓词"书籍"与知识库中的事实进行匹配成功，回答为"true"。

?书籍（大数据，2017）

回答为 false。

?书籍(人工智能,出版日期)

回答:出版日期 = 2016。其中,"出版日期"是变量。

?书籍(著者,云计算大数据技术)

对于该提问,系统查找使提问为真的所有变量值,结果为:著者 = "李四"和著者 = "王万森"。

?检索(张明,X)

其检索处理如下。① 自上而下搜索知识库,查找与提问目标匹配的事实,失败。于是用目标匹配规则的结论部分,变量"用户名"的值约束为"张明",然后执行演绎推理求得答案。变量"用户名"的值传递给规则前提的所有子目标。② 系统证明前提部分中第一个子目标"用户(张明,X)",在知识库里寻找与其匹配的事实,匹配成功,变量X的值约束为"云计算大数据技术"。③ 第二个子目标为"书籍(书号,云计算大数据技术)"。同理,搜索知识库,子目标匹配两条书籍事实,书号的值为00002与00003,张明检索到两条书籍信息。

2.2.4 谓词逻辑表示的特点和问题

谓词逻辑的知识表示具有如下优点。

(1)逻辑表示是说明型表示,和其他知识表示形式相比,它是一种接近于自然语言的形式语言,使得句子很容易被人们理解。

(2)谓词逻辑能很准确地表示知识。

(3)它拥有通用的逻辑演算方法和推理规则,并保证推理过程的完全性。

(4)模块性能较好,谓词逻辑表示方法可以把知识分成小单元,用模块的形式来存储。

另一方面,这种表示方法所能表示的事物过于简单,不能很方便地描述有关领域中的复杂结构。此外,使用这种方法的效率低,逻辑推理过程往往太冗长,当用于大型知识库时,可能会发生"组合爆炸"。

2.3 产生式规则表示法

产生式规则(production rules)是逻辑蕴含、操作、推理规则以及各种关系(包括经验性联想)的一种逻辑抽象。这种表示法是以操作

（即过程）为中心的方法。它很适合于描述建议、指示及策略等有关知识，尤其专家的启发式知识。

依据逻辑推理的需要，产生式规则有不同的表达形式。依据推理的方向，产生式规则分为正向规则（forward rule）和逆向规则（backward rule）；依据逻辑的确定性，产生式规则可分为确定规则和不确定规则；依据规则对知识内容的概括程度，又可分为特殊性规则和一般性规则；依据使用功能还有元规则。

2.3.1 正向规则和逆向规则

正向规则的一般形式是：

如果＜前提＞则＜结论＞（if premise then conclusion）

或

如果＜情况＞则＜行为＞（if case then action）

前提可由一个或多个条件组成，可使用逻辑运算符and及or连接起来，结论则仅包含一个条件。一条规则表示中，结论要在逻辑上或行为方式上符合前提条件。在调用一条规则时，系统首先检查前提的值是否为真：若前提为假，系统就停止处理该规则；若前提为真，则结论的值也为真，或执行结论中有关行为。例如，如果"体温超过37.5℃"则"提示发烧"。

逆向规则的一般形式是：

＜结论＞如果（if）＜前提＞

在这种格式中，前提和结论的顺序被逆转，所以称它为逆向规则（backward rule）。在Prolog语言中，if用"：—"代替。例如，"提示发烧"，如果"体温超过37.5℃"。

这两种格式都是常用的表示形式。

2.3.2 确定和不确定规则

在知识表示中一些规则可能是真的，但规则也不全都是真的。有些规则可能是不确定的或不精确的规则。可以在规则中加入确定性因子来表达不确定知识，规则的确定性因子表示了规则为真的程度。

例如，如果"体温超过37.5℃"，并且"伴随咳嗽"，则"有80%的把握：这个人感冒了"。其中，80%表示了结论"感冒"的确定性因子。

2.3.3 特殊和一般性规则

知识表示中的规则也可以根据不同的概括级别分为特殊规则和一般性规则。规则表达地越一般，则应用越广泛。如下面例子中的规则1和规则2为特殊规则，可以整理表达成一般性规则，应用的范围就广一些。

规则1：

如果"一个成人体温每上升1℃"则"心跳会增加6～10次/分"。

规则2：

如果"一个儿童体温每上升1℃"，则"儿童心跳会增加15～20次/分"。

可将这两条特殊规则表达为一条一般性规则。

规则3：

如果"一个人体温每上升1℃"，则"心跳会增加5～20次/分"。

将几个特殊规则表达为一般性规则的优点是可将规则用于一般情况。如上面的规则3就可用于所有人，当增加新的人群分类，不需增设新的规则。因此，应用一般性规则，可以从相当少的规则推导出许多结论。所以与规则的对象类或知识结构相同的所有规则都将为真。规则3中的"人"起一个变量的作用，它可匹配许多不同类的人群，比如中学生、大学生、老年人等。因此在规则中使用变量，可使规则较一般化。但是，应用一般性规则时必须小心，因为规则越一般，越有可能存在例外。有时仅用一般性规则，不能区分具体事物之间的差异，可能会产生模糊知识，需要设置一些较特殊的规则来识别差异，消除模糊性。

2.3.4 元规则（metarules）

目前，规则表示法中存在许多使用规则的方法，但是其中有一种规则用于控制其他规则的行为，这种规则称为元规则。当知识库中的规则逐渐增多时，就必须开发元规则来组织和管理知识库中规则的活动。

例如：

如果"顾客的年龄大于65岁"（规则集合1），

且"规则集合1的前提中包含热爱广场舞的信息"（规则集合2），

且"规则集合1的前提中包含无心脏疾病的信息"（规则集合3），

则"优先应用规则集合1，后用规则集合2"。

建立这种元知识是困难的，因为元规则是更一般性的规则，常存在例外。在上例中，也许存在一些老年人，他们热爱广场舞，身体可能具有心脏病。

2.4 语义网络表示

知识常常是一种很复杂的结构化的信息集合。产生式规则和谓词逻辑虽然是重要的知识表示方法，但是对结构较复杂的知识来说，进行清晰的知识表示就显得困难。然而采用结构表示法的语义网络和框架方法，则可以表示任何复杂的知识结构。

语义网络（semantic networks）是由奎利恩（Quillian）作为人类联想记忆的一个显式心理学模型提出的。1970年，西蒙（Simmon）将语义网络用在自然语言理解的研究中，正式提出了语义网络的概念。

2.4.1 基本语义关系

语义网络通过概念及其语义关系组成的有向图来表达知识和描述语义。一个语义网络是由一些有向图表示的三元组（节点1，弧，节点2）连接而成的。节点用来表示物理实体、概念或者状态，弧表示节点1与节点2之间的关系。三元组用图表示，称为一个基本网元，如图2.2所示。

其中，A，B分别代表两个节点，R_{AB}表示A与B之间的某种语义关系。

弧的定义有多种方法，依赖于所表示的知识类型。弧所表示的各种关系可以归纳为以下五类。

1. 类属关系

类属关系（a-kind-of）是指具有共同性质的不同事物间的分类关系、成员关系或实例关系。例如，哺乳动物是动物的一种类型，张明是一名共青团员，马云是一名中国人。如图2.3所示。

2. 包含关系（部分与整体之间的关系）

包含关系（part-of）表示子集合与集合之间的关系。例如，大脑是人体的一部分，也就是大脑是人体的子集。如图2.4所示。

3. 属性关系（有、能……）

属性关系是指事物和其属性之间的关系。

have：含义为"有"，表示一个结点具有另一个属性。例如，猫

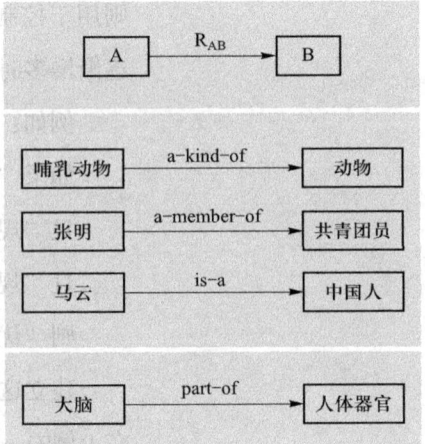

图2.2 基本网元

图2.3 类属关系

图2.4 包含关系

有毛。图形化表示如图2.5所示。

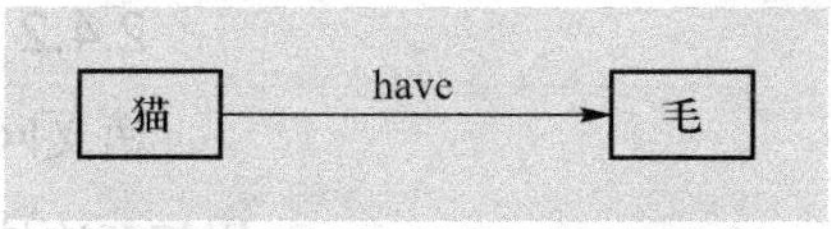

can：含义是"能""会"，表示一个事物能做另一件事情。例如，鱼会游泳。图形化表示如图2.6所示。

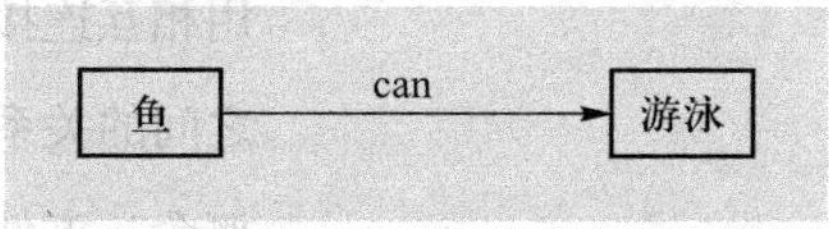

4. 时序关系（之前、之后……）

时序关系是指不同事件在其发生时间上的先后次序关系。

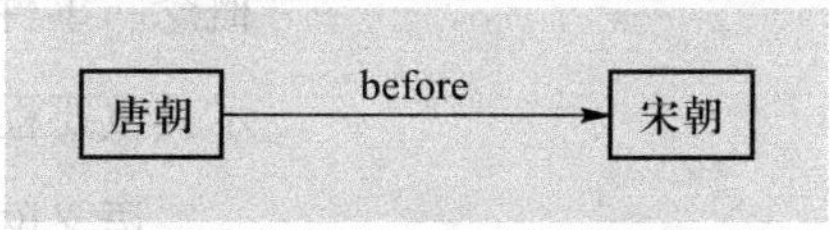

before：表示一个事件在另一个事件之前发生。例如，唐朝在宋朝之前。如图2.7所示。

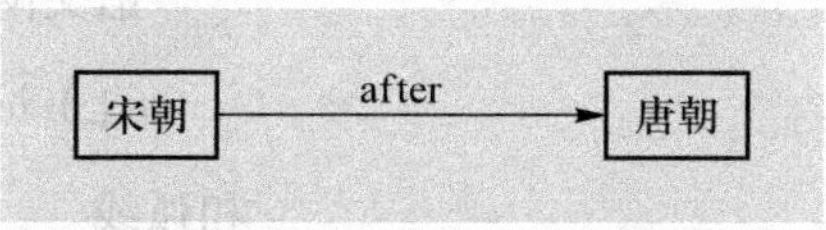

after：表示一个事件在另一个事件之后发生。例如，宋朝在唐朝之后。如图2.8所示。

at：表示某一事件发生的时间。例如，贞观之治出现在唐朝。如图2.9所示。

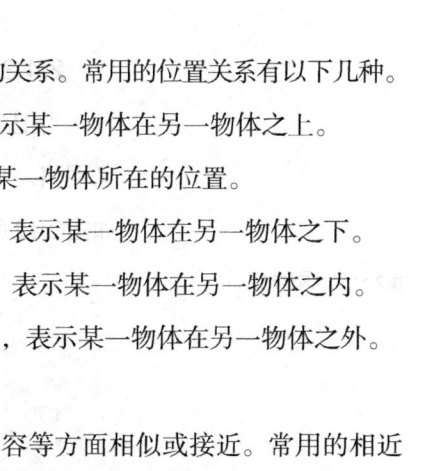

图2.5 属性关系HAVE

图2.6 属性关系can

图2.7 时序关系BEFORE

图2.8 时序关系after

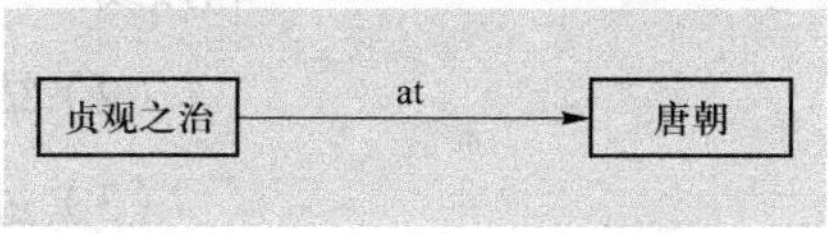

图2.9 时序关系at

5. 位置关系（前方、上方……）

位置关系指不同事物在位置方面的关系。常用的位置关系有以下几种。

located-on：含义为"在上"，表示某一物体在另一物体之上。

located-at：含义为"在"，表示某一物体所在的位置。

located-under：含义为"在下"，表示某一物体在另一物体之下。

located-inside：含义为"在内"，表示某一物体在另一物体之内。

located-outside：含义为"在外"，表示某一物体在另一物体之外。

6. 相近关系（类似、相反……）

相近关系指不同事物在形状、内容等方面相似或接近。常用的相近关系有以下几种。

similar-to：含义为"相似"，表示某一事物与另一事物相似。

near-to：含义为"接近"，表示某一事物与另一事物接近。例如，"猫似虎"。

7. 推论关系等（推出……）

如果一个概念可由另一个概念推出，则称它们存在推论关系。例如，一个人体温超过37.5 ℃，推出这个人发烧。如图2.10所示。

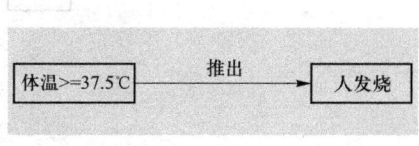

图2.10 推论关系

2.4.2 语义网络的结构

语义网络是知识的图解表示，它的逻辑结构是一种二元关系有向图，用相互连接的结点和边来表示知识。节点表示对象、概念，边表示节点之间的关系。语义网络由结点和弧（有向线段）组成[2]。结点表示事物、概念、事件等，弧表示结点之间的关系。结点和弧也可带有权值，以表示其重要程度。如图2.11所示。

语义网络表示由下列4个相关部分组成。

（1）词法部分：决定词汇表中允许有哪些符号，它涉及各个结点和弧线。

（2）结构部分：叙述符号排列的约束条件，指定各弧线连接的结点对。

（3）过程部分：说明访问过程，这些过程能用来建立和修正描述，以及回答相关问题。

（4）语义部分：确定与描述相关的（联想）意义的方法，即确定有关结点的排列及其占有物和对应弧线。

2.4.3 知识的语义网络表示

当把多个基本网元用相应语义关系关联到一起时，就得到了一个语义网络。例如，把三个基本网元，经合并后就可以得到一个语义网络。如图2.12所示。

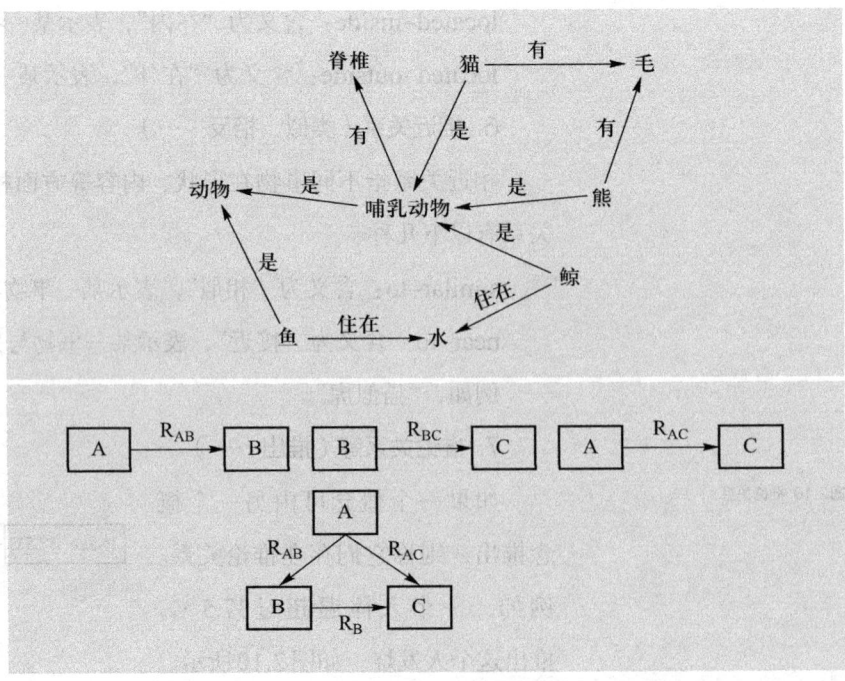

图2.11 语义网络示例

图2.12 语义网络

1. 事实或概念的表示

用结点1表示实体，用结点2表示实体的性质或属性等，用弧表示结点1和结点2之间的语义关系。

例如，动物能运动、会吃；猫是一种动物，猫有皮毛、会跳；鱼是一种动物，鱼生活在水中、会游泳。如图2.13所示。

2. 情况和动作的表示

西蒙（Simmon）提出的知识表示方法中增加了情况结点和动作结点，用一个结点来表示情况或动作。

动作的表示例如：张明给李红一本书。如图2.14所示。

情况的表示例如：清华大学和北京大学两校的排球队在清华大学进行一场比赛，结局的比分是75∶75。如图2.15所示。

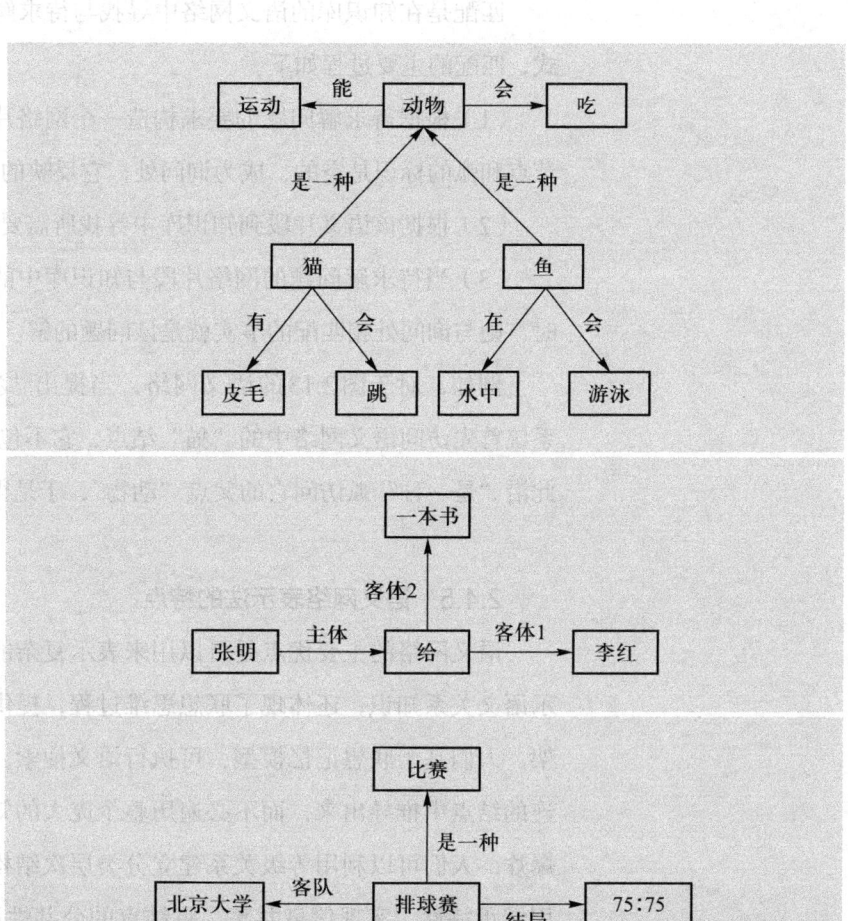

图2.13 事实或概念的表示

图2.14 动作的表示

图2.15 情况的表示

2.4.4 语义网络的推理过程

语义推理指的是依据词项之间的语义关系而进行的推理。例如，从"张明是上海人"可推出"有人是上海人"和"张明是中国人"等。这种推理不同于命题逻辑或谓词逻辑中的形式推理，这种推理所依据的是词项"张明"与"人""上海人"与"中国人"之间具体的语义关系。

语义网络的推理过程主要有以下两种。

1. 继承

继承是把对事物的描述从抽象节点传递到具体节点，通常是沿着 is-a、a-kind-of 等继承弧进行。通过继承可以得到所需节点的一些属性值。例如，猫是动物，继承了动物的会运动和会吃的属性值。

2. 匹配

匹配是在知识库的语义网络中寻找与待求解问题相符的语义网络模式，匹配的主要过程如下。

（1）根据待求解问题的要求构造一个网络片段，该网络片段中有些节点和弧的标识是空的，成为询问处，它反映的是待求解的问题。

（2）根据该语义片段到知识库中寻找所需要的信息。

（3）当待求解问题的网络片段与知识库中的某语义网络片段相匹配时，则与询问处相匹配的事实就是该问题的解。

例如，对于图 2.13 的语义网络，当提出"猫会吃吗？"这一问题，系统首先访问语义网络中的"猫"结点，它不包含结构描述"会吃"，因此沿"是一种"弧访问它的父点"动物"，于是得到解答"猫会吃"。

2.4.5 语义网络表示法的特点

语义网络的主要优点是可以用来表示复杂的知识结构，它侧重于表示语义关系知识，还体现了联想思维过程，提供了很自然的知识表示构架。人们基于联想记忆模型，可执行语义搜索，把相关事实从其直接相连的结点中推导出来，而不必遍历整个庞大的知识库，从而避免了组合爆炸。人们可以利用等级关系建立分类层次结构实现继承推理；也可利用继承特性，实现信息共享，将结点的公共性质存放于较高层结点中，可被子孙结点继承。因此语义网络很适合表示专业领域知识，如叙词表。

语义网络的主要缺点是因为目前的网络还缺乏标准的术语和约定，语义解释取决于操作网络的程序，所以造成网络结构复杂，建立和维护知识库较困难。因此网络搜索、调控的执行效率需要制定强有力的原则。在语义网络表示中，由于没有形式语义，没有统一的结构模型，人们根据不同的需求可以构成不同类型的语义网络（如重视联想的、重视推理的、表示词语的等）。人们在应用过程中，一部分网络用说明型方法表示知识，从演绎推理的角度来研究，发展成为另一类实用的知识表示方法，如框架表示法。

2.5 知识图谱表示

随着互联网的发展，网络数据内容呈现爆炸式增长的态势。由于互联网内容的大规模、异质多元、组织结构松散等特点，给人们有效获取信息和知识提出了挑战。因此随着关联开放数据LOD（linking open data）等项目的全面展开，语义Web数据源的数量激增，大量资源描述框架RDF（resource description framework）数据被发布。互联网正从仅包含网页和网页之间超链接的文档万维网（document Web）转变成包含大量描述各种实体和实体之间丰富关系的数据万维网（data Web）。在这个背景下，Google、百度和搜狗等搜索引擎公司纷纷以此为基础构建知识图谱（knowledge graph），分别为知识图谱、知心和知立方，来改进搜索质量，从而拉开了语义搜索的序幕。

2.5.1 知识图谱的定义

正如Google的辛格博士在介绍知识图谱时提到的："The world is not made of strings, but is made of things."，知识图谱旨在描述真实世界中存在的各种实体或概念[3]。其中，每个实体或概念用一个全局唯一确定的ID来标识，称为它们的标识符（identifier）。每个属性-值对（attribute-value pair，AVP）用来刻画实体的内在特性，而关系用来连接两个实体，刻画它们之间的关联。知识图谱亦可看作是一张巨大的图，图中的节点表示实体或概念，而图中的边则由属性或关系构成。

一个知识图谱旨在描述现实世界中存在的实体以及实体之间的关系。知识图谱其初衷是为了提高搜索引擎的能力，改善用户的搜索质量以及搜索体验。随着人工智能的技术发展和应用，知识图谱作为关键技术之一,已被广泛应用于智能搜索、智能问答、个性化推荐、内容分发等领域。现在的知识图谱已被用来泛指各种大规模的知识库。在具体介绍知识图谱的定义前,先来介绍知识类型的定义。

(1)实体:实体指的是具有可区别性且独立存在的某种事物。

世间万物皆为实体,如某一种动物、某一个人、某一种植物、某一种商品。如图2.17的"清华大学""北京大学""复旦大学"等。实体是知识图谱中的最基本元素,不同的实体间存在不同的关系。

(2)语义类(概念):主要指集合、类别、对象类型、事物的种类,如国家、民族、人物、地理等。

(3)内容:内容通常作为实体和语义类的名字、描述、解释等,可以由文本、图像、音视频等来表达。

(4)属性(值):指一个实体指向它的属性值,不同的属性类型对应不同类型属性的边。属性值主要指对象指定属性的值。如图2.17所示的"学部数量""教工数""院系"是几种不同的属性。如"20 916人"。

(5)关系:关系形式化为一个函数,它把K个点映射到一个布尔值。在知识图谱上,关系则是一个把K个图节点(实体、语义类、属性值)映射到布尔值的函数。

根据上述定义,三元组是知识图谱的一种通用表示方式。三元组的基本形式主要包括(实体1-关系-实体2)和(实体-属性-属性值)等。每个实体(概念的外延)可用一个全局唯一确定的ID来标识,每个属性-属性值对AVP可用来刻画实体的内在特性,而关系可用来连接两个实体,刻画它们之间的关联。换句话说,知识图谱是由一条条知识组成,每条知识表示为一个主语-谓语-宾语(SPO)三元组[9],如图2.16所示。

图2.16 SPO三元组

主语(主体)可以是国际化资源标识符(internationalized resource identifiers, IRI)或空白节点(blank node)。

谓语(属性)通常是国际化资源标识符。

宾语(客体)可以是国际化资源标识符、空白节点或常量(literals)。

其中,IRI可以看作是URI或者URL的泛化和推广,它在整个网络或者图中唯一定义了一个实体或资源。

如图2.17的知识图谱例子所示,清华大学是一个实体,北京大学是

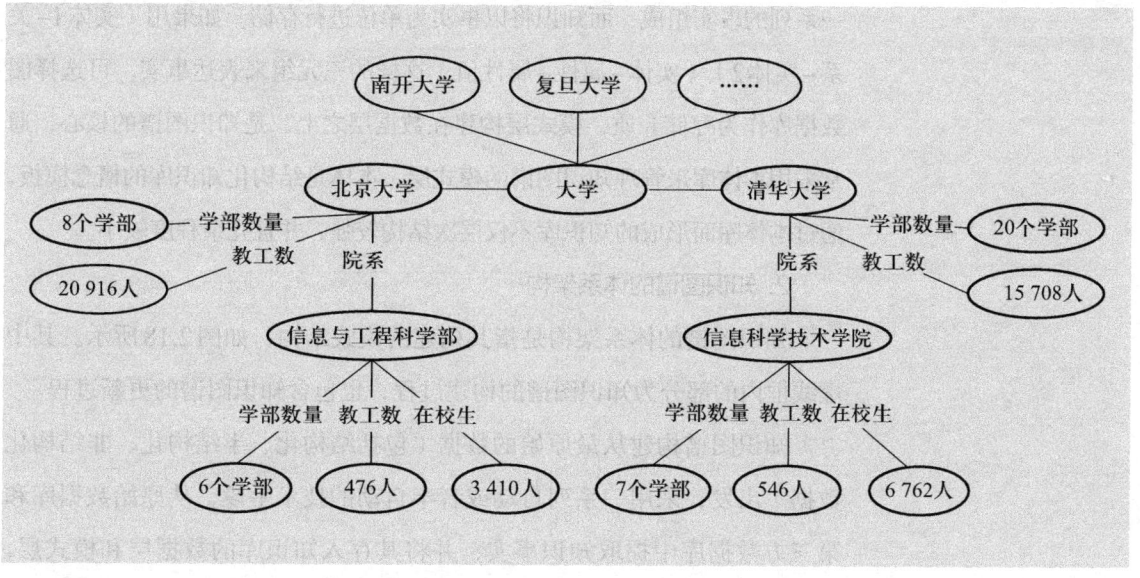

图2.17 知识图谱示例

一个实体,北京大学–院系–信息与工程科学部是一个(实体–关系–实体)的三元组样例。北京大学是一个实体,教工数是一种属性,20 916是属性值。北京大学–教工数–20 916构成一个(实体–属性–属性值)的三元组样例。

为了更好地理解知识图谱,先来看一下其在搜索中的展现形式,即知识卡片(knowledge card,KC)。知识卡片旨在为用户提供更多与搜索内容相关的信息。更具体地说,知识卡片为用户查询中所包含的实体或返回的答案提供详细的结构化摘要。从某种意义来说,它是特定于查询(query specific,QS)的知识图谱。例如,当在某搜索引擎中输入"北京大学"作为关键词时,人们会发现搜索结果页面的右侧原先用于放置广告的地方被有关"北京大学"的知识卡片所取代。广告被移至左上角,而广告下面则显示的是传统的搜索结果,即匹配关键词"北京大学"的文档列表。这个布局上的微调也预示着各大搜索引擎在提高用户体验和直接返回答案方面进行了服务提升。

2.5.2 知识图谱的架构

知识图谱的架构包括自身的逻辑结构以及构建知识图谱所采用的技术(体系)架构。

1. 知识图谱的逻辑结构

知识图谱在逻辑上可分为模式层与数据层两个层次,数据层主要是由一系列的事实组成，而知识将以事实为单位进行存储。如果用（实体1-关系-实体2）、（实体-属性-属性值）这样的三元组来表达事实，可选择图数据库作为存储介质，模式层构建在数据层之上，是知识图谱的核心，通常采用本体库来管理知识图谱的模式层。本体是结构化知识库的概念模板，通过本体库而形成的知识库不仅层次结构较强，并且冗余程度较小。

2. 知识图谱的体系架构

知识图谱的体系架构是指其构建的模式结构，如图2.18所示。其中虚线框内的部分为知识图谱的构建过程，也包含知识图谱的更新过程。

知识图谱构建从最原始的数据（包括结构化、半结构化、非结构化数据）出发，采用一系列自动或者半自动的技术手段，从原始数据库和第三方数据库中提取知识事实，并将其存入知识库的数据层和模式层，这一过程包含信息抽取、知识表示、知识融合、知识推理4个过程，每一次更新迭代均包含这4个阶段。知识图谱主要有自顶向下（top-down）与自底向上（bottom-up）两种构建方式。自顶向下指的是先为知识图谱定义好本体与数据模式，再将实体加入到知识库。该构建方式需要利用一些现有的结构化知识库作为其基础知识库，如Freebase项目就是采用这种方式，它的绝大部分数据是从维基百科中得到的。自底向上指的是从一些开放链接数据中提取出实体，选择其中置信度较高的加入到知识库，再构建顶层的本体模式。目前，大多数知识图谱都采用自底向上的方式进行构建，其中最典型就是Google的Knowledge Vault和微软的Satori知识库，这也比较符合互联网数据内容知识产生的特点。

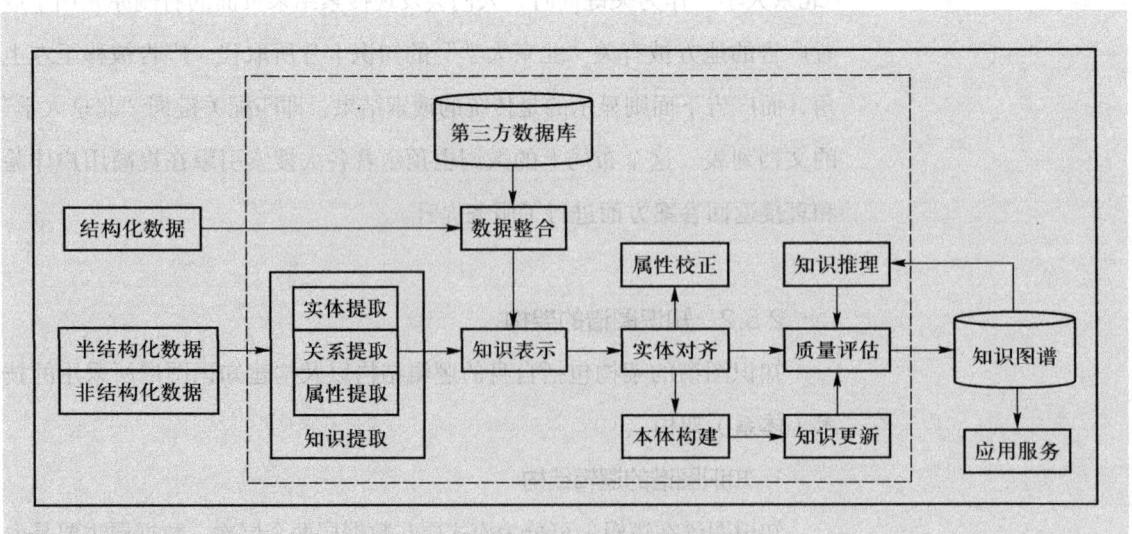

图2.18 知识图谱的体系架构

2.5.3 知识图谱构建的关键技术

从前面的分析得知，构建知识图谱需要大规模知识库，然而大规模知识库的构建与应用需要多种技术的支持。可以通过知识提取技术，从一些公开的半结构化、非结构化和第三方结构化数据库的数据中提取出实体、关系、属性等知识要素。知识表示则通过有效手段对知识要素表示，便于进一步处理使用。然后通过知识融合，可消除实体、关系、属性等指称项与事实对象之间的歧义，形成高质量的知识库。知识推理则是在已有的知识库基础上进一步挖掘隐含的知识，从而丰富、扩展知识库。分布式的知识表示形成的综合向量对知识库的构建、推理、融合以及应用均具有重要的意义。下面将以知识提取、知识表示、知识融合以及知识推理技术为重点，选取代表性的方法，说明知识图谱构建过程中的相关研究进展和实用技术手段。

1. 知识提取

知识提取主要是面向开放的链接数据，通常典型的输入是自然语言文本或者多媒体内容文档（图像或视频）等。然后通过自动化或者半自动化的技术抽取出可用的知识单元，知识单元主要包括实体（概念的外延）、关系以及属性3个知识要素，并以此为基础，形成一系列高质量的事实表达，为上层模式层的构建奠定基础。

（1）实体提取

实体提取也称为命名实体学习（named entity learning）或命名实体识别（named entity recognition），指的是从原始数据语料中自动识别出命名实体。由于实体是知识图谱中的最基本元素，其提取的完整性、准确率、召回率等将直接影响到知识图谱构建的质量。因此，实体提取是知识提取中最为基础与关键的一步。可以将实体提取的方法分为4种：基于百科站点或垂直站点提取、基于规则与词典的方法、基于统计机器学习的方法以及面向开放域的提取方法。基于百科站点或垂直站点提取是一种常规基本的提取方法；基于规则的方法通常需要为目标实体编写模板，然后在原始语料中进行匹配；基于统计机器学习的方法主要是通过机器学习的方法对原始语料进行训练，然后再利用训练好的模型去识别实体；面向开放域的提取将面向海量的Web语料。

① 基于百科站点或垂直站点提取

基于百科站点或垂直站点提取这种方法是从百科类站点（如维基百

科、百度百科、互动百科等）的标题和链接中提取实体名。这种方法的优点是可以得到开放互联网中最常见的实体名，其缺点是对于中低频的覆盖率低。与一般性通用的网站相比，垂直类站点的实体提取可以获取特定领域的实体。例如，从豆瓣网各频道（音乐、读书、电影等）获取各种实体列表。这种方法主要是基于爬取技术来实现和获取。基于百科类站点或垂直站点实体提取法是实体提取中最常规和最基本的方法。

② 基于规则与词典的实体提取方法

早期的实体提取是在限定文本领域、限定语义单元类型的条件下进行的，主要采用的是基于规则与词典的方法，例如，使用已定义的规则，提取出文本中的人名、地名、组织机构名、特定时间等实体。也有人实现了一套能够提取公司名称的实体提取系统，其中主要用到了启发式算法与规则模板相结合的方法。然而，基于规则模板的方法不仅需要依靠大量的专家来编写规则或模板，覆盖的领域范围有限，而且很难适应数据变化的新需求。

③ 基于统计机器学习的实体提取方法

鉴于基于规则与词典实体的局限性，为使实体提取方法更具有可扩展性，相关研究人员将机器学习中的监督学习算法用于命名实体的提取问题上。例如，利用 K 最近邻（k-nearest neighbor，kNN）算法与条件随机场模型，实现了对 Twitter 文本数据中实体的识别。单纯的监督学习算法在性能上不仅受到训练集合的限制，并且算法的准确率与召回率都不够理想。相关研究者认识到监督学习算法的制约性后，尝试将监督学习算法与规则相互结合，取得了一定的成果。随着深度学习的兴起应用，基于深度学习的命名实体识别得到广泛应用。其中有一种基于双向长短期记忆网络（long short-term memory，LSTM）是深度神经网络和条件随机场的识别方法，在测试数据上取得了最好的表现结果。

④ 面向开放域的实体提取方法

针对如何从少量实体实例中自动发现具有区分力的模式，进而扩展到在海量文本中给实体做分类与聚类的问题，有研究者提出了一种通过迭代方式扩展实体语料库的解决方案，其基本思想是通过少量的实体实例建立特征模型，再通过该模型应用于新的数据集得到新的命名实体。还有研究者提出了一种基于无监督学习的开放域聚类算法，其基本思想是基于已知实体的语义特征在搜索日志中识别出命名的实体，然后进行聚类。

(2）语义类提取

语义类提取是指从文本中自动提取信息来构造语义类并建立实体和语义类的关联，作为实体层面上的规整和抽象。语义类提取方法包含三个模块：并列相似度计算、上下位关系提取以及语义类生成。

① 并列相似度计算

并列相似度计算其结果是词和词之间的相似性信息，例如，三元组（苹果-梨-s1）表示苹果和梨的相似度是s1。两个词有较高的并列相似度的条件是它们具有并列关系（即同属于一个语义类），并且有较大的关联度。按照这样的标准，北京和上海具有较高的并列相似度，而北京和汽车的并列相似度很低（因为它们不属于同一个语义类）。对于海淀、朝阳、闵行三个市辖区来说，海淀和朝阳的并列相似度大于海淀和闵行的并列相似度（因为前两者的关联度更高）。

当前主流的并列相似度计算方法有分布相似度法（distributional similarity）和模式匹配法（pattern matching）。分布相似度方法基于哈里斯（Harris）的分布假设（distributional hypothesis），即经常出现在类似的上下文环境中的两个词具有语义上的相似性。分布相似度方法的实现分三个步骤：第一步，定义上下文；第二步，把每个词表示成一个特征向量，向量每一维代表一个不同的上下文，向量的值表示本词相对于上下文的权重；第三步，计算两个特征向量之间的相似度，将其作为它们所代表的词之间的相似度。模式匹配法的基本思路是把一些模式作用于源数据，得到一些词和词之间共同出现的信息，然后把这些信息聚集起来生成单词之间的相似度。模式可以是手工定义的，也可以是根据一些种子数据而自动生成的。分布相似度法和模式匹配法都可以用来在数以百亿计的句子中或者数以十亿计的网页中抽取词的相似性信息。

② 上下位关系提取

可以从文档中提取词的上下位关系信息，生成（下义词，上义词）数据对，例如（狗，动物）、（悉尼，城市）。提取上下位关系最简单的方法是解析百科类站点的分类信息（如维基百科的"分类"和百度百科的"开放分类"）。这种方法的主要缺点有：并不是所有的分类词条都代表上位词，如百度百科中"狗"的开放分类"养殖"就不是其上位词；生成的关系图中没有权重信息，因此不能区分同一个实体所对应的不同上位词的重要性；覆盖率偏低，即很多上下位关系并没有包含在百科站点的分类信息中。

③ 语义类生成

语义类生成模块包括聚类和语义类标定两个子模块。聚类的结果决定了要生成哪些语义类以及每个语义类包含哪些实体，而语义类标定的任务是给一个语义类附加一个或者多个上位词作为其成员的公共上位词。此模块依赖于并列相似性和上下位关系信息来进行聚类和标定。有些研究工作只根据上下位关系图来生成语义类，但经验表明并列相似性信息对于提高最终生成的语义类的精度和覆盖率都至关重要。

（3）属性和属性值提取

属性提取的任务是为每个本体语义类构造属性列表（如城市的属性包括面积、人口、所在国家、地理位置等），而属性值提取则为一个语义类的实体附加属性值。属性和属性值提取能够形成完整的实体概念的知识图谱维度。常见的属性和属性值提取方法包括从百科类站点中提取，从垂直网站中进行包装器归纳，从网页表格中提取，以及利用手工定义或自动生成的模式从句子和查询日志中提取。

常见的语义类或实体的常见属性和属性值可以通过解析百科类站点中的半结构化信息（如维基百科的信息盒和百度百科的属性表格）而获得。尽管通过这种简单手段能够得到高质量的属性，但同时需要采用其他方法来增加覆盖率（即为语义类增加更多属性以及为更多的实体添加属性值）。

由于垂直网站（如电子产品网站、图书网站、电影网站、音乐网站）包含有大量实体的属性信息，如图书的网页中包含了图书的作者、出版社、出版时间、评分等信息。通过基于一定规则模板建立，便可以从垂直站点中生成包装器（或称为模版），并根据包装器来提取属性信息。从包装器生成的自动化程度来看，这些方法可以分为手工法（即手工编写包装器）、监督方法、半监督法以及无监督法。考虑到需要从大量不同的网站中提取信息，并且网站模板可能会更新等因素，无监督包装器归纳方法显得更加重要和现实。无监督包装器归纳的基本思路是利用对同一个网站下面多个网页的超文本标签树的对比来生成模板。不同网页的公共部分往往对应于模板或者属性名，不同的部分则可能是属性值，而同一个网页中重复的标签块则预示着重复的记录。

属性提取的另一个信息源是网页表格。表格的内容对于人来说一目了然，而对于机器而言，情况则要复杂得多。由于表格类型千差万别，很多表格制作得不规则，加上机器缺乏人所具有的背景知识等原因，从网页表格中提取高质量的属性信息成为挑战。

上述三种方法的共同点是通过挖掘原始数据中的半结构化信息来获取属性和属性值。与通过"阅读"句子来进行信息抽取的方法相比，这些方法绕开了自然语言理解这样一个"硬骨头"而试图达到以柔克刚的效果。在现阶段，计算机知识库中的大多数属性值确实是通过上述方法获得的。但现实情况是只有一部分的人类知识是以半结构化形式体现的，而更多的知识则隐藏在自然语言句子中，因此直接从句子中抽取信息成为进一步提高知识库覆盖率的关键。

当前从句子和查询日志中提取属性和属性值的基本手段是模式匹配和对自然语言的浅层处理。此过程分两个步骤，第一个步骤通过将输入的模式作用到句子上而生成一些（词，属性）元组，这些数据元组在第二个步骤中根据语义类进行合并而生成（语义类，属性）关系图。在输入中包含种子列表或者语义类相关模式的情况下，整个方法是一个半监督的自举过程，分以下三个步骤。

- 模式生成：在句子中匹配种子列表中的词和属性从而生成模式。模式通常由词和属性的环境信息而生成。
- 模式匹配。
- 模式评价与选择：通过生成的（语义类，属性）关系图对自动生成的模式的质量进行自动评价并选择高分值的模式作为下一轮匹配的输入。

（4）关系提取

关系提取的目标是解决实体语义链接的问题。关系的基本信息包括参数类型、满足此关系的元组模式等。例如，关系 BeCapitalOf（表示一个国家的首都）的基本信息如下：

参数类型：（Capital，Country）

模式：

{0}be the capital of {1}

{0}be the capital in {1}

……

元组：（北京，中国）；（华盛顿，美国）；Capital 和 Country 表示首都和国家两个语义类。

早期的关系提取主要是通过人工构造语义规则以及模板的方法识别实体关系。随后，实体间的关系模型逐渐替代了人工预定义的语法与规则。但是仍需要提前定义实体间的关系类型。现在的关系提取方式有开放式实体关系提取和基于联合推理的实体关系提取。

2. 知识表示

传统的知识图谱知识表示方法主要是以资源描述框架RDF的三元组SPO来符号性描述实体之间的关系。这种表示方法通用简单，受到广泛认可，但是其在计算效率、数据稀疏性等方面面临诸多问题。近年来，以深度学习为代表的表示学习技术取得了重要的进展，可以将实体的语义信息表示为稠密低维实值向量，进而在低维空间中高效计算实体、关系及其之间的复杂语义关联，对知识库的构建、推理、融合以及应用均具有重要的意义。

（1）代表模型

知识表示学习的代表模型有距离模型、单层神经网络模型、双线性模型、神经张量模型、矩阵分解模型、翻译模型等。

① 距离模型

距离模型提出了知识库中实体和关系的结构化表示方法（structured embedding，SE），其基本思想是：首先将实体用向量进行表示，然后通过关系矩阵将实体投影到实体关系对应的向量空间中，最后通过计算投影向量之间的距离来判断实体间已存在的关系的置信度。缺点是由于距离模型中的关系矩阵是两个不同的矩阵，使得协同性较差。

② 单层神经网络模型

针对距离模型中的缺陷，提出了采用单层神经网络的非线性模型（single layer model，SLM），模型为知识库中每个三元组(h, r, t)定义了一个评价函数。单层神经网络模型的非线性操作虽然能够进一步刻画实体在关系下的语义相关性，但在计算开销上却大大增加。

③ 双线性模型

双线性模型又叫隐变量模型LFM（latent factor model），主要是通过基于实体间关系的双线性变换来刻画实体在关系下的语义相关性。模型不仅形式简单、易于计算，而且还能够有效刻画实体间的协同性。

④ 神经张量模型

神经张量模型，其基本思想是：在不同的维度下，将实体联系起来，表示实体间复杂的语义联系。神经张量模型在构建实体的向量表示时，是将该实体中所有单词的向量取平均值，这样一方面可以重复使用单词向量构建实体，另一方面将有利于增强低维向量的稠密程度以及实体与关系的语义计算。

⑤ 矩阵分解模型

通过矩阵分解的方式可得到低维的向量表示，故不少研究者提出可采用该方式进行知识表示学习，知识库中的三元组集合被表示为一个三阶张量，如果该三元组存在，张量中对应位置的元素被置1，否则置为0。

⑥ 翻译模型

将知识库中实体之间的关系看成是实体间的某种平移，并用向量表示。该模型的参数较少，计算的复杂度显著降低。与此同时，翻译模型在大规模稀疏知识库上也同样具有较好的性能和可扩展性。

（2）复杂关系模型

知识库中的实体关系类型也可分为1-to-1、1-to-N、N-to-1、N-to-N 4种类型，而复杂关系主要指的是1-to-N、N-to-1、N-to-N 3种关系类型。下面将着重介绍其中的几项代表性工作。

① TransH模型

TransH模型尝试通过不同的形式表示不同关系中的实体结构，对于同一个实体而言，它在不同的关系下也扮演着不同的角色。TransH模型使不同的实体在不同的关系下拥有了不同的表示形式，但由于实体向量被投影到了关系的语义空间中，故它们具有相同的维度[9]。

② TransR模型

由于实体、关系是不同的对象，不同的关系所关注的实体的属性也不尽相同，将它们映射到同一个语义空间，在一定程度上就限制了模型的表达能力。TransR模型首先将知识库中的每个三元组(h, r, t)的头实体与尾实体向关系空间中投影，然后希望满足给定的约束关系，最后计算损失函数。

③ TransD模型

考虑到在知识库的三元组中，头实体和尾实体表示的含义、类型以及属性可能有较大差异，TransR模型使它们被同一个投影矩阵进行映射，在一定程度上就限制了模型的表达能力。除此之外,将实体映射到关系空间体现的是从实体到关系的语义联系,而TransR模型中提出的投影矩阵仅考虑了不同的关系类型,而忽视了实体与关系之间的交互。因此,TransD模型分别定义了头实体与尾实体在关系空间上的投影矩阵。

④ TransG模型

TransG模型认为一种关系可能会对应多种语义,而每一种语义都可以用一个高斯分布表示。TransG模型考虑到了关系r的不同语义,使用高斯混合模型来描述知识库中每个三元组(h, r, t)头实体与尾实体之间的关系,具有较高的实体区分。

2.5.4 知识图谱在搜索中的典型应用

1. 查询理解

搜索引擎借助知识图谱来识别查询中涉及的实体(概念)及其属性等,并根据实体的重要性展现相应的知识卡片。搜索引擎并非展现实体的全部属性,而是根据当前输入的查询自动选择最相关的属性及属性值来显示。此外,搜索引擎仅当知识卡片所涉及的知识的正确性很高(通常超过95%,甚至达到99%)时,才会展现。当要展现的实体被选中之后,利用相关实体挖掘来推荐其他用户可能感兴趣的实体供进一步浏览。

2. 问题回答

除了展现与查询相关的知识卡片,知识图谱给搜索带来的另一个革新是:直接返回答案,而不仅仅是排序的文档列表。要实现自动问答系统,搜索引擎不仅要理解查询中涉及的实体及其属性,更需要理解查询所对应的语义信息。搜索引擎通过高效的图搜索,在知识图谱中查找连接这些实体及属性的子图并转换为相应的图查询。这些翻译过的图查询被进一步提交给图数据库进行回答返回相应的答案。

2.6 框架表示法

人们试图用以往的经验来分析和解释当前遇到的情况,当然,人们无法把过去的经验一一都存在脑子里,而只能以一个通用的数据结构的形式存储以往的经验,这样的数据结构称为框架。框架表示法提供了一个结构、一种组织,在这个结构或组织中,新的资料可以用从过去的经验中得到的概念来分析和解释。因此,框架是一种结构化表示法,是一种层次的、组合式的知识表示方法。

框架方法采用与语义网络相同的图形表示,由一组框架结点及其相互关系组成一个结构化的整体,称为框架系统。框架系统可被组织为严格的层次结构(树结构)或层次的网结构,适合于表示等级结构的知识。

框架系统中的框架结点(简称框架或结点),它是表示知识的单位,可以描述事实、对象和概念。

2.6.1 框架的构成

一个框架表示一个由属性集合组成的对象或概念。框架的基本结构中包含以下4种知识成分。

1. 名字

框架具有唯一的名字,它提供一个标志,可为任何常量。

2. 描述

描述是框架的主体,由任意有限数目的槽组成。这些槽是数据和过程的组合模块,用于描述对象的性质(属性)或连接不同的其他框架。每个槽包含槽的名字和槽的值。一个框架中的每个槽具有唯一的名字,它局限于框架。因而不同的框架可以包含相同的槽名,例如年龄表示为槽,可被用于表示不同人的框架中,而不会发生概念的冲突。每个槽有一个值侧面(存放属性值),它可具有一个或多个值,也可以是默认值。默认值是在缺乏更具体的知识时被假定的一个值。例如,法官可能是诚实的,但不一定都是,根据一般的情况,可以假定法官是诚实的。有些情况,根据对象的类型可知它必须具有某种特征,但不知道该特征的具体值,又不能设默认值。例如,一个人必定具有年龄而不知道具体值,可以认为表示年龄的默认值是"无"。

3. 约束

约束是每个槽可包含一组相关约束条件,如约束槽值的类型、数量等。这些约束可用若干侧面表示。一种侧面表示槽值的最少和最多个数。另一种侧面描述槽值的类型和取值范围,如一个人的年龄必须是整型数字。还有一种侧面是附加过程:如果加入过程(if…added)、如果删除过程(if…deleted)、如果需要过程(if…needed),它们描述对象的行为特征，用于控制槽值的存储和检索。

4. 关系

关系表达框架对象之间的知识关联，包括：等级关系、语义相似关系、语义相关关系等静态关联，还有框架之间的互操作等动态关联。每个框架可以有一个或多个父辈结点，通过父-子链表达等级关系。框架中槽的值也可以是连接其他框架的链值。因此，框架可以通过槽的值相互关联，还可以使用规则相互动态连接。当一个系统中的各个不同框架共享同一个槽时，这个槽可以把从不同角度收集来的信息相互协调起来。

一个框架的基本结构由框架名、关系、槽、槽值及槽的约束条件与附加过程所组成。框架的一般描述形式如下：

［框架名］

［关系］

［槽名1］［值1］［约束1］［过程1］

［槽名2］［值2］［约束2］[过程2]

……

［槽名n］［值n］［约束n］［过程n］

例如，一个描述"大学教师"的框架如下：

框架名——大学教师

类属——职业：（教师）

槽名——学位：（学士，硕士，博士），默认值：硕士

槽名——专业：（学科专业）

槽名——职称：（助教，讲师，副教授，教授），默认值：讲师

槽名——外语：

侧面名——语种：（英，法，日，俄），默认值：英

侧面名——水平：（优，良，中，差），默认值：良

说明：

（1）框架中槽的约束条件用于约束待填充槽所允许的取值范围，例如上例中关于大学教师职称的取值范围。槽的约束条件还可以通过调用其他槽的值来获得。例如，某公司的雇员允许的年龄值可能依赖于这个雇员的性别，因为性别不同的人，退休年龄不一样。

（2）框架中槽的默认值是通常情况下假定使用的值，通常代表大部

分实体具有的特性。例如，大部分大学教师懂英语，因此上例中外语语种的默认值为英语。默认值有正确和不正确之分。

一个框架可以表达一个类对象，称为类结点（或原型框架）。它还可表达一个具体实体对象，称为实例结点（或实例框架）。只有在框架中填入具体的值，才能表示一个特定的实体，这个过程叫做框架的实例化。我们用kind of表示类之间的类属关系，用inst of表示实例与类之间的关系。

2.6.2 框架的推理

框架系统中使用的推理方法可分为如下三种类型。

（1）面向检索的继承推理

这是一种以框架间层次关系的性质继承及利用默认值为主的推理策略。它的意思是低层框架可以继承较高层框架的性质。当检索某槽的值时，而该槽为空（默认值），可从该框架的父辈框架或其祖先框架中继承有关槽值、限制条件或附加过程。

（2）面向过程的推理

框架表示法能把描述型知识与过程型知识的表示组合到同一个数据结构中。因此，可利用槽中的附加过程（或子程序）实现控制。这个程序体放在另外的地方，以供多个框架共同使用。

（3）面向规则的推理

这是在综合运用框架方法和产生式规则表示法的机制中使用的推理方式。框架与规则的连接有两种方式：将规则连入框架和将框架连入规则。

① 将规则连入框架，也就是在框架中包含规则，即用附加过程调用规则集合，来控制信息的存储、检索和推理。但事实上，应用框架中的附加过程执行所有的推理，将起副作用。这种缠结结构产生的后果是，不仅理解和维护是困难的，且效率也低。

② 将框架连入规则，这种方式将规则中的前提和结论表示为框架。在推理中，应用规则控制推理，而用框架组织智能数据库来维护推理所需要的知识。

组合规则和框架方法，可以建立一种知识表示与推理相结合的综合系统。区别哪种知识在框架中描述、哪种知识在规则中描述及规则与框架的连接方法是关键问题。

2.6.3 框架表示法的特点

框架表示法的数据结构和问题求解过程与人类的思维和问题求解过程相似。框架结构表达能力强，层次结构丰富，提供了有效的组织知识的手段，只要对其中某些细节作进一步描述，就可以将其扩充为另外一些框架。框架表示法可以利用过去获得的知识对未来的情况进行预测，而实际上这种预测非常接近人的知识规律，因此可以通过框架来认识某一类事物，也可以通过一些实例来修正框架对某些事物的不完整描述（填充空的框架，修改默认值）。

但是框架表示法与语义网络表示法存在着相似的问题，没有明确的推理机制保证问题求解的可行性和推理过程的严密性；由于许多实际情况与原型存在较大的差异，可能适应性不够强；框架表示法系统中各个子框架的数据结构如果不一致会影响整个系统的清晰性，造成推理的困难。

总之，框架表示法基于认知科学理论来考察问题，应用人类的框架式知识模式去组织人类对真实事物的基本理解。因此，框架方法能捕获领域专家的思考方法，应用专家使用的专门技术充分表达对象和对象之间的关系，并实现概念和术语的简明定义。框架表示法是表示专业领域知识的理想方法。此外，框架表示机制的结构和分类特征提供了知识系统的推理能力，它将关于人类记忆和推理机制的各种研究在某种意义上系统化了。若正确综合使用框架和规则的方法，表示机制将具有更强的功能和灵活性。今后的知识库系统的研究与框架方法密切相关，该方法可能会成为未来的智能与推理模式。

2.7 脚本表示法

脚本表示法1975年由夏克提出，其在知识表示方法上与框架表示法基本类似。脚本表示法把人类生活中各类故事情节的基本概念抽取出来，构成一组原子概念，确定这些原子概念间的相互关系，然后把所有故事情节都用这组原子概念及依赖关系表示出来。

2.7.1 脚本的结构

脚本是框架的一种特殊形式，它用一组槽描述某些事件发生的序列，就像一出剧中每个场次出现的顺序一样，故将这种表示方法称为脚本。不同的是，脚本所表达的不是一种完全通用的结构，它的各个槽和侧面已有固定的意义。一个脚本中应包含以下内容。

（1）开场条件：描述事件发生的前提条件。

（2）角色：描述事件中可能出现的人物的槽。

（3）道具：描述事件中可能出现的有关物体的槽。

（4）场景：描述发生事件的真实顺序。一个事件可有多个场景组成，而每个场景又可以是其他的脚本。

（5）结局：在脚本中描述事件出现后所产生的结果，事件发生以后必须满足的条件。

例如，以一家"餐厅"脚本为例来说明脚本各个部分的组成。

① 进入条件：
- 顾客饿了，需要进餐；
- 顾客有足够的钱。

② 角色：
- 顾客；
- 服务员；
- 厨师；
- 老板。

③ 道具：
- 食品；
- 桌子；
- 菜单；
- 钱。

④ 场景分别如下。

场景1：进入餐厅。
- 顾客走进餐厅；
- 顾客注视桌子；
- 确定往哪儿走；
- 朝确定的桌子走；
- 在桌子旁坐下。

场景2：点菜。
- 服务员给顾客菜单；
- 顾客点菜；
- 顾客把菜单还给服务员；
- 顾客等待服务员送菜。

场景3：等待。
- 服务员告诉厨师顾客所点的菜；
- 厨师做菜；
- 顾客等待。

场景4：上菜进餐。
- 厨师把食品交给服务员；
- 服务员走向顾客；
- 服务员把食品交给顾客；
- 顾客吃食品。

场景5：离开。
- 服务拿来账单；
- 顾客付费给服务员；
- 顾客离开餐厅。

⑤ 结局。
- 顾客吃了饭，不饿了；
- 顾客花了钱；
- 老板赚了钱；
- 餐厅的食品少了；
- 服务员的业绩增加一单。

2.7.2 脚本的推理

通过"餐厅"脚本的描述，可以看出脚本描述事件其实是一个因果链，链头是一组开场条件，只有当这些初始条件满足时，该脚本中的事件才能开始；链尾是一组结果，只有当这一组结果满足时，该脚本中的事件才能结束，以后的事件或事件序列才能发生。在这个因果链中，一个事件和其他前后事件之间相互联系，前面的事件可使当前事件产生，当前事件又可以使后面的事件产生。

2.7.3 脚本的特点

由于脚本是一种框架结构，所以在具体应用前，需要根据环境对脚本中的槽值进行赋值，这个过程成为脚本预先准备。在一个脚本中，场次描述了在一个特定的环境下将要发生的一系列因果关系的事件，因此它能帮助预见未被直接观察到的事实，也可以对一组观测事实进行解释。

由于脚本结构的特殊性，脚本与框架理论相比脚本要呆板得多，知识表示范围也很窄。但是对于一些特定领域，尤其是表达预先构思好的特定知识，脚本表示非常有效。

2.8 本章小结

本章对知识和知识表示的概念进行较为详细的阐述。在引入知识相关概念的基础上，对现有的多种知识表示方法，包括谓词逻辑表示法、产生式规则表示法、语义网络表示法、知识图谱、框架表示法和脚本表示法等进行了介绍，分别从它们的基本思想、工作流程、主要特点以及相互比较等方面进行了分析。

此外知识的表示方法还有，基于过程性知识表示方法、本体技术、状态空间、问题规约等方法。

习题

1. 怎么理解数据、信息和知识三者之间关系？
2. 对下列命题分别写出他们的语义网络。
   （1）刘教授在2017年4月6日给人工智能学院的学生讲"人工智能"课。
   （2）红队与黄队进行足球比赛，最后以1∶0的比分结束。
   （3）植物都有叶和根。草和树都是植物。水草是草，且生长在水中。果树是树，且会结果。苹果树是果树的一种，会结苹果。
3. 按"雇佣框架""雇主框架""雇员框架"的形式写出一个框架系统的描述。
4. 以一场"学术报告"为例来进行脚本的知识表示描述。

参考文献

[1] DE L E W. Extending the Linked Data Cloud with Multilingual Lexical Linked Data [C]// Knowledge Organization, 2013.

[2] ROHITASH C, ABHISHEK G, et al. Evolutionary Multi-task Learning for Modular Knowledge Representation in Neural Networks [J]. Neural Processing Letters, 2018(06).

[3] ZHANG Y Z, LUO X F, ZHANG H, et al. A knowledge representation for unit manufacturing processes[J]. The International Journal of Advanced Manufacturing Technology, 2014 (5-8).

[4] NATHALIE A, FABIEN G. From the knowledge acquisition bottleneck to the knowledge acquisition overflow: A brief French history of knowledge acquisition[J]. International Journal of Human-Computer Studies, 2013 (2).

[5] BRON M, BALOG K, DE R M. Example Based Entity Search in the Web of Data[C]// European Conference on Information Retrieval, 2013.

[6] ZETTLEMOYER L S, COLLINS M. Learning to Map Sentences to Logical form: Structured Classification with Probabilistic Categorical Grammars[C]// Proceedings of the 21st Conference on Uncertainty in Artificial Intelligence, 2015.

[7] ZHANG Y, HE S, LIU K, et al. A Joint Model for Question Answering over Multiple Knowledge Bases[C]// Proceedings of the 30th AAAI Conference on Artificial Intelligence, 2016.

[8] LIN Y, LIU Z, SUN M. Knowledge Representation Learning with Entities, Attributes and Relations[C]// Proceedings of the Twenty-Fifth International Joint Conference on Artificial Intelligence, 2016.

[9] 刘峤，李杨，段宏，等.知识图谱构建技术综述[J].计算机研究与发展，2016(03).

[10] 刘知远，孙茂松，林衍凯，等.知识表示学习研究进展[J].计算机研究与发展，2016(02).

[11] 于戈，谷峪，鲍玉斌，等.云计算环境下的大规模图数据处理技术[J].计算机学报，2011(10).

[12] 袁里驰.基于配价结构和语义依存关系的句法分析统计模型[J].电子学报，2013(10).

[13] 刘康，张元哲，纪国良，等.基于表示学习的知识库问答研究进展与展望[J].自动化学报，2016(06).

第3章 智能搜索

第2章介绍了知识的常用表示方法,这为问题的求解打下了基础。从问题的表示,到问题的求解,这中间需要一个求解的过程。问题的解,并不总是那么显而易见。对于复杂问题的求解,可以有多种策略,基本的策略包括智能搜索和自动推理。本章将介绍智能搜索技术,按照循序渐进的节奏,先从盲目搜索技术谈起,然后讨论较新的启发式搜索技术,最后讨论应用于博弈的搜索技术包括 α-β 剪枝算法和蒙特卡洛树搜索。

3.1 搜索概论

3.1.1 搜索的定义

科学发展观要求建立人与自然相和谐的社会,经济全球化、信息网络化、智能社会化成为当前发展的特征。探索人类智慧的道路,从思维科学走向社会智能科学,是时代的要求,体现了人文与科技的交融[1]。在人工智能领域,所需求解的问题大多具备结构不良或非结构化性质。这类问题通常并不存在"一马平川"式的求解方案。人们发现,很多问题的求解,其实可以通过试探性的搜索来获得。

求解问题的第一步,就是把问题描述清楚,也就是目标的表示,它涉及一种知识表示策略——状态空间表示法。第二步就是搜索策略。这里的"搜索"是指智能系统尝试性地找到目标解的动作序列。

搜索问题可分解为两个关键的子问题:① 搜索什么;② 在哪里搜索。前者是指搜索的解,即目标为何。后者是指搜索空间。搜索空间就是由一系列状态构成。那什么是状态呢?下面来解释这个基础问题。

3.1.2 状态空间表示

定义1 状态(state):为描述不同事物之间的区别,而引入的最少一组变量 $q_0, q_1, \cdots, q_n$ 的有序结合。其形式如下:

$$Q = [q_0, q_1, \cdots, q_n]$$

这里,变量 q_i 称为状态变量。给定某个分类的一组值,一个具体的状态就此确定下来。例如,对于下棋而言,每一个静态的棋局都是一个状态,每走动一步,棋局就不一样,也就是状态不一样。那么 q_i 就是棋局中的每个棋子所处的位置。

定义2 状态空间（state space）：某个问题的全部可能状态或关系集合。

还是拿下棋来举例，它的状态空间，就是指它的每一个合法棋局的全体集合。很显然，由于状态空间可能非常巨大，所以在搜索之前，通常并不会一次性地把所有状态都生成出来，而是渐进式地扩展，"目标"状态就是在每次新展开的状态中搜索。

和普通搜索算法不同的是，对于人工智能系统而言，在问题求解之前，搜索空间是未知的，通常是"走一步、看一步""摸着石头过河"。因此，搜索通常分为两个阶段：① 状态空间的生成阶段；② 在该状态空间中寻找目标解的阶段。对于博弈类游戏，上述特征尤其明显。通常无需把每一个棋局都考虑一遍，而是在对方落子后，方才考虑我方可能走的每一步有利的棋局。

定义3 操作算子（operator）：使问题从一种状态变迁到另外一种状态的操作规则或函数。

$$F = \{f_0, f_1, \cdots, f_m\}$$

操作算子可以是某个动作（如下棋的走步），也可以数学运算符、逻辑运算符等。

有了上面概念上的铺垫，下面可以给出基于状态空间的搜索算法基本流程。

（1）定义状态空间。根据问题的特性，给出相应的状态空间，包括初始状态、目标状态和状态的一般表示形式。

（2）确定操作算子集合：能够作用于一个状态后，迁移到另外一个状态。

（3）确定一组搜索策略，使得能够从初始状态出发，沿着某条路径，到达目标路径。

这样一来，问题的求解过程可归纳为：应用合法的规则和控制策略，去遍历或搜索状态空间，直至找到从初始状态到目标状态的某个路径。在这个过程中，要涉及两类函数：① 目标检测函数，用来确定某个状态是不是目标状态；② 路径代价函数，对每条路径赋予一定的权重，看走哪条路最划算（代价最小）。

下面举一个案例来说明知识的状态空间表示法。

【例3.1】 八数码问题的状态空间表示法。

在一个九宫格里面放入8个数字，数字只能上下左右移动，并且只能移动到空白处。通过若干次移动后，能把图3.1中左图数字移动成右图数字。

1	2	3
8	6	4
	7	5

→

1	2	3
8		4
7	6	5

图3.1 八数码游戏初始与结果

将九宫格中的格子从左到右，从上至下依次编号成1至9个格子，如图3.2所示。

1号	2号	3号
4号	5号	6号
7号	8号	9号

图3.2 八数码游戏格子编号

则状态空间中的初始状态为：$Q_1 = [1, 2, 3, 8, 6, 4, X, 7, 5]$。其中$X$代表该位置的数字为空。现在如图3.3所示，有以下几种操作算子。

f_1 = 数字8移动到X位上。产生对应的状态为：$Q_2 = [1, 2, 3, X, 6, 4, 8, 7, 5]$。

f_2 = 数字7移动到X位上。产生对应的状态为：$Q_3 = [1, 2, 3, 8, 6, 4, 7, X, 5]$。

f_3 = 数字1移动到X位上。产生对应的状态为：$Q_4 = [X, 2, 3, 8, 6, 4, 1, 7, 5]$。

f_4 = 数字6移动到X位上。产生对应的状态为：$Q_5 = [1, 2, 3, 8, X, 4, 6, 7, 5]$。

f_5 = 数字5移动到X位上。产生对应的状态为：$Q_6 = [1, 2, 3, 8, 6, 4, 5, 7, X]$。

f_6 = 数字6移动到X位上。产生对应的状态为：$Q_7 = [1, 2, 3, 8, X, 4, 6, 7, 5]$。

则操作算子的集合$F = \{f_1, f_2, f_3, f_4, f_5, f_6\}$，目标状态为$Q_7 = [1, 2, 3, 8, X, 4, 6, 7, 5]$。

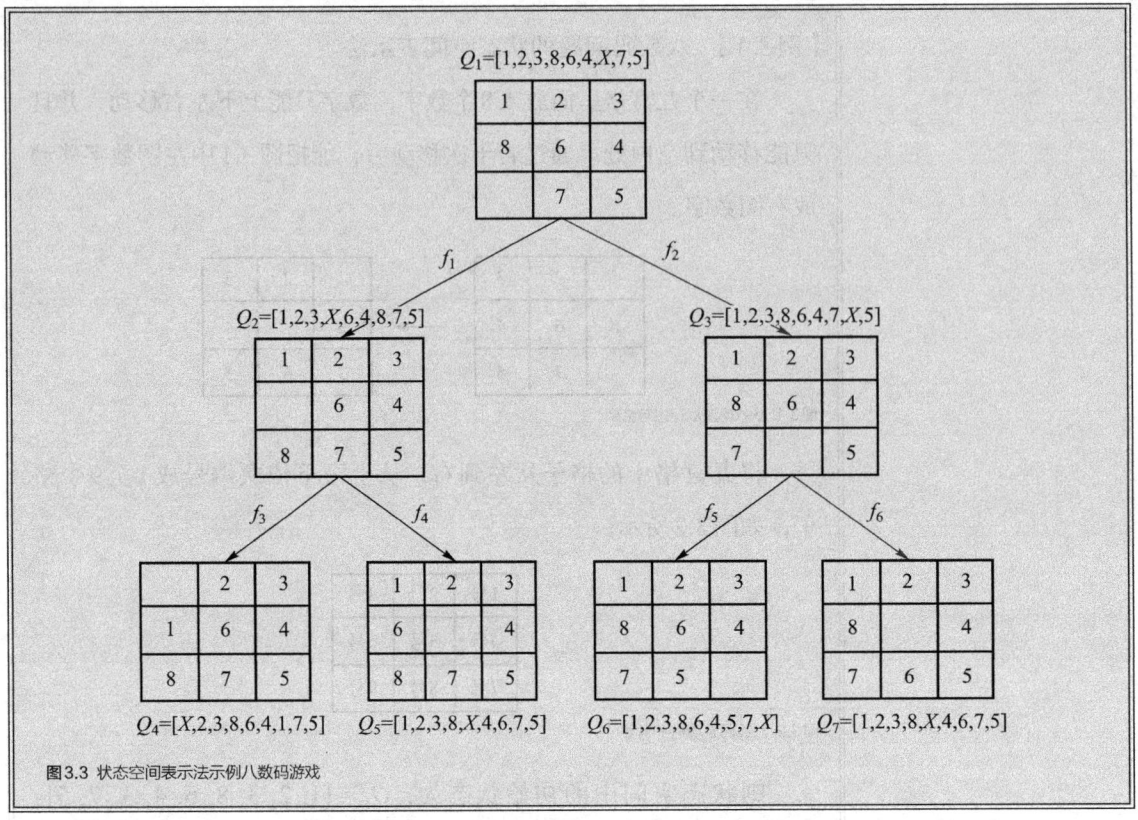

图3.3 状态空间表示法示例八数码游戏

3.2 盲目搜索

盲目搜索（blind search）又叫非启发式搜索（uninformed search），它只会按预定的搜索策略进行搜索，而不会考虑问题本身的特性而做变通，它唯一能区分的就是，下一个状态是目标状态（即问题的解）还是非目标状态。因此，盲目搜索一般只适用于求解比较简单的问题。下面介绍两种典型的盲目搜索方法：宽度优先搜索和深度优先搜索[2]。

3.2.1 宽度优先搜索

宽度优先搜索（breadth first search，BFS）又称广度优先搜索，是最简便的图搜索算法之一，这一算法也是很多重要的图算法的原型。Dijkstra单源最短路径算法和Prim最小生成树算法都采用了和宽度优先搜索类似的思想。宽度优先搜索属于一种盲目搜索方法，目的是系统地展开并检查图中的所有结点，以找寻结果。换句话说，它并不考虑结果的可能位置，彻底地搜索整张图，直到找到结果为止[3]。

所谓广度优先，就是一层一层地向下遍历。如对图3.4进行一次宽度优先遍历的话，结果是 $V_1 \to V_2 \to V_3 \to V_4 \to V_5 \to V_6 \to V_7 \to V_8$。

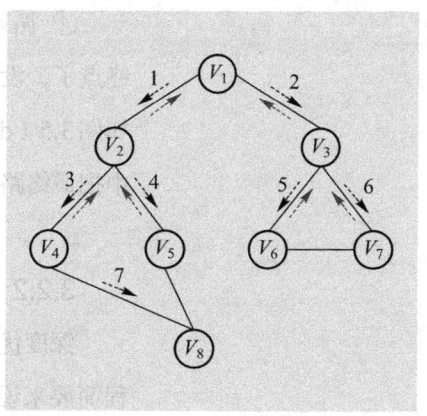

① 访问顶点 V_i。

② 访问 V_i 的所有未被访问的邻接点 $V_1, V_2, \cdots, V_k$。

图3.4 宽度优先搜索示例1

③ 依次从这些邻接点（在步骤2中访问的顶点）出发，访问它们的所有未被访问的邻接点，直到图中所有访问过的顶点的邻接点都被访问。

采用另一个示例图来说明这个过程，假设需要用宽度搜索的方法找到一条从 V_0 到 V_6 的最短的路径（一个结点算一步）。

① 在搜索的过程中，初始所有结点是白色（代表了所有点都还没开始搜索），如图3.5（a）所示。

② 把起点 V_0 标志成灰色（表示即将探索 V_0），如图3.5（b）所示。

③ 下一步搜索的时候，把所有的灰色结点访问一次，然后将其变成黑色（表示已经被探索过了）。进而再将它们所能到达的结点标志成灰色（因为那些结点是下一步探索的目标点），但是这里有个判断，当访问到 V_1 结点的时候，它的下一个结点应该是 V_0 和 V_4，但是 V_0 已经在前面被染成黑色了，所以不会将它染灰色（即不会回头去探索它），如图3.5（c）所示。

图3.5 宽度优先搜索示例2

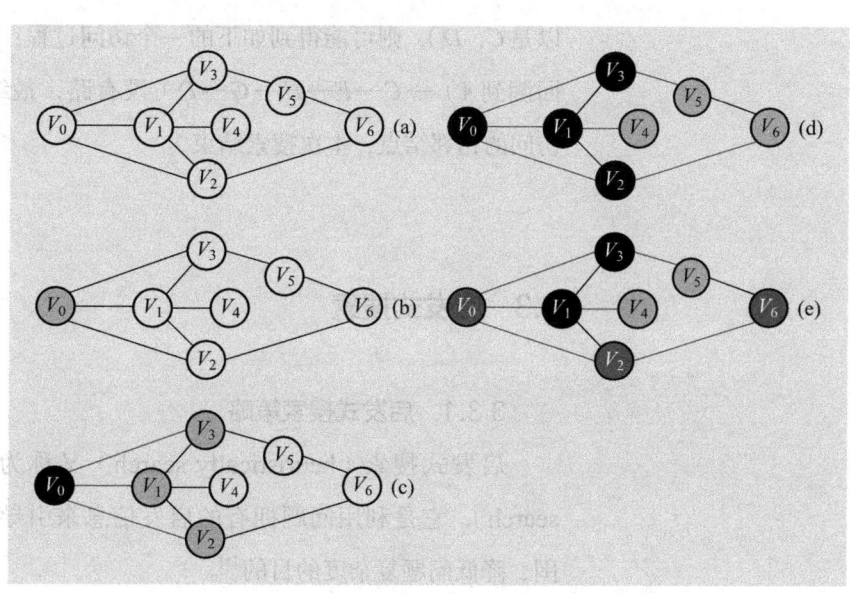

④ 循环执行步骤3，直到目标结点V_6被染灰色，说明了下一步就到终点了，没必要再搜索（染色）其他结点了，此时，整个搜索就结束了，如图3.5（d）所示。然后根据搜索过程，反过来把最短路径找出来，图中把最终路径上的结点标志成深灰色，如图3.5（e）所示。

3.2.2 深度优先搜索

深度优先搜索（depth first search，DFS）属于图算法的一种。其过程简要来说是对每一个可能的分支路径深入到不能再深入为止，而且每个结点只能访问一次[4]。

深度优先搜索所使用的策略就如其名字一样，只要可能，就在图中尽量地深入。深度优先搜索总是对最近才发现的结点V的出发边进行探索，直到该结点的所有出发边都被发现为止。一旦结点V的所有出发边都被发现，则回溯到V的前驱结点（V是经过该点才被发现的），继续搜索该前驱结点的出发边。该过程一直持续到从源结点可以到达的所有结点都被发现为止。如果还存在尚未发现的结点，则深度优先搜索将从这些未被发现的结点中任选一个作为新的源结点，并重复上述的搜索过程。

下面用一个示例来说明这个过程。如图3.6所示，示例图是一个无向图，如果从A点发起深度优先搜索（以下的访问次序并不是唯一的，第二个点既可以是B也可

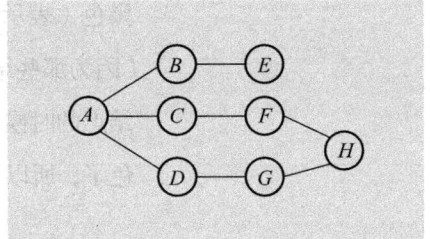

图3.6 深度优先搜索示例

以是C，D），则可能得到如下的一个访问过程：$A \to B \to E$（没有路了！回溯到A）$\to C \to F \to H \to G \to D$（没有路，最终回溯到$A$，$A$也没有未访问的相邻结点，本次搜索结束）。

3.3 启发式搜索

3.3.1 启发式搜索策略

启发式搜索（heuristically search）又称为有信息搜索（informed search），它是利用问题拥有的启发信息来引导搜索，达到减少搜索范围、降低问题复杂度的目的[5]。

启发式搜索是对状态空间中的每一个搜索的位置进行评估,得到最好的位置,从这个位置再进行搜索直到目标。这样可以节省大量无谓的搜索路径,提高了效率。

如果能够利用搜索过程所得到的问题自身的一些特征信息来指导搜索过程,则可以缩小搜索范围,提高搜索效率,这种方法称为启发式方法。

启发式搜索可以通过指导搜索向最有希望的方向前进,降低了复杂性。通过删除某些状态及其延伸,启发式搜索可以消除组合爆炸,并得到令人能接受的解(但通常并不一定是最优解)。

然而,启发式策略是极易出错的。在解决问题的过程中启发仅仅是下一步将要采取措施的一个猜想,常常根据经验和直觉来判断。由于启发式搜索只有有限的信息(比如当前状态的描述),要想预测进一步搜索过程中状态空间的具体行为则很难。一个启发式搜索可能得到一个次优解,也可能一无所获。这是启发式搜索固有的局限性。这种局限性不可能由所谓更好的启发式策略或更有效的搜索算法来消除。一般说来,启发信息越强,扩展的无用结点就越少。引入强的启发信息,有可能大大降低搜索工作量,但不能保证找到最小耗散值的解路径(最佳路径)。因此,在实际应用中,最好能引入降低搜索工作量的启发信息而不牺牲找到最佳路径的保证。

【例3.2】 采用启发式搜索的八数码游戏。

八数码游戏的九宫格仍如图3.1所示,解决此问题的启发策略是,每次移动的时候,正确位置数码的个数要大于交换前正确位置数码个数。正确位置数码的个数是指每个数码的位置与最终格局的对比,如果位置相同,则说明此数码在正确位置。图3.7中粗字体标识的数码为正确位置数码,由此,图3.7左图中初始图案正确位置的数码个数为4个。

2	8	3
1	6	4
7		5

→

1	2	3
8		4
7	6	5

图3.7 八数码游戏寻找正确位置数码个数

由图3.8所示可得,正确位置数码个数大于等于4的只有左下方的格局,那么下一步选择的就是左下方的格局。

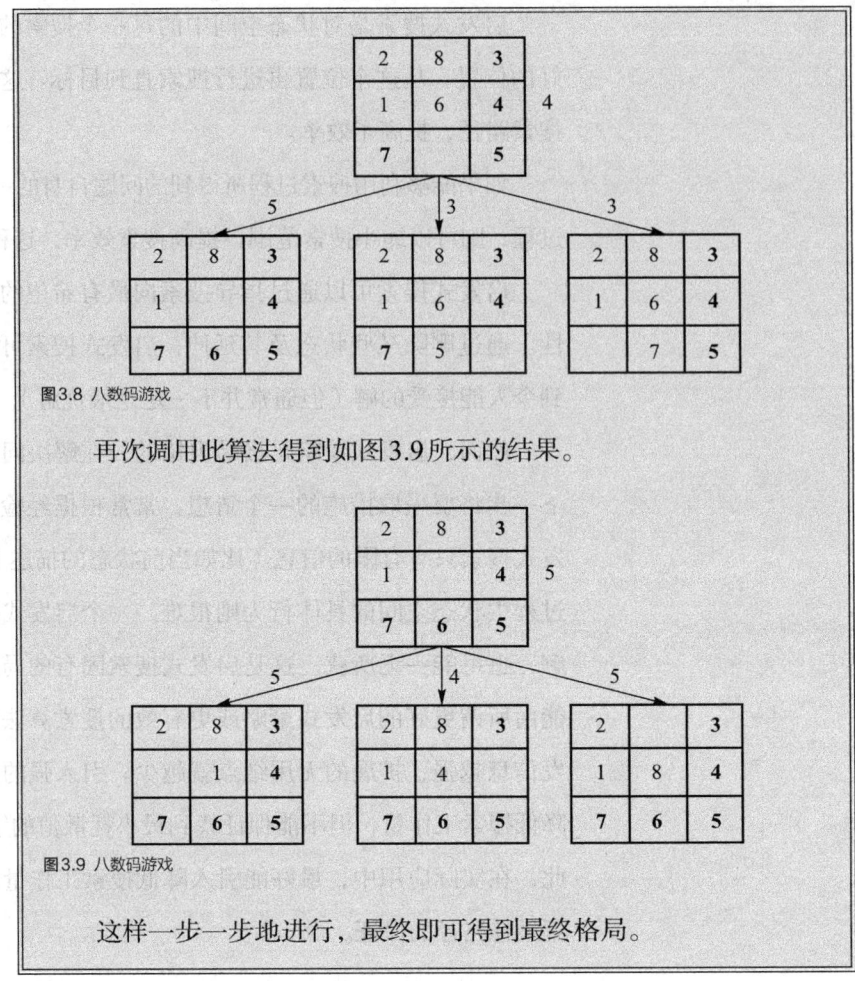

图3.8 八数码游戏

再次调用此算法得到如图3.9所示的结果。

图3.9 八数码游戏

这样一步一步地进行，最终即可得到最终格局。

3.3.2 有序搜索

有序搜索（ordered search）又称之为最佳优先搜索（best first search），是一种启发式搜索算法，也可以将它看作广度优先搜索算法的一种改进。最佳优先搜索算法在广度优先搜索的基础上，用启发估价函数对将要被遍历到的点进行估价，然后选择代价小的进行遍历，直到找到目标结点或者遍历完所有的点，算法结束[6]。

要实现最佳优先搜索必须使用一个优先队列（priority queue）来实现，通常采用一个open优先队列和一个closed集，open优先队列用来存储还没有遍历但将要遍历的结点，而closed集用来存储已经被遍历过的结点。图3.10所示为最佳优先搜索过程的示例。

最佳优先搜索的过程可以作如下描述，并如图3.11所示。

① 将根结点放入优先队列open中。

② 从优先队列中取出优先级最高的结点X。

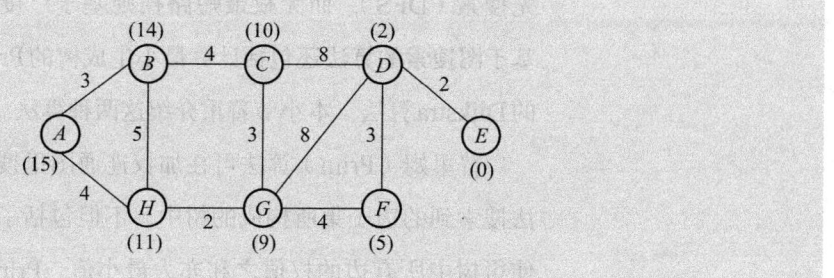

图3.10 最佳优先搜索示例

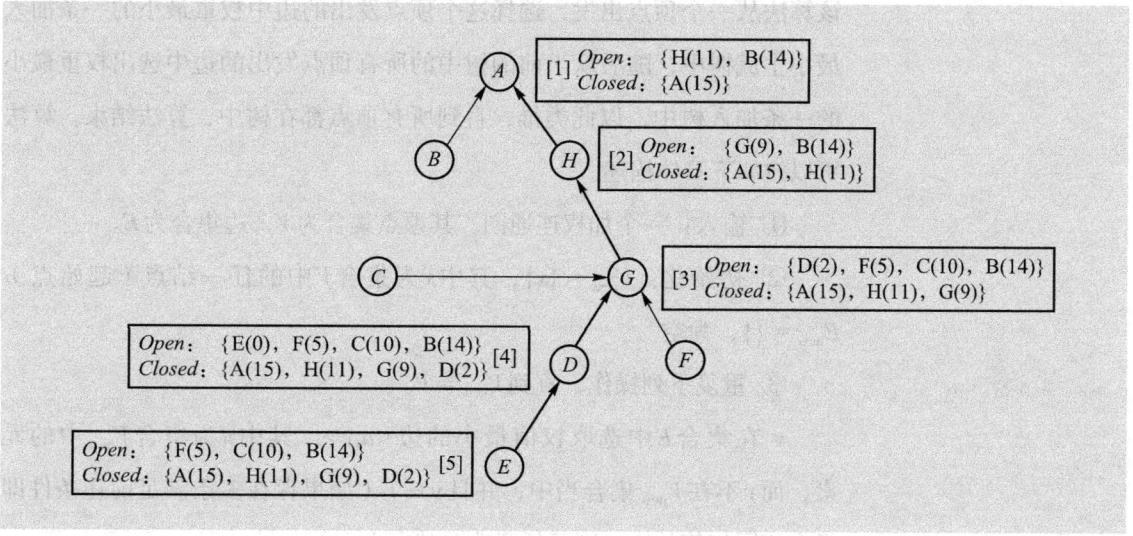

图3.11 最佳优先搜索详细过程示例

③ 根据结点 X 生成子结点 Y。

- X 的子结点 Y 不在 open 队列或者 closed 中，由估价函数计算出估价值，放入 open 队列中。
- X 的子结点 Y 在 open 队列中，且估价值优于 open 队列中的子结点 Y，将 open 队列中的子结点 Y 的估价值替换成新的估价值并按优先值排序。
- X 的子结点 Y 在 closed 集中，且估价值优于 closed 集中的子结点 Y，将 closed 集中的子结点 Y 移除，并将子结点 Y 加入 open 优先队列。

④ 将结点 X 放入 closed 集中。

⑤ 重复过程②，③，④直到目标结点找到，或者 open 为空，算法结束。

搜索出的路径为：$A \to H \to G \to D \to E$，整条路径的代价和为16。

3.3.3 通用图搜索算法

在图算法中经常要执行遍历每个顶点和每条边的操作，即图搜索。

许多图算法都以图搜索为基础，如2着色问题、连通性计算基于深度优先搜索（DFS），而无权最短路径则基于广度优先搜索（BFS）。此外，基于图搜索的算法还包括计算最小生成树的 Prim 算法以及计算最短路径的 Dijkstra 算法。本小节着重介绍这两种算法。

普里姆（Prim）算法可在加权连通图里搜索最小生成树，即由此算法搜索到的边子集所构成的树中，不但包括了连通图中的所有顶点，且使得树中所有边的权值之和亦为最小值。Prim 算法基于贪心算法设计，该算法从一个顶点出发，选择这个顶点发出的边中权重最小的一条加入最小生成树中，随后从当前的树中的所有顶点发出的边中选出权重最小的一条加入树中，以此类推，直到所有顶点都在树中，算法结束。算法可以按如下具体描述。

① 输入：一个加权连通图，其顶点集合为 V，边集合为 E。

② 初始化：$V_{new} = \{x\}$，其中 x 为集合 V 中的任一结点（起始点），$E_{new} = \{\}$，为空。

③ 重复下列操作，直到 $V_{new} = V$。

 ● 在集合 E 中选取权值最小的边 $<u,v>$，其中 u 为集合 V_{new} 中的元素，而 v 不在 V_{new} 集合当中，并且 $v \in V$（如果存在多条满足前述条件即具有相同权值的边，则可任意选取其中之一）；

 ● 将 v 加入集合 V_{new} 中，将 $<u,v>$ 边加入集合 E_{new} 中。

④ 输出：使用集合 V_{new} 和 E_{new} 来描述所得到的最小生成树。

【例 3.3】 图 3.12 是一个无向图，假设从顶点 a 出发使用 Prim 算法计算最小生成树，其算法运行过程如下。

① 从顶点 a 发出的边有 $<a,b>$，$<a,d>$ 和 $<a,f>$，其中权重最小的边为 $<a,f>$，于是将边 $<a,f>$ 加入到最小生成树中，此时最小生成树包括图 3.13 中的阴影边和灰色顶点。

② 接下来继续从当前最小生成树中的顶点发出的所有边中寻找权重最小的一条，即边 $<a,b>$、$<a,d>$、$<f,c>$ 中的边 $<a,d>$，于

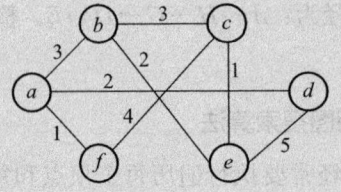

图 3.12 Prim 算法示例之一

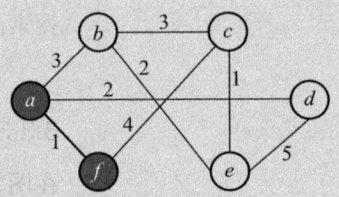

图 3.13 Prim 算法示例之二

是将边<*a*, *d*>加入到树中，如图3.14所示。

③ 继续上述步骤，从顶点*a*、*f*、*d*发出的边中选出权重最小的一条，即边<*a*, *b*>，并将它加入树中，如图3.15所示。

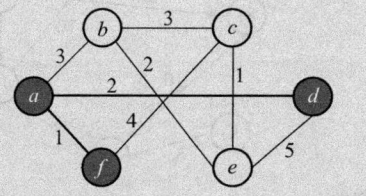
图3.14 Prim算法示例之三

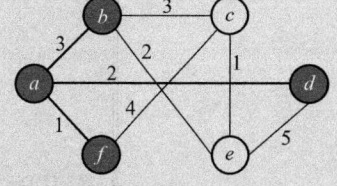
图3.15 Prim算法示例之四

重复上述步骤，最后得到此无向图的最小生成树如图3.16所示。

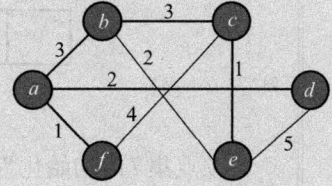
图3.16 Prim算法示例之五

迪杰斯特拉（Dijkstra）算法是由荷兰计算机科学家迪杰斯特拉于1959年提出的，它是从一个顶点到其余各顶点的最短路径算法，解决的是有向图中最短路径问题。迪杰斯特拉算法主要特点是以起始点为中心向外层层扩展，直到扩展到终点为止。

Dijkstra算法采用的是一种贪心的策略，声明一个数组 *Dis* 来保存源点到各个顶点的最短距离和一个保存已经找到了最短路径的顶点的集合 *T*。初始时，原点 *s* 的路径权重被赋为 0（$Dis[s] = 0$）。若对于顶点 *s* 存在能直接到达的边 (*s*, *m*)，则把 $Dis[m]$ 设为 $w(s, m)$，同时把所有其他（*s*不能直接到达的）顶点的路径长度设为无穷大。初始时，集合 *T* 只有顶点 *s*。

从 *Dis* 数组选择最小值，则该值就是源点 *s* 到该值对应的顶点的最短路径，把该点加入到 *T* 中，完成一个顶点。

然后，需要看看新加入的顶点是否可以到达其他顶点并且看看通过该顶点到达其他点的路径长度是否比源点直接到达短，如果是，那么就替换这些顶点在 *Dis* 中的值。

之后，从 *Dis* 中找出最小值，重复上述动作，直到 *T* 中包含了图的所有顶点。

【例3.4】 求图3.17中从顶点V_1到其他各个顶点的最短路径。

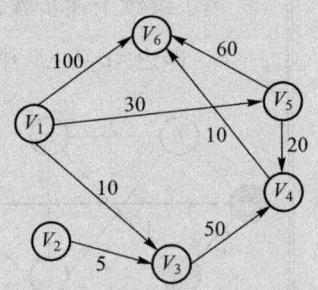

图3.17 Dijkstra算法示例

先声明一个 Dis 数组，该数组初始化的值如图3.18所示。

| Dis | 0 | ∞ | 10 | ∞ | 30 | 100 |

图3.18 Dis 数组之一

顶点集 T 的初始化为：$T=\{V_1\}$。

求 V_1 顶点到其余各个顶点的最短路程，先找一个离1号顶点最近的顶点。通过数组 Dis 可知当前离 V_1 顶点最近是 V_3 顶点。当选择了2号顶点后，$Dis[2]$（下标从0开始）的值就已经从"估计值"变为了"确定值"，即 V_1 顶点到 V_3 顶点的最短路程就是当前 $Dis[2]$ 值。将 V_3 加入到 T 中。

确定了一个顶点的最短路径后，根据这个新入的顶点 V_3 会有出度，发现以 V_3 为弧尾的有 $<V_3,V_4>$，$Dis[3]$ 代表的就是 $V_1 \rightarrow V_4$ 的长度为无穷大，而 $V_1 \rightarrow V_3 \rightarrow V_4$ 的长度为10+50=60，所以更新 $Dis[3]$ 的值，得到结果如图3.19所示。

| Dis | 0 | ∞ | 10 | 60 | 30 | 100 |

图3.19 Dis 数组之二

这个过程有个专业术语叫作"松弛"。即 V_1 顶点到 V_4 顶点的路程即 $Dis[3]$，通过 $<V_3,V_4>$ 这条边松弛成功。这便是Dijkstra算法的主要思想：通过"边"来松弛 V_1 顶点到其余各个顶点的路程。

然后，从除 $Dis[2]$ 和 $Dis[0]$ 外的其他值中寻找最小值发现 $Dis[4]$ 的值最小，可以知道 V_1 到 V_5 的最短距离就是 $Dis[4]$ 的值，把 V_5 加入到集合 T 中。再考虑 V_5 的出度是否会影响数组 Dis 的值，V_5 有两条出度$<V_5, V_4>$和$<V_5, V_6>$,发现,$V_1 \to V_5 \to V_4$的长度为50,而$Dis[3]$的值为60,所以更新$Dis[3]$的值,$V_1 \to V_5 \to V_6$的长度为90,而$Dis[5]$为100,所以更新$Dis[5]$的值。更新后的Dis数组如图3.20所示。

| Dis | 0 | ∞ | 10 | 50 | 30 | 90 |

图3.20 Dis数组之三

继续从Dis数组中未确定顶点的值中选择一个最小值,发现$Dis[3]$的值是最小的,所以把V_4加入到集合T中,此时集合$T = \{V_1, V_3, V_5, V_4\}$,然后考虑$V_4$的出度是否会影响数组$Dis$的值,$V_4$有一条出度$<V_4, V_6>$,$V_1 \to V_5 \to V_4 \to V_6$的长度为60,而$Dis[5]$的值为90,所以更新$Dis[5]$的值,更新后的$Dis$数组如图3.21所示。

| Dis | 0 | ∞ | 10 | 50 | 30 | 60 |

图3.21 Dis数组之四

同样,可以分别确定V_6和V_2的最短路径,最后的Dis数组的值如图3.22所示。

| Dis | 0 | ∞ | 10 | 50 | 30 | 60 |

图3.22 Dis数组之五

从图3.22中,还可以发现$V_1 \to V_2$的值为∞,代表没有路径从V_1到达V_2。所以得到的最后结果如表3.1所示。

表3.1 Dijkstra算法示例结果

起点	终点	最短路径	长度
V_1	V_2	无	∞
V_1	V_3	$\{V_1, V_3\}$	10
V_1	V_4	$\{V_1, V_5, V_4\}$	50
V_1	V_5	$\{V_1, V_5\}$	30
V_1	V_6	$\{V_1, V_5, V_4, V_6\}$	60

3.3.4 A*算法

A*算法是一种静态路网中求解最短路径最有效的直接搜索方法，也是解决许多搜索问题的有效算法。算法中的距离估计值与实际值越接近，最终搜索速度就越快。但要注意的是，A*算法是最有效的直接搜索算法，之后涌现了很多预处理算法（如ALT，CH，HL等），他们的在线查询效率是A*算法的数千甚至上万倍[7]。A*算法的公式表示为

$$f(n) = g(n) + h(n)$$

其中，$f(n)$是从初始状态经由状态n到目标状态的代价估计，$g(n)$是在状态空间中从初始状态到状态n的实际代价，$h(n)$是从状态n到目标状态的最佳路径的估计代价。对于路径搜索问题，状态表示为图中的结点，代价则用距离来表示。要使算法可以保证找到最短路径（最优解），关键在于估价函数$f(n)$的选取（或者说$h(n)$的选取）。

以$d(n)$表示状态n到目标状态的距离，那么$h(n)$的选取大致有如下三种情况。

① 如果$h(n)<d(n)$，搜索的点数多，搜索范围大，效率低，但能得到最优解。

② 如果$h(n) = d(n)$，即距离估计$h(n)$等于最短距离，那么搜索将严格沿着最短路径进行，此时的搜索效率是最高的。

③ 如果$h(n)>d(n)$，搜索的点数少，搜索范围小，效率高，但不能保证得到最优解。

如下就A*算法与深度优先搜索算法和广度优先搜索算法进行比较。

深度优先搜索会朝一个方向进发，直到遇到边界或者障碍物，才回溯。一般在实现的时候，采用递归的方式来进行，也可以采用模拟压栈的方式来实现。

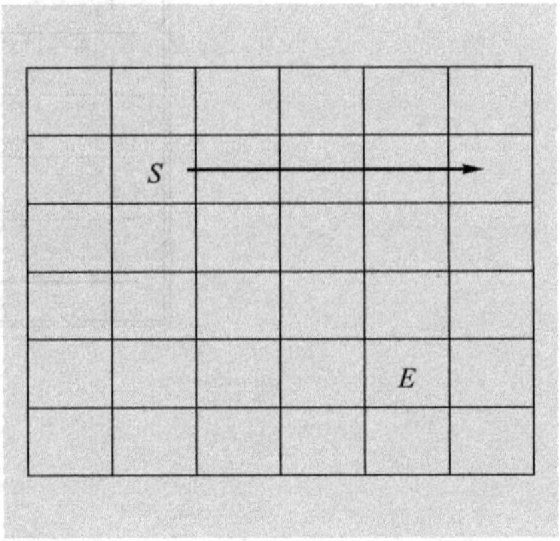

如图3.23所示，S代表起点，E代表终点。如果按照右、下、左、上这样的扩展顺序，算法就会一直往右扩张，直到走到地图的右边界，发现没找到目标点，然后再回溯。

这个算法的好处就是实现简单，不过也存在两个明显的问题：

图3.23 深度优先搜索方式

路径可能不是最优解；寻路时间比较长。

图3.24展示了广度优先搜索算法的方式，广度优先搜索像是地震波，从起点向外辐射，直到找到目标点。在实现的时候，一般采用队列来实现。

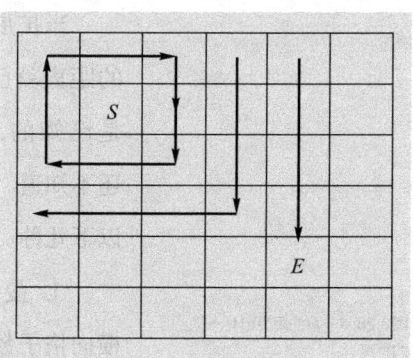

图3.24 广度优先搜索方式

广度优先搜索算法的优点是实现简单，同时保证算法能够找到一条最优的路径。但不足之处就是算法消耗的时间比较长，遍历的点会很多。那么这里就可以思考一个问题：为什么广度优先搜索算法能找到最优路径，但是却很耗时呢？

广度优先搜索之所以能找到最优的路径，原因就是每一次扩展的点，都是距离出发点最近、步骤最少的。如此这样递推，当扩展到目标点的时候，也是距离出发点最近的。这样的路径自然形成了最短的路线。

正是由于广度优先搜索是一层层的扩展，让它可以保证了算法能找到一条最优的路线，但是却也因此消耗了更多的时间和计算能力去走了大量的无效步骤。从另一个角度看，广度优先搜索算法只关注了当前扩展点和出发点之间的关系，而忽略了当前点和目标点之间的关系，是一种缺乏指引的搜索，较为盲目的搜索。情况如图3.25所示时，同样是从出发点S走了两步以后，光标到达的M_1和M_2两个位置，如果让人来选择，会选择他们中的谁来做扩展点呢？很明显，只要是眼力不差的人，都会选择M_1。为什么呢？因为M_2需要再走6步，才能到达终点E；而M_1只需要5步。A*算法相对广度优先搜索算法，除了考虑中间某个点同出发点的距离以外，还考虑了这个点同目标点的距离。这就是A*算法比广度优先算法智能的地方。

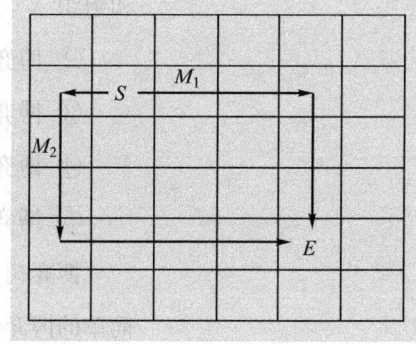

图3.25 存在两种搜索方式时

如果用$f(M)$表示起点S到终点E（经过M点）的距离，那它也可以表示成为两段距离之和，即：$S \rightarrow M$的距离加上$M \rightarrow E$的距离。如果用符号公式表示的话，就可以写成：$f(M) = g(M) + h(M)$，如图3.26所示。

当扩展到 M 点的时候，S 和 M 的距离就已经知道了，所以 $g(M)$ 是已知的，但 M 到 E 的距离 $h(M)$ 还不知道。常见的距离计算公式有以下几种。

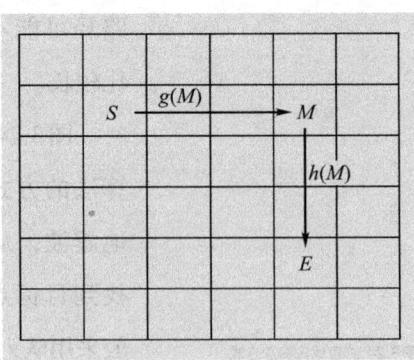

图 3.26 $S \to M$ 的距离和 $M \to E$ 的距离

① 曼哈顿距离：图 3.26 中的横向格子数加纵向格子数。

② 欧式距离：两点间的直线距离 $\sqrt{(x_2 - x_1)^2 + (y_2 - y_1)^2}$。

还有一些变种的距离计算公式，如对角线距离等，公式的选择需要就具体的问题做具体的优化。

3.4 博弈树搜索

3.4.1 博弈的定义

博弈本意是下棋，引申义是：在一定条件下，遵守一定的规则，一个或几个拥有绝对理性思维的人或团队，从各自允许选择的行为或策略进行选择并加以实施，并各自从中取得相应结果或收益的过程。有时候也用作动词，特指对选择的行为或策略加以实施的过程。

一个完整的博弈应当包括 5 个方面的内容。

① 博弈的参加者，即博弈过程中独立决策、独立承担后果的个人和组织。

② 博弈信息，即博弈者掌握的对选择策略有帮助的情报资料。

③ 博弈方可选择的全部行为或策略的集合。

④ 博弈的次序，即博弈参加者做出策略选择的先后。

⑤ 博弈方的收益，即各博弈方做出策略选择后的所得和所失。

博弈树是"与/或"树的一种，为了方便对博弈树的介绍，使用一种简单的博弈作为研究的对象。这样的博弈具有如下的特点。

● 对垒的 A，B 双方轮流采取行动（这就比同时采取行动在分析上方便的许多），博弈的结果只有三种情况：A 方胜，B 方败；A 方败，B 方胜；双方战成平局。

● 在对垒过程中，任何一方都了解当前的格局及过去的历史。

- 任何一方在采取行动前都要根据当前的实际情况，进行得失分析，选取对自己最为有利而对对方最为不利的对策，不存在"碰运气"的偶然因素。即双方都是十分理智地决定自己的行动。

在博弈过程中，任何一方都希望自己取得胜利。因此，在某一方当前有多个行动方案可供选择时，己方总是挑选对自己最为有利而对对方最为不利的那个行动方案。此时，如果站在A方的立场上，则可供A方选择的若干行动方案之间是"或"关系，因为主动权操在A方手里，他或者选择这个行动方案，或者选择另一个行动方案，完全由A方决定。但是，若B方也有若干个可供选择的行动方案，则对A方来说这些行动方案之间是"与"关系，因为这时主动权操在B方手里，这些可供选择的行动方案中的任何一个都可能被B方选中，A方必须考虑到对自己最不利的情况发生。

若把上述博弈过程用图表示出来，得到的是一棵"与/或"树。这里要特别指出，该"与/或"树是始终站在某一方（例如A方）的立场上得出的，决不可一会儿站在己方的立场上，一会儿又站在对方的立场上。

3.4.2 极大极小分析法

极大极小过程是考虑双方对弈若干步之后，从可能的走法中选一步相对好的走法来走，即在有限的搜索深度范围内进行求解。

为此需要定义一个局面估价函数：给每个局面（state）规定一个估价函数值f，评价它对于己方的有利程度。胜利局面的估价函数值趋于$+\infty$，而失败局面的估价函数值趋于$-\infty$。

Max局面：假设这个局面轮到己方走，有多种决策可以选择，每种决策都会形成一种子局面（sub-state）。由于决策权在己方手中，当然是选择估价函数值f最大的子局面，因此该局面的估价函数值等于其子局面f的最大值，把这样的局面称为Max局面。

Min局面：假设这个局面轮到对方走，它也有多种决策可以选择，其中每种决策都形成一种子局面（sub-state）。但由于决策权在对方手中，在最坏的情况下，对方当然是选择估价函数值f最小的子局面，因此该局面的估价函数值等于其子局面f值的最小值，把这样的局面称为Min局面。

终结局面：胜负已分（假设没有和局）。

假如有如图3.27的博弈树，设先手为A，后手为B；则A为 Max 局面，B为 Min 局面。A一开始有2种走法（W_2和W_3，W表示结点记号），它走W_2还是W_3取决于W_2和W_3的估价函数值$f(W_x)$，因为A是 Max 局面，所以它会

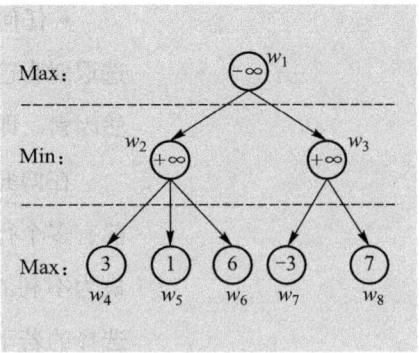

图3.27 极大极小分析法示例

取$f(W_2)$和$f(W_3)$中较大的那个。而$f(x)$怎么求呢？一般是以递归的方式对博弈树进行搜索，通常可以设定叶子结点局面的估价值。

图3.27的搜索过程为$W_1 \to W_2 \to W_4$，然后回溯到$W_1 \to W_2$得到$f(W_2) = 3$，接着$W_1 \to W_2 \to W_5$得到$f'(W_2) = 1$，因为W_2在第二层为 Min 局面，所以它会选择得到的结果中较小的那个，即$f'(W_2)$替代$f(W_2)$，即$f(W_2) = 1$。随后搜索$W_1 \to W_2 \to W_6$得到$f'(W_2) = 6 > f(W_2)$可直接忽略。因此如果A往W_2走的话将会得到一个估价值为$f(W_2) = 1$的局面；如果往W_3走的话将会得到一个估价值为$f(W_3) = -3$的局面。而因为A是 Max 局面会选择估价值大的走法，而$f(W_2) = 1 > f(W_3) = -3$，因此它下一步走W_2。

但是，实际问题中的所有局面所产生的博弈树一般都是非常庞大的多叉树，并不能依靠暴力搜索来寻找最佳解法。因此需要用到一些剪枝手段，常用的比较初级的有α-β剪枝技术。

3.4.3 α-β剪枝技术

α-β剪枝算法是一个搜索算法，旨在减少其搜索树中被极大极小算法评估的结点数。这是一个常用于人机游戏对抗的搜索算法。它的基本思想是根据上一层已经得到的当前最优结果，决定目前的搜索是否要继续下去。

α-β剪枝算法是对极大极小算法的优化，它们产生的结果是完全相同的，只不过运行效率不一样[8]。

这种方法的前提假设与极大极小算法也是一样的。

① 双方都按自己认为的最佳着法行棋。

② 对给定的盘面用一个分值来评估，这个评估值永远是从一方（搜索程序）来评价的，红方有利时给一个正数，黑方有利时给一个负数

（如果红方有利时返回正数，当轮到黑方走棋时，评估值又转换到黑方的观点，如果认为黑方有利，也返回正数，这种评估方法都不适合于常规的算法描述）。

③ 从搜索程序（通常把它称为Max）看来，分值大的数表示对己方有利，而对于对方Min来说，它会选择分值小的着法。

α-β剪枝技术只能用递归来实现。它在搜索中传递两个值，第一个值是α，即搜索到的最好值，任何比它更小的值就没用了，其策略就是任何小于或等于α的值的合理着法都不会对整个局面的获胜率有更高的提高。

第二个值是β，即对于对手来说最坏的值。这是对手所能承受的最坏的结果，因为在对手看来，他总是会找到一个对策不比β更坏的。如果搜索过程中返回β或比β更好的值，那就够好的了，走棋的一方就没有机会使用这种策略。

在搜索着法时，每个搜索过的着法都返回跟α和β有关的值，它们之间的关系非常重要，或许意味着搜索可以停止并返回。

如果某个着法的结果小于或等于α，那么它就是很差的着法，可以抛弃。因为在这个策略中，局面对走棋的一方来说是以α为评价的。

如果某个着法的结果大于或等于β，那么整个结点就作废了，因为对手不希望走到这个局面，而它有别的着法可以避免到达这个局面。因此如果找到的评价大于或等于β，就证明了这个结点是不会发生的，因此其剩下的合理着法没有必要再搜索。

如果某个着法的结果大于α但小于β，那么这个着法就是走棋一方可以考虑走的，除非以后有所变化。因此α会不断增加以反映新的情况。有时候可能一个合理着法也不超过α，这在实战中是经常发生的，此时，这种局面是不予考虑的，为了避免这样的局面，必须在博弈树的上一个层局面中选择另外一个着法。

图3.28中第四层4的β值为4比其父结点的α值5要小，所以将其剩余的枝剪去。

3.4.4 蒙特卡洛树搜索

经常会听到"蒙特卡洛树搜索"这个概念，事实上，蒙特卡洛树搜索是在完美信息博弈场景中进行决策的一种通用技术，除游戏之外，它还在很多现实世界的应用中有着广阔前景[9], [10]。

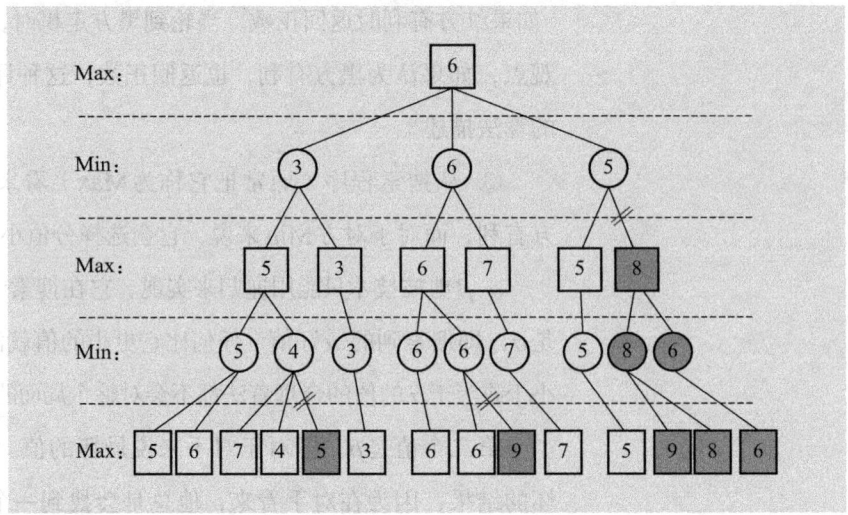

图3.28 α-β剪枝示例

蒙特卡洛树搜索（Monte Carlo tree search）并不是一种"模拟人"的算法。而是通过随机地对游戏进行推演来逐渐建立一棵不对称的搜索树的过程。可以看成是某种意义上的强化学习，当然这一点学界还有一些争议。

蒙特卡洛树搜索大概可以被分成4步：选择（selection），拓展（expansion），模拟（simulation），反向传播（backpropagation）。

在开始阶段，搜索树只有一个结点，也就是当前需要决策的局面。搜索树中的每一个结点包含了3个基本信息：代表的局面，被访问的次数，累计评分。

1. 选择（selection）

在选择阶段，需要从根结点，也就是要做决策的局面R出发向下选择一个最急迫需要被拓展的结点N。局面R是每一次迭代中第一个被检查的结点，对于被检查的局面而言，他可能有以下3种可能。

① 该结点所有可行动作都已经被拓展过。

② 该结点有可行动作还未被拓展过。

③ 这个结点游戏已经结束了（如已经连成五子的五子棋局面）。

对于这三种可能执行以下步骤。

① 如果所有可行动作都已经被拓展过了，那么将使用UCB公式计算该结点所有子结点的UCB值，并找到一个值最大的子结点继续检查。反复向下迭代。

② 如果被检查的局面依然存在没有被拓展的子结点（例如，某结点

有20个可行动作，但是在搜索树中才创建了19个子结点），那么就认为这个结点是本次迭代的目标结点N，并找出N还未被拓展的动作A。执行"拓展"步骤。

③ 如果被检查到的结点是一个游戏已经结束的结点。那么从该结点直接执行"反向传播"步骤。

每一个被检查结点的被访问次数在这个阶段都会自增。在反复迭代之后，将在搜索树的底端找到一个结点，来继续后面的步骤。

2. 拓展（expansion）

在选择阶段结束时候，查找到了一个最迫切被拓展的结点N，以及他一个尚未拓展的动作A。在搜索树中创建一个新的结点N_n作为N的一个新子结点。N_n的局面就是结点N在执行了动作A之后的局面。

3. 模拟（simulation）

为了让N_n得到一个初始的评分，从N_n开始，让游戏随机进行，直到得到一个游戏结局，这个结局将作为N_n的初始评分。一般使用胜利或者失败作为评分，只有1或者0。

4. 反向传播（backpropagation）

在N_n的模拟结束之后，它的父结点N以及从根结点到N的路径上的所有结点都会根据本次模拟的结果来添加自己的累计评分。如果在"选择"步骤中直接发现了一个游戏结局的话，根据该结局来更新评分。

每一次迭代都会拓展搜索树，随着迭代次数的增加，搜索树的规模也不断增加。当到了一定的迭代次数或者时间之后结束，选择根结点下最好的子结点作为本次决策的结果。图3.29为一次迭代的例子。

图3.29 蒙特卡洛树搜索示例

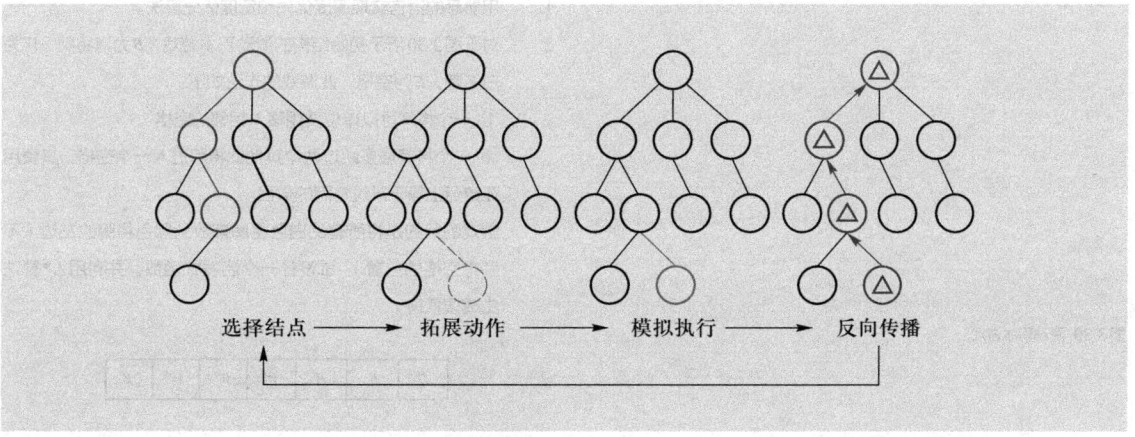

3.5 本章小结

智能搜索算法是自动推理的重要基础，同时自动推理又是人工智能领域中一个重要的研究方向。本章首先描述了搜索的概念，即搜索是什么，搜索的定义以及搜索的目的和描述等，还介绍了用状态空间表示法来描述搜索的作用区域。随后介绍了盲目搜索，重点介绍了宽度优先算法和深度优先算法。在应用盲目搜索的过程中，一般是盲目的穷举，不运用特别信息。当状态空间比较大时，由于宽度优先需要很大的存储空间，所以并不是十分适合。而深度优先算法在许多典型的人工智能问题中得到很多应用，但是深度优先算法并不是完备的，在某一些问题上也许会找不到最终结果，同时也不是一定要沿着某一分支一直不断扩展。

本章第3节描述了启发式搜索的策略并介绍了较为高效和流行的A*算法。A*算法用于在状态空间中寻找目标，以及从起始结点到目标结点的最优路径问题。随后还介绍了博弈树搜索，这是一种特殊的"与或"搜索问题，同时，给出了博弈树搜索的极大极小方法和α-β剪枝技术，并介绍了基于博弈树搜索但更高效的蒙特卡洛树搜索。

习题

1. 用熟悉的语言实现深度优先和宽度优先算法。
2. 对于图3.30所示初始结构的滑动积木游戏，B为黑将牌，W为白将牌，E为空格，此游戏的走法如下。
   ① 一个将牌可以单位费用移入相邻的空格。
   ② 一个将牌最多跳过两个其他的将牌进入一个空格，其费用在数值上等于跳过将牌的数目。
   游戏的目的是将所有的白色将牌都放到黑色将牌的左边（不考虑空格的位置）。试设计一个启发式函数，并利用A*算法生成搜索树。

图3.30 滑动积木游戏

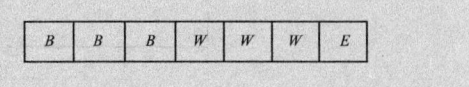

3. 对于图3.31所示的博弈树，其中最后一行的数字是假设的估计值。

① 计算各结点的倒退值。
② 利用剪枝剪去不必要的分枝。

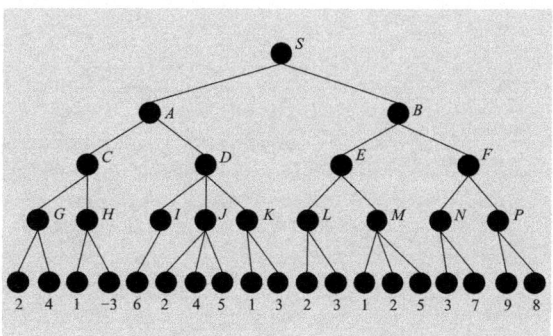

图3.31 博弈树

参考文献

[1] 戴汝为.社会智能科学[M].上海：上海交通大学出版社，2006.

[2] 朱福喜.人工智能原理[M].武汉：武汉大学出版社，2002.

[3] 史忠植.人工智能[M].北京：机械工业出版社，2016.

[4] THOMAS H C, CHARLES E L, RONALD L R, et al., 算法导论[M].3版.殷建平，徐云，王刚，等，译.北京：机械工业出版社，2013.

[5] 夏定纯.人工智能技术与方法[M].武汉：华中科技大学出版社，2004.

[6] 蔡自兴.人工智能及其应用[M].北京：清华大学出版社，2016.

[7] NANNICINI G, DELLING D, LIBERTI L, et al. Bidirectional A* Search for Time-Dependent Fast Paths[M]. Berlin: Springer, 2008.

[8] RUSSELL S J, NORVIG P.人工智能：一种现代的方法[M].3版.殷建平，祝恩，刘越，等，译.北京：清华大学出版社，2013.

[9] AUER P, CESA-BIANCHI N, FISCHER P. Finite-time Analysis of the Multiarmed Bandit Problem[J]. Machine Learning, 2002, 47(2-3): 235-256.

[10] BROWNE C B, POWLEY E, WHITEHOUSE D, etal. A Survey of Monte Carlo Tree Search Methods[J]. IEEE Transactions on Computational Intelligence & Ai in Games, 2012, 4(1): 1-43.

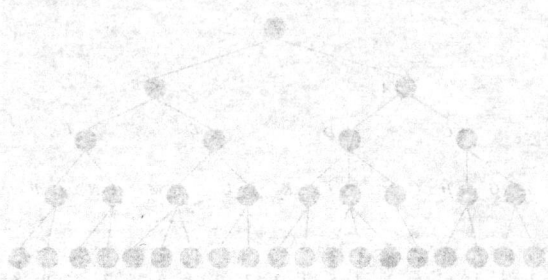

图 3.17 博弈树

参考文献

[1] 蔡自兴. 人工智能及其应用[M]. 5版. 北京: 清华大学出版社, 2005.

[2] 史忠植. 人工智能[M]. 北京: 机械工业出版社, 2006.

[3] 丁世飞. 人工智能[M]. 北京: 清华大学出版社, 2011.

[4] THOMAS H C, CHARLES E L, RONALD L R, et al. 算法导论[M]. 3版. 殷建平, 徐云, 王刚, 等 译. 北京: 机械工业出版社, 2013.

[5] 王万森. 人工智能原理及其应用[M]. 4版. 北京: 电子工业出版社, 2017.

[6] 陈世福. 人工智能及其应用[M]. 北京: 高等教育出版社, 2015.

[7] NATHAN R S, THEERAYOD L, HAO R L, et al. Bidirectional A* Search for Time-Dependent Fast Paths[M]. Berlin: Springer, 2008.

[8] RUSSELL S J, NORVIG P. 人工智能: 一种现代的方法[M]. 3版. 殷建平, 祝恩, 刘越, 等 译. 北京: 人民邮电出版社, 2014.

[9] AUER P, CESA-BIANCHI N, FISCHER P. Finite-time Analysis of the Multiarmed Bandit Problem[J]. Machine Learning, 2002, 47(2-3): 235-256.

[10] BROWNE C B, POWLEY E, WHITEHOUSE D, et al. A Survey of Monte Carlo Tree Search Methods[J]. IEEE Transactions on Computational Intelligence & AI in Games, 2012, 4(1): 1-43.

第4章 自动推理

自动推理是人工智能领域一个重要的研究方向，对其发展起着重要的推动作用。为了使计算机具有智能，不仅让计算机拥有或存储更多的、不同类型的知识，还必须让计算机具有智能计算、判断、思维、求解等运用知识的能力。推理是求解问题的一种重要方法。在现实世界中，人类客观上的认识存在确定性、随机性、模糊性及某些事物或现象暴露得不充分性等，导致从得到的事实或证据进行推理会选择不同的推理方法。一种是建立在经典逻辑基础上的确定性推理，即运用确定性知识进行精确推理得到确定性结论的推理方法；另一种是客观上认识事物的不精确或不完全性而形成的不确定性，运用不确定性知识进行思维、求解问题的非确定性推理。

本章主要介绍确定性推理和非确定性推理。前者主要针对自然演绎推理和基于归结的推理进行阐述，同时介绍了几种归结推理方法；后者重点介绍基于概率论和模糊集的有关理论建立发展起来的非确定性推理方法，包括概率方法、主观 Bayes 方法、可信度推理方法、模糊推理方法。

4.1 确定性推理

在日常生活中，人们对事物进行分析、综合并作出决策时，通常从已知事实出发，运用已掌握的知识或已有的事实，得到其中蕴含的事实或新知识，这一思维过程称为推理，即推理就是按照某种已知判断推出另一种判断的思维过程。

人工智能系统中，负责推理的部分叫做推理机，是由一组控制计算机的程序实现。已知事实和知识构成推理的两个基本要素。已知事实成为证据，用来指出推理的出发点及推理时应该使用的知识；而知识是使推理得以向前推进，并逐步达到最终目标的依据。以医疗诊断专家系统为病人诊治疾病为例，其推理机从病人的症状及化验结果等初始证据出发，按照某种搜索策略在知识库中搜寻与之匹配的知识，进而得出初步判断，然后以此为证据，推出病因的分析结论，经过反复推断，最终得到比较满意的结论，即该病人的病因与治疗方案。

4.1.1 自然演绎推理

自然演绎推理是从一组已知的事实出发，直接运用命题逻辑或谓词逻辑中的推理模式推导出结论的过程，其中推理模式称为推理规则。最基本的规则是三段论推理，包括假言推理和拒取式推理。

假言推理的一般形式为

$$\frac{P, \ P \to Q}{Q}$$

即，$P \to Q$ 和 P 为真，则推出 Q 为真。

【例4.1】 "如果一个数 x 是偶数，则 x 能被2整除"和"6是偶数"，则推出"6能被2整除"。

拒取式推理的一般形式为

$$\frac{P \to Q, \ \neg Q}{\neg P}$$

即，$P \to Q$ 为真和 Q 为假，则推出 P 为假。

【例4.2】 "如果一个数 x 是偶数，则 x 能被2整除"和"3不能被2整除"，则推出"3不是偶数"。

【例4.3】 已知事实

$$P, Q, P \to R, Q \wedge R \to K, K \to M$$

求证：M 为真。

证明：

（1）$P, P \to R \Rightarrow R$

（2）$Q, R \Rightarrow Q \wedge R$

（3）$Q \wedge R, Q \wedge R \to K \Rightarrow K$

（4）$K, K \to M \Rightarrow M$

所以，M 为真。

【例4.4】 设已知事实

（1）只有勤学苦练的人，才能成为技术能手。

（2）学习积极分子都是勤学苦练的人。

（3）小王是学习积极分子。

求证：小王能成为技术能手。

证明：

第1步，先定义谓词和常量。

> $Diligent(x)$ 表示 x 是勤学苦练的人
>
> $Master(x)$ 表示 x 是技术能手
>
> $Study(x)$ 表示 x 是学习积极分子
>
> $xiaowang$ 表示小王
>
> 第2步，再将已知事实及待求解问题用谓词公式表示。
>
> （1） $Diligent(x) \rightarrow Master(x)$
>
> （2） $(\forall x)(Study(x) > Diligent(x))$
>
> （3） $Study(xiaowang)$
>
> （4） $Master(xiaowang)$
>
> 第3步，应用推理规则进行自然演绎。
>
> 因为 $(\forall x)(Study(x) > Diligent(x))$，所以
>
> $$Study(xiaowang) \rightarrow Diligent(xiaowang).$$
>
> 由 $Study(xiaowang) \rightarrow Diligent(xiaowang)$ 和 $Study(xiaowang)$ 得到
>
> $Diligent(xiaowang)$。
>
> 因此，由 $Diligent(xiaowang)$ 和 $Diligent(x) \rightarrow Master(x)$ 得到
>
> $$Master(xiaowang).$$
>
> 所以，小王能成为技术能手。

4.1.2 归结演绎推理

归结自动推理是经典逻辑中自动推理的重要方法之一。自1965年Robinson创立归结原理以来，基于归结的自动推理已得到广泛研究，并应用于人工智能、逻辑编程、专家系统、定理证明等智能信息处理领域。

归结原理的实施是在子句集的基础上进行，首先介绍子句集的有关概念。

定义1 不含任何连接词的谓词公式称为原子谓词公式。

定义2 原子谓词公式及其否定统称为文字。

定义3 任何文字的析取式称为子句。

定义4 不包含任何文字的子句称为空子句。

定义5 由子句或空子句构成的集合称为子句集。

通常情况下，一个谓词演算中的公式都可转换为一个相应的子句集。首先将一个谓词公式转换成与其等价的前约束范式，即存在量词或全称量词在公式的最前面，除这些量词外对应的式子不再含有量词；然后将

其转换成等价的合取范式；最后将存在量词去掉，得到该谓词公式的Skolem标准形，即可得到该公式对应的子句集。

一个逻辑公式一般都对应一个子句集，下面的讨论中，研究对象放在子句集上。

在谓词演算中，要证明一个子句集的不可满足性，需验证对个体域的任何解释都是不可满足的，才能说明对应的逻辑公式是不可满足的。然而，由于个体域的任意性和解释个数的无穷性，导致证明子句集的不可满足性十分困难。有一种特殊的域，能证明只要对这个域上的一切解释进行判定，就能得知子句集是否不可满足，这个域称为海伯伦域，即Herbrand域。

定义6（Herbrand域） 设S是子句集，定义在个体域D上，按照下面步骤可得到S的Herbrand域（H_∞）。

（1）设H_0是S中所出现的常量的集合。如果S中没有常量出现，任取常量$a \in D$，规定$H_0 = \{a\}$。

（2）$H_i = H_{i-1} \cup \{$所有$f(t_1, t_2, \cdots, t_n)$形式的元素$\}$，其中$f(t_1, t_2, \cdots, t_n)$是出现在S中任一函数符号，$t_1, t_2, \cdots, t_n$是H_{i-1}（$i = 1, 2, \cdots$）的元素。

【例4.5】 写出下列子句集的Herbrand域。

（1）$S = \{P(x) \vee Q(f(x)), R(x)\}$

（2）$S = \{P(f(x)) \vee Q(a), \neg Q(g(x)) \vee R(b)\}$

解：（1）$H_0 = \{a\}$

$H_1 = H_0 \cup \{f(a)\} = \{a, f(a)\}$

$H_2 = H_1 \cup \{f(a), f(f(a))\} = \{a, f(a), f(f(a))\}$

……

$H_\infty = \{a, f(a), f(f(a)), \cdots\}$

（2）$H_0 = \{b, c\}$

$H_1 = H_0 \cup \{f(a), f(b), g(a), g(b)\} = \{a, b, f(a), f(b), g(a), g(b)\}$

$H_2 = H_1 \cup \{f(f(a)), f(f(b)), g(f(a)), g(f(b)), g(g(a)),$

$\quad g(g(b)), f(g(a)), f(g(b))\}$

$= \{a, b, f(a), f(b), g(a), g(b), f(f(a)), f(f(b)), g(f(a)),$

$\quad g(f(b)), g(g(a)), g(g(b)), f(g(a)), f(g(b))\}$

……

$H_\infty = H_0 \cup H_1 \cup H_2 \cup \cdots$

定义7 子句集S的原子集是由形如$P(t_1, t_2, \cdots, t_n)$的元素构成的集合,其中P是S中出现的任一谓词符号,$t_1, t_2, \cdots, t_n$是S的Herbrand域中的任意元素。

依据建立在子句集上的Herbrand域和原子集,可以将S在个体域上的不可满足问题转化为Herbrand域上的不可满足性。

定理1(Herbrand定理)(1)设I是子句集S的个体域D上的解释,存在对应于I的解释I^*,使得若有$S|I=T$,则必有$S|I^*=T$。

(2)子句集S不可满足当且仅当在所有Herbrand解释下S均为假。

(3)子句集不可满足当且仅当存在一个有限的不可满足的基子句集S^*。

Robinson归结原理的基本思想:检查子句集S中是否能归结或者包含空子句,如果能归结出空子句,则S不可满足。

在命题逻辑中,称原子谓词公式P和$\neg P$是互补文字。

定义8 设C_1和C_2是子句集中的两个子句,如果C_1中的文字L_1和C_2中的文字L_2互补,那么从C_1和C_2中分别消去文字L_1和L_2,并将两个子句剩余的部分析取,构成新的子句C_{12},这一过程称为归结,C_{12}为C_1和C_2的二元归结式。

【**例4.6**】设子句集$S=\{P, \neg P \vee \neg Q, Q \vee R, \neg R\}$,求证子句集$S$是不可满足的。

证明:(1)P

(2)$\neg P \vee \neg Q$

(3)$\neg Q$

(4)$Q \vee R$

(5)R

(6)$\neg R$

(7)NIL

所以,子句集S是不可满足的。

在利用归结原理证明子句集S的不可满足性时,选择子句归结后的归结式加入子句集S中,可再次参与归结,直到得到新的子句集中出现空子句,则说明原子句集S不可满足。

在谓词逻辑中,由于子句中含有变元,不可以像命题逻辑中直接消去互补文字,需要对变元进行合一和置换才能进行归结。

定义9 设 C_1 和 C_2 是两个没有相同变元的子句，L_1 和 L_2 分别是 C_1 和 C_2 中的文字，如果 σ 是 L_1 和 $\neg L_2$ 的最一般合一，则称

$$(C_1^\sigma - \{L_1^\sigma\}) \vee (C_2^\sigma - \{L_2^\sigma\})$$

为 C_1 和 C_2 的二元归结式，记作：$R(C_1, C_2)$，称 L_1 和 L_2 为可归结文字，称 L_1^σ 和 L_2^σ 为互补文字。

【例4.7】 设 C_1 和 C_2 是子句集中的两个子句，$C_1 = P(a) \vee Q(x)$，$C_2 = \neg Q(a) \vee R(y)$，求 C_1 和 C_2 的归结式 $R(C_1, C_2)$。

解：设 $L_1 = Q(x)$ 和 $L_2 = \neg Q(a)$，则存在最一般合一 $\sigma = \left\{\dfrac{a}{x}\right\}$ 使得 $L_1^\sigma = Q(a)$，$\neg L_2^\sigma = Q(a)$。进而得到

$$\begin{aligned}R(C_1, C_2) &= (C_1^\sigma - \{L_1^\sigma\}) \vee (C_2^\sigma - \{L_2^\sigma\}) \\ &= (P(a) \vee Q(a) - \{Q(a)\}) \vee (\neg Q(a) \vee R(y) - \{\neg Q(a)\}) \\ &= \{P(a), R(y)\} \\ &= P(a) \vee R(y)\end{aligned}$$

所以，C_1 和 C_2 的归结式为 $P(a) \vee R(y)$。

4.1.3 经典的归结方法

在经典的二值逻辑中，最为经典的归结方法有语义归结、锁归结、线性归结。这里简要介绍锁归结和线性归结。

1. 锁归结

假设子句中无相同文字（若有相同文字，则保留其一），注意下面几个概念。

（1）子句的配锁：将子句 C 中的文字都标以不同自然数的过程称为对子句 C 配锁，其中的自然数为锁。

（2）相同文字的合并规则：对配锁子句中的相同文字，只保留带最小锁者，称为相同文字的合并规则。

（3）子句的例：设 C 是配锁子句，σ 是一个替换（不必为合一替换），称对 C^σ 实施相同文字的合并规则后得到的子句为 C 的例。

（4）锁因子（特殊的例）：设 C 是配锁子句，若 C 中某些文字有最一般合一替换，则称对 C^σ 实施相同文字的合并规则后得到的子句为 C 的锁因子。

锁归结式 设 C_1 和 C_2 是两个没有相同变元的配锁子句，L_1 和 L_2 分别是 C_1 和 C_2 中的已配锁文字，如果 σ 是 L_1 和 $\neg L_2$ 的最一般合一，对

$(C_1^\sigma - \{L_1^\sigma\}) \vee (C_2^\sigma - \{L_2^\sigma\})$ 实施相同文字的合并规则后得到 $R_L(C_1, C_2)$，则称 $R_L(C_1, C_2)$ 为 C_1 和 C_2 是二元锁归结式，称 L_1 和 L_2 为可归结文字。

【例4.8】 设 $C_1 = P(x) \vee {\sim}Q(x) \vee T(x,y), C_2 = P(x) \vee Q(x)$，则对 C_1 和 C_2 可分别配锁为 $C_1 = {}_1P(x) \vee {}_2{\sim}Q(x) \vee {}_3T(x,y)$，$C_2 = {}_5P(x) \vee {}_6Q(a)$，根据归结原理，存在最一般合一 $\sigma = \left\{\dfrac{a}{x}\right\}$，得到 C_1 和 C_2 的二元锁归结式为

$$R_L(C_1, C_2) = (C_1^\sigma - \{{}_2({\sim}Q(x)^\sigma)\}) \vee (C_2^\sigma - \{{}_6Q(a)\})$$
$$= ({}_1P(a) \vee {}_2{\sim}Q(a) \vee {}_3T(a,y) - \{{}_2{\sim}Q(a)\}) \vee$$
$$({}_5P(x) \vee {}_6Q(a) - \{{}_6Q(a)\})$$
$$= \{{}_1P(a), {}_3T(a,y)\}$$
$$= {}_1P(a) \vee {}_3T(a,y)$$

锁归结演绎 设 S 是一个已配锁子句集。从 S 推出子句 C 的一个锁归结演绎（或子句集对 S 锁演绎出子句 C）是如下的子句列：

$$C_1, C_2, \cdots, C_n = C,$$

满足：$C_i \in S$ 或存在 $j, r < i$，使得 $R_L(C_j, C_r) = C_i$。

【例4.9】 在命题逻辑中，设带锁子句集 S 中的子句如下：

① ${}_1P \vee {}_2Q$，

② ${}_3P \vee {}_4{\sim}Q$，

③ ${}_5{\sim}P \vee {}_6Q$，

④ ${}_7{\sim}P \vee {}_8{\sim}Q$。

按照锁归结方法，可得到一系列锁归结式，进而得到锁归结演绎。

第一次锁归结：①和②关于 ${}_2Q$ 和 ${}_4{\sim}Q$ 锁归结，得到

⑤ ${}_1P$。

第二次锁归结：③和④关于 ${}_6Q$ 和 ${}_8{\sim}Q$ 锁归结，得到

⑥ ${}_5{\sim}P$。

第三次锁归结：⑤和⑥关于 ${}_1P$ 和 ${}_5{\sim}P$ 锁归结，得到

⑤ NIL。

所以，得到如下的锁归结演绎序列：

${}_1P \vee {}_2Q, {}_3P \vee {}_4{\sim}Q, {}_1P, {}_7{\sim}P \vee {}_8{\sim}Q, {}_7{\sim}P \vee {}_8{\sim}Q, {}_5{\sim}P, {}_1P, {}_5{\sim}P, NIL$。

2. 线性归结

设 S 是一个子句集，$C_0 \in S_0$。以 C_0 为顶子句的从 S 到 C_m 的线性归结演绎是如图4.1所示的演绎。

满足：

① 对于 $i = 0, 1, 2, \cdots, m-1$，$C_{i+1} = R(C_i, B_i)$，

② $B_i \in S$，$B_i = C_j$ ($j < i$)。

称这里的 C_i 为中心子句，B_i 为边子句。

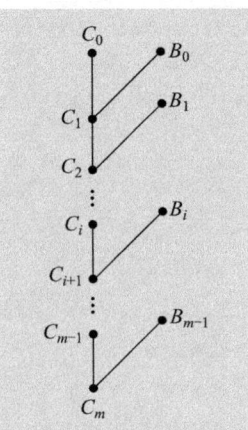

图4.1 以 C_0 为顶子句，从 S 出发到 C_m 的线性归结演绎

【例4.10】 设子句集 $S = \{P, \neg P \vee Q, R \vee \neg Q, \neg R\}$，试写出关于子句集 S 的线性归结演绎。

解：设 $C_1 = P$，$C_2 = \neg P \vee Q$，$C_3 = R \vee \neg Q$，$C_4 = \neg R$，选取 C_1 为顶子句，由归结原理和线性归结方法得到如下演绎。

（1）选取 C_2 为边子句，由 C_1 和 C_2 得到二者归结式 $R(C_1, C_2) = Q$，记 $C_5 = Q$，并添加到子句集 S 中，得到

$$S' = \{P, \neg P \vee Q, R \vee \neg Q, \neg R, Q\}。$$

（2）选取 C_3 为边子句，由 C_5 和 C_3 得到二者归结式 $R(C_5, C_3) = Q$，记 $C_6 = R$，并添加到子句集 S 中，得到

$$S' = \{P, \neg P \vee Q, R \vee \neg Q, \neg R, Q, R\}。$$

（3）选取 C_4 为边子句，由 C_4 和 C_6 得到二者归结式 $R(C_4, C_6) = NIL$，即演绎得到空子句。

以 C_1 为顶子句，从子句集 S 演绎得到空子句的线性归结演绎如图4.2所示。

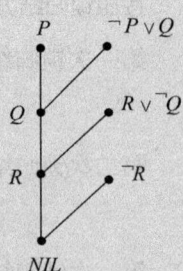

图4.2 以为 C_1 顶子句，从子句集 S 演绎得到空子句的线性归结演绎

即，线性演绎序列为 P，$\neg P \vee Q$，Q，$R \vee \neg Q$，R，$\neg R$，NIL。

4.2 非确定性推理

在现实世界中,由于知识本身的不精确性或不完全性,对于一个智能系统的核心知识库,往往有大量包含随机性、模糊性、不可靠性或未知性等不确定性因素的知识,在这种条件下进行推理和计算,非确定性推理方法就成为一个重要的研究内容。

4.2.1 非确定性推理的基本问题

非确定性推理,是相对于确定性推理而提出来的。

确定性推理,其推理过程是按照必然的因果关系或者严格的逻辑推论进行的,是从已知事实出发,通过运用相关知识逐步推出结论的思维过程。其一般都有规可循,能够且容易形成完备算法,往往能够满足唯一解的特性。

但是,现实世界中存在大量的不确定性,其表示或推理较为复杂。日常生活中,常常使用的一些语言如"差不多""有点""可能""大概"等,就是不知不觉中运用了非确定性推理。

所谓非确定性推理,指在推理过程中,由于各种偶然性误差、干扰以及证据的不确定性等因素,导致所获得的结果或结论本身具有未知可否的不确定性。在人类思维活动中,不确定性是绝对的,其表现形式多种多样,主要表现为随机性、模糊性、不完全性、不一致性等。

4.2.2 概率方法

Bayes定理 设$B, A_1, A_2, \cdots, A_n$为一些事件,$P(B)>0$,$A_1, A_2, \cdots, A_n$互不相交,$P(A_i)>0, i=1, 2, \cdots, n$,且$\sum_{i=1}^{n} P(A_i) = 1$,则对于$k=1, 2, \cdots, n$,有

$$P(A_k|B) = \frac{P(A_k)P(B|A_k)}{\sum_{i=1}^{n} P(A_i)P(B|A_i)} \tag{4.2.1}$$

上述定理中的结论称为Bayes公式,其中$P(A_i)(i=1, 2, \cdots, n)$称为先验概率,$P(A_i|B)(i=1, 2, \cdots, n)$称为后验概率或条件概率。

如果用产生式规则

$$\text{IF} \quad E \quad \text{THEN} \quad H_i \, (i=1, 2, \cdots, n)$$

其中前提条件E代替Bayes公式中的B,用H_i代替公式中的A_i,可得到

$$P(H_i|E) = \frac{P(H_i)P(E|H_i)}{\sum_{i=1}^{n} P(H_i)P(E|H_i)} \qquad (4.1)$$

式（4.1）说明，当已知结论H_i的先验概率$P(H_i)$，并且已知结论$H_i(i=1, 2, \cdots, n)$成立时，前提条件E所对应的证据出现的条件概率$P(E|H_i)$，可以用上式求出相应证据出现时，结论H_i的条件概率$P(H_i|E)$。

【例4.11】设H_1, H_2, H_3分别是3个结论，E是支持这些结论的证据，且已知

$P(H_1) = 0.4$，$P(H_2) = 0.5$，$P(H_3) = 0.6$，

$P(E|H_1) = 0.6$，$P(E|H_2) = 0.4$，$P(E|H_3) = 0.3$，

求$P(H_1|E)$，$P(H_2|E)$，$P(H_3|E)$的值？

解：根据式（4.1）可得

$$P(H_1|E) = \frac{P(H_1)P(E|H_1)}{P(H_1)P(E|H_1) + P(H_2)P(E|H_2) + P(H_3)P(E|H_3)}$$

$$= \frac{0.4 \times 0.6}{0.4 \times 0.6 + 0.5 \times 0.4 + 0.6 \times 0.3}$$

$$= 0.38$$

同理可得

$$P(H_2|E) = 0.32,\ P(H_3|E) = 0.29。$$

对于单个证据的情况，可以按照上面方法进行处理，相对较为容易。如果有多个证据E_1, E_2, $\cdots$, E_n和多个结论H_1, H_2, $\cdots$, H_n，并且每个证据都以一定程度支持结论的情况，式（4.1）可扩充为

$$P(H_i|E_1, E_2, \cdots, E_n) = \frac{P(E_1|H_i)P(E_2|H_i)\cdots P(E_m|H_i)P(H_i)}{\sum_{j=1}^{n} P(E_1|H_j)P(E_2|H_j)\cdots P(E_m|H_j)P(H_j)} \qquad (4.2)$$

4.2.3 主观Bayes方法

直接使用概率方法求结论H_i在证据E存在情况下的条件概率$P(H_i|E)$时，不仅需要已知H_i的先验概率$P(H_i)$，而且还需要知道结论H_i成立的情况下，证据E出现的条件概率$P(E|H_i)$。事实上，在实际应用中相当困难。因此，1976年R.O. Duda、P.E. Hart等人改进了Bayes公式，提出了主

观Bayes方法，建立了相应的不确定性推理模型。

在主观Bayes方法中，知识是用产生式规则表示的，具体形式为

$$\text{IF } E \text{ THEN } (LS, LN) \ H \ (P(H))$$

其中，E是知识的前提条件，H是结论。

$P(H)$是H的先验概率，它指出在没有任何证据情况下的结论H为真的概率，即H的一般可能性。其值由领域专家根据以往的经验给出。

(LS, LN)为规则强度。在统计学中称为似然比，其值由领域专家给出。LS, LN相当于知识的静态强度。

LS为规则成立的充分性度量，用于指出E对H的支持程度，取值范围为$[0, +\infty)$，定义如下：

$$LS = \frac{P(E|H)}{P(E|\neg H)}$$

LN为规则成立的必要性度量，用于指出$\neg E$对H的支持程度，取值范围为$[0,+\infty)$，定义如下：

$$LN = \frac{P(\neg E|H)}{P(\neg E|\neg H)} = \frac{1-P(E|H)}{1-P(E|\neg H)}$$

(LS,LN)既考虑了证据E的出现对其结论H的支持，又考虑了证据E的不出现对其结论H的影响。

1. 证据不确定性的表示

在主观Bayes方法中，证据的不确定性也是用概率表示的。对于初始证据E，由用户根据观察S给出概率$P(E|S)$，它相当于动态强度。但由于$P(E|S)$不太直观，因而在具体的应用系统中往往采用符合一般经验的比较直观的方法，在某一个专家系统中引进可信度的概念，让用户在-5与5之间的11个整数中根据实际情况选1个数作为初始证据的可信度，表示用户对所提供的证据可以相信的程度，然后再从可信度$C(E|S)$计算出概率$P(E|S)$。

可信度$C(E|S)$和概率$P(E|S)$的对应关系如下：

- $C(E|S) = -5$表示在观察S下证据E肯定不存在，即$P(E|S) = 0$；
- $C(E|S) = 0$表示S与E无关，即$P(E|S) = P(E)$；
- $C(E|S) = 5$表示在观察S下证据E肯定存在，即$P(E|S) = 1$；
- $C(E|S) = $ 为其他数时，与$P(E|S)$的对应关系可通过对上述3个点进行分段线性插值得到，如图4.3所示。

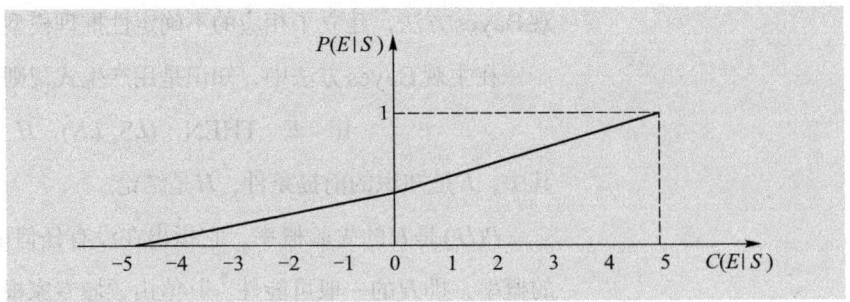

图4.3 $P(E|S)$ 与 $C(E|S)$ 的对应关系

由图4.3可知，

$$P(E/S) = \begin{cases} \dfrac{C(E/S) + P(E) \times (5 - C(E/S))}{5} & 0 \leq C(E/S) \leq 5 \\ \dfrac{P(E) \times (5 + C(E/S))}{5} & -5 \leq C(E/S) < 0 \end{cases}$$

由此，用户只要对初始证据给出相应的可信度 $C(E|S)$，即可由系统将它转换为相应的 $P(E|S)$。

2. 不确定性的传递算法

在主观Bayes方法的知识表示中，$P(H)$ 是专家对结论 H 给出的先验概率，它是在没有考虑任何证据的情况下根据经验给出的。随着新证据的获得，对 H 的信任程度应该有所改变。主观Bayes方法推理的任务就是根据证据 E 的概率 $P(E)$ 及 LS, LN 的值，把 H 的先验概率 $P(H)$ 更新为后验概率 $P(H|E)$ 或 $P(H|\neg E)$。

由于一条知识所对应的证据是肯定存在的，或是肯定不存在的，或是不确定的，而且在不同情况下确定后验概率的方法也不同。

（1）证据肯定存在的情况

在证据 E 肯定存在时，把先验几率 $O(H)$ 更新为后验几率 $O(H|E)$ 的计算公式为

$$O(H|E) = LS \times O(H)$$

如果将上式换成概率，得到

$$P(H|E) = \dfrac{LS \times P(H)}{(LS-1) \times P(H) + 1}$$

即为证据肯定存在时把先验概率 $P(H)$ 更新为后验概率 $P(H|E)$ 的计算公式。

【例4.12】 设有规则 IF E THEN $(10, 1)$ H，已知 $P(H) = 0.03$，并且证据 E 肯定存在，通过计算可以得到 $P(H|E) = 0.24$。

（2）证据肯定不存在的情况

在证据E肯定不存在时，把先验几率$O(H)$更新为后验几率$O(H|\neg E)$的计算公式为

$$O(H|\neg E) = LN \times O(H)$$

如果将上式换成概率，得到

$$P(H|\neg E) = \frac{LN \times P(H)}{(LN-1) \times P(H) + 1}$$

即为证据肯定不存在时把先验概率$P(H)$更新为后验概率$P(H|E)$的计算公式。

【例4.13】 设有规则 IF E THEN$(1, 0.002)$ H，已知$P(H) = 0.3$，且证据E肯定不存在，可以计算得到$P(H|\neg E) = 0.00086$。

（3）证据不确定的情况

上面讨论了在证据肯定存在和肯定不存在的情况下把H的先验概率更新为后验概率的方法。在现实中，这种证据肯定存在和肯定不存在的极端情况是不多的，更多的是介于二者之间的不确定情况。因为对初始证据来说，由于用户对客观事物或现象的观察是不精确的，因而所提供的证据是不确定的，另外，一条知识的证据往往来源于由另一条知识推出的结论，一般也具有某种程度的不确定性。例如，用户告知仅有60%的把握说明证据是真的，表示初始证据为真的程度为0.6，即$P(E|S) = 0.6$，这里S是对E的有关观察。现在，要在$0 < P(E|S) < 1$的情况下确定H的后验概率$P(H|S)$。

在证据不确定的情况下，不能再使用上面的公式计算后验概率，而要用杜达等人于1976年已经证明过的公式

$$P(H|S) = P(H|E) \times P(E|S) + P(H|\neg E) \times P(\neg E|S)$$

来计算。

下面分4种情况讨论这个公式，如图4.4所示。

① 当$P(E|S) = 1$时，$P(\neg E|S) = 0$，此时上式变为

$$P(H|S) = P(H|E) = \frac{LS \times P(H)}{(LS-1) \times P(H) + 1}$$

即为证据肯定存在的情况。

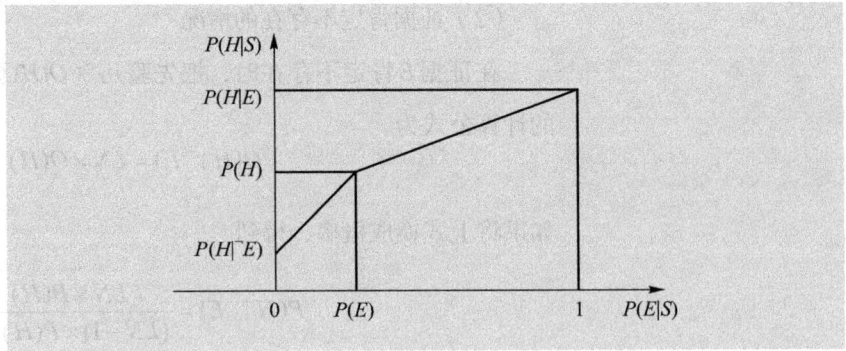

图4.4 EH公式的分段线性插值

② 当$P(E|S)=0$时，$P(\neg E|S)=1$，此时上式变为

$$P(H|S)=P(H|\neg E)=\frac{LN\times P(H)}{(LN-1)\times P(H)+1}$$

即为证据肯定不存在的情况。

③ 当$P(E|S)=P(E)$时，表示E与S无关，利用全概率公式将上式变为

$$P(H|S)=P(H|E)\times P(E)+P(H|\neg E)\times P(\neg E)=P(H)$$

④ 当$P(E|S)$为其他值时，通过分段线性插值可计算$P(H)$，如图4.4所示。

$$P(H|S)=\begin{cases} P(H|\neg E)+\dfrac{P(H)-P(H|\neg E)}{P(E)}\times P(E|S) & 0\leqslant P(E/S)\leqslant P(E) \\ P(H)+\dfrac{P(H|E)-P(H)}{1-P(E)}\times [P(E|S)-P(E)] & P(E)<P(E/S)\leqslant 1 \end{cases}$$

该公式称为EH公式。

对于初始证据，由于其不确定性是用可信度$C(E|S)$给出的，此时只要把$P(E|S)$与$C(E|S)$的对应关系转换公式代入EH公式，就可得到用可信度$C(E|S)$计算$P(E|S)$的公式，如下：

$$P(H|S)=\begin{cases} P(H|\neg E)+\dfrac{P(H)-P(H|\neg E)}{P(E)}\times P(E|S) & 0\leqslant P(E/S)\leqslant P(E) \\ P(H)+\dfrac{P(H|E)-P(H)}{1-P(E)}\times [P(E|S)-P(E)] & P(E)<P(E/S)\leqslant 1 \end{cases}$$

该公式称为CP公式。

当用初始证据进行推理时，根据用户告知的$C(E|S)$，通过运用CP公式就可以求出$P(H|S)$；当用推理过程中得到的中间结论作为证据进行推理时，通过运用EH公式可以求出$P(H|S)$。

（4）组合证据的情况

当组合证据是多个单一证据的合取时，即

$$E = E_1 \wedge E_2 \wedge \cdots \wedge E_n,$$

如果已知 $P(E_1|S)$，$P(E_2|S)$，$\cdots$，$P(E_n|S)$，则

$$P(E|S) = \min\{P(E_1|S), P(E_2|S), \cdots, P(E_n|S)\}\text{。}$$

当组合证据是多个单一证据的析取时，即

$$E = E_1 \vee E_2 \vee \cdots \vee E_n,$$

如果已知 $P(E_1|S)$，$P(E_2|S)$，$\cdots$，$P(E_n|S)$，则

$$P(E|S) = \max\{P(E_1|S), P(E_2|S), \cdots, P(E_n|S)\}\text{。}$$

"非"运算用下面公式计算

$$P(\neg E|S) = 1 - P(E|S)\text{。}$$

如果有 n 条知识都支持相同的结论，而且每条知识的前提条件所对应的证据 $E_i(i=1, 2, \cdots, n)$ 都有相应的观察 S_i 与之对应，此时只要先对每条知识分别求出 $O(H|S_i)$，然后就可以通过下面公式求出 $O(H|S_1, S_2, \cdots, S_n)$ 和 $P(H|S_1, S_2, \cdots, S_n)$。

$$O(H|S_1, S_2, \cdots, S_n) = \frac{O(H|S_1)}{O(H)} \times \frac{O(H|S_2)}{O(H)} \times \cdots \times \frac{O(H|S_n)}{O(H)} \times O(H)$$

$$P(H|S_1, S_2, \cdots, S_n) = \frac{O(H|S_1, S_2, \cdots, S_n)}{1 + O(H|S_1, S_2, \cdots, S_n)}$$

【例4.14】 设有如下知识：

规则1：IF E_1 THEN (2, 0.001) H_1

规则2：IF E_2 THEN (100, 0.001) H_1

规则3：IF E_1 THEN (200, 0.001) H_2

已知：$O(H_1) = 0.1$，$O(H_2) = 0.01$，$C(E_1|S_1) = 2$，$C(E_2|S_2) = 1$，求 $O(H_1|S_1, S_2)$。

解：（1）计算 $O(H_1|S_1)$。

$$P(H_1) = \frac{O(H_1)}{1 + O(H_1)} = \frac{0.1}{1 + 0.1} = 0.09 \text{。}$$

$$P(H_1|E_1) = \frac{O(H_1|E_1)}{1 + O(H_1|E_1)} = \frac{LS_1 \times O(H_1)}{1 + LS_1 \times O(H_1)} = \frac{2 \times 0.1}{1 + 2 \times 0.1} = 0.17 \text{。}$$

而 $C(E_1|S_1) = 2 > 0$，所以使用CP公式的后半部计算 $P(H_1|S_1)$。

$$P(H_1|S_1) = P(H_1) + [P(H_1|E_1) - P(H_1)] \times \frac{1}{5} \times C(E_1|S_1)$$

$$= 0.09 + [0.17 - 0.09] \times \frac{2}{5}$$

$$= 0.122。$$

$$O(H_1|S_1) = \frac{P(H_1|S_1)}{1 - P(H_1|S_1)} = \frac{0.122}{1 - 0.122} = 0.14。$$

（2）计算 $O(H_1|S_2)$。

由（1）知 $P(H_1) = 0.09$，则

$$P(H_1|E_2) = \frac{O(H_1|E_2)}{1 + O(H_1|E_2)} = \frac{LS_2 \times O(H_1)}{1 + LS_2 \times O(H_1)} = \frac{100 \times 0.1}{1 + 100 \times 0.1} = 0.91。$$

而 $C(E_2|S_2) = 1 > 0$，所以使用 CP 公式的后半部计算 $P(H_1|S_2)$。

$$P(H_1|S_2) = P(H_1) + [P(H_1|E_2) - P(H_1)] \times \frac{1}{5} \times C(E_2|S_2)$$

$$= 0.09 + [0.91 - 0.09] \times \frac{1}{5}$$

$$= 0.254。$$

$$O(H_1|S_2) = \frac{P(H_1|S_2)}{1 - P(H_1|S_2)} = \frac{0.254}{1 - 0.254} = 0.34。$$

（3）计算 $O(H_1|S_1, S_2)$。

$$O(H_1|S_1, S_2) = \frac{O(H_1|S_1)}{O(H_1)} \times \frac{O(H_1|S_2)}{O(H_1)} \times O(H_1) = \frac{0.14}{0.1} \times \frac{0.34}{0.1} \times 0.1 = 0.476$$

（4）计算 $P(H_2|S_1, S_2)$ 和 $O(H_2|S_1, S_2)$。

因为 $O(H_1|S_1, S_2) = 0.476$，$O(H_1) = 0.1$，显然 $O(H_1|S_1, S_2) > O(H_1)$，所以 $P(H_1|S_1, S_2) > P(H_1)$，因此，选用 EH 公式的后半部分，即

$$P(H_1|S_1, S_2) = P(H_2) + \frac{P(H_1|S_1, S_2) - P(H_1)}{1 - P(H_1)}[P(H_2|H_1) - P(H_2)]。$$

因为

$$P(H_2) = \frac{O(H_2)}{1 + O(H_2)} = \frac{0.01}{1 + 0.01} = 0.01。$$

$$P(H_1|S_1, S_2) = \frac{O(H_1|S_1, S_2)}{1 + O(H_1|S_1, S_2)} = \frac{0.476}{1 + 0.476} = 0.32。$$

$$P(H_2|H_1) = \frac{O(H_2|H_1)}{1 + O(H_2|H_1)} = \frac{LS_3 \times O(H_2)}{1 + LS_3 \times O(H_2)} = \frac{200 \times 0.01}{1 + 200 \times 0.01} = 0.67。$$

得到

$$P(H_2|S_1, S_2) = 0.01 + \frac{0.32 - 0.09}{1 - 0.09} \times (0.67 - 0.01) = 0.175。$$

> 所以
> $$O(H_2|S_1,S_2) = \frac{P(H_2|S_1,S_2)}{1-P(H_2|S_1,S_2)} = \frac{0.175}{1-0.175} = 0.212 \, .$$
>
> H_2 原先的几率是 0.01，通过运用知识 r_1、r_2、r_3 及初始证据的可信度 $C(E|S_1)$、$C(E|S_2)$ 进行推理，最后算出 H_2 的后验几率是 0.212，相当于几率增加了 20 多倍。

4.2.4 可信度推理方法

可信度方法是美国斯坦福大学肖特里菲（E.H. Shortliffe）等人在确定性理论的基础上，结合概率论等提出的一种不确定性推理方法。由于该方法比较直观、简单，而且效果也比较好，在专家系统 MYCIN 中首先应用，成为非确定推理方法中应用最早且简单有效的方法之一。

可信度是根据自己的经验或观察对某一事件或现象为真的相信程度。显然，可信度具有较大的主观性和经验性，其准确性难以把握。但是人工智能所面向的多是结构不良的复杂问题，难以给出精确的数学模型，先验概率及条件概率的确定又比较困难，因而用可信度来表示知识及证据的不确定性仍不失为一种可行的方法。

C-F 模型是基于可信度表示的不确定性推理的基本方法，其他可信度方法都是在此基础上发展起来的。

1. 知识不确定性的表示

在 C-F 模型中，知识是用产生式规则表示的，知识的不确定性是以可信度来表示的，其一般形式为

IF E THEN H (CF(H, E))

其中，$CF(H, E)$ 是该条知识的可信度，又称为可信度因子或规则强度。反映了前提条件与结论的联系强度。它指出当前提条件 E 所对应的证据为真时，它对结论 H 为真的支持强度，$CF(H, E)$ 的值越大，就越支持结论 H 为真。

例如：已知有一知识

IF 头痛 AND 流涕 THEN 感冒 (0.8)

表示当病人确实有"头痛"和"流涕"的症状时，则八成的把握认为他是患了感冒。

$CF(H, E)$ 在 $[-1, 1]$ 上取值，$CF(H, E)$ 的值要求领域专家直接给出。

其原则是：若由于相应证据的出现增加结论 H 为真的可信度，则取 $CF(H, E)>0$，证据的出现越是支持 H 为真，就使 $CF(H, E)$ 的值越大；反之，取 $CF(H, E)<0$，证据的出现越是支持 H 为假，就使 $CF(H, E)$ 的值越小；若证据的出现与否与 H 无关，则取 $CF(H, E) = 0$。

2. 证据不确定性的表示

在 C-F 模型中，证据的不确定性也是用可信度因子表示的。例如，$CF(E) = 0.7$，表示 E 的可信度为 0.7。

证据可信度值的来源分为两种情况：对于初始证据，其可信度的值由提供证据的用户给出；对于用先前推出的结论作为当前推理的证据，其可信度的值在推出该结论时通过不确定性传递算法计算得到。

证据 E 的可信度 $CF(E)$ 的取值范围是 $[-1,1]$。依据证据 E 的情况，可信度 $CF(E)$ 取值也各有不同。

（1）若证据 E 肯定为真时，则取 $CF(E) = 1$。

（2）若证据 E 肯定为假时，则取 $CF(E) = -1$。

（3）若证据 E 以某种程度为真时，则 $CF(E)$ 为 $(0, 1)$ 中的某一个值，即 $0<CF(E)<1$。

（4）若证据 E 以某种程度为假时，则 $CF(E)$ 为 $(-1, 0)$ 中的某一个值，即 $-1<CF(E)<0$。

（5）若对证据 E 一无所知时，则 $CF(E) = 0$。

在该模型中，尽管知识的静态强度与证据的动态强度都是用可信度因子 CF 表示的，但它们所表示的意义不相同。静态强度 $CF(H, E)$ 表示的是知识的强度，即当 E 所对应的证据为真时对 H 的影响程度，而动态强度 $CF(E)$ 表示的是证据 E 当前的不确定性程度。

3. 组合证据不确定性的算法

当组合证据是多个单一证据的合取时，即

$$E = E_1 \wedge E_2 \wedge \cdots \wedge E_n$$

若已知 $CF(E_1)$，$CF(E_2)$，$\cdots$，$CF(E_n)$，则

$$CF(E) = \min\{CF(E_1), CF(E_2), \cdots, CF(E_n)\}$$

当组合证据是多个单一证据的析取时，即

$$E = E_1 \vee E_2 \vee \cdots \vee E_n$$

若已知 $CF(E_1)$，$CF(E_2)$，$\cdots$，$CF(E_n)$，则

$$CF(E) = \max\{CF(E_1), CF(E_2), \cdots, CF(E_n)\}$$

4. 不确定性的传递算法

C-F模型中的不确定性推理是从不确定的初始证据出发，通过运用相关的不确定性知识，最终推出结论并求出结论的可信度值。其中，结论H的可信度由下式计算

$$CF(H) = CF(H, E) \times \max\{0, CF(E)\}$$

从上式可以看出，当相应证据以某种程度为假，即$CF(E)<0$时，则$CF(E)=0$，说明在该模型中没有考虑证据为假时对结论H所产生的影响。

另外，当证据为真，即$CF(E)=1$时，由上式可推出$CF(H)=CF(H,E)$，说明知识的规则强度$CF(H,E)$实际上就是在前提条件对应的证据为真时，结论H的可信度。或者说，当知识的前提条件所对应的证据存在且为真时，结论H有$CF(H,E)$大小的可信度。

5. 结论不确定性的合成算法

若由多条不同知识推出了相同的结论，但可信度不同，则可用合成算法求出综合可信度。由于对多条知识的综合可通过两两合成实现，所以下面只考虑两条知识的情况。

设有知识：

$$\text{IF} \quad E_1 \quad \text{THEN} \quad H \quad (CF(H, E_1))$$

$$\text{IF} \quad E_2 \quad \text{THEN} \quad H \quad (CF(H, E_2))$$

则结论H的综合可信度计算可分为如下两步。

（1）分别对每一条知识求出$CF(H)$

$$CF_1(H) = CF(H, E_1) \times \max\{0, CF(E_1)\}$$

$$CF_2(H) = CF(H, E_2) \times \max\{0, CF(E_2)\}$$

（2）用下述公式求出E_1与E_2与对H的综合影响所形成的可信度$CF_{1,2}(H)$

$$CF_{1,2}(H) = \begin{cases} CF_1(H) + CF_2(H) - CF_1(H) \times CF_2(H) & \text{当} CF_1(H) \geq 0, CF_2(H) \geq 0 \\ \dfrac{CF_1(H) + CF_2(H)}{1 - \min\{|CF_1(H)|, |CF_2(H)|\}} & \text{当} CF_1(H) \times CF_2(H) < 0 \\ CF_1(H) + CF_2(H) + CF_1(H) \times CF_2(H) & \text{当} CF_1(H) < 0, CF_2(H) < 0 \end{cases}$$

【例4.15】 设有一组知识：

r_1: IF E_1 THEN H (0.8);

r_2: IF E_2 THEN H (0.6);

r_3: IF E_3 THEN H (−0.5);

r_4: IF $E_4 \wedge (E_5 \vee E_6)$ THEN E_1 (0.7);

r_5: IF $E_7 \wedge E_8$ THEN E_3 (0.9)。

已知：$CF(E_2) = 0.8$，$CF(E_4) = 0.5$，$CF(E_5) = 0.6$，$CF(E_6) = 0.7$，$CF(E_7) = 0.6$，$CF(E_8) = 0.9$。求 $CF(H)$。

解：第一步：对每一条规则求出 $CF(H)$。

由 r_4 得到

$$CF(E_1) = 0.7 \times \max\{0, CF[E_4 \wedge (E_5 \vee E_6)]\}$$
$$= 0.7 \times \max\{0, \min\{CF(E_4) \wedge CF(E_5 \vee E_6)\}\}$$
$$= 0.7 \times \max\{0, \min\{CF(E_4), \max\{CF(E_5), CF(E_6)\}\}\}$$
$$= 0.7 \times \max\{0, \min\{0.5, \max\{0.6, 0.7\}\}\}$$
$$= 0.35$$

由 r_5 得到

$$CF(E_3) = 0.9 \times \max\{0, CF(E_7 \wedge E_8)\}$$
$$= 0.9 \times \max\{0, \min\{CF(E_7), CF(E_8)\}\}$$
$$= 0.9 \times \max\{0, \min\{0.6, 0.9\}\}$$
$$= 0.54$$

由 r_1 得到

$$CF_1(H) = 0.8 \times \max\{0, CF(E_1)\}$$
$$= 0.8 \times \max\{0, 0.35\}$$
$$= 0.28$$

由 r_2 得到

$$CF_2(H) = 0.6 \times \max\{0, CF(E_2)\}$$
$$= 0.6 \times \max\{0, 0.8\}$$
$$= 0.48$$

由 r_3 得到

$$CF_3(H) = -0.5 \times \max\{0, CF(E_3)\}$$
$$= -0.5 \times \max\{0, 0.54\}$$
$$= -0.27$$

第二步：根据结论不确定性的合成算法得到

$$CF_{1,2}(H) = CF_1(H) + CF_2(H) - CF_1(H) \times CF_2(H)$$
$$= 0.28 + 0.48 - 0.28 \times 0.48$$
$$= 0.63$$

$$CF_{1,2,3}(H) = \frac{CF_{1,2}(H) - CF_3(H)}{1 - \min\{|CF_{1,2}(H)|, |CF_3(H)|\}}$$
$$= \frac{0.63 - 0.27}{1 - \min\{0.63, 0.27\}}$$
$$= \frac{0.36}{1 - 0.27}$$
$$= 0.49$$

则综合可信度为 $CF(H) = 0.49$。

4.2.5 模糊推理方法

1965年，美国著名的学者扎德（Zadeh）教授发表了题为 *Fuzzy Set* 的论文，首先提出了模糊理论。该理论首先应用于自动控制领域，并取得较大成功。目前，各种模糊产品充满中国、美国、西欧、日本等市场，如模糊洗衣机、模糊电冰箱等。各国都将模糊技术作为本国重点发展的关键技术。

常规的控制要求系统有精确的数学模型。事实上，大多数复杂系统的控制都是不确定系统，模糊控制可以利用语言信息而不需要精确的数学模型，进而实现对不确定系统较好地控制。模糊控制已经发展成为人工智能领域的一个重要分支，它是以模糊数学为基础，运用语言规则知识表示方法和先进的计算机技术，通过模糊推理进行决策的一种高级控制策略。

1. 基于模糊规则的推理

当模糊关系的输入信息为数值时，可以采用基于模糊规则的逻辑推理，目前其应用较为广泛。所谓模糊规则的推理，指其前提和证据是通过模糊集合进行包含、交、并、补等运算，构成相关的模糊命题，按照模糊计算规则进行匹配，完成推理过程，其结论就是推理最终所得到的模糊命题。

按照谓词逻辑自然演绎推理模式，对于模糊逻辑推理也有3种基本模式：模糊假言推理、模糊拒取式推理、模糊三段论推理。

（1）模糊假言推理

设 A、B 分别为论域 U、V 中的模糊集合，即 $A \in F(U)$，$B \in F(V)$，如果

事实：x is A'

规则：IF x is A THEN y is B

即 A 和 B 能够模糊匹配时，则可得结论 y is B'。

（2）模糊拒取式推理

设 A、B 分别为论域 U、V 中的模糊集合，即 $A \in F(U)$，$B \in F(V)$，如果

事实：y is B'

规则：IF x is A THEN y is B

即 B 和 A 能够模糊匹配时，则可得结论 x is A'。

（3）模糊三段论式推理

设 A、B、C 分别为论域 U、V、W 中的模糊集合，即 $A \in F(U)$，$B \in F(V)$，$C \in F(W)$，如果

规则：IF x is A THEN y is B

规则：IF y is B THEN z is C

则 IF x is A THEN z is C。

根据以上基本的模糊推理模式，可以得到较为复杂的模糊推理模式，进而建立基于各种规则的模糊逻辑推理知识库，应用到智能系统领域，完成求解任务。

2. 基于模糊关系的推理

当模糊系统的输入信息是基于相应定义的模糊关系时，可基于模糊关系进行推理。

依据 Zadeh 合成推理规则，如果

前提1：IF x is A THEN y is B

前提2：x is A'

结论：y is B'

用合成规则可求得 $B' = A' \circ R$，其中 $\circ$ 为模糊向量乘积，R 为 A 到 B 的模糊关系。

【例 4.16】设有论域 $U = \{x_1, x_2, x_3, x_4, x_5\}$，$V = \{y_1, y_2, y_3, y_4\}$，$A$ 和 B 分别是论域 U、V 中的模糊集合，且

$$A = 1.0/x_1 + 0.9/x_2 + 0.5/x_3 + 0.3/x_4 + 0.0/x_5,$$
$$B = 0.8/y_1 + 1.0/y_2 + 0.6/y_3 + 0.0/y_4,$$

当输入为 $A' = 0.4/x_1 + 0.8/x_2 + 1.0/x_3 + 0.6/x_4 + 0.0/x_5$，求该模糊系统的输出 B'。

解：（1）先求出 A 到 B 的模糊关系 R。

$$R = A \times B = \begin{bmatrix} 1.0 \\ 0.9 \\ 0.5 \\ 0.3 \\ 0.0 \end{bmatrix} \circ [0.8 \quad 1.0 \quad 0.6 \quad 0.0]$$

$$= \begin{bmatrix} 1.0 \wedge 0.8 & 1.0 \wedge 1.0 & 1.0 \wedge 0.6 & 1.0 \wedge 0.0 \\ 0.9 \wedge 0.8 & 0.9 \wedge 1.0 & 0.9 \wedge 0.6 & 0.9 \wedge 0.0 \\ 0.5 \wedge 0.8 & 0.5 \wedge 1.0 & 0.5 \wedge 0.6 & 0.5 \wedge 0.0 \\ 0.3 \wedge 0.8 & 0.3 \wedge 1.0 & 0.3 \wedge 0.6 & 0.3 \wedge 0.0 \\ 0.0 \wedge 0.8 & 0.0 \wedge 1.0 & 0.0 \wedge 0.6 & 0.0 \wedge 0.0 \end{bmatrix}$$

$$= \begin{bmatrix} 0.8 & 1.0 & 0.6 & 0.0 \\ 0.8 & 0.9 & 0.6 & 0.0 \\ 0.5 & 0.5 & 0.5 & 0.0 \\ 0.3 & 0.3 & 0.3 & 0.0 \\ 0.0 & 0.0 & 0.0 & 0.0 \end{bmatrix}$$

（2）由 $B' = A' \circ R$，再求出 B'。

$$B' = A' \circ R$$

$$= \begin{bmatrix} 0.4 \\ 0.8 \\ 1.0 \\ 0.6 \\ 0.0 \end{bmatrix}^{\mathrm{T}} \circ \begin{bmatrix} 0.8 & 1.0 & 0.6 & 0.0 \\ 0.8 & 0.9 & 0.6 & 0.0 \\ 0.5 & 0.5 & 0.5 & 0.0 \\ 0.3 & 0.3 & 0.3 & 0.0 \\ 0.0 & 0.0 & 0.0 & 0.0 \end{bmatrix}$$

$$= [(0.4 \wedge 0.8) \vee (0.8 \wedge 0.8) \vee (1.0 \wedge 0.5) \vee (0.6 \wedge 0.3) \vee (0.0 \wedge 0.0),$$
$$(0.4 \wedge 1.0) \vee (0.8 \wedge 0.9) \vee (1.0 \wedge 0.5) \vee (0.6 \wedge 0.3) \vee (0.0 \wedge 0.0),$$
$$(0.4 \wedge 0.6) \vee (0.8 \wedge 0.6) \vee (1.0 \wedge 0.5) \vee (0.6 \wedge 0.3) \vee (0.0 \wedge 0.0),$$
$$(0.4 \wedge 0.0) \vee (0.8 \wedge 0.0) \vee (1.0 \wedge 0.0) \vee (0.6 \wedge 0.0) \vee (0.0 \wedge 0.0)]$$

$$= [0.4 \vee 0.8 \vee 0.5 \vee 0.3 \vee 0.0, 0.4 \vee 0.8 \vee 0.5 \vee 0.3 \vee 0.0,$$
$$0.4 \vee 0.6 \vee 0.5 \vee 0.3 \vee 0.0, 0.0 \vee 0.0 \vee 0.0 \vee 0.0 \vee 0.0]$$

$$= [0.8, 0.8, 0.6, 0.0]$$

所以，$B' = 0.8/y_1 + 0.8/y_2 + 0.6/y_3 + 0.0/y_4$。

基于模糊逻辑的推理系统已发展成为一个重要的学科领域，应用系统与日俱增，主要应用领域是对各种物理和化学特征，如温度、电子流、机械运动等的模糊控制。模糊控制的实现主要包含模糊化、模糊推理和反模糊化三个环节。

【例4.17】 设有模糊控制规则："如果温度低，则将阀门开大"。设温度和阀门开度的论域为$\{1,2,3,4,5\}$。"温度低"和"阀门大"的模糊量可以表示为

"温度低" $= 1.0/1+0.6/2+0.4/3+0.0/4+0.0/5$，

"阀门开" $= 0.0/1+0.0/2+0.4/3+0.6/4+1.0/5$，

已知事实"温度较低"，可以表示为

"温度较低" $= 0.8/1+1.0/2+0.6/3+0.4/4+0.0/5$，

试确定阀门开度。

解：（1）先确定模糊关系 $\boldsymbol{R}$。

$$R = \begin{bmatrix} 1.0 \\ 0.6 \\ 0.4 \\ 0.0 \\ 0.0 \end{bmatrix} \circ \begin{bmatrix} 0.0 & 0.0 & 0.4 & 0.6 & 1.0 \end{bmatrix}$$

$$= \begin{bmatrix} 1.0 \wedge 0.0 & 1.0 \wedge 0.0 & 1.0 \wedge 0.4 & 1.0 \wedge 0.6 & 1.0 \wedge 1.0 \\ 0.6 \wedge 0.0 & 0.6 \wedge 0.0 & 0.6 \wedge 0.4 & 0.6 \wedge 0.6 & 0.6 \wedge 1.0 \\ 0.4 \wedge 0.0 & 0.4 \wedge 0.0 & 0.4 \wedge 0.4 & 0.4 \wedge 0.6 & 0.4 \wedge 1.0 \\ 0.0 \wedge 0.0 & 0.0 \wedge 0.0 & 0.0 \wedge 0.4 & 0.0 \wedge 0.6 & 0.0 \wedge 1.0 \\ 0.0 \wedge 0.0 & 0.0 \wedge 0.0 & 0.0 \wedge 0.4 & 0.0 \wedge 0.6 & 0.0 \wedge 1.0 \end{bmatrix}$$

$$= \begin{bmatrix} 0.0 & 0.0 & 0.4 & 0.6 & 1.0 \\ 0.0 & 0.0 & 0.4 & 0.6 & 0.6 \\ 0.0 & 0.0 & 0.4 & 0.4 & 0.4 \\ 0.0 & 0.0 & 0.0 & 0.0 & 0.0 \\ 0.0 & 0.0 & 0.0 & 0.0 & 0.0 \end{bmatrix}$$

（2）由模糊推理，$\boldsymbol{B}' = \boldsymbol{A}' \circ \boldsymbol{R}$，求出 $\boldsymbol{B}'$。

$$B' = A' \circ R$$

$$= \begin{bmatrix} 0.8 \\ 1.0 \\ 0.6 \\ 0.4 \\ 0.0 \end{bmatrix}^T \circ \begin{bmatrix} 0.0 & 0.0 & 0.4 & 0.6 & 1.0 \\ 0.0 & 0.0 & 0.4 & 0.6 & 0.6 \\ 0.0 & 0.0 & 0.4 & 0.4 & 0.4 \\ 0.0 & 0.0 & 0.0 & 0.0 & 0.0 \\ 0.0 & 0.0 & 0.0 & 0.0 & 0.0 \end{bmatrix}$$

$$= [(0.8 \wedge 0.0) \vee (1.0 \wedge 0.0) \vee (0.6 \wedge 0.0) \vee (0.4 \wedge 0.0) \vee (0.0 \wedge 0.0),$$
$$(0.8 \wedge 0.0) \vee (1.0 \wedge 0.0) \vee (0.6 \wedge 0.0) \vee (0.4 \wedge 0.0) \vee (0.0 \wedge 0.0),$$
$$(0.8 \wedge 0.4) \vee (1.0 \wedge 0.4) \vee (0.6 \wedge 0.4) \vee (0.4 \wedge 0.0) \vee (0.0 \wedge 0.0),$$
$$(0.8 \wedge 0.6) \vee (1.0 \wedge 0.6) \vee (0.6 \wedge 0.4) \vee (0.4 \wedge 0.0) \vee (0.0 \wedge 0.0),$$
$$(0.8 \wedge 1.0) \vee (1.0 \wedge 0.6) \vee (0.6 \wedge 0.4) \vee (0.4 \wedge 0.0) \vee (0.0 \wedge 0.0)]$$

$$= [0.0 \quad 0.0 \quad 0.4 \quad 0.6 \quad 0.8]$$

3. 模糊决策

用最大隶属度方法进行决策得到阀门开度为5。为克服最大隶属度方法的缺点，可采用加权平均判决方法得到阀门开度为4。

注意到，在上面的模糊推理过程中，模糊推理得到的是模糊向量，需转化为确定值才可以应用，下面给出几种简单、实用的模糊决策（即反模糊化）方法。

① 最大隶属度方法

最大隶属度方法是在得到的模糊向量中，取隶属度最大的量作为推理结果。

在例4.17中，得到的模糊向量为：

"阀门开" = 0.0/1+0.0/2+0.4/3+0.6/4+1.0/5

由于推理结果隶属于等级5的隶属度为最大，所以取结论为5。

如果有两个以上的元素均为最大（一般依次相邻），则可以取它们的平均值。例如

$$U' = 0.2/-3 + 0.3/-2 + 0.4/-1 + 0.5/0 + 0.7/1 + 0.7/2 + 0.7/3,$$

则

$$U = \frac{1+2+3}{3} = 2$$

这种方法简单易行，但是完全排除了其他隶属度较小的量的作用，

没有充分利用推理过程取得的信息。

② 加权平均判决方法

为了克服最大隶属度方法的缺点，可以采用加权平均判决法，即

$$U = \frac{\sum_{i=1}^{n} \mu(U_i)U_i}{\sum_{i=1}^{n} \mu(U_i)}$$

设

$$U' = 0.0/1 + 0.2/2 + 0.4/3 + 0.5/4 + 0.8/5$$

则

$$U = \frac{0.0 \times 1 + 0.2 \times 2 + 0.4 \times 3 + 0.5 \times 4 + 0.8 \times 5}{0.0 + 0.2 + 0.4 + 0.5 + 0.8} = 4$$

③ 中位数方法

论域上把隶属函数曲线与横坐标围成的面积平分为两部分的元素称为模糊集的中位数。

中位数方法是把模糊集的中位数作为系统控制量。

当论域为有限离散点时，中位数 U^* 可以用下列公式得到

$$\sum_{U_1}^{U^*} \mu(U_i) = \sum_{U^*+1}^{U_n} \mu(U_i)。$$

设 $U' = 0.1/-4 + 0.5/-3 + 0.3/-2 + 0.0/-1 + 0.1/0 + 0.2/1 + 0.4/2 + 0.5/3 + 0.1/4$，由于 $U_1 = -4$，$U_9 = 4$，则当 $U^* = U_6$ 时，$\sum_{U_1}^{U_6} \mu(U_i) = \sum_{U_7}^{U_9} \mu(U_i) = 1$，所以中位数为 $U^* = U_6 = 1$，则 $U = 1$。

如果该点在有限元素之间，可用插值的方法求得。

此种方法虽然利用了更多的信息，但计算比较复杂，特别是联系隶属度函数时，需要求解积分方程，因此应用场合要比加权平均方法少。

4.3 本章小结

1. 确定性推理

确定性推理是运用命题逻辑或谓词逻辑中的推理规则推导出结论，进而实现自然演绎推理过程。

在谓词逻辑中，一个谓词逻辑公式转换成与其等价的前约束范式，再将其转换成等价的合取范式，最后得到该谓词公式的Skolem标准形，即得到该逻辑公式对应的子句集。通过Robinson归结原理，检查子句集S中是否能归结或者包含空子句，如果能归结出空子句，则S不可满足。为快速地演绎出空子句，采取一些归结策略和手段，如锁归结、线性归结等，从而减少归结次数，避免产生子句的冗余。

2. 非确定性推理

（1）概率方法：根据Bayes定理，用逆概率$P(E|H)$来求原概率$P(H|E)$，确定$P(E|H)$相对比确定$P(H|E)$容易一些。

（2）主观Bayes方法：其主要理论基础是概率论中的Bayes理论，在缺乏大量统计数据的情况下，可用专家主观估计的规则强度LS和LN表示知识的不确定性，采用用户对证据的相信程度求取相应证据的概率。

（3）可信度方法：根据自己的经验或观察对某一事件或现象为真的相信程度即为可信度，具有较大的主观性和经验性。可信度因子$CF(H, E)$在$[-1, 1]$上取值，对于某一领域，依据专家具有丰富的专业知识及实践经验，由领域专家直接给出$CF(H, E)$的值。

（4）模糊推理方法：根据模糊系统输入信息表现形式的不同，可选择不同的模糊推理方式，一种是基于模糊规则的推理，一种是基于模糊关系的推理。前者要求推理规则具有完全性、一致性等特点。模糊关系是描述两个模糊集合中元素之间关联程度的多少。模糊关系的合成可以采用模糊矩阵的合成表示，通过条件模糊向量与模糊关系的合成进行模糊推理，得到结论的模糊向量，然后采用模糊决策将模糊结论转换为精确量。

习题

1. 简述推理的定义及其分类。
2. 什么是非确定性推理?
3. 归结原理的基本思想是什么?在谓词逻辑的归结推理过程中,为什么要进行变量的置换和合一处理?
4. 非确定性推理可分为哪几种类型?
5. 说明主观Bayes方法中LS和LN的含义。
6. 模糊推理方法的一般过程是什么?
7. 已知如下推理规则

   $r1$: IF E_1 THEN (100,0.1) H_1
   $r2$: IF E_2 THEN (15,1) H_2
   $r3$: IF E_3 THEN (1,0.05) H_3

   且已知$P(H_1) = 0.02$,$P(H_2) = 0.4$,$P(H_3) = 0.06$。
   当证据E_1,E_2,E_3存在或不存在时,$P(H_i|E_i)$或$P(H_i|\bar{E}_i)(i = 1, 2, 3)$各是多少?

8. 设有一组知识:

   r_1: IF A THEN X (0.8)
   r_2: IF B THEN X (0.6)
   r_3: IF C THEN X (0.4)
   r_4: IF X AND D THEN Y (0.3)

   已知:$CF(A) = CF(B) = CF(C) = CF(D) = 0.2$,$X$和$Y$的初始可信度分别为$CF_0(X) = 0.1$和$CF_0(Y) = 0.2$。求$CF(X)$和$CF(Y)$。

9. 设有两个模糊关系

$$R_1 = \begin{bmatrix} 0.2 & 0.8 & 0.4 \\ 0.4 & 0 & 1.0 \\ 1.0 & 0.5 & 0 \\ 0.7 & 0.6 & 0.5 \end{bmatrix}, R_2 = \begin{bmatrix} 0.7 & 0.3 \\ 0.4 & 0.8 \\ 0.2 & 0.9 \end{bmatrix}$$

求两个模糊关系的合成$R_1 \circ R_2$。

参考文献

[1] 金聪,郭京蕾. 人工智能原理及应用[M]. 北京:清华大学出版社,2009.

[2] 王万良. 人工智能及其应用[M]. 北京:高等教育出版社,2016.

[3] 史忠植. 智能科学[M]. 北京:清华大学出版社,2006.

[4] 戴汝为. 人工智能[M]. 北京:化学工业出版社,2003.

[5] 陆汝钤. 人工智能[M]. 北京:科学出版社,1989.

[6] 蔡自兴,徐光佑. 人工智能及其应用[M]. 北京:清华大学出版社,2003.

[7] 高济,朱淼良,何钦铭. 人工智能基础[M]. 北京:高等教育出版社,2002.

[8] 石纯一,黄昌宁,等. 人工智能原理[M]. 北京:清华大学出版社,1993.

第5章 机器学习

机器学习是人工智能的重要分支之一，有着漫长的发展历史，从图灵测试、线性感知器、K近邻（k-nearest neighbor, KNN）、多层感知机、决策树，到支持向量机、深度学习等，随着理论和工程实践的应用与发展，机器学习正逐步渗透到人们的工作和生活之中，它主要通过从数据中学习规律来帮助人们进行预测或判断。本章的内容从机器学习的流程出发，介绍所涉及的知识。

5.1 理解机器学习

理解机器学习，从几个方面入手。

1. 机器学习是什么？有哪些算法，算法是用来学习什么的，是参数还是结构？
2. 从哪里学习？从人工标注数据学习还是无标注数据学习，还是从环境互动中学习？
3. 学习是干什么用的？预测、判别还是分析等。
4. 怎么学？如何优化，离线学习还是在线学习等，学习过程中的细节策略等。
5. 哪种方法效果好？不同的学习方法都可以学习，需要知道在不同情况下什么方法更适合。

5.1.1 定义

机器学习是从大量的数据中研究计算方法，并利用经验来改善系统性能的一门学科，机器学习用到了统计学的知识，基于已有数据设计算法训练产生一定的模型，当有新的数据来临时，利用模型给出判断。

例如，婴儿出生的时候，没有什么认知能力，但是在成长的过程中，有父母的教、老师的指引，逐渐建起来认知能力。如图5.1所示，教孩子认识香蕉、苹果等水果类卡片，反复告诉孩子这些名字，训练时间长了，孩子记

图5.1 看图识水果

住了这些水果的知识，在脑子中形成了一个模型，当遇见一个真的苹果时，就能一眼认出这是一个苹果。

机器学习采用一样的思路，可理解为教计算机看图识字学东西。计算机犹如婴儿，我们犹如家长或老师。首先收集大量的水果图片，并将它们分类标记，形成样本标注，然后设计算法给计算机学习，目的是让计算机能识别出水果的类别。

将标注的样本给计算机学习的过程称为训练。计算机会根据设计的算法从标注的样本中学习参数，并最终学习到一个能识别水果的模型。这个模型从标注的样本中学习知识，当输入新的水果图片给计算机，模型就能判别这个水果是什么。注意到这种方法是在人为地教计算机学习识别水果图片，这种机器学习的方法称为监督学习，此外还有无监督学习、半监督学习等，详见下节介绍。

5.1.2 分类

机器学习可以划分为监督学习、无监督学习、半监督学习、增强学习等。

监督学习具有人工标注的样本数据集，包括样本的属性特征和类别标签两部分，将二者同时给计算机学习，学习属性特征和类别标签内在的关系。

监督学习可以分为分类和回归问题。分类的意思是计算机会将输入变量（通常是离散值）按其类别对应起来，即将输入特征数据判别为哪一个类别。回归问题是计算机会预测一个连续值，即输入和输出用某种连续函数对应起来。

无监督学习事先没有人工标注的样本，不知道原始结果是什么样子，给定的数据没有标签。最常用的任务是聚类，自动地将数据集分成不同的簇。

半监督学习同时利用了人工标记的样本数据和未标记的样本数据，半监督学习的目的是利用现有的数据学习训练出更好的模型，即可以自动地利用未标注的样本数据来提高学习性能。

增强学习又称强化学习，它关注的是智能体如何在环境中采取一系列的行为，从而获得最大累计回报。通过增强学习，一个智能体知道在什么状态下应采取什么行为，其从环境状态到动作映射的学习称为策略。

简要的示意如图5.2所示。

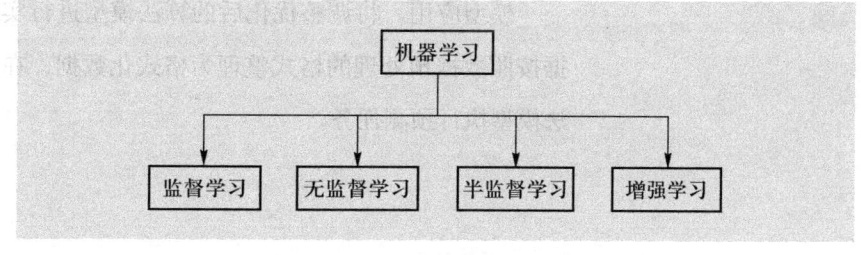

图5.2 机器学习分类

5.1.3 基本流程

用机器学习算法开发各类应用程序，一般遵循的基本流程如图5.3所示[1]。

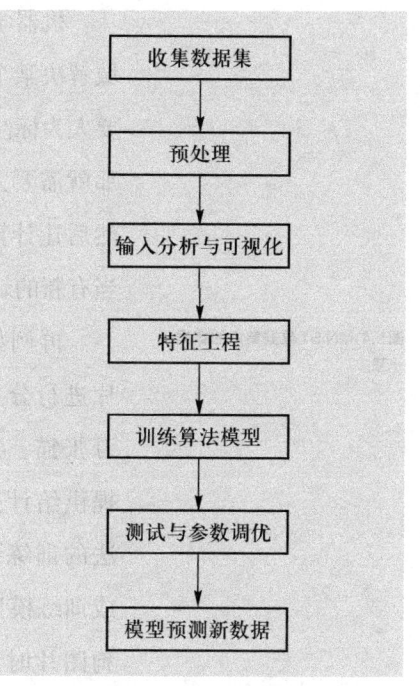

图5.3 机器学习的一般流程

收集数据集。初学者一般可以使用公开的数据集在特定的领域开发应用，还可以使用网络爬虫、日志、数据库等收集数据。

数据预处理。主要是准备输入数据的格式、特征值的格式、字符串类型还是整数、浮点类型、是否需要转化等。

输入数据的分析与可视化。对输入数据进行人工分析，判断空值、异常或者错误的地方，还可以分析数据的分布规律及可视化显示，更直观地看出数据分布和特征的异常。

特征工程。采用特征提取、特征选择等方法，将具有代表性的特征找出来，表示为数据集格式化的特征。

训练机器学习算法。根据目的和输入数据选择或者编程实现合适的机器学习算法进行学习，将学习到的模型保存下来，这里的模型包括网络结构和模型参数两部分。

测试算法与参数调优。对学习得到的模型进行验证，评估算法的效果。对于监督分类可以根据准确率等参数指标用测试集、验证集来调节改进。对于无监督的聚类用聚类的测评指标来检验算法的有效性。检验算法与参数调优的目的是让算法输出满意的结果，如果不满意则需要找出原因再调整。

模型应用。将调整优化后的算法模型进行实际任务应用,将实际数据按照数据预处理的格式整理为格式化数据,在实际工作环境中利用算法模型执行预测任务。

5.2 数据集

机器学习需要大量的数据样本,这些样本即为数据集。针对特定领域解决某个问题,还需要特定领域的数据。对于有监督的机器学习,需要人为标注大量数据样本,这就耗费大量的人力,例如,要做新闻分类,那就需要人为找到百万、千万篇的新闻和新闻的类别,组成新闻语料,然后让计算机学习新闻里面的关键词等特征与类别的关系,训练模型。当有新的新闻来的时候,利用训练的模型,对新闻进行分类。

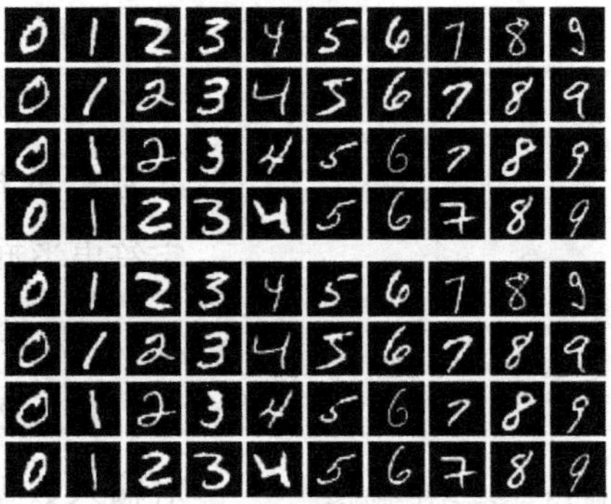

图5.4 MNIST数据集中的数据示意

再例如,要对特定的猫狗图片进行分类,需人工标注成千上万张猫、狗的图片和类别,然后提供给计算机进行训练,设定算法的训练误差在一定范围内并生成训练模型,当给出一张新的猫、狗图片时,训练模型即可以识别出图片上是猫还是狗了。目前,有很多公开的数据集供使用学习,如MNIST(手写体数字识别,如图5.4所示)、ImageNet(用于视觉对象识别研究的大型可视化数据库数据集)、Kaggle(机器学习竞赛平台)等数据集,还有很多领域的公开数据集也可以下载使用。如果要做特定研究的领域没有数据集,就需要人为地进行数据标注。

无监督学习数据集可以使用有监督的分类数据集,或使用scikit-learn机器学习包中的函数生成伪数据集,或使用网上公开数据集如加州大学埃文分校的机器学习数据集。

5.2.1 数据集的划分

首先根据功能需求进行数据集收集,需要设置数据集的格式标准,还要进行人工审核校验,需要耗费很多精力。初学者可以使用特定领域公开的免费的数据集进行学习。

将数据集中所有的数据随机洗牌，分成训练集、开发集和测试集三部分。训练集用于训练模型和确定参数的权重。验证集用于调整模型参数，测试集用于评估模型的泛化能力。

数据集的具体划分方法有留出法和交叉验证法[2]。

留出法是将数据集分为互斥的两个集合，在训练集上训练，测试集上测试。通常尽可能保持训练集和测试集数据分布一致，避免因为数据集划分导致数据分布偏差而对结果产生影响。例如，在分类任务中，对数据集划分要保持训练集中的样本类别比例、测试集中的样本类别比例和总的样本类别比例相似，这种保持类别比例相似的划分方式在数据采样的角度上来讲叫做分层采样。

分层采样也会有多种数据划分方式。例如，训练集中样本排序前后不同，会导致不同的划分结果。一般，单次使用留出法得到的结果不稳定，通常会采用多次随机划分，重复试验取平均值的方法作为评估结果。例如，对某个数据集采用20次随机划分，每次产生一个训练集和测试集得到一个评估结果，一共得到20次评估结果，最后结果取这20次的平均值，这样更具有稳定性。

交叉验证法将数据集平均分成k个大小相似的互斥子集，每个子集在数据分布上尽可能保持一致。核心思想是每次用$k-1$个子集的并集作为训练集，剩余的那个子集是测试集，从而得到k组训练集、测试集。利用k组训练、测试集可以训练k次，最后得到k个测试结果，取其平均值。这种方法通常也称为k折交叉验证。

如图5.5所示为10折交叉验证方法。

根据经验，数据集的划分在小的数据集上可采用70/30或者60/20/20法则。但是数据集很大比如有100万的时候，98/1/1会更加合理。一般来说，要让验证集和测试集能反映真实的使用场景。

图5.5 10折交叉验证方法

训练集										测试集	
D1	D2	D3	D4	D5	D6	D7	D8	D9		D10	测试结果1
D1	D2	D3	D4	D5	D6	D7	D8		D10	D9	测试结果2
										...	...
										...	...
										...	...
D2	D3	D4	D5	D6	D7	D8	D9	D10		D1	测试结果10

取平均值

5.2.2 数据预处理与可视化分析

数据预处理一般包括数据清洗、数据变换等。

数据清洗是对缺失值、异常值等的处理，可采用插值方法，如用平均值、中位数、众数、近邻数、回归方法等进行补全或直接删除记录。

数据变换是对数据进行函数变换、规范化处理。函数变换有对原始特征集进行对数、开方等变换，也有利用对数变换将非平稳序列转化为平稳序列等。规范化处理主要针对不同量纲的数据进行统一地变换，用于消除量纲影响，常用方法有最小最大规范化、零均值规范化、连续属性离散化等。例如，利用最小最大规范化对原始数据进行线性变换，将数值映射到[0, 1]上，如式（5-1）所示；其中min是本列特征的最小值，max是最大值，零均值规范化是将数据处理成均值为0，方差为1的形式，如式（5-2）所示，其中 $\bar{x}$ 是列的特征均值，σ 是标准差。

$$x^* = \frac{x - \min}{\max - \min} \qquad (5-1)$$

$$x^* = \frac{x - \bar{x}}{\sigma} \qquad (5-2)$$

绘制图表，统计集群点，寻找重要特征，可视化有助于找出数据分布规律。可视化常用于结果数据展示，但是数据分析之前的可视化也非常重要。当直接在原始的数据集找不到什么规律时，可视化可以帮助找到切入点。

数据的可视化分析能让数据变得通俗易懂和直接表达所传递的信息。在数据特征预处理后进行可视化分析，将数据映射到信息空间，搜索数据之间的关系如模式、趋势、结构和规则等，可以有效地帮助了解数据集的分布规律，对数据理解得越充分，越容易找到更好的特征，进行后续的机器学习建模。此外，在视觉领域，可以将机器学习预测的结果，与可视化效果上的信息预测相比较，进一步验证机器学习模型的效果。

数据可视化技术主要基于统计分析进行展示，结合不同的需求可以有直方图、饼图、散点图、树等。常用的可视化工具有Matplotlib（著名的Python绘图库，它提供了一整套绘图应用程序接口，十分适合交互式绘图）、seaborn（在Matplotlib的基础上进行了更高级的API封装，从而使得作图更加容易，在大多数情况下使用seaborn就能做出很具有吸引力的图）、ECharts（用JavaScript实现的开源可视化库，提供直观、交互丰富、可高度个性化定制的数据可视化图表）、TSNE（一种比较流行的高维数据的降维算法）、Google Charts（谷歌公司推出的一个JavaScript图标库）、Tableau（一款用于数据可视分析的商业智能工具）等。

5.3 特征工程

特征工程是将数据集转成多列特征（属性）数据，使之能够表征样本的一种方式。特征工程在机器学习中非常重要，它的目的是筛选发现更好的特征，更好的特征可以用简单的模型训练，可以得到更好的结果。特征工程一般包含特征提取、特征选择等方法。

例如，对某个房屋进行价格预测，它的价格和房屋哪些特征（属性）有关呢？如表5.1所示。

表5.1 房屋价格与其特征关系

样本	特征										价格
房屋	地段	面积/m^2	学区房	地铁房	公交	楼层	户型	朝向	重点学区	房龄/年	价钱/万元
房子1	郑东新区	130	是	是	10条	多层电梯6	三室二厅	南	是	2	500
房子2	南四环	100	否	是	2条	步梯2层	两室两厅	北	否	5	130
房子3	省实验中学附近	50	是	是	3条	步梯2层	一室一厅	南	是	30	260

从表5.1中可以分析出各个特征和房价之间的关系，并可以对每个特征的重要程度进行排序。

对于数据集，特征工程就是要找到能表征它的特征，然后，机器学习会对这些特征的重要程度进行排序，找出有代表性的特征。一般来说，数据和特征决定了机器学习效果的上限，而模型和算法只是逼近了这个上限。常见的Kaggle（开发商和数据科学家提供的举办机器学习竞赛、托管数据库、编写和分享代码的平台）、天池（由阿里巴巴公司举办）等竞赛，得奖的冠军并没有使用特殊的算法，多数在特征工程环节做了大量出色的工作，最终得了好的结果。

5.3.1 特征提取

数据样本会有很多基础特征（属性），特征提取就是从中凝练一些新的特征出来，如具有统计意义的特征。关于特征提取和特征选择有的文献对其并没有明确区分，不同的文献对其区分有细微差别。下面介绍的卡方词、信息增益、词频-逆文档频率（简称TF-IDF）等方法也有文献将其归于特征选择。这里不去强调概念上的区分，主要是要掌握如何抽取特征词（或者说如何去选择特征词）的这些方法。

例如，在文本分类领域，可以用特征提取的方法找到文本词特征，如通过卡方检验、信息增益方法找出卡方排名前K的词语和信息增益排名前N的词语，二者去重之后有M个词语（$M \leq K+N$），这M个词语就是M个维度的词特征，然后再利用独热码（简称One-Hot），或者TF-IDF进一步提取特征。下面对这两种方法分别举例介绍，第一种方法用卡方词结合One-Hot编码进行特征提取，第二种方法用TF-IDF进行提取特征。

卡方词提取：计算出所有词语的卡方值和信息增益值并进行排序。方法如下[3]。

（1）统计正负例样本的文档数：$N1$, $N2$，文档总数$N = N1+N2$

（2）统计每个词在正文档中出现的频率A、负文档中出现的频率B、正文档中不出现的频率C、负文档中不出现的频率D，

（3.1）对于每个词的卡方公式如下：

$$\chi^2 = \frac{N(AD-BC)^2}{(A+C)(A+B)(B+D)(B+C)} \quad (5-3)$$

（3.2）计算每个词的信息增益。

首先信息熵为 $Entropy(s) = -\left(\frac{N1}{N}\log\left(\frac{N1}{N}\right) + \frac{N2}{N}\log\left(\frac{N2}{N}\right)\right)$ （5-4）

这里的信息熵是衡量信息量的大小，如果一件事情不确定性越大，则信息量越大，熵越大。反之，不确定性越小，则信息量小，熵越小。例如，中国队和巴西队进行乒乓球比赛，历史上两队交手64次，中国队赢了63次，巴西队赢了1次，那么中国队赢的概率为$\frac{63}{64}$，信息量为$-\log_2\frac{63}{64}=0.023$，而巴西队赢得概率为$\frac{1}{64}$，信息量为$-\log_2\frac{1}{64}=6$。这句话所描述的信息熵可以表述为$0.023\times\frac{63}{64}+6\times\frac{1}{64}=0.1164$，这是因为中国乒乓球队很厉害，基本打比赛就会赢，不确定性很小，信息熵就很小。再例如，世界杯32支球队比赛，如果每支球队实力水平完全均衡，

每支球队获胜的概率都是 $\frac{1}{32}$，则这句话所描述的信息熵可以表示为 $-\frac{1}{32} \times \log_2 \frac{1}{32} \times 32 = 5$，这是因为谁是冠军的不确定性很大，信息熵也很大。

然后，计算信息增益的公式如下：

$$InfoGain = Entropy(s) + \frac{A+B}{N}\left(\frac{A}{A+B}\log\left(\frac{A}{A+B}\right) + \frac{B}{A+B}\log\left(\frac{B}{A+B}\right)\right) +$$

$$\frac{C+D}{N}\left(\frac{C}{C+D}\log\left(\frac{C}{C+D}\right) + \frac{D}{C+D}\log\left(\frac{D}{C+D}\right)\right) \quad (5-5)$$

（4.1）对每个词语的卡方值从大到小排列，选取前 K 个词语为特征词。

（4.2）对每个词语的信息增益从大到小排列，选取前 N 个词语为特征词。

基于卡方词语将文档表示成 One-Hot 特征。

One-Hot 编码属于词袋模型，有如下三个句子。

我学大数据。

我学人工智能。

我学计算机。

对这三个句子进行分词，并编号：1 我；2 学；3 大数据；4 人工智能；5 计算机。

然后用 One-Hot 编码提取特征向量，出现的词位置设置为 1，不出现的词设置为 0，如图 5.6 所示。

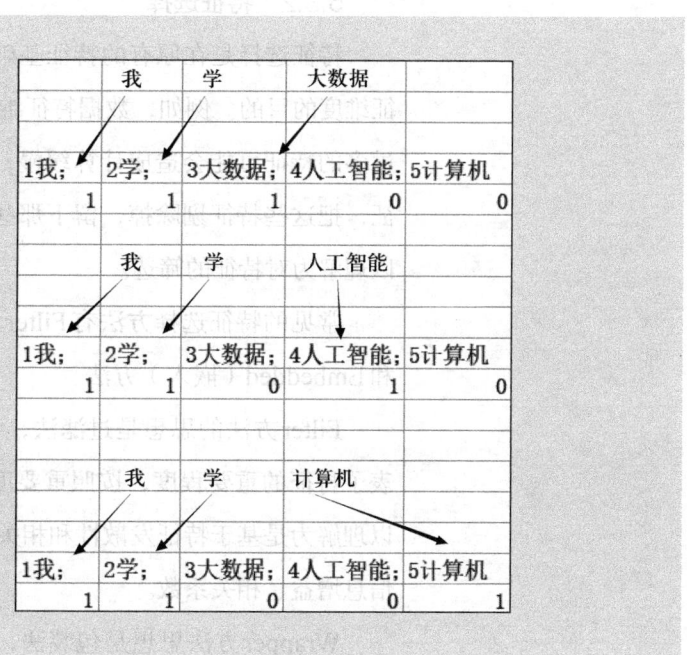

图 5.6 One-Hot 向量表示方法

那么，这三句话的One-Hot特征向量可以表示为：

我学大数据[1, 1, 1, 0, 0]

我学人工智能[1, 1, 0, 1, 0]

我学计算机[1, 1, 0, 0, 1]

类似这样，可以利用前面得到的卡方词语，将文档表示为One-Hot特征词向量，然后就可以机器学习后续地处理了。

TF-IDF特征有如下表示。

词频TF = 某个词在文章出现次数/文章的总词数；

逆文档频率IDF = lg（语料库文档总数/（包含该词的文档数+1））；

TF-IDF特征 = 词频TF × 逆文档频率IDF。

例如，一篇文档的总词语数是100个，而词语"篮球"出现了30次，那么"篮球"一词在该文档中的词频就是30/100 = 0.3。如果"篮球"一词在1 000份文档出现过，而文档总数是10 000 000份的话，其逆文档频率为lg(10 000 000 / 1 000) = 4。最后的TF-IDF特征的值为0.3* 4 = 1.2。

然后计算文档每个词的TF-IDF特征并将其表示为向量形式。

以上介绍了文本挖掘常用的卡方词结合One-Hot、TF-IDF的两种特征提取方法。在其他领域也一样有特征提取的方式，如图像处理中的灰度、直方图、边缘、形状等都可以人为对某个样本添加一些特征。

5.3.2 特征选择

特征选择是在原有的特征基础上筛选出重要的特征，以达到降低特征维度的目的。例如，数据特征维度可能成千上万，这会造成维度灾难，过多的特征可能会造成计算缓慢，就需要找出冗余特征、贡献度低的特征，把这些特征剔除掉，留下那些具有高表征性的特征，这项工作也可以理解为对特征的筛选。

常见的特征选择方法有Filter（过滤）方法、Wrapper（包装）方法和Embedded（嵌入）方法。

Filter方法的思想是过滤法，对每一个维度的特征进行打分，分数代表了特征的重要程度，按照重要度排序，取阈值或者个数进行选择，可以理解为是基于特征发散性和相关系数选取。其主要方法有：卡方检验、信息增益、相关系数。

Wrapper方法思想是包装法，将特征的选择看成一个搜索优化的过程，生成不同的特征组合，对组合进行评价，然后再与其他组合进行比较。主要有递归特征消除算法（RFE）。

Embedded方法是嵌入法，它先使用某些机器学习算法和模型对数据训练，取得各个特征的权重系数、然后将权重从大到小进行排序，也就是说在学习模型的过程中，挑选出那些对模型训练起重要作用的特征。主要方法有正则化、岭回归等。

一般来讲，特征和模型是分不开的，选择的特征不同，训练的模型也是不同的。

5.3.3 降维

通常认为特征越多越好，越多的特征对于提高识别率有帮助。但是有时候并不如此，如果特征过多，反而会影响分类器的性能，这种现象称为维度爆炸。例如，有两个苹果卡片，如何区分里面的两个苹果呢，一个卡片被孩子弄脏了一块，另一个卡片是新的，那么区分这两个苹果只需要看是否脏了一块就可以。

降维的主要目的是减少特征个数，确保这些特征变量相互独立。这里介绍一种常用的降维方法：主成分分析（principal component analysis，PCA[1]），PCA主要应用在将高维度空间压缩降维到低维度空间，同时尽可能多地保留原始特征，在低维空间更容易进行可视化展示。例如，要预测郑州的房价，假设房子的特征有大小、位置、是否学区、层数、朝向、是否新房、建造年代、物业如何、周围环境、地铁房否等，特征很多，但是采集的样本很少，会造成过拟合，这就需要减少一些特征，可以用PCA将这些特征映射到低维度空间上（如4维空间），那么新的4维特征就代表房子的特征。

PCA的计算步骤如下。

对样本数据A的各个维度去除平均值得到new_A；

计算new_A的协方差矩阵B；

计算协方差矩阵B的特征值$eigenvalues$和特征向量$eigenvectors$（二者相互对应，特征值对应特征向量）；

将特征值从大到小排序、取出K个特征$eigenvalues(K)$和对应的K个特征向量$eigenvectors(K)$；

用去均值后的new_A乘以$eigenvectors(K)$即得新的K维特征$final\_K\_$

data，意思是特征变换为K维特征 *final_K_data*。这个 *final_K_data* 就代表降维后的特征数据。

【例5.1】 ① 由 *A* 得到 *new_A*，如表5.2所示 *A* 有三列特征 *x*1, *x*2, *x*3。

表5.2 *A* 三列特征去均值后得到 *new_A*

	x1	x2	x3		x1−1.64	x2−1.98	x3−1.82
	2.3	2.4	2		0.66	0.42	0.18
	0.4	0.6	0.7		−1.24	−1.38	−1.12
	1.5	2.9	2		−0.14	0.92	0.18
	1.9	2.7	2.4		0.26	0.72	0.58
A	2	3	1.5	*new_A*	0.36	1.02	−0.32
	3	2.9	2.7		1.36	0.92	0.88
	1	1.6	2.3		−0.64	−0.38	0.48
	1.5	1	2.1		−0.14	−0.98	0.28
	2.2	1.8	1.7		0.56	−0.18	−0.12
	0.6	0.9	0.8		−1.04	−1.08	−1.02

*x*1 列 mean 为 1.64，*x*2 列 mean 为 1.98，*x*3 列 mean 为 1.82。

② 求 *new_A* 的协方差矩阵 *B*，这是已知一个矩阵求其协方差矩阵的问题，可以用线性代数知识求解，也可以用一些现成的软件库函数求取（如可以用Python语言中的第三方 numpy 库中的函数 numpy.cov(*new_A*) 求出），如表5.3所示。

表5.3 *new_A* 的协方差矩阵 *B*

0.65	0.18	0.06
0.18	0.76	0.30
0.06	0.30	0.38

③ 求 *B* 的特征值 *eigenvalues*，这是已知一个矩阵求其特征值的问题，可以用线性代数知识求解，也可以用现成的软件库函数求取（如可以用Python语言的第三方numpy库中的函数numpy.linalg.eig()求出），如表5.4所示。

表5.4 *B* 的特征值

1.03	0.56	0.21

特征向量 *eigenvectors* 如表5.5所示。

表5.5　B的特征值对应的特征向量

0.45	0.89	0.08
0.79	−0.36	−0.50
0.41	−0.29	0.86

④ 将B特征值由大到小排序取前K个，例如这里K=2，得到eigenvalues（2），如表5.6所示。

表5.6　B的前2的特征值

1.03	0.56

特征向量eigenvectors(2)如表5.7所示。

表5.7　前2的特征值对应的特征向量

0.45	0.89
0.79	−0.36
0.41	−0.29

⑤ 用new_A乘以eigenvectors(2)得到降维后的特征final_K_data，如表5.8所示。

表5.8　final_K_data特征向量

0.70561734	0.38275488
0.98901302	−1.91965147
0.73682807	−0.50698361
0.92611898	−0.19545067
0.83601875	0.04496213
1.7076029	0.62227539
−0.39199146	−0.56972824
−0.72108241	0.14742213
0.06266525	0.59629137
−1.74642821	−0.24038943

K值可以通过实验来确定，看特征值占据所有特征值的比例，例如，本例中特征值有三个：1.03, 0.56, 0.21，

1.03/(1.03+0.56+0.21) = 0.573

0.56/(1.03+0.56+0.21) = 0.311

前两个特征所占百分比和为0.884，可以认为使用前两个特征值对应的特征向量，会占据全部信息量的88.4%，付出的代价是少了一列特征。对于有很多列特征的PCA主成分分析可以通过类似的方式来进行降维处理。

5.4 机器学习算法

机器学习的主要方式有监督学习、非监督学习、半监督学习和强化学习。每种方式都有多种学习算法，如监督学习常用的应用场景有分类问题、回归问题，其常见的学习算法有决策树、逻辑回归、反向传播神经网络等。非监督式学习应用场景包括关联规则、聚类等，其常用算法有主成分分析、频繁模式树算法、K-均值聚类算法等。半监督学习应用场景包括分类和回归，其算法是对常用监督式学习算法的延伸，如拉普拉斯支持向量机等。强化学习应用场景包括动态系统及其机器人控制等，常见算法有Q-Learning等。本节主要针对分类、聚类、回归算法进行选择性的实例讲解。

5.4.1 分类算法

分类问题在日常生活中很常见，例如，当看到一个人，就能判断出这个人是小孩还是大人，当看到水果能区分哪些是苹果、哪些是香蕉，诸如此类，都是一种分类操作。

常见的分类算法有K近邻算法、逻辑回归、朴素贝叶斯、决策树、支持向量机、Adaboost算法、随机森林、梯度提升树等算法。

1. K近邻分类

K近邻分类思想是基于已知训练样本集合，当输入新样本后，将新样本的特征与样本集中的数据对应的特征进行距离度量，然后提取与样本最相似的最近邻的K个数据，选择K个最相似数据中出现次数最多的分类，作为新样本的分类，一般K的选择为奇数，不超过20。

一般用相似性度量或者距离度量进行测评数据之间的相似性，距离度量分为欧式距离（直线距离）、曼哈顿距离（两点在南北方向上的距离加上在东西方向上的距离）等。例如有两个向量X和Y，维度都是n维，表示为$(x_1, x_2, \cdots, x_i, x_n)$，$(y_1, y_2, \cdots, y_i, y_n)$，分别计算余弦相似度、欧式距离、曼哈顿距离如下。

相似性度量：

$$sim(X, Y) = \cos\theta = \frac{\sum_{i=1}^{n} x_i \cdot y_i}{\sqrt{\sum_{i=1}^{n} x_i^2} \sqrt{\sum_{i=1}^{n} y_i^2}} \qquad (5-6)$$

其中分子表示为两个向量点积，分母表示为各自长度的乘积。

欧式距离：

$$L = \sqrt{\sum_{i=1}^{n}(x_i - y_i)^2} \tag{5-7}$$

其含义表示为两个向量对应维度的差的平方和之后再开平方。

曼哈顿距离：

$$L = \sum_{i=1}^{n}|x_i - y_i| \tag{5-8}$$

其含义表示为两个向量对应维度的差的绝对值之和。例如有向量 $A(1, 2, 2, 4)$ 和向量 $B(1, 1, 1, 1)$，可以算出向量 A 的长度为5，向量 B 的长度为2，A 和 B 的点积为9，则相似度为 9/5*2 = 0.9。欧式距离为 $\sqrt{11}$，曼哈顿距离为5。

【例5.2】 如表5.9所示，根据9个学生课程成绩、社会实践考核、计算机成绩、英语成绩、就业类型来预测10号学生其就业类型，将10号学生序号的各科成绩与已知9个学生的成绩进行相似性度量或者距离度量，然后将详细比对结果进行排序。

表5.9 学生课程和就业类型关系

学生序号	课程成绩	社会实践考核	计算机成绩	英语成绩	就业企业类型
1	92	65	91	85	外企
2	91	95	91	95	外企
3	65	65	80	85	私企
4	76	85	72	65	私企
5	65	65	66	65	国企
6	66	95	93	65	私企
7	68	90	80	65	私企
8	87	90	73	95	外企
9	65	75	85	85	外企
10	82	65	68	65	?

10号与1~9号学生利用 $sim(x, y)$ 进行相似度计算之后的排序结果如表5.10所示。

表5.10 相似距离度量

学生序号	类别	10号与其相似度
6	私企	0.9709
9	外企	0.9806
7	私企	0.9809
3	私企	0.9815
8	外企	0.9894
4	私企	0.9911
2	外企	0.9932
1	外企	0.9938
5	国企	0.9948

如果K值取1，则10号就业类型和5号最相似是国企；如果K取3，则前3有2个外企，10号结果是外企；如果K取5，则有3个外企1个国企1个私企，10号取外企。

2. 朴素贝叶斯分类

朴素贝叶斯分类需要用数学描述，如Class是某个类别集合，可以表示为Class = {类别1，类别2，类别3，…，类别n}，待分类的某个样本特征集合 = {特征1，特征2，特征3，…，特征n}。朴素贝叶斯分类主要基于贝叶斯公式

$$P(B|A) = \frac{P(A|B)P(B)}{P(A)} \quad (5-9)$$

其中$P(A)$表示事件A发生的概率，$P(A|B)$表示在事件B发生的条件下事件A发生的条件概率。$P(B)$表示事件B发生的概率，$P(B|A)$表示在事件A发生的条件下B发生的条件概率。

用于特征和类别之间的分类可以表示为

$$P(类别|特征) = \frac{P(特征|类别)P(类别)}{P(特征)} \quad (5-10)$$

也就是说，已知样本具有某些特征，求它属于什么类别，可以将其转换为求已知类别P(类别)概率，这个可以根据已知样本统计得到，P(特征|类别)也可以根据已知样本统计出已知类别中某个特征的条件概率。P(特征)对于分类来讲这个特征是一样的，不受影响。朴素贝叶斯

算法成立的前提是各属性之间互相独立。

例如，某医院早上收了10个门诊病人，具体情况如表5.11所示。

表5.11 病人症状、职业、疾病

序号	症状	职业	疾病
1	打喷嚏	护士	感冒
2	打喷嚏	农夫	过敏
3	头痛	建筑工人	感冒
4	头痛	农夫	脑震荡
5	打喷嚏	教师	过敏
6	头痛	护士	脑震荡
7	头痛	建筑工人	感冒
8	头痛	教师	感冒
9	打喷嚏	护士	过敏
10	头痛	建筑工人	脑震荡

现在来了第11个病人，是一个头痛的建筑工人，请问他患上感冒的概率有多大？

根据贝叶斯定理可得：

P(感冒|头痛×建筑工人)

$= P$(头痛×建筑工人|感冒)$\times P$(感冒)$/P$(头痛×建筑工人)

朴素贝叶斯假定症状（头疼）和职业（建筑工人）这两个特征是独立的，因此上式可化为：

P(感冒|头痛×建筑工人)

$= P$(头痛|感冒)$\times P$(建筑工人|感冒)$\times P$(感冒)$/P$(头痛)$\times P$(建筑工人)

计算可得：

P(感冒|头痛×建筑工人) $= 0.75 \times 0.5 \times 0.4/0.6 \times 0.3 = 0.83$

因此，头痛的建筑工人得感冒的概率是83%，同理也可得这个病人患上过敏或脑震荡的概率。通过比较这几个概率可得这个病人最可能得什么病。

这就是朴素贝叶斯分类器的基本方法：在统计资料的基础上，依据已有特征，计算各个类别的概率，从而实现分类。

3. 逻辑回归

逻辑回归通过梯度下降等优化算法优化损失函数，求解参数。它的优点是速度快，适合二分类问题，容易更新模型，可用于寻找某一疾病、广告点击率预估等。例如，已知样本具有（$x_1, x_2, \cdots, x_n$）n个特征，判断这个样本属于什么类型，可以用线性组合方式来求解，然后将结果加一个逻辑函数Sigmod，如$z = \theta_0 + \theta_1 x_1 + \theta_2 x_2 + \cdots + \theta_n x_n$，其中的$\theta_i$表示对应特征的权重，分类结果概率$\hat{y} = \dfrac{1}{1+e^{-z}}$，如果$\hat{y} > 0.5$，则认为分类为正类别，否则为负类别。

逻辑回归算法目的是为了得到所有特征的对应权重θ_i，使得输出的值$\hat{y}$和真实值y之间尽可能地接近，需要定义一个代价函数作为标准来衡量。通常代价函数用cost function来表示，代价函数是所有样本的损失函数之和，损失函数loss function是衡量单个样本的预测值$\hat{y}$和真实值之间的误差。常见的损失函数有0、1损失、平方损失、绝对损失、交叉熵损失函数，分别如下：

$$L(\hat{y}, y) = \begin{cases} 1 & \hat{y} \neq y \\ 0 & \hat{y} = y \end{cases} \qquad （0、1损失函数）$$

$$L(\hat{y}, y) = (\hat{y} - y)^2 \qquad （平方损失函数）$$

$$L(\hat{y}, y) = |\hat{y} - y| \qquad （绝对损失函数）$$

$$L(\hat{y}, y) = -(y \log \hat{y} + (1-y) \log(1-\hat{y})) \qquad （交叉熵损失）$$

对于逻辑回归来说，

$$p(y|x) = \begin{cases} \hat{y} & y = 1 \\ 1 - \hat{y} & y = 0 \end{cases} \qquad (5-11)$$

将分段函数写成一个函数 $p(y|x) = \hat{y}^y (1-\hat{y})^{1-y}$，对两边取对数后化简可得 $\log p(y|x) = y \log \hat{y} + (1-y) \log(1-\hat{y})$，将其添加一个负号，则变成损失函数最小化：

$$\log p(y|x) = -L(\hat{y}, y) = (y \log \hat{y} + (1-y) \log(1-\hat{y})) \qquad (5-12)$$

假设总样本数量为m，则代价函数为某个样本的损失函数之和再取平均值：

$$C = \dfrac{1}{m} \sum_{i=1}^{m} L(\hat{y}^{(i)}, y^{(i)}) \qquad (5-13)$$

优化算法采用梯度下降算法，梯度是一个点所有维度的偏导数。如

$$f(x, y) = x^2 + xy + y^2 \qquad (5-14)$$

y, x偏导数分别为

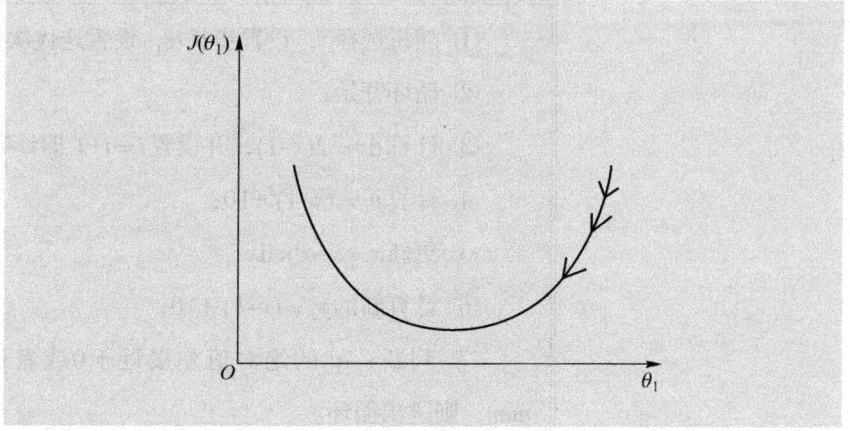

图 5.7 梯度下降算法

$$\frac{\partial f(x,y)}{\partial y} = x+2y, \quad \frac{\partial f(x,y)}{\partial x} = 2x+y \qquad (5\text{-}15)$$

则某一点 x, y 的梯度为

$$\nabla f(x,y) = \left(\frac{\partial f}{\partial x}, \frac{\partial f}{\partial y}\right) = (x+2y, \ 2x+y) \qquad (5\text{-}16)$$

梯度下降法步骤如下：随机选取一个初始点 x，然后沿着 x 的梯度反方向走一小步，得到新的 x 点，然后再次沿着当前新的点 x 的梯度反方向再走一小步，再次得到新的 x 点，不停地循环走，就可以得到一个局部最小值点，如图 5.7 所示。

更新表达式如（式 5-17）所示。

$$\theta_1 := \theta_1 - \alpha \frac{\mathrm{d}J(\theta_1)}{\mathrm{d}\theta_1} \qquad (5\text{-}17)$$

【例 5.3】 已知 $y = (x-1)^2 + 10$，用梯度下降法求 y 的最小值。

首先计算 y 对 x 的梯度为 $\frac{\mathrm{d}y}{\mathrm{d}x} = 2(x-1)$，选取一个步长 $= 0.2$，先随机选择 $x = 5$，此时 $y = 26$，开始循环重复。

步骤 1：计算 $x = x -$ 步长 $\times 2(x-1) = 5 - 0.2 \times 2 \times 4 = 3.4$

步骤 2：$y = (x-1)^2 + 10$。

不停地重复步骤 1 和 2，每次重复前计算 x 的新值，$x = 3.4 -$ 步长 $\times 2(x-1) = 3.4 - 0.2 \times 2(3.4-1) = 2.44$，经过多次迭代重复，$x$ 就能无限接近 1，从而取得 y 的最小值为 10。

伪代码如下表示。

① 随机选择 x，设置步长 α，设置迭代次数 num，计数 $i = 0$；

② 循环开始；

③ 计算 $dx = 2(x-1)$，并设置 $i = i+1$ 即计数次数加1；

④ 计算 $y_1 = (x-1)^2 + 10$；

⑤ 更新 $x = x - \alpha \times dx$

⑥ 计算新的 $y_2 = (x-1)^2 + 10$；

⑦ 判断 $y_1 - y_2$ 的绝对值差接近于0或者迭代次数 i 大于设置的 num，则跳出循环。

⑧ 求出此时的 x 和 y 即为所求。

【例5.4】 已知 $z = (x-2)^2 + (y-1)^2 + 10$，用梯度下降求最小值，如何重复这个步骤？试写出伪代码。

伪代码如下表示。

① 随机选择 x, y 的值，设置步长 α，设置迭代除数 num，计数 $i = 0$；

② 循环开始；

③ 计算 $z_1 = (x-2)^2 + (y-1)^2 + 10$，并设置 $i = i+1$，即计数次数加1；

④ 计算偏导数 dx, dy 其中 $dx = 2(x-2)$，$dy = 2(y-1)$；

⑤ 更新 x, y 其中 $x = x - \alpha \times dx$，$y = y - \alpha \times dy$；

⑥ 计算更新后的 $z_2 = (x-2)^2 + (y-1)^2 + 10$；

⑦ 判断 $z_1 - z_2$ 的绝对值差接近于0或者迭代次数 i 大于设置的 num，则跳出循环。

⑧ 求出此时的 x, y 和 z 值即为所求。

【例5.5】 使用逻辑回归实现猫狗图片分类，对于每个彩色图片，其大小为 28×28 px，有3个通道，一共是2 352个像素，读到内存中是像素矩阵，然后将这些像素矩阵转置为列向量作为特征，对每个特征进行权重 w 相乘，得到 $z = x_0 w_0 + x_1 w_1 + \cdots + x_i w_i$，再使用 $Sigmod(z)$，使得是狗的图片的训练概率大于0.5，是猫的图片的训练概率小于0.5，训练这样的 w 即可完成逻辑回归实现猫狗分类，如图5.9所示。

实现流程如下所示。

① 获得训练样本集合 x_train，y_train，x 是样本，y 是样本类别标签，共 m 个样本。

② 定义逻辑回归网络结构如图5.8所示。

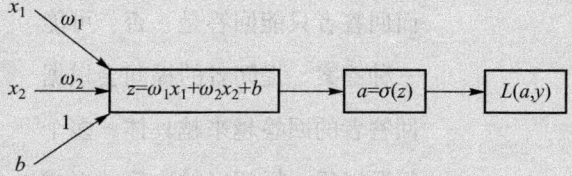

图5.8 逻辑回归基本结构示例

③ 定义损失函数 L，代价函数 $J(w, b)$。

$$L(\hat{y}, y) = -(y \log \hat{y} + (1-y) \log(1-\hat{y})) \quad (5-18)$$

$$J(w, b) = \frac{1}{m} \sum_{i=1}^{m} L(\hat{y}^{(i)}, y^{(i)}) \quad (5-19)$$

④ 利用梯度下降算法求解 w，b。

计算代价函数对权重 w 的偏导数、b 的偏导数，设置步长 $rate$。然后设置循环，不断地更新 w、b 参数。

$$w := w - rate \times \frac{\mathrm{d}J(w,b)}{\mathrm{d}w} \quad (5-20)$$

$$b := b - rate \times \frac{\mathrm{d}J(w,b)}{\mathrm{d}b} \quad (5-21)$$

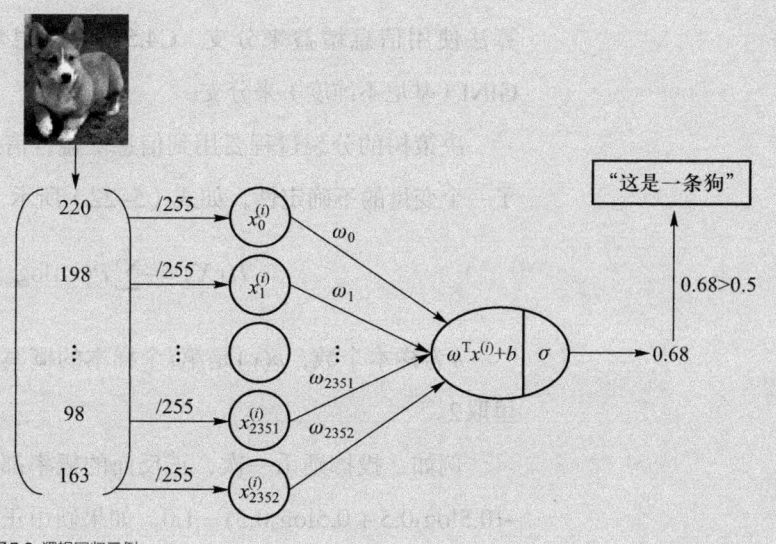

图5.9 逻辑回归示例

4. 决策树

决策树是一种非线性模型,用于解决回归与分类问题,就像猜猜看游戏,回答者选择一种物品,提问者最多问10个问题,而回答者只能回答是、否、可能三种答案。提问者的提问会根据回答者的回答越来越具体,多个问题以后,提问者的决策就形成了一棵决策树。决策树是将训练集解释变量分割成子集的过程,子集也不停地分割,直到终止条件(stopping criterion)满足才停止,如图5.10所示。

决策树算法可用于二分类、多分类和回归。多棵决策树可以组成随机森林等集成学习方法。决策树具有很强的解释性,一棵决策树的创建包含特征选择、决策树构建和剪枝三个过程。决策

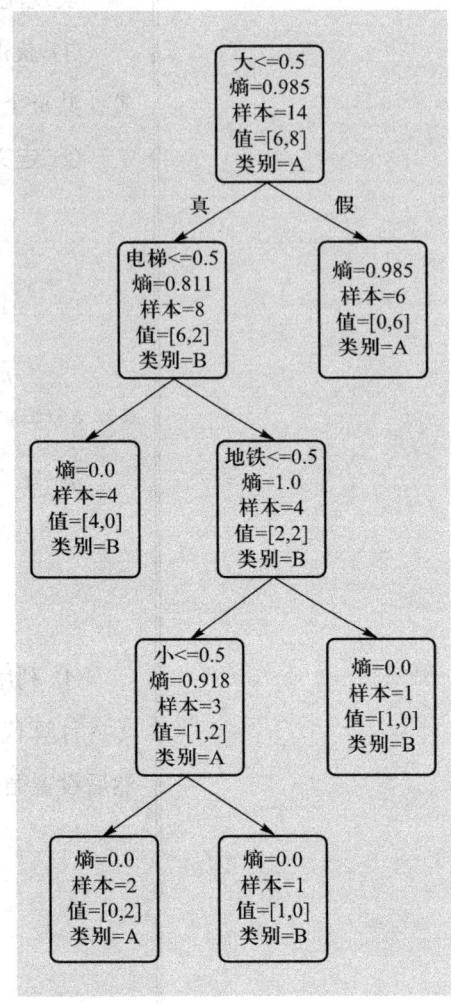

图5.10 某决策树的分裂过程

树算法有ID3、C4.5、CART算法等,每种算法使用的分裂点不同。ID3算法使用信息增益来分支,C4.5采用信息增益率来分支,CART采用GINI(基尼不纯度)来分支。

决策树的分裂过程要用到信息增益,信息增益中要用到熵,熵量化了一个变量的不确定性,如式(5-22)所示。

$$H(X) = -\sum_{i=1}^{n} P(x_i) \log_b P(x_i) \quad (5-22)$$

n 为样本个数,$p(x_i)$ 是第 i 个样本的概率,b 一般取2、e或者10,这里取2。

例如,投掷硬币一次,正反面的概率都是0.5,结果的熵为 $H(X) = -(0.5\log_2 0.5 + 0.5\log_2 0.5) = 1.0$。如果硬币正反面重量不同,一面重一面轻,如正面概率为0.2,反面概率为0.8,那么投掷一次这样的硬币的结

果熵为：$H(X) = -(0.2\log_2 0.2 + 0.8\log_2 0.8) = 0.7219$，因为反面的可能性更大，所以熵变小了，即不确定变小了。

下面用实例来说明决策树的ID3算法实现过程。

【例5.6】 房产销售人员需要根据买家的需求给买家A或买家B提供房子候选，如表5.12所示数据样本，请根据数据样本特征进行归类候选。

表5.12　某房子样本数据

样本	近地铁	有电梯	房子大小	候选人A或B
1	是	否	中	B
2	否	是	小	B
3	否	是	大	A
4	否	是	中	A
5	否	否	大	A
6	否	是	中	A
7	否	是	大	A
8	否	否	小	B
9	否	是	大	A
10	是	否	小	B
11	是	否	中	B
12	否	否	大	A
13	是	是	大	A
14	是	是	中	B

样本数据有14个，候选A有8个，B有6个，如果不考虑房子特征信息，那么卖给买家A或B，决策的熵为

$$H(X) = -\left(\frac{6}{14}\log_2 \frac{6}{14} + \frac{8}{14}\log_2 \frac{8}{14}\right) = 0.9852$$

因为A更多一点，所以不确定性小于1，如果A和B相等，那么不确定性等于1。现在，要找出对分类最有用的特征变量，把房子近地铁、有电梯、房子大小（小、中、大）分别作为特征变量看看哪个可以作为分裂点进行分裂。首先看是否近地铁，是的样本有5个（1个候选A，4个候选B）分在右边，否的样本9

个（7个候选A，2个候选B）分在左边。则右边分支对应的熵为 $H(X) = -\left(\frac{1}{5}\log_2\frac{1}{5} + \frac{4}{5}\log_2\frac{4}{5}\right) = 0.7219$，左边分支对应的熵为 $H(X) = -\left(\frac{7}{9}\log_2\frac{7}{9} + \frac{2}{9}\log_2\frac{2}{9}\right) = 0.7642$。

同样看是否有电梯，是的样本有8个（6个候选A，2个候选B），分支在右边，否的样本有6个（2个候选A，4个候选B），分支在左边。则右边分支对应的熵为 $H(X) = -\left(\frac{2}{8}\log_2\frac{2}{8} + \frac{6}{8}\log_2\frac{6}{8}\right) = 0.8113$，左边的熵为 $H(X) = -\left(\frac{4}{6}\log_2\frac{4}{6} + \frac{2}{6}\log_2\frac{2}{6}\right) = 0.9183$。

同样对房子大小属性中的大、中、小一样计算熵。大房子中否的样本有8个（A候选2，B候选6，简写A2B6，下同），分支在右边，是的样本有6个（A6B0），分支在左边，则左右的熵分别为0.8113和0。中房子中否的样本有9个（A6B3）为左分支，是的样本有5个（A2B3）为右分支，左右熵分别为0.9183和0.971。小房子中否的样本有11个（A8B3）为左分支，是的样本有3个（A0B3）为右分支，左右熵分别为0.8454和0。如表5.13所示。

表5.13 信息增益计算

特征点	父结点熵	左子结点熵	右子结点熵	左右子结点的加权平均熵	信息增益
地铁？	0.9852	0.7642	0.7219	0.7490 × 9/14 + 0.7219 × 5/14 = 0.7491	0.9852−0.7491 = 0.2361
电梯？	0.9852	0.9183	0.8113	0.9183 × 6/14 + 0.8113 × 8/14 = 0.8571	0.9852−0.8571 = 0.128
大	0.9852	0.8113	0	0.8113 × 8/14 + 0.0 × 6/14 = 0.4636	0.9852−0.4636 = 0.5216
小	0.9852	0.8454	0	0.8454 × 11/14 + 0.0 × 3/14 = 0.6642	0.9852−0.6642 = 0.321
中	0.9852	0.9183	0.971	0.9183 × 9/14 + 0.9710 × 5/14 = 0.9371	0.9852−0.9371 = 0.0481

可以看出在各个特征点中房子特征"大"的增益为0.5216最大，所以选择房子"大"的特征点为分裂点，进行决策树的分裂，一分为二之后的左子树结果如表5.14所示。

表5.14 一分为二后的左子树样本

样本	近地铁	有电梯	房子大小	候选A或B
1	是	否	中	B
2	否	是	小	B
4	否	是	中	A
6	否	是	中	A
8	否	否	小	B
10	是	否	小	B
11	是	否	中	B
14	是	是	中	B

右子树结果如表5.15所示，右子树已经完全可以确定候选结果为A。

表5.15 一分为二后的右子树样本

样本	近地铁	有电梯	房子大小	候选A或B
3	否	是	大	A
5	否	否	大	A
7	否	是	大	A
9	否	是	大	A
12	否	否	大	A
13	是	是	大	A

接着对左子树再次进行决策树特征点划分，左子树本身8个样本，熵为前边已经算出为0.8113，划分依据还是根据每个特征的信息增益进行划分。

近地铁，否有4个（A2B2），是有4个（A0B4），左熵为 $H(X) = -\left(\dfrac{2}{4}\log_2\dfrac{2}{4} + \dfrac{2}{4}\log_2\dfrac{2}{4}\right) = 1$，右熵为0，即（1，0）。

同理，有电梯，否有4个（A0B4），是有4个（A2B2），熵为（0，1）；房子中，否有3个（A0B3），是有5个（A2B3），熵为（0，0.9710）；房子小，否有5个（A2B3），是有3个（A0B3），熵为（0.9710，0）。

其特征分裂表与信息增益计算如表5.16所示。

表5.16 特征分类信息增益计算

特征点	父结点熵	左子结点熵	右子结点熵	左右子结点的加权平均熵	信息增益
近地铁？	0.8113	1	0	1.0 × 4/8 + 0 × 4/8 = 0.5	0.8113–0.5 = 0.3113
电梯？	0.8113	0	1	0.0 × 4/8 + 1 × 4/8 = 0.5	0.8113–0.5 = 0.3113
房子小	0.8113	0.971	0	0.9710 × 5/8 + 0.0 × 3/8 = 0.6069	0.8113–0.6069 = 0.2044
房子中	0.8113	0	0.971	0.0 × 3/8 + 0.9710 × 5/8 = 0.6069	0.8113–0.6069 = 0.2044

可以看出分裂点近地铁和有电梯的信息增益最大，决策树随机从这两者中选择一个进行分裂。选择电梯特征点进行分裂，此时的左子树结果如表5.17所示，左子树的候选为B。

表5.17 左子树

样本	近地铁	有电梯	房子大小	A, B
1	是	否	中	B
8	否	否	小	B
10	是	否	小	B
11	是	否	中	B

右子树的结果如表5.18所示，然后继续对右子树进行特征点分裂。

表5.18 右子树

样本	近地铁	有电梯	房子大小	A, B
2	否	是	小	B
4	否	是	中	A
6	否	是	中	A
14	是	是	中	B

近地铁，否有3个（A2B1），是有1个（A0B1），熵为（0.9183, 0）；房子小，否有3个（A2B1），是有1个（A0B1），熵为（0.9183, 0）；房子中，否有1个（A0B1），是有3个（A2B1），熵为（0, 0.9183）；

用列表表示其信息增益计算过程如表5.19所示。

表5.19 信息增益计算过程

特征点	父结点熵	左子结点熵	右子结点熵	左右子结点的加权平均熵	信息增益
近地铁？	1	0.9183	0	0.9183 × 3/4 = 0.6887	1−0.6887 = 0.3113
房子小	1	0.9183	0	0.9183 × 3/4 = 0.6888	1−0.6887 = 0.3113
房子中	1	0	0.9183	0.9183 × 3/4 = 0.6889	1−0.6887 = 0.3113

此时的信息增益都一样，随机选择一个分裂点即可，这里选择近地铁进行分裂，分成左子树和右子树。左子树列表如表5.20所示。

表5.20 左子树列表

样本	近地铁	有电梯	房子大小	A，B
2	否	是	小	B
4	否	是	中	A
6	否	是	中	A

右子树如表5.21所示。

表5.21 右子树列表

样本	近地铁	有电梯	房子大小	A，B
14	是	是	中	B

然后继续对左子树列表进行特征分裂，这时候近地铁、电梯已经反映不出差别来，用房子大小来分裂，选择小或者中的结果是一样的，左结点是2个A，右结点一个B。至此，决策树分裂完毕，一个ID3算法的决策树过程就结束了。

[例5.6]是二分类的决策树，对于房子属性的大小中，也可以直接按照三分支进行决策。图5.10就是本样例最终生成的决策树结构。当有一个新的样例来的时候，就按照决策树进行测试分类，例如，样本近地铁，没有电梯，房子为中等大小，那么应该把这套房子推荐给A还是B

更容易成功呢？沿着决策树根往下走，根据每个结点的判断往某个分支走，最终分支走到B分类处，即可以将这套房子推荐给B。

决策树还有其他算法，C4.5算法用信息增益比分裂，信息增益比是用信息增益除以特征的固有值，特征的固有值可以这样计算，如［例5.6］近地铁为否有9个，是有5个，固有值为 $H(X) = -\left(\dfrac{9}{14}\log_2\dfrac{9}{14} + \dfrac{5}{14}\log_2\dfrac{5}{14}\right) = 0.94$；CART算法用基尼不纯度来分裂。C4.5和CART算法还可以修剪决策树，修剪是用更少的叶结点来替换分支，以缩小决策树的规模，减少过拟合。

5.4.2 聚类算法

聚类是无监督的分类，是将数据对象分组成为多个不相交的子集，子集特点是同一簇中的样本彼此相似，不同簇中的样本彼此相异。它将数据进行分组，如果组内的相似性越大，组间的差别越大，则聚类效果越好。聚类形成的簇有对应的潜在概念，根据使用者来定义。聚类算法常用在以下一些场景。

市场营销：帮助市场营销者发现顾客的不同组群，然后制定有针对性的营销计划。

新闻分类：将新闻按相关性自动聚集和分类，并进行展示。

生物学研究：对基因数据聚类，帮助理解对应的生物功能。

常见聚类算法主要有K-均值聚类、层次聚类、密度聚类、谱聚类等。

K-均值（K-means）聚类算法核心思想是对一组数据集，如要聚成K类，则随机的选取K个重心，然后基于距离划分的技术，计算每个样本到K个质心的距离，将对应的样本分到最近的类中，然后计算各个类的平均值，重新确定各个类的重心，迭代这个过程，直到重心不再变化。算法复杂度为每次迭代要计算n个样本与K个重心的距离，即$O(Kn)$。

总体计算复杂度为$O(Knt)$，其中n是对象数目，K是簇数目，t是迭代次数，通常$K, t \ll n$。

t的截止条件：重心不再变化或到达指定的次数阈值。

K的数量是模糊的，可随机选取，或按一定策略如肘部法预估等。

【例5.7】 对12个样本进行聚类，特征的坐标表示为(x_0, x_1)，如表5.22所示，其可视化分布如图5.11所示。如何聚类呢?

表5.22 样本及坐标

样本	x_0	x_1
1	6	4
2	4	2
3	6	6
4	2	2
5	4	6
6	1	4
7	0	0
8	3	3
9	7	6
10	5	7
11	5	5
12	2	6

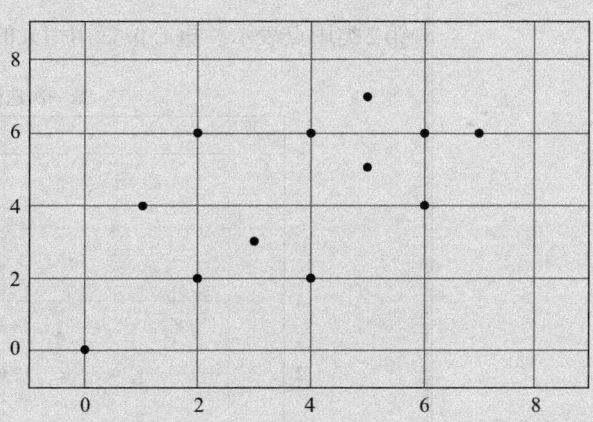

图5.11 12个样本的分布

设K-Means初始化时，将第1个类的重心设在第5个样本，第2个类的重心设在第11个样本。那么可以把每个实例与两个重心的距离都计算出来，将其分配到最近的类里面。计算结果如表5.23所示。

表5.23 第一次聚类计算

样本	x_0	x_1	与C1距离	与C2距离	上次聚类结果	新聚类结果	结果是否改变
1	6	4	2.83	1.41	无	C2	是
2	4	2	4.00	3.16	无	C2	是
3	6	6	2.00	1.41	无	C2	是
4	2	2	4.47	4.24	无	C2	是
5	4	6	0.00	1.41	无	C1	是
6	1	4	3.61	4.12	无	C1	是
7	0	0	7.21	7.07	无	C2	是
8	3	3	3.16	2.83	无	C2	是
9	7	6	3.00	2.24	无	C2	是
10	5	7	1.41	2.00	无	C1	是
11	5	5	1.41	0.00	无	C2	是
12	2	6	2.00	3.16	无	C1	是
C1重心	4	6					
C2重心	5	5					

新的重心位置和初始聚类结果如图5.12所示。第1类用 × 表示，第2类用点表示。重心位置用稍大的点突出显示。

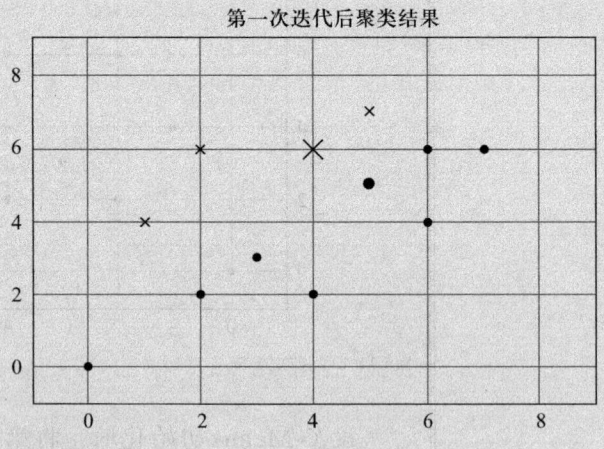

图5.12 第一次聚类结果可视化

重新计算两个类的重心，把重心移动到新位置，并重新计算各个样本与新重心的距离，根据距离远近为样本重新归类。C1类有4个点样本5、6、10、12，这4个点的重心为4个点坐标的平均值为（4，5.75），C2类有8个样本，8个样本的重心为8个点坐标的平均值为（4.125，3.5），结果如表5.24所示。

表5.24 第二次聚类计算过程

样本	x_0	x_1	与C1距离	与C2距离	上次聚类结果	新聚类结果	结果是否改变
1	6	4	2.66	2.56	C2	C2	否
2	4	2	3.75	3.75	C2	C2	否
3	6	6	2.02	1.89	C2	C2	否
4	2	2	4.25	4.31	C2	C1	是
5	4	6	0.25	0.28	C1	C2	是
6	1	4	3.47	3.58	C1	C1	否
7	0	0	7.00	7.08	C2	C1	是
8	3	3	2.93	2.97	C2	C1	是
9	7	6	3.01	2.89	C2	C2	否
10	5	7	1.60	1.53	C1	C2	是
11	5	5	1.25	1.15	C2	C2	否
12	2	6	2.02	2.14	C1	C1	否
C1重心	4	5.75					
C2重心	4.125	3.5					

画图表示如图5.13所示。

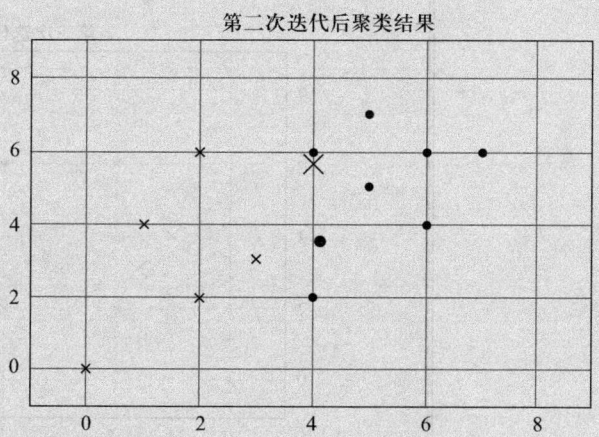

图5.13 第二次聚类后可视化结果

重复一次上面的做法,把重心移动到新位置,计算新的重心,C1类为4、6、7、8、12,重心为(1.6,3.0),C2类样本为1、2、3、5、9、10、11,重心为(5.286,5.143),并重新计算各个样本与新重心的距离再重新归类。结果如表5.25所示。

表5.25 第三次聚类计算过程

样本	x_0	x_1	与C1距离	与C2距离	上次聚类结果	新聚类结果	结果是否改变
1	6	4	4.51	1.35	C2	C2	否
2	4	2	2.60	3.40	C2	C1	是
3	6	6	5.33	1.12	C2	C2	否
4	2	2	1.08	4.55	C1	C1	否
5	4	6	3.84	1.55	C2	C2	否
6	1	4	1.17	4.44	C1	C1	否
7	0	0	3.40	7.38	C1	C1	否
8	3	3	1.40	3.13	C1	C1	否
9	7	6	6.18	1.92	C2	C2	否
10	5	7	5.25	1.88	C2	C2	否
11	5	5	3.94	0.32	C2	C2	否
12	2	6	3.03	3.40	C1	C1	否
C1重心	1.6	3					
C2重心	5.286	5.143					

画图表示如图5.14所示。

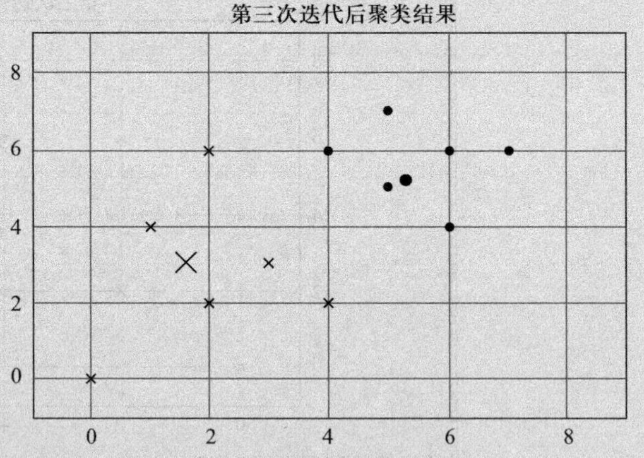

图5.14 第三次迭代可视化结果

第三次聚类结果，基本已经聚成了两类，再重复上面的方法发现类的重心不变了，停止聚类。K-Means会在条件满足的时候停止聚类过程，条件是前后两次迭代的重心位置变化达到了限定值或者误差达到了极限值。如果这些停止条件足够小，K-Means就能找到局部最优解。

K 的选择可以使用肘部法,它把不同 K 值的成本函数值描述出来。随着 K 值的增大,平均畸变程度会减小;每个类包含的样本数会减少,于是样本离其重心会更近。但是,随着 K 值继续增大,平均畸变程度的改善效果则会不断减低。K 值增大过程中,畸变程度的改善效果下降幅度最大的位置对应的 K 值就是肘部。每个类的畸变程度等于该类重心与其内部成员位置距离的平方和。

例如,有如图5.15所示的数据可视化分布图。

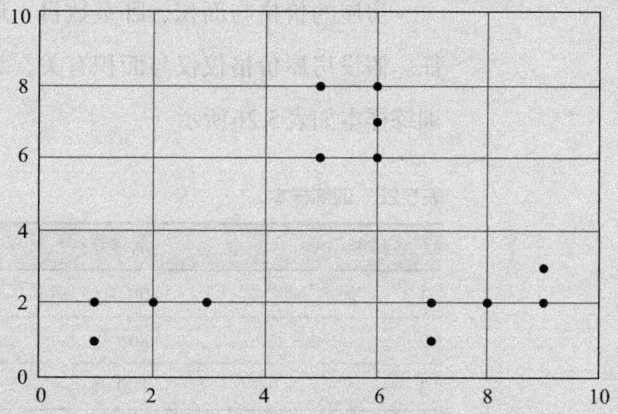

图5.15 数据分布图

很明显,这里聚成三类比较合适,K 肘部法则如图5.16所示,将 K 聚成不同的类别,计算平均畸变程度,下降幅度最大的值即为最佳 K 值。

该图也正确指示出当 K 取3的时候,平均畸变程度下降的最快。

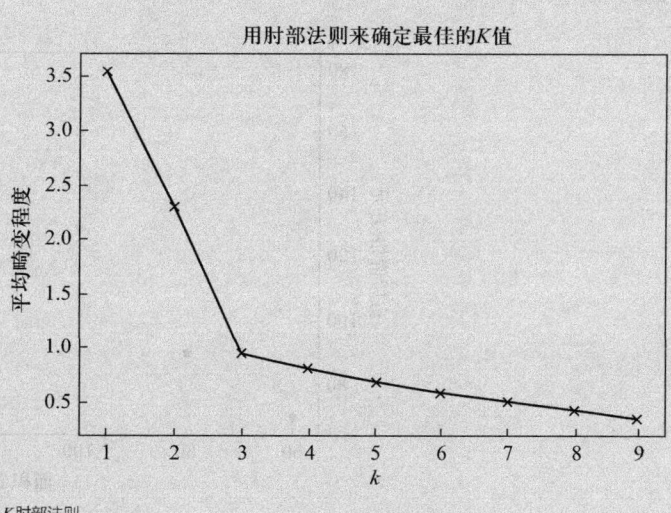

图5.16 K 肘部法则

5.4.3 回归算法

回归算法有线性回归、多项式回归、树回归等。

一元线性回归处理一个响应变量和解释变量的问题，多元线性回归是多个解释变量和响应变量之间的关系。多项式回归是一种具有非线性关系的多元线性回归。树回归是基于决策树CART的非线性回归。回归问题的目标是预测响应变量的连续值。这里主要介绍线性回归中的一元和多元算法，重点讲述线性回归的实现流程，梯度下降更新参数的方法。

房屋的价格与面积、卧室数目、地铁、电梯等有关系，这些称为特征。假设房屋价格仅仅与面积有关，那么如何找出两者之间的关系呢？训练样本如表5.26所示。

表5.26 训练样本

训练样本	房屋面积/m^2	价格/万元
1	60	70
2	80	90
3	100	130
4	120	150
5	140	175
6	160	180

画出其样本分布如图5.17所示。

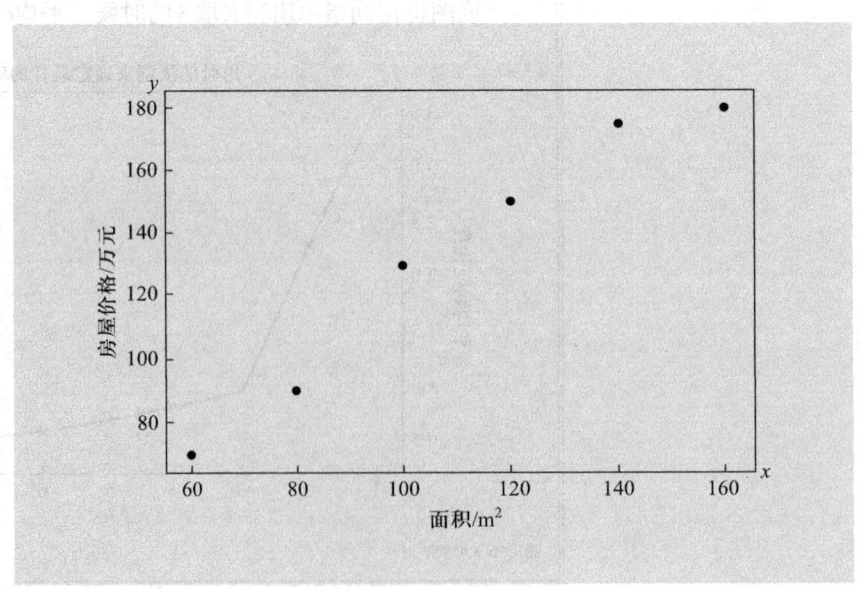

图5.17 房屋面积与价格可视化

x 轴表示房子面积，y 轴表示房子价格。能够看出，房子价格与其面积正相关。在一元线性回归中，一个维度是响应变量，另一个维度是解释变量，共两维。多元的话是高维空间。利用最小二乘拟合方法，可以求出一元回归的参数，例如 $y = \alpha + \beta x$，对 α 和 β 求解分别用公式求解和梯度下降法求解。

公式法求解，需要求方差、协方差，方差公式如下：

$$\operatorname{var}(x) = \frac{\sum_{i=1}^{n}(x_i - \overline{x})^2}{n-1} \tag{5-23}$$

其中 $\overline{x}$ 是 x 的均值，x_i 是第 i 个样本的房间面积，n 是样本数量。取 $\overline{x} = 110$，$\overline{y} = 132.5$，$n = 6$，代入公式计算 $\operatorname{var}(x) = 1400$。

协方差是两个变量的总体变化趋势，如果两个变量变化趋势一致，也就是说均大于自身期望，两个变量协方差是正值。如果两个变量变化趋势相反，则两个变量协方差为负值。如果两个变量不相关，则其协方差是 0。协方差公式如下：

$$\operatorname{cov}(x, y) = \frac{\sum_{i=1}^{n}(x_i - \overline{x})(y_i - \overline{y})}{n-1} \tag{5-24}$$

其中 $\overline{x}$ 是 x 的均值，x_i 是第 i 个房屋面积，$\overline{y}$ 是房屋价格的均值，y_i 是训练集的第 i 个房屋的价格，n 是样本数量。代入具体数据可以计算得到 $\operatorname{cov}(x, y) = 1650$。

有了方差和协方差就可以求出 $\beta = \dfrac{\operatorname{cov}(x,y)}{\operatorname{var}(x)} = 1650/1400 = 1.1786$。$\alpha = \overline{y} - \beta \overline{x}$，即可求出 $\alpha = 141.667 - 1.3857 \times 110 = 2.854$。

则拟合曲线 $y = \alpha + \beta x$ 即为房价和面积的关系。

那么 α 和 β 怎么推导出来呢，公式是怎么来的呢？其实是利用优化算法求最值得来的，利用代价函数分别对 α, β 求偏导为 0，再解方程即可。

$$\frac{\partial Loss}{\partial \alpha} = \frac{\partial \frac{1}{n}\sum_{i=1}^{n}(y_i - (\alpha x_i + \beta))^2}{\partial \alpha} = -\frac{2}{n}\sum_{i=1}^{n} x_i(y_i - (\alpha x_i + \beta)) = 0$$

$$\frac{\partial Loss}{\partial \beta} = \frac{\partial \frac{1}{n}\sum_{i=1}^{n}(y_i - (\alpha x_i + \beta))^2}{\partial \beta} = -\frac{2}{n}\sum_{i=1}^{n}(y_i - (\alpha x_i + \beta)) = 0$$

两个未知数两个方程，即可求出 α, β，就是之前说的公式法的由来，拟合曲线如图 5.18 所示。

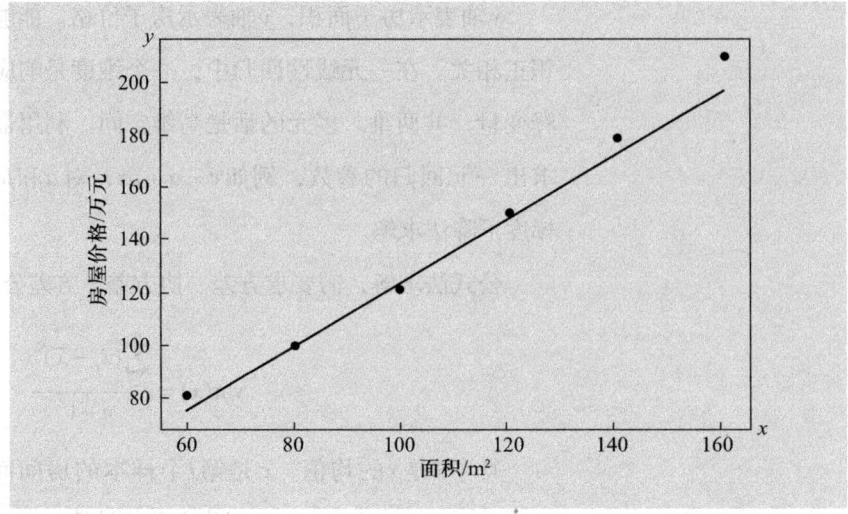

图5.18 拟合曲线结果

梯度下降法求解,首先要定义损失函数,让所有训练数据与模型的残差的平方和最小化,假设函数为 $h_\theta(x) = \theta_0 + \theta_1 x_1 + \theta_2 x_2 + \cdots + \theta_n x_n = \sum_{j=0}^{n} \theta_j x_j$,其中 $x_0 = 1$,损失函数即为 $J(\theta) = \frac{1}{2m} \sum_{i=1}^{m} (h_\theta(x_i) - y_i)^2$,$m$ 为样本个数,x_i 为样本特征集合的第 i 个元素,y_i 为第 i 个样本的真实值。损失函数就是所有样本的预测值和真实值的误差的平方和然后再求平均。

梯度下降法的目标是通过合理的方法更新假设函数 h_θ 的参数 θ 使得损失函数 $J(\theta)$ 对于所有样本最小化,步骤如下。

① 定义损失函数 $J(\theta)$。

② 对所有的参数 θ 选择一个初始值。

③ 用损失函数求所有参数 θ 的偏导数:$\dfrac{\partial J(\theta)}{\partial \theta_j}$。

④ 设置步长 α,进行参数的更新:$\theta_j := \theta_j - \alpha \dfrac{\partial J(\theta)}{\partial \theta_j}$。

单个样本损失函数求导如下:

$$\frac{\partial J(\theta)}{\partial \theta_j} = \frac{\partial}{\partial \theta_j} \frac{1}{2} (h_\theta(x) - y)^2 = 2 \cdot \frac{1}{2} (h_\theta(x) - y) \cdot \frac{\partial}{\partial \theta_j} (h_\theta(x) - y)$$

$$= (h_\theta(x) - y) \cdot \frac{\partial}{\partial \theta_j} (\theta_0 x_0 + \cdots + \theta_j x_j + \cdots + \theta_n x_n) = (h_\theta(x) - y) \cdot x_j$$

所有样本的代价函数为各个样本的损失之和:

$$\frac{\partial J(\theta)}{\partial \theta_j} = \frac{1}{m} \sum_{i=1}^{m} (h_\theta(x_i) - y_i) \cdot X_{ij}$$

其中 X_{ij} 表示第 i 个样本的第 j 个特征，j 为 0 的时候 X_{ij} 取 1。

更新公式为

$$\theta_j := \theta_j - \alpha \frac{1}{m} \sum_{i=1}^{m} (h_\theta(x_i) - y_i) \cdot X_{ij}$$

其偏导数求解如下：

$$\frac{\partial J(\theta)}{\partial \theta_0} = \frac{1}{m} \sum_{i=1}^{m} (h_\theta(x_i) - y_i) \cdot X_{i0} = \frac{1}{6}((\theta_0 + \theta_1 \cdot 60 - 70) + \cdots + (\theta_0 + \theta_1 \cdot 160 - 180))$$

$$\frac{\partial J(\theta)}{\partial \theta_1} = \frac{1}{m} \sum_{i=1}^{m} (h_\theta(x_i) - y_i) \cdot X_{i1} = \frac{1}{6}((\theta_0 + \theta_1 \cdot 60 - 70) \cdot 60 + \cdots + (\theta_0 + \theta_1 \cdot 160 - 180) \cdot 160)$$

程序伪代码流程如下：

1 设置房子面积变量 x 表示为 $sizes = [60, 80, 100, 120, 140, 160]$；

2 设置价格变量 y 表示为 $prices = [70, 90, 130, 150, 175, 180]$；

3 设置初始值步长 α，θ_0，θ_1；

4 定义拟合函数 $h(x) = \theta_0 + \theta_1 x$；

5 定义代价函数为各个样本的损失之和；

6 设置迭代次数 max_iter，计数 i；

7 开始循环；

8 计算代价函数对 θ_0 和 θ_1 的偏导数；

9 更新 $\theta_0 = \theta_0 - \alpha \cdot d\theta_0$，$\theta_1 = \theta_1 - \alpha \cdot d\theta_1$，更新计数 $i = i + 1$；

10 当 i 次数大于 max_iter 循环停止。

如果将伪代码采用 Python 程序编写，最后用梯度下降法迭代 80 万次以后，得到 θ_0 和 θ_1 分别为 2.8555 和 1.1785，基本上和公式求解得到的参数一致，最后的拟合曲线如图 5.19 所示。

需要注意的是，对多元线性回归采用最小二乘拟合，逆矩阵不存在就无法求出一元回归的参数。岭回归是一种解决方法，通过对损失函数增加 L2 正则化系数来惩罚，如下：

$$\min_{w} \|Xw - y\|_2^2 + \alpha \|w\|_2^2 \qquad (5\text{-}25)$$

其中 X 代表输入特征，y 代表输出，w 代表每个 X 对应的权重，α 为正则化系数，L2 正则化是损失函数加上各个权重的平方和的 α 倍，式（5-25）中 w 的取值应该满足使损失函数最小。

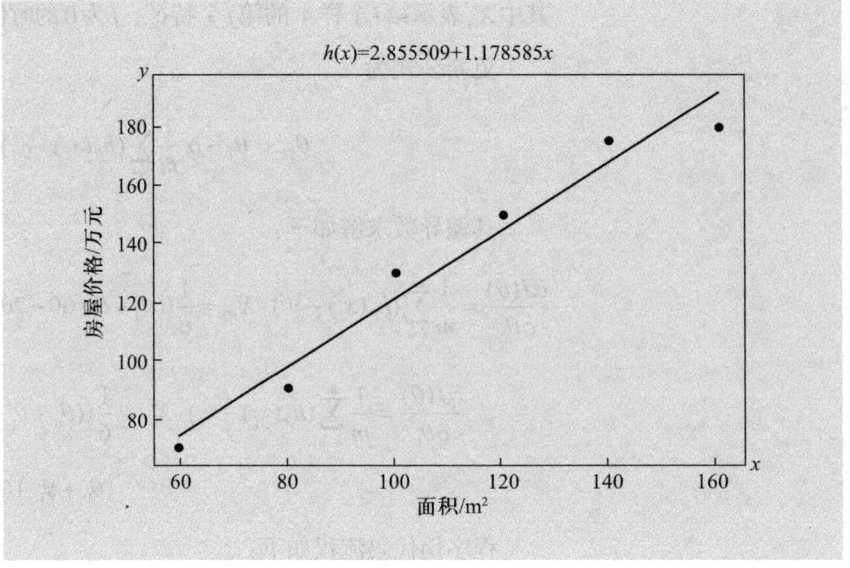

图5.19 梯度下降拟合曲线结果

Lasso回归是一种通过增加L1正则化系数来惩罚目标函数的方法，如下：

$$\min_w \frac{1}{2n}\|Xw-y\|_2^2 + \alpha\|w\|_1 \tag{5-26}$$

其中X代表输入特征，y代表输出，w代表每个X对应当的权重，n代表样本数量，α代表正则化系数，L1正则化是损失函数加上各个权重的绝对值和的α倍，式（5-26）中w的取值应该满足使损失函数最小。

ElasticNet回归是一种使用L1和L2先验作为正则化矩阵的线性回归模型，这种组合有很好优势，如下：

$$\min_w \frac{1}{2n}\|Xw-y\|_2^2 + \alpha\rho\|w\|_1 + \frac{\alpha(1-\rho)}{2}\|w\|_2^2 \tag{5-27}$$

其中的ρ表示0到1之间的一个数。

岭回归、Lasso回归和ElasticNet回归的详细解释可以参考相关书籍。

多元线性回归的梯度下降方法和一元的类似，只不过参数多了一些θ_j，其中j大于2，例如，房价不仅仅和面积有关，还和地铁、电梯等有关。

多项式回归是对特征属性多了非线性项，可以将其转成线性回归。如原来线性回归方程为

$$\hat{y}(w,x) = w_0 + w_1 x_1 + w_2 x_2 \tag{5-28}$$

多项式回归是增加了特征的高次项的影响，如：

$$\hat{y}(w,x) = w_0 + w_1 x_1 + w_2 x_2 + w_3 x_1 x_2 + w_4 x_1^2 + w_5 x_1^2 \tag{5-29}$$

重新定义对应的自变量，进行转换，如 $z = [x_1, x_2, x_1 x_2, x_1^2, x_2^2]$，那么就可以将其转换为多元线性回归，如：

$$\hat{y}(w, x) = w_0 + w_1 z_1 + w_2 z_2 + w_3 z_3 + w_4 z_4 + w_5 z_5 \tag{5-30}$$

5.5 模型选择与评估

一个问题往往有一系列的模型可以解决，如何从这些模型中选择一个合适的、最好的模型是非常重要的。模型是建立在训练样本上的，而预测是需要在一个独立的新的样本上进行。因此，在训练样本上所建立的模型，其在一个新的独立的样本上的表现如何评估，是一个非常重要的问题。本节围绕这一问题进行展开。

模型的选择与评估涉及学习算法的参数调整。模型的选择问题，关系到两个指标：经验误差和过拟合。当训练好一个模型后，如何去评价这个模型的优劣呢？最直接的办法是拿这个模型去做实际的判断，例如，机器学习中的猫狗识别模型，将猫狗图片输入给模型，让它判断图片是猫还是狗，然后统计有多少比例是正确的，多少比例是错误的，从而进行评估。

5.5.1 性能度量

性能度量是对机器学习的泛化能力进行评估，不同的机器学习任务，具有不同的性能评价标准（如是分类、聚类还是回归）。本小节将针对不同的任务分别介绍对应的评价标准。

对于回归任务，将预测值与真实值进行比较，常用的评价是均方误差，如线性回归 $y = wx+b$，其代价函数为

$$L = \frac{1}{N} \sum_{n=1}^{N} (f(x_n) - y_n)^2 \tag{5-31}$$

其中 y_n 是真实值，$f(x_n)$ 是预测值，N 为样本总数。L 为 N 个样本的残差的平方和的均值。

对于聚类任务，要求类内相似度高，类间相似度低。其度量可分为外部度量和内部度量两大类进行评价。外部度量是将聚类的结果与参考的模型（标记好的类别）进行比对；内部度量是直接利用自身的聚类结

果进行评价分析。

聚类算法的效果评估方法介绍一种称为轮廓系数的方法。轮廓系数是评价类的密集与分散程度的一种指标。它随着类的规模增大而增大。例如，彼此相距很远，本身很密集的类，其轮廓系数较大，彼此集中，本身很大的类，其轮廓系数较小。轮廓系数是通过所有样本计算出来的，计算公式如下：

$$s = \frac{nm}{max(m,n)} \tag{5-32}$$

其中，m 是每一个类中样本彼此距离的均值，n 是一个类中的样本与其最近的另一个类的所有样本距离的均值。

分类器的评价指标有准确率（accuracy）、错误率、精确率（查准率 precision）、召回率（查全率 recall）、F1值、混淆矩阵、P-R曲线、ROC曲线、AUC值，其他度量指标如速度、健壮性、可解释性等。

假设分类目标有两类，记为正例（positive）和负例（negative）。

真正例 True Positive（TP）：被正确划分为正例的个数，即实际为正例且被分类器划分为正例的样本个数。

假正例 False Positive（FP）：被错误划分为正例的个数，即实际为负例但被分类器划分为正例的样本数。

假负例 False Negative(FN)：被错误划分为负例的个数，即实际为正例但被分类器划分为负例的样本数。

真负例 True Negative(TN)：被正确划分为负例的个数，即实际为负例且被分类器划分为负例的样本数。混淆矩阵如表5.27所示。

表5.27　二分类混淆矩阵

真实类别	预测类别	
	正例	负例
正例	TP	FN
负例	FP	TN

样例总数 $N_{总} = TP + FN + FP + TN$，其中正例 $P_{正} = TP + FN$，负例 $N_{负} = FP + TN$。

准确率 $accuracy = (TP + FN)/N_{总}$，即分对的样本数除以所有的样本数，一般准确率越高，分类器越好。

错误率描述分类器错误的比例，$error\ rate = (FP + FN)/N_{总}$，$accuracy = 1 - error\ rate$。

精确率 $precision = TP/(TP + FP)$，表示预测是正例的样本中真实正例的比例。

召回率 $recall = TP/(TP + FN)$，给出的是预测为正例的真实正例占所有真实正例的比例。

精确率和召回率是相互矛盾的，很难同时保证二者都很高。

真正率（True Positive Rate，TPR）$= TP/(TP + FN)$。

假正率（False Positive Rate，FPR）$= FP/(TN + FP)$。

精确率与召回率曲线，简称P-R曲线，横坐标是召回率，纵坐标是精确率，机器学习中对样本进行预测得到一个概率，设定不同的阈值，如果预测概率大于阈值，预测为正例，反之为负例。P-R曲线就是设定一次阈值，计算当前得到的正例、负例，结合实际类别，得到一个(P, R)坐标，设定不同的阈值得到不同的(P, R)坐标，从而画出曲线。P-R曲线显示了机器学习模型在样本上的精确率和召回率。对不同的模型将其P-R曲线画在一张图上可以看出区别来。P-R曲线右上凸效果好，如5.20所示的FPR图[2]，曲线A和曲线B，曲线A代表的机器学习模型性能效果要比曲线B代表的机器学习性能好，图中的平衡点代表精确率和召回率相同，一般希望P和R同时都高，曲线与坐标轴形成的面积一定程度上代表了机器学习取得P和R同时都高的比例。

图5.20 FPR图

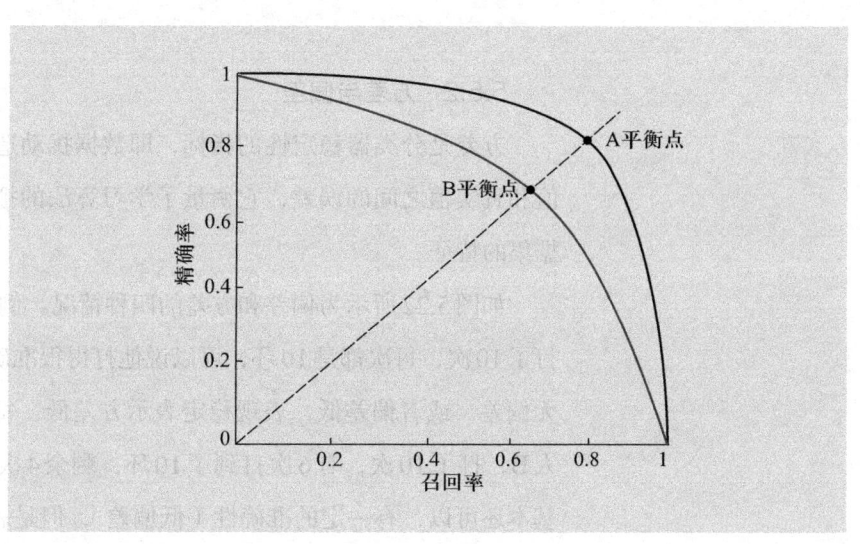

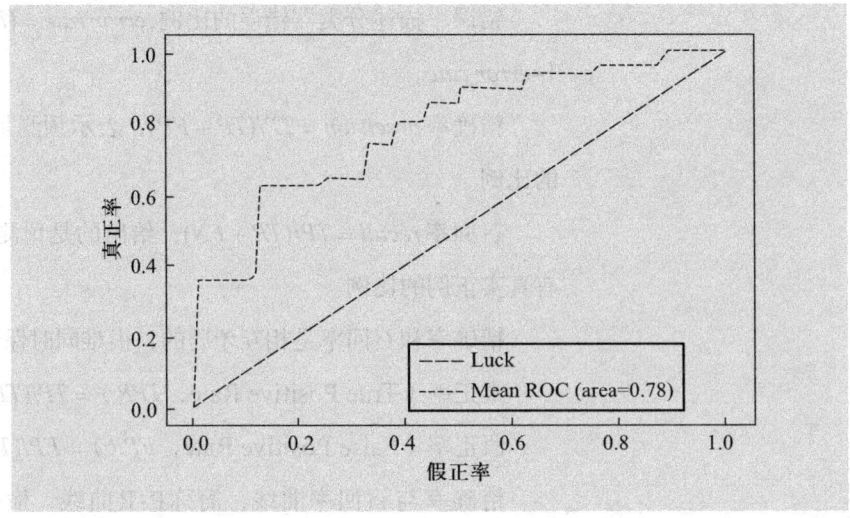

图 5.21 ROC 曲线图

ROC曲线的横轴是假正率（FPR），纵轴是真正率（TPR）。其画法与P-R曲线画法一样，根据坐标（TPR, FPR），画出ROC曲线，一个多分类样本的ROC曲线如图5.21所示。ROC曲线左上凸效果好，Mean ROC是对数据样本做了交叉验证结果后的形成的平均曲线，下方面积是0.78即AUC是0.78。

AUC（area under ROC curve）即ROC曲线下方的面积，介于0.1和1之间。AUC作为数值可以直观评价分类器的好坏，越大越好。

P-R曲线和ROC曲线都可用于评估机器学习算法对数据集的分类性能，二者可以相互转化。ROC有个很好的特性：当测试集中的正负样本分布变化的时候，ROC曲线能保持不变，尤其是当正负例样本不均衡的时候，ROC曲线保不变，而P-R曲线会出现大变化。

5.5.2 方差与偏差

方差是分类器稳定性的指标，即数据扰动造成的影响。偏差是期望值和真实值之间的误差，它衡量了学习算法的拟合能力，是否学到了数据集的特征。

如图5.22所示为偏差和方差的四种情况。例如打靶子，第一个人A，打了10次，每次都是10环，可以说他打得很准确，表现稳定，准确表示无偏差，或者偏差低，表现稳定表示方差低，每次基本都一样；第二个人B，打了10次，有6次打到了10环，剩余4次在7、8环上，可以说他基本还可以，有一定的准确性（低偏差），但是表现不够稳定（高方差）；

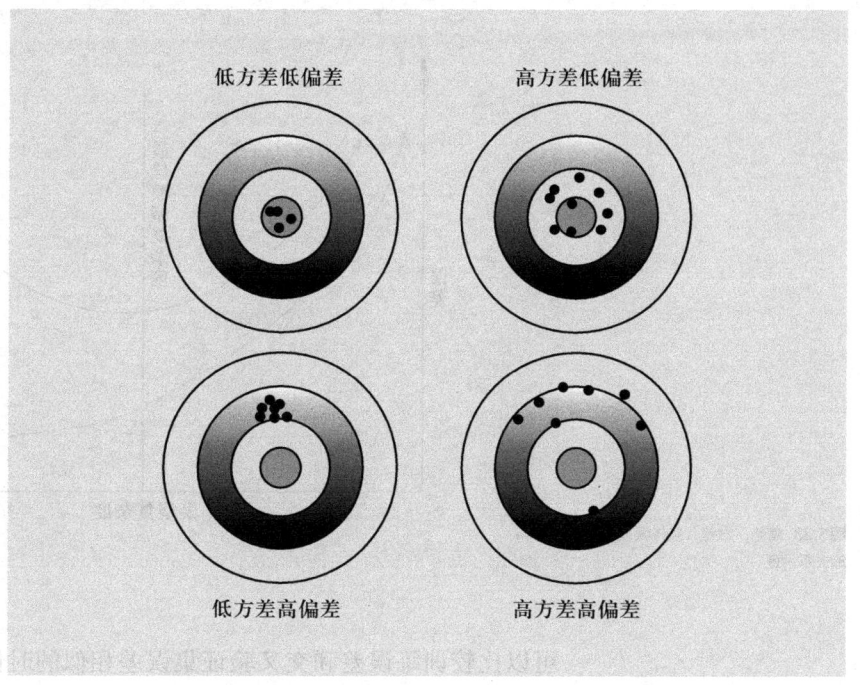

图5.22 方差偏差

第三个人C，打了10次，结果都打在了8环，可以说他准确性差（没有一次打在10环上，偏差高），但是表现稳定，每次打靶都是8环（方差低）；第四个人D，打了10次，3次打在了6环，其余的都是5环、4环，还有脱靶的，可以说这个人打靶没水平，准确率低（高偏差），表现又不稳定（高方差）。

机器学习算法通常要求达到第一种，即低偏差、低方差。通常在欠拟合的情况下会出现高偏差，欠拟合（underfitting）就是学习模型的学习程度不够，没有学到数据集的特征，所以表现出来高偏差情况。相反过拟合（overfitting），即学习算法过度地学习了训练数据集的特征，学习算法能准确地反映出来训练数据集的特征，但是对于训练数据集以外的数据表现出来很差的测试表现，这种情况下叫高方差，即对于训练数据集表现准确率很高，对非训练集准确率很低。

如何对偏差和方差做出权衡，在实际项目中如果遇到了过拟合或者欠拟合如何做出判断，如何进行模型改正？如图5.23所示为模型复杂度与偏差方差的关系。

训练不足的时候（欠拟合），偏差占据主导，随着训练程度增加，模型复杂度也在增加，此时方差占据主导，容易导致过拟合。

在机器学习算法中，有训练集、交叉验证集，在实际算法过程中，

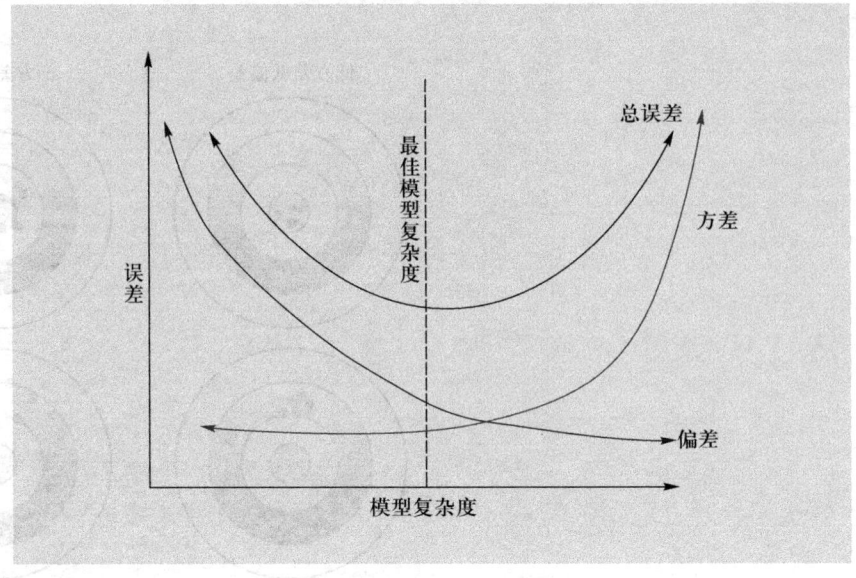

图5.23 偏差、方差、整体误差的关系示意

可以比较训练误差和交叉验证集误差相似的时候。这时候有两种情况：如果二者误差都很小，说明训练算法很好，达到了低偏差、低方差；如果二者都很大，很可能是出现高偏差、高方差。

如果交叉验证集误差远远大于训练集误差，说明方差主导，出现了过拟合。

如果出现欠拟合即高偏差，通常的解决办法是寻找更好的特征（具有代表性的），用更多的特征（增大输入向量的维度），尝试减少正则化程度。

如果出现过拟合即高方差，通常解决办法是获得更多的训练数据，尝试减少特征的数量（减少特维度），增加正则化程度。

正则化是将损失函数添加一个惩罚项，来降低模型的复杂度，是减少模型参数的一种机制。例如，对于一个线性回归 $h(x) = \theta_0+\theta_1 x+\theta_2 x^2$，其中 θ 为模型参数。

即没加正则化之前 $\cos t = \frac{1}{N}\sum_{i=1}^{N}(h(x^i)-y^i)^2$，加入正则化以后

$$\cos t = \frac{1}{N}\sum_{i=1}^{N}(h(x^i)-y^i)^2 + \lambda\sum_{i=1}^{N}\theta_i^2$$，称为L2正则化，为参数的平方；

$$\cos t = \frac{1}{N}\sum_{i=1}^{N}(h(x^i)-y^i)^2 + \lambda\sum_{i=1}^{N}|\theta_i|$$，称为L1正则化，为参数的绝对值。

对于数据点，假设要正常拟合参数，则模型为 $f = \theta_0 + \theta_1 x + \theta_2 x^2$，如果过拟合会发生 $f = \theta_0 + \theta_1 x + \theta_2 x^2 + \theta_3 x^3 + \theta_4 x^4$，正则化的目的是消除掉 θ_3

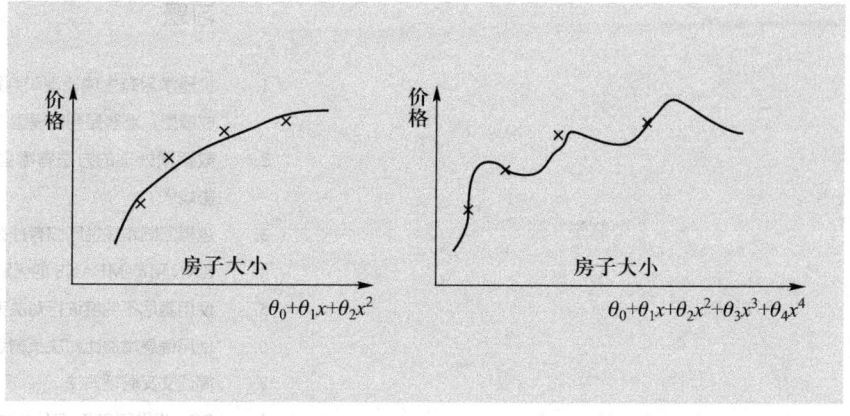

如图5.24 正则化

和θ_4,其方法时降低其取值,尽可能让这两个权重为0,即消除了x_3和x_4,从而达到效果,如图5.24所示。另一方面也说明如果不同组的模型参数都可以满足学习,那么取数值小的那一组参数。例如,(θ_0,θ_1,θ_2)分别取(0.1,0.2,0.5)、(1,0.4,0.6)这两组,则第一组参数更好。

5.6 本章小结

本章从机器学习的流程出发进行了详细地介绍。数据集介绍了收集、划分、数据预处理可视化分析;特征工程介绍了如何特征提取、特征选择、降维;机器学习算法介绍了分类、聚类、回归算法,选择性地介绍了一些近邻算法、逻辑回归、决策树、K均值聚类、线性回归等算法,并用实例阐述;模型选择与评估介绍了如何评价模型、利用方差和偏差进行平衡等。

习题

1. 机器学习有生成模型和判别模型，本章讲述的哪些算法是生成模型，哪些是判别模型？
2. 数据预处理的方法有哪些，缺失值处理，如何去掉量纲的影响？
3. 逻辑回归和线性回归有什么区别？
4. KNN和K-MEANS 的区别？
5. 使用基尼不纯度进行对决策树划分。
6. 使用信息增益比对决策树划分。
7. 简述交叉验证方法。
8. PCA降维和SVD有什么关系？
9. 如果分类过程中类别很不均衡，如何处理？
10. 如何根据已有新闻样本，利用贝叶斯分类对新闻分类？
11. 特征工程基本知识有哪些？
12. 机器学习分类的基本流程图是什么？
13. 梯度下降法如何求解一元或者多元二次方程？
14. 方差与偏差的关系，如果遇见模型过拟合，如何去处理？

参考文献

[1] PETER H. 机器学习实战[M].李锐，李鹏，曲亚东，等，译.北京：人民邮电出版社，2013.

[2] 周志华.机器学习[M].北京：清华大学出版社，2016.

[3] 郭亚维.中文文本分类特征选择方法的分析与研究[D]. 西北大学，2016.

[4] DAVIS J, GOADRICH M.The relationship between Precision-Recall and ROC curves.Icml 06: International Conference on Machine Learning, 2006, 06: 233-240.

第6章 深度学习

机器学习作为人工智能的重要分支,在很多领域都取得了较好的效果,而近几年推动机器学习发展的主要动力来自深度学习。自2012年以来,深度学习进入了爆发期,在语音识别、图像处理、自然语言处理等方面均取得了突破性的进展。

本章将从深度学习的形成开始,逐步介绍深度学习的基本过程、软硬件实现等,展示深度学习的基本原理。

6.1 深度学习形成过程

虽然深度学习是近几年才开始火热起来的,但却不是一门新的技术。深度学习的实质就是发展到了多隐层阶段的人工神经网络,其发展历程可追溯到1943年的M-P模型。

M-P模型也叫做MCP神经元(McCulloch-Pitts neuron)模型,由麦卡洛克(Warren McCulloch)教授和沃尔特·皮兹(Walter Pitts)教授于1943年,在论文 *A logical calculus of the ideas immanent in nervous activity* 中提出[1]。模型采用逻辑单元模拟了人脑神经元的工作原理,采用线性加权求和的方式来模拟不同强弱的生物信号的传递。求和的结果经过一个阈值函数(激活函数)得到0或1的输出,对应了人脑神经元的兴奋和抑制。M-P模型虽然用数学的方式模拟出了神经元的功能结构,但却缺少一个参数学习机制。

6.1.1 感知器

1949年,加拿大的心理学家唐纳德·赫布(Donald Hebb)提出了一个理论。他认为,同一时间内被激发的神经元之间的联系会被强化。两个神经元之间若是存在长久的兴奋,那么这两个细胞之间会存在一种代谢,使这种联系加强。这系列理论后来被称作"赫布律",又名突触学习说。

受赫布律中"神经元接触越多,连接效率越高,反之越低"的启发,1957年,当时就职于美国康奈尔航空实验室(Cornell Aeronautical Laboratory)的弗兰克·罗森布拉特(Frank Rosenblatt)提出了感知器(perceptron)模型。

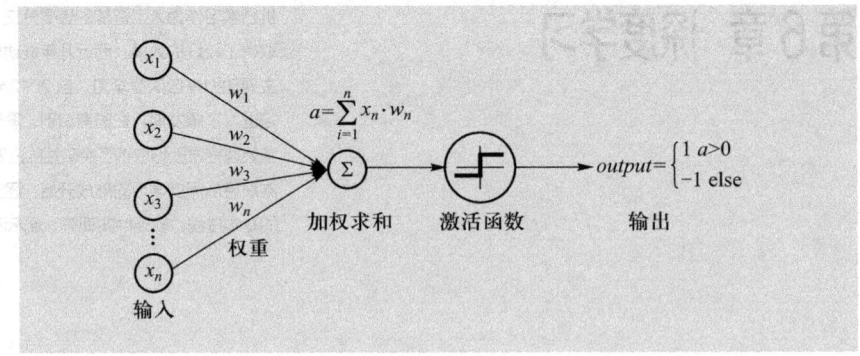

图6.1 感知器模型

不同于M-P模型,感知器模型可以从样例中学习,并采用梯度下降法自动更新参数。激活函数采用阶跃函数,即输入大于0时,输出1,其余输出-1,如图6.1所示,其收敛性在1962年得到了理论证明。

感知器被提出后,在学术界引发了一股热潮,但不久之后就陷入了研究的低谷。

1969年,马文·明斯基(Marvin Minsky)和西蒙·派普特(Seymour Papert)出版了一本书《感知器:计算几何简介》(*Perceptrons: An Introduction to Computational Geometry*)[2],书中证明了感知器只能解决线性可分问题,无法解决"异或"这种线性不可分问题。书中还指出,在当时的计算能力下,实现多层感知器几乎是不可能的。此书出版后,引发了学术界对所有基于生物启发的机器学习模型的抨击,也导致第一代神经网络的研究进入低潮期,史称作"人工智能的冬天"。

6.1.2 BP神经网络

神经网络的研究停滞了将近20年,直到20世纪80年代,才再次发展起来。1986年,杰弗里·辛顿(Geoffrey Hinton)和戴维·鲁梅尔哈特(David Runelhart)等人在《自然》(*Nature*)①杂志上发表论文,提出了适用于多层感知器(MLP)的反向传播(BP)算法[3],在多层感知器中使用sigmoid激活函数代替原来的阶跃函数,加快了训练速度,多层的结构也解决了单层感知器不能解决异或问题的困扰。

---

① 《自然》杂志是世界上历史悠久的、最有名望的科学杂志之一。许多科学研究领域的重要研究成果都是发表在此杂志上。

这种多层感知器堆叠的网络就是一种多层前馈神经网络，而按照误差反向传播算法训练的多层前馈神经网络就叫做BP神经网络。但BP算法后来于1991年被指出存在梯度消失（vanishing gradient）问题[①]，这也成为之后一段时间限制神经网络发展的原因之一。

6.1.3 深度神经网络

20世纪80年代末，计算机的飞速发展让神经网络的发展进入了高潮。现在常用的卷积神经网、循环神经网络等在这一时期都有进一步发展，但受限于硬件计算能力和数据量，网络的训练依然比较困难。与此同时，传统机器学习也取得了突破性的进展，SVM等浅层模型的热度逐渐超过人工神经网络，成为当时的热门算法，神经网络的发展第二次进入低潮。

直到2006年，杰弗里·辛顿（Geoffrey Hinton）和他的学生在《科学》(Science)杂志上发表了一篇文章[4]，指出梯度消失的问题可以采用"无监督训练对权值进行初始化，再使用有监督训练进行微调"的方法解决，深度学习的新浪潮才再次开启。2011年ReLU激活函数被提出可以取代sigmoid函数，有效解决深度学习梯度消失的问题。2011年后，微软首次将DNN（深层神经网络）应用到语音识别，获得的重大突破，后来微软和谷歌又分别利用深度学习技术，将语音识别的错误率降低到20%到30%左右。

2012年是深度学习爆发的一年，Hinton教授为了证明CNN（卷积神经网络）的效果，和他的学生Alex Krizhevsky参加ImageNet图像识别大赛（ILSVRC）。他们在大赛中使用深度卷积网络AlexNet[5]进行图像分类，一举夺得分类任务冠军。此后，深度学习进入蓬勃发展的阶段，之后的几年相继产生了很多优秀模型，如2013的ZFNet[6]、2014的GoogLeNet[7]和VGGNet[8]，2015的ResNet[9]等。

---

① BP算法在更新模型参数时，使用了反向求导，而反向求导的规则就是链式求导（可简单理解为，从反向看，当前层的倒数依赖于前几层导数的乘积）。如果前期的梯度小于1，越往前梯度越小，直至梯度接近于0。即梯度消失了。而梯度是参数调整的风向标，一旦梯度消失了，网络参数的调整，就无从谈起了。

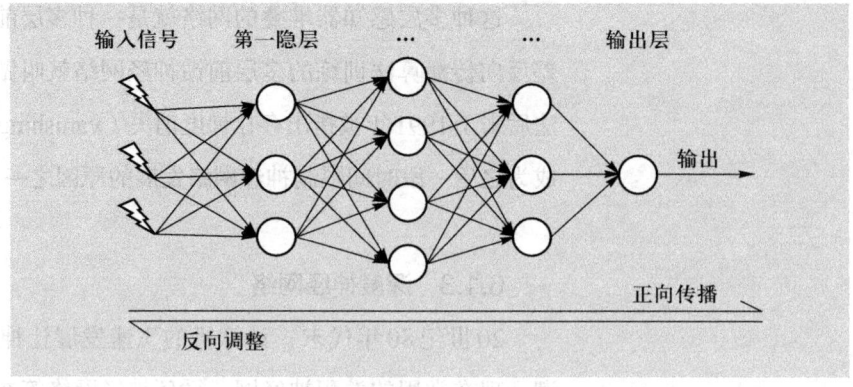

图6.2 正反向传播示意图

6.2 深度学习基本方法

介绍完深度学习的发展历程，接着来了解深度学习实现流程的基本方法。6.1节中已经介绍过，深度学习的实质就是发展到多隐层状态的人工神经网络。其网络结构可分为三部分：输入层、隐藏层和输出层。整个模型训练的过程分为正向学习和反向调整两个部分。正向学习是指数据从输入层输入，经隐藏层逐层计算，再从输出层输出结果的过程。反向调整是指通过最小化计算结果和真实结果之间的误差，调节模型参数的过程，如图6.2所示。

6.2.1 正向学习

在详细了解正向学习之前，首先了解一下人工神经网络的基本结构。深度学习本质上是人工神经网络，其基本单元为神经元，是一个结构和感知器相似的计算单元。它有若干个输入和一个输出，每个输入对应一个权重，输入和权重加权求和，经过一个激活函数得到输出。

神经元的结构如图6.3所示。

图6.3 神经元结构示意图

其中 x_1, x_2, x_3 为输入，b 为偏置（一个常量），可以偏置将其视作一个权重为1的输入，z 为输入的加权和，f 为非线性的激活函数，用于将线性关系转换为非线性关系，其输出 $h_{w,b}(x)$ 满足如下公式：

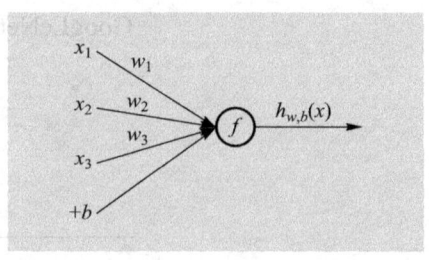

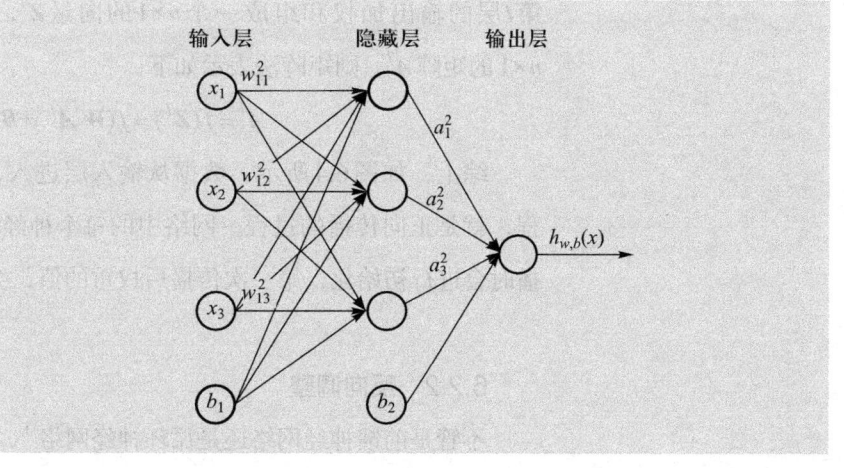

图6.4 三层前馈神经网络

$$h_{w,b}(x) = f(z) = f\left(\sum_{i=1}^{3} w_i x_i + b\right) \quad (6\text{-}1)$$

知道了神经元的基本工作方式，再来看一个三层的前馈神经网络。如图6.4所示，网络由输入层、隐藏层、输出层组成，每层神经元只与相邻层的神经元相连，接收上一层的输入，再将输出输送给下一层。同层和跨层的神经元之间没有连接，也不存在反馈连接（区别于循环神经网络中存在反馈连接）。

其中 x_1, x_2, x_3 为输入，$w_{11}^2, w_{12}^2, w_{13}^2$ 为一二层之间的权值，b_1, b_2 为偏置，z 表示输入的加权和，a_1^2, a_2^2, a_3^2 分别为第二层的输出。仍然以 f 代表激活函数。则有

$$a_1^2 = f(z_1^2) = f(w_{11}^2 x_1 + w_{12}^2 x_2 + w_{13}^2 x_3 + b_1) \quad (6\text{-}2)$$

$$a_2^2 = f(z_2^2) = f(w_{21}^2 x_1 + w_{22}^2 x_2 + w_{23}^2 x_3 + b_1) \quad (6\text{-}3)$$

$$a_3^2 = f(z_3^2) = f(w_{31}^2 x_1 + w_{32}^2 x_2 + w_{33}^2 x_3 + b_1) \quad (6\text{-}4)$$

则第三层输出 a_1^3 则有

$$a_1^3 = f(z_1^3) = f(w_{11}^3 a_1^2 + w_{12}^3 a_2^2 + w_{13}^3 a_3^2 + b_2) \quad (6\text{-}5)$$

以此类推，神经网络的层次较深时，假设第 $l-1$ 层有共有 m 个神经元，则对于第 l 层的第 j 个神经元有

$$a_j^l = f(z_j^l) = f\left(\sum_{i=0}^{m} w_{jk}^l a_k^{l-1} + b_j^l\right) \quad (6\text{-}6)$$

由上述推导过程可以看出，代数法的表述还是比较复杂的。如果使用矩阵法表示，过程会简洁的多。假设第 $l-1$ 层有 m 个神经元，第 l 层有 n 个神经元。则第 l 层的线性系数 w 组成了一个 $n \times m$ 的矩阵 $\boldsymbol{W}^l$，l 层的偏置组成了一个 $n \times 1$ 的矩阵 $\boldsymbol{B}^l$。$l-1$ 层的输出 a 组成了一个 $m \times 1$ 的向量 $\boldsymbol{A}^{l-1}$。

第 l 层的输出加权和组成一个 $n\times 1$ 的向量 Z^l，第 l 层的输出 a 组成一个 $n\times 1$ 的矩阵 A^l。则矩阵法表示如下：

$$A^l = f(Z^l) = f(W^l A^{l-1} + B^l) \tag{6-7}$$

综上，如图 6.4 所示，数据从输入层进入，逐层计算得到输出的过程，就是正向传播的过程。网络中的每个神经元之间的权重在第一次传播时会进行初始化，第一次传播后权重的值，会由反向传播调整。

6.2.2 反向调整

不管是前馈神经网络还是循环神经网络[1]，网络的结构都可以理解为一个复杂的函数，网络结构决定模型计算的方式，权值决定计算参数。输入经过网络的计算得到一个输出，我们期望网络输出可以正确表达输入，然而在实际过程中随机初始化的参数几乎不可能一次就正确表达输入，这就需要反向传播来进行参数的调整。

用一个代价函数（也叫损失函数）来表示模型实际输出和期望输出之间的误差。当误差达到最小时，即可得到模型理论上的最优参数（模型的参数是指权重和偏置）。那么如何获取误差值最小时模型对应的参数呢？将采取梯度下降算法来达到这个目的。

为了方便理解，用一个直观的方法来解释梯度下降算法。代价函数实际是一个复杂的函数，涉及的参数维度很高，这里假设代价函数只与两个参数有关。可视化损失函数，其形状如图 6.5 所示，类似一块崎岖的盆地。盆地有若干个低谷，目标是找到其中最低的地方，即损失函数的全局最小值。

那神经网络如何才能到达最低点呢？现在的情况是：四周大雾弥漫，也没有重力牵引我们向下掉落，这样看来，沿着最陡峭的方向向下走便是最好的判断准则了，只沿着海拔下降最快的路走，最后总能抵达最底端。神经网络对函数陡峭程度的认识，便是通过对函数求导获得的变化率。当得到代价函数梯度时，也就得知了当前所处位置最陡峭的方向。当然，在快接近最底端的时候，会选择减慢步伐，小心试探。因为很有可能因为步子太大，跨过了最低点。以上的过程中，神经元结点 i 到结点 j 连接的权重 w_{ji} 更新如下：

$$w_{ji}' = w_{ji} - \eta \nabla w_i \tag{6-8}$$

---

[1] 常用的深度学习网络类型之一。

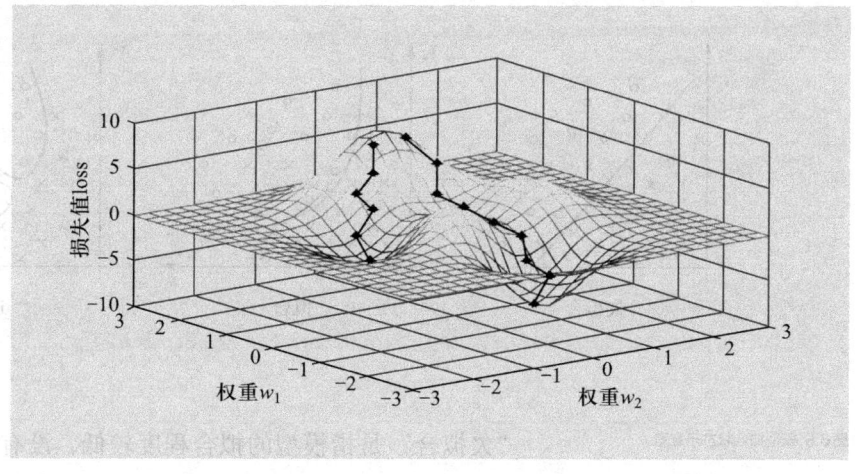

图6.5 梯度下降示意图

其中，η 为学习速率，是很小的常数，根据训练进度的变化可以进行调整。∇w_i 为 w_i 处的梯度，这里的梯度方向可以通过对函数链式求导得到，它始终指向函数值上升最快的方向。

式（6-8）即为梯度下降方法，通过它就可以更新所有连接的权值，实现反向调整的目的。

6.3 深度学习中的正则化

了解了深度学习的基本方法，对深度学习的整体工作原理就有了一个初步认识。下面再来介绍深度学习中的一个重要研究方向——正则化（regularization）。

由前面的介绍可知，反向调整的核心方法是要最小化损失值（loss），损失值最小时，即可认为参数最优。这个思路看上去没有问题，然而最小化损失值，只能得到模型最小的训练误差[①]（training error）。而训练模型的目的是想从训练数据上找到规律，将其应用到新的数据中去，即希望模型的泛化误差[②]（generalization error）也能很低。

根据模型在训练数据集和测试数据集上的表现，将模型的拟合程序分为三种——欠拟合状态、拟合状态、过拟合状态。这三种状态的模型分类效果如图6.6所示。

---

① 训练误差指模型在训练集上的误差。
② 泛化误差指模型在测试集上的误差，也被称作测试误差（test error）。

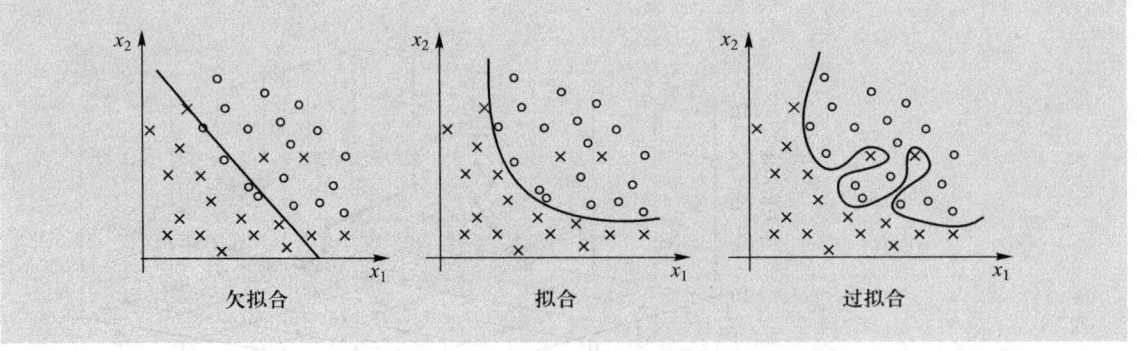

图6.6 模型拟合状态示意图

"欠拟合"是指模型的拟合程度较低，没有学习到数据间的通用规律。其典型表现为，模型的训练误差和测试误差都很大。欠拟合通常是由于模型过于简单，学习能力不足，无法学习复杂的规律导致的，适当增加模型复杂度即可解决模型欠拟合的问题。

"拟合"最易理解，训练模型的目的正是希望模型能够较好地拟合数据，拟合状态是模型训练的理想状态。其典型表现为，模型的训练误差和测试误差都很小。

"过拟合"是深度学习训练过程中最常见的问题之一，是指分类器过度严格地拟合了数据，反而使其失去了泛化（generalization）能力[①]。其典型表现是模型训练误差小，测试误差却较大。导致过拟合的原因主要为以下几点。

第一，训练数据有噪声[②]。噪声数据常指干扰数据或错误数据，用错误的数据训练模型，可能会使模型学习到错误的评判规律，使其在测试集上效果较差。

第二，训练数据较少。训练数据少，模型无法充分训练，易过度拟合符合这批数据的某些特征，而这些特征通常不具有代表性，所以模型在新的数据上效果不好。

第三，模型复杂度过高。深度学习模型通常为较复杂的模型，其复杂度越高，拟合能力越强。若模型完全拟合了训练数据，必定会拟合很多不必要的特征。且实际训练中，训练集常会夹杂着噪声数据，过度拟合会将噪声数据也拟合进去，造成图6.6所示的情况。

---

① 泛化能力是指机器学习中，模型对新鲜样本的适应能力。
② 训练数据有噪声是指，数据中存在一些干扰数据或者错误数据。例如狮虎分类中，出现狮虎兽，或者错分的其他物种，均为噪声数据。

避免过拟合是深度学习中重要的任务之一,将避免过拟合的一系列方法叫做"正则化"。下面介绍深度学习中常用的正则化方法。

6.3.1 参数惩罚

惩罚项(或者叫正则项),是正则化常用的策略之一,它通过在目标函数 J(即损失函数)上添加一个参数范数[①]惩罚项 $\Omega(w)$,来限制模型的学习能力。将正则化后的函数记为 J',则新的目标函数可以表示为:

$$J' = J + \alpha \Omega(w) \tag{6-9}$$

其中 α 是调节惩罚项大小的一个非负参数,当 α 为 0 是表示没有正则化,α 越大则惩罚越大。惩罚项 $\Omega(w)$ 为一个与参数向量相关的表达式。当最小化目标函数 J' 时,模型会在减小原本目标函数 J 的同时,受到正则化项 $\Omega(w)$ 的一些限制。

常用的参数惩罚正则化方法有三种,即 L0、L1、L2 正则化,在了解三种方法之前,需要先了解一下惩罚项是如何约束模型的拟合能力的,这里以拟合一个符合二次函数数据分布的任务为例。

如图 6.7 所示,假设不知道数据的真实分布规律符合二次函数分布,分别用一个二次函数 y_1 和一个更高次的多项式 y_2 去训练这批数据:

$$y_1 = w_0 + w_1 x_1 + w_2 x_2^2 \tag{6-10}$$

$$y_2 = w_0 + w_1 x + w_2 x^2 + w_3 x^3 + w_4 x^4 + \cdots + w_8 x^8 \tag{6-11}$$

两者均可拟合这批数据,但二次函数的拟合曲线具有更好的泛化能力,高次多项式的学习能力更强,反而过度拟合了训练数据。若能将高次多项式的参数 w_3、w_4 到 w_8 限制为 0,那就可以使用高次多项式,拟合符合二次函数数据分布的数据了。

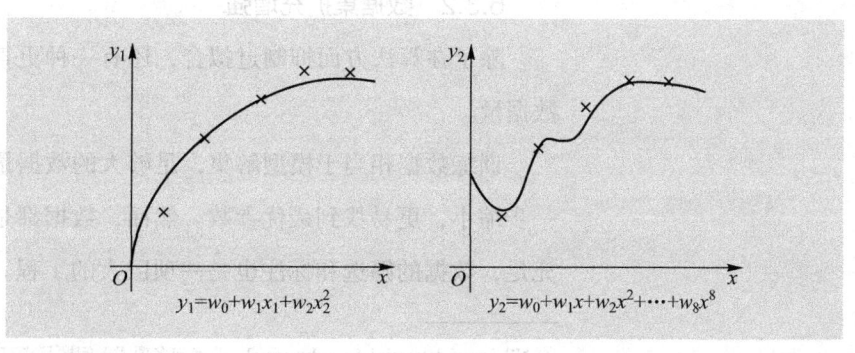

图 6.7 模型拟合状态示意图

[①] 范数是一种具有"长度"概念的函数,是矢量空间内的所有矢量赋予非零的正长度或大小。

但深度学习模型中，参数很多，若想直接限定某些参数为0，比较难以实现，所以采取一个更为宽松的限定。将非0的模型参数的个数控制在一个范围内，以此控制模型的学习能力。这种方法被称作L0范数惩罚，其中L0即为权值向量中非0元素的个数。若使用L0范数来规则化权值向量，就是希望权值向量中的大部分元素为0，从而抑制模型的学习能力。虽然L0范数可以很好地使权值向量实现参数稀疏（大部分元素为0），但由于NP问题[①]L0范数很难求解优化。

所以可以采用另一种更为宽松的限制——L1范数惩罚。L1范数也叫稀疏规则算子（lasso regularization），为权值向量中各元素绝对值之和。最小化L1范数可以将权值向量中某些元素的值推向0或限制的很小，同样能达到参数稀疏的目的。如式（6–12）所示，参数很小后，即使高次项系数不为0，也能很好地限制模型的学习能力：

$$y_2 = w_0 + w_1 x + w_2 x^2 + 0.0001 x^3 + 0.0001 x^4 + \cdots + 0.0001 x^8 \quad (6\text{–}12)$$

除了L1范数，还有一种使用更多的规则化范数——L2范数。L2范数也叫做权重衰减（weight decay）或者岭回归（ridge regression），是指向量中各元素的平方和的平方根。最小化L2范数，也可以使得向量中的每个元素都很小，达到限制模型学习能力的目的。

L1和L2范数惩罚均可用于防止模型过拟合。其中，L1范数趋于只留下少量的非0特征，这种稀疏性质使L1正则化被广泛用于"特征选择[②]（feature selection）"。而L2范数会留下更多的特征，每个特征的值会趋于0。实际使用中，L2范数在防止过拟合方面更具优势，被更多地作为规则化方法使用。

6.3.2 数据集扩充增强

除了在算法方面抑制过拟合，还有一种更直接的方法——加大训练数据量。

训练数据相当于模型解集，足够大的数据量可将模型的参数空间进一步缩小，更易找到最优参数。然而，数据都是有限的，即使原始数据充足，数据的筛选和标注也是一项巨大的工程。因此，可以采用某些简

---

① NP（non–deterministic polynomial，非确定多项式）问题是指存在于多项式算法能够解决的非确定性问题。有些问题，很难找到多项式时间的解法，或许寻找的解法根本就不存在。但若给出了该问题的一个解，则可以判断这个解是否正确。
② 特征选择的主要目的是要选择出有意义的特征，去除不相关或相关性小的特征。

单的方法，伪造一批"假数据"，将其添加到真数据中进行数据扩充。

此方法目前使用最多的，要属于图像分类领域。分类的目的是将形态各异的目标正确归于同一类中。若对原始数据进行一定程度的平移、拉伸、旋转、扭曲等操作，分类器理应也能够识别其类别。因此，可以利用上述图像分类的特性扩充原始图像数据集。这里需要注意的是，并非所有的图像分类数据都适合上述操作，如一些高度对称的对象"b"和"q"、"9"和"6"等，处理时，需注意其变换后的实际意义，勿将其变换为错误数据。

除图像处理方面，数据集的扩充和增强也被用于语音识别方面。在数据中随机加入一些噪声，也被看作数据增强的一种方式，这样训练所得模型有时会更加健壮，有更好的泛化能力。

6.3.3 Dropout

数据的扩充在某些领域使用效果显著，但并不是一个通用的方法，还有一种更为简单强大的正则化方法，叫做Dropout（也叫做"随机失活"）。简单来说Dropout是指训练模型过程中，通过采用某些策略，丢弃神经网络中部分连接的神经元，使得网络稀疏，避免了模型过拟合，如图6.8所示。Dropout的详细流程如下。

训练阶段，第一轮迭代时，模型以某个概率P从网络中选择一些神经元，除了选择的神经元，其余神经元将会被隐藏，隐藏的结点不参与本轮迭代，不将其计入输入，也不对其进行更新。在下轮迭代过程中，又隐藏另一批神经元进行训练，如此反复迭代，直至训练结束。

图6.8 Dropout示意图

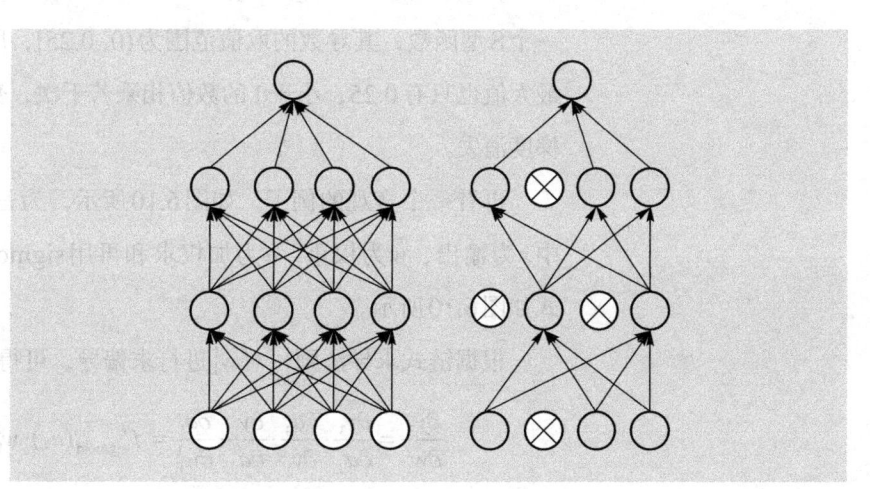

测试阶段，在训练时，每个神经元都以概率p被保留，即Dropout的概率为$1-p$。而在测试阶段，每个神经元都是存在的，但是考虑到某个神经元在使用Dropout前的输出是x，而Dropout后的期望值为$px+(1-p)0$，所以测试阶段的权重w要乘以概率p进行缩放，即为wp。

Dropout方法的整体计算比较简单，且效果明显，是深度学习中最常用的正则化方法之一。

6.4 深度学习中的优化

介绍完深度学习中的正则化，接着介绍深度学习中另一个重要的任务——优化。

深度学习中，参数的调整主要靠梯度下降，但其下降的过程并不是一帆风顺的。由于随机初始化的不同，下山的路径也不尽相同，也会面对很多不同的问题，包括梯度消失、局部最优等，所以需要通过一些技巧，使得梯度下降的过程更加顺利。

6.4.1 ReLU激活函数

深度学习中，网络的层数通常有很多，深度网络有时会出现梯度消失问题。早期的人工神经网络多使用sigmoid函数作为激活函数，在输入较小或较大的时候，函数会趋于平缓，梯度会趋近为0。随着反向传播即链式求导的回传，小的数值和小的数值相乘，梯度会更加趋于0。

如图6.9所示为sigmoid函数及其导数图，可以看到sigmoid函数为一个S型函数，其导数的取值范围为$(0, 0.25]$，所以sigmoid函数求导的最大值也只有0.25，小于1的数值相乘若干次，数值很容易趋于0，造成梯度消失。

再看一个直观的例子，如图6.10所示，为三层的前馈神经网络，其中x为输出，w为权重，a为加权求和再用sigmoid激活的函数。其表达式如图6.10所示。

根据链式求导法则，对w_1^1进行求偏导，可得如下结果：

$$\frac{\partial y_3}{\partial w_1^1} = \frac{\partial y_3}{\partial a_3} \cdot \frac{\partial a_3}{\partial y_1} \cdot \frac{\partial y_1}{\partial a_1} \cdot \frac{\partial a_1}{\partial w_1^1} = f'_{\text{sigmoid}}(a_3) \cdot w_1^2 \cdot f'_{\text{sigmoid}}(a_1) \cdot x_1^1 \quad (6-13)$$

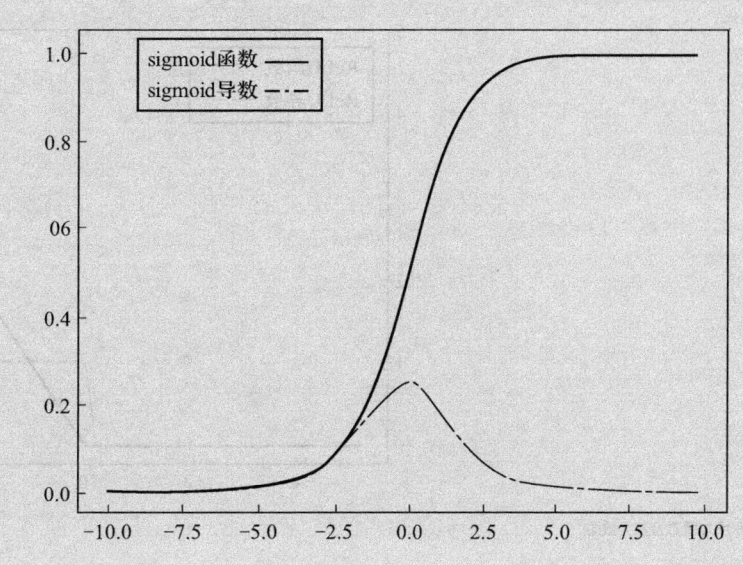

图6.9 sigmoid函数及其导数图

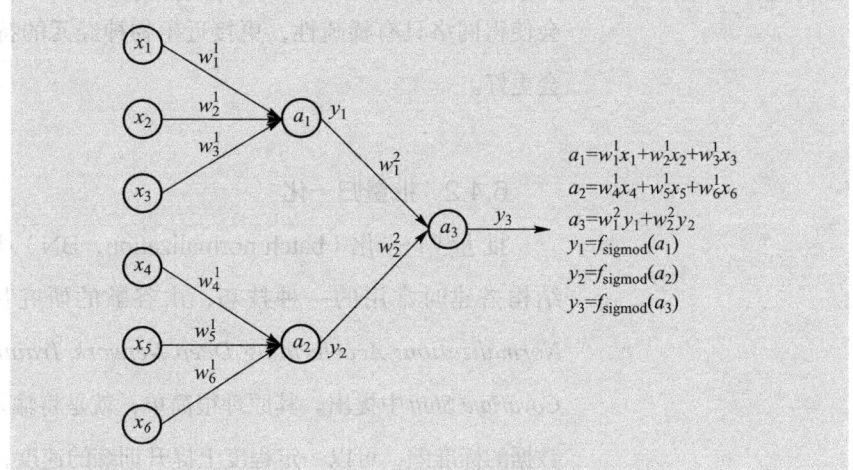

图6.10 三层前馈神经网络示意图

经过两层传播后，链式求导会叠加两个sigmoid导数，即使两个导数均取最大值0.25，那经过四次反向传播之后也只有0.0039，因此sigmoid函数导数的特性较容易造成梯度消失。

为了避免使用sigmoid函数导致梯度消失的现象，可以选择使用ReLU函数代替sigmoid函数。ReLU函数的公式如下：

$$\text{ReLU} = \begin{cases} x, & x \geq 0 \\ 0, & x < 0 \end{cases} \quad (6\text{-}14)$$

可以很容易发现，ReLU函数的导数均为常数，兴奋边界更加宽阔，不会像sigmoid函数那样出现两端饱和的情况。由图6.11可以看到ReLU函数在负半区的导数为0，所以在这部分的神经元不会经过训练，这样

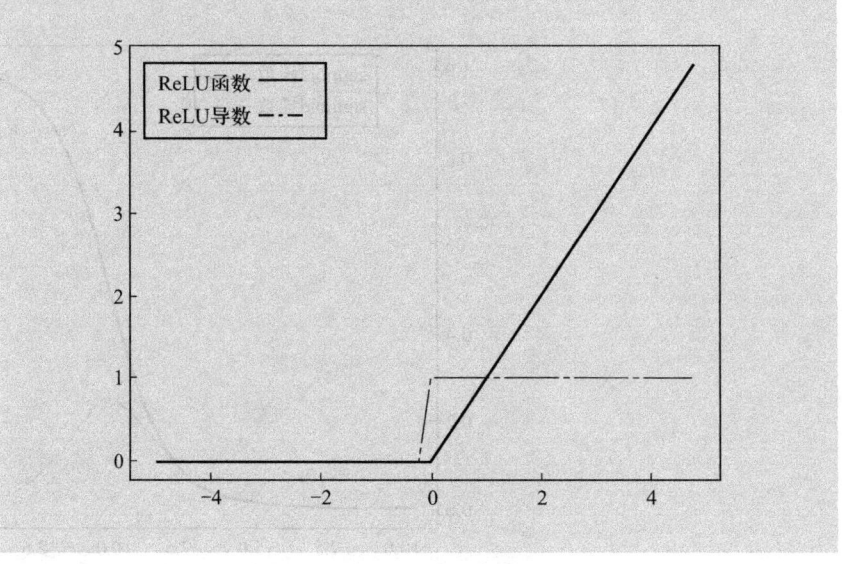

图6.11 ReLU函数及其导数图

会使得网络具有稀疏性，更接近生物神经元的特性，网络的泛化性能也会更好。

6.4.2 批量归一化

批量归一化（batch normalization，BN）是近期深度学习网络结构搭建时常用的一种技巧，由谷歌的研究员于2015年在论文 *Batch Normalization: Accelerating Deep Network Training by Reducing Internal Covariate Shift* 中提出。其原理很简单，就是将输入值减去其均值，再除以数据的标准差，可以一定程度上提升训练的速度，加快模型收敛。

在网络的训练过程中，网络每层参数的变化方向存在着一定的不可确定性，随着网络的加深，浅层参数微小的差异也会对深层网络产生较大的影响。所以网络需要不断地调整参数不断适应分布的变化，这导致网络的学习速度较慢。可以通过批量归一化令网络每层的数据分布都调整到均值为0、方差为1的标准正态分布，以此来提高网络收敛的速度。

神经网络的训练过程中，是以一个"batch"为单位输入网络进行训练的，对所有的数据进行归一化，计算开销很大，所以batch normalization算法（BN算法）使用小批量数据进行归一化处理，其处理过程如下。

假设现有小批量数据，共有 m 个激活值，为 $B = \{x_1, x_2, \cdots, x_m\}$。$\mu_B$

为输入的均值，如式（6-15）所示：

$$\mu_B = \frac{1}{m}\sum_{i=1}^{m} x_i \quad (6\text{-}15)$$

σ_B为输入的标准差，如式（6-16）所示，其中ε为一个很小的常数，用于防止$\sqrt{0}$的产生：

$$\sigma_B = \sqrt{\varepsilon + \frac{1}{m}\sum_{i=1}^{m}(x_i - \mu_B)^2} \quad (6\text{-}16)$$

则批量归一化后的数据为$\hat{x}_i$，如式（6-17）所示，符合一个均值为0、方差为1的正态分布。

$$\hat{x}_i = \frac{x_i - \mu_B}{\sigma_B} \quad (6\text{-}17)$$

使用归一化后，加快了此层参数的收敛，但也可能改变该层的表征能力，影响模型的整体效果。尤其是使用sigmoid函数时，使用BN算法会输入映射到sigmoid函数中间的线性区域，这样，深度网络的性能一定会有所下降。因此，BN引入了另外两个可学习参数——γ、β，用于调整归一化后的输出值，恢复模型的表征能力。其最终输出的值的表达式如式（6-18）所示：

$$y_i = \gamma \hat{x}_i + \beta = BN_{\gamma,\beta}(x_i) \quad (6\text{-}18)$$

极端情况下，若$\gamma = \sigma_B$，$\beta = \mu_B$，则激活值有可能被恢复成原始输入。

6.4.3 随机梯度下降

在反向传播过程中，梯度下降算法是一种最常用的目标优化算法，包括批量梯度下降（BGD）、随机梯度下降（SGD）、小批量梯度下降（MBGD）。

批量梯度下降（BGD）又叫标准梯度下降，它的思路是在每次参数更新时都使用所有的输入数据进行参数更新。使用全部的数据更容易获得全局最优解，但在数据量较大时，每更新一个参数就需要用到所有的训练样本，BGD的训练速度会随着数据量的增大变得很慢。

为了解决BGD的这一弊端，出现了随机梯度下降法（SGD）。SGD算是BGD的一个极端，每次更新参数，仅使用训练数据中的一条数据。数据量的减少会减少计算的时间，但这种随机性的"抽样训练"很容易受到噪声影响。由于训练只选择一个数据，很可能会选到噪声较大的数据,因此,SGD并不是每次都朝着最优的方向下降,训练的过程中会出现很多随机现象,容易陷入局部最优。

"大数据"训练太慢,"小数据"训练随机性强,为了避免这样的缺点,于是有了一种折中的方法——小批量梯度下降法(MBGD)。每次训练只使用一部分数据用于参数的更新,这样训练数据既能维持样本的多样性,又不会带来过多的计算量,即能加快参数的更新,又能避免噪声数据给训练带来危害。

6.4.4 动量法

随机下降算法中,下降的步长大小是由梯度乘以学习率得到的,当损失函数接近局部最优点,或者鞍点[①]时,如图6.12所示,梯度值变小,参数优化的过程就变得较慢。

动量法(momentum)是一个简单的优化算法,它模拟了物理学中动量的意义,梯度下降的过程可以看作一个小球从山顶往下滚,其目标是达到山谷的最低点。可以将梯度理解为力,推动小球下降,小球的下降过程中具有速度,因此还具有动量。梯度改变时,小球会进行加速或减速运动,当梯度消失时,小球仍具有速度。所以下降过程中遇到鞍点时,小球并不会停下,可以以一定速度越过鞍点,解决了SGD中的鞍点问题。

动量法的计算方式如下。

若从训练数据中随机抽取容量为m的样本$\{x_1, x_2, \cdots, x_m\}$,期望输出值为$y_i$,则当前采样数据的梯度值$\nabla w$的计算方法如下,其中$L(f(x_i, w_i), y_i)$为损失函数。

$$\nabla w = \frac{1}{m}\sum_{i=0}^{m}\frac{\partial L(f(x_i, w), y_i)}{\partial w} \qquad (6-19)$$

使用v表示速度,其计算方式如下,其中β为引入的超参数,η是学习率。

$$v' = \beta v - \eta \nabla w \qquad (6-20)$$

参数更新方式如下:

$$w' = w + v \qquad (6-21)$$

在实际模型训练过程中,动量法会对与上一次梯度下降方向一致的

---

① 鞍点(saddle point),指在一个方向是极大值,另一个方向是极小值的点。

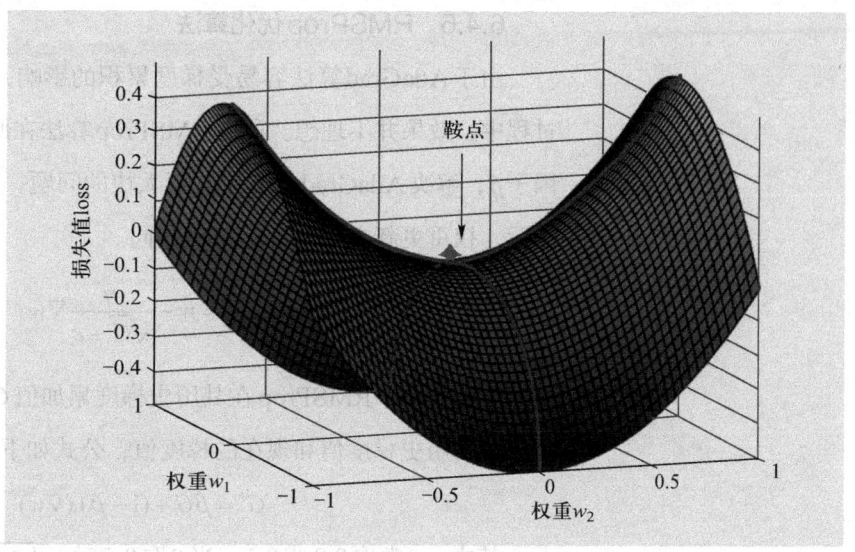

图6.12 鞍点示意图

参数进行增强,对与上次梯度不一致的参数进行削弱,因此在下降的过程中会有更少的振荡和更快的收敛速度。

6.4.5 AdaGrad优化算法

不管是随机梯度下降还是动量法,都是使用一个固定的学习率进行参数学习的,而在梯度下降的过程中,这种方法显然是不合理的。一般来说,越往后,参数的学习率应该更小,这样可以避免由于步长太大,参数在最优解附近来回振荡的情况。而AdaGrad算法则是一种看起来更合理的优化算法,它可以自动变更学习率,进行参数学习。它将每一维的历史梯度值的平方堆叠起来,更新时,除以该堆叠值。其更新公式如下:

$$w' = w - \frac{\eta}{\sqrt{G+\varepsilon}} \nabla w \quad (6\text{--}22)$$

其中ε是一个很小的常数,用于防止公式的数值溢出,η为基础学习率,∇w为梯度,G为历史梯度的累加值,计算公式如下:

$$G' = G + (\nabla w)^2 \quad (6\text{--}23)$$

在累积量G小于1,即梯度较为平缓的时候,放大学习率,有利于跳过鞍点;在G较大,即较为陡峭时,减小学习率,防止跳过最优解,或在"谷底"来回振荡。

可以看出AdaGrad最初的调节还是依赖于一个人工设置的基础学习率η,且在深度网络的后期,梯度容易被累积到一个较大的值,使得学习率越来越小,可能会导致网络训练提前结束。

6.4.6 RMSProp优化算法

由于AdaGrad算法容易受梯度累积的影响，在实际优化神经网络的过程中，效果并不理想。所以RMSProp算法在此基础上增加了一个衰减因子β，解决AdaGrad学习率降低太快的问题。其计算公式如式（6–24）所示，权重更新方式与AdaGrad相同。

$$w' = w - \frac{\eta}{\sqrt{G+\varepsilon}} \nabla w \tag{6-24}$$

不同的是，RMSProp在其历史梯度累加值G中，加入了衰减因子β，用于均衡历史梯度值和现在的梯度值，公式如下：

$$G' = \beta G + (1-\beta)(\nabla w)^2 \tag{6-25}$$

其中，β常取0.9或0.5，当β取0.5时，$\sqrt{G+\varepsilon}$的值，正好是历史梯度值的均方根（RMS）。

实际使用中，RMSProp算法适合处理非平稳目标，对RNN的处理效果很好，是深度学习中最常用的优化算法之一。

6.4.7 Adam优化算法

除了RMSProp算法，深度学习中还有一种更常用的优化算法——Adam优化算法。

Adam（adaptive moment estimation）算法，是一个带有动量项的算法，可以看作是"动量算法"和"RMSProp算法"的结合，是深度学习中整体效果较好的一种优化算法，其计算步骤如下。

与动量法相似，计算当前下降速度v，其中β为引入的超参数，∇w为梯度。

$$v = \beta_1 v + (1-\beta_1)\nabla w \tag{6-26}$$

与RMSProp算法相似，计算当前学习率r为

$$r = \beta_2 r + (1-\beta_2)\nabla w^2 \tag{6-27}$$

参数更新方式如式（6–28）所示，其中η是学习率，ε为防止数值溢出的很小的常数。

$$w' = w - \frac{\eta}{\sqrt{r+\varepsilon}} v \tag{6-28}$$

由于在参数刚开始更新时，v和r的值会接近0，所以v和r还需除以

衰减率的 t 次方，这里的 t 为训练迭代的次数，相关公式如下。

$$v_0 = \frac{v}{1-\beta_1^t} \quad (6\text{-}29)$$

$$r_0 = \frac{r}{1-\beta_2^t} \quad (6\text{-}30)$$

其中 β_1 常设为 0.9，β_2 设为 0.9999，所以在迭代次数增加后，$1-\beta_1^t$ 和 $1-\beta_2^t$ 会越来越接近 1，v_0 和 r_0 会恢复为 v 和 r。

实际使用中 Adam 收敛速度很快，学习更加有效，是一个非常好用的深度学习优化算法。

6.5 深度学习软硬件实现

了解了深度学习的基本流程及其优化算法，下面介绍实际应用中常用的两个深度学习框架和支撑深度学习的硬件平台。

6.5.1 Caffe

Caffe，全称是 Convolutional Architecture for Fast Feature Embedding，由加州大学伯克利分校的博士贾扬清开发，如图 6.13

图 6.13 Caffe 标志

所示。它是一个清晰、高效、开源的深度学习框架，是应用最广泛的深度学习框架之一，也是非常适合入门的深度学习框架。其特点如下。

（1）多语言：Caffe 框架主要基于 C++/CUDA，同时也支持命令行、Python 和 Matlab 接口。

（2）速度快：框架利用 MKL、OpenBLAS、cuBLAS 等矩阵运算库加速计算，同时支持 GPU 加速，运算速度很快。

（3）易上手：Caffe 的代码组织可读性强，功能模块化，套用已有的模型方便，且框架自身提供丰富的例程和脚本，入门者很容易参照例程，实现自己的深度学习应用。

（4）社区资源丰富：Caffe 社区资源丰富，有各种优秀的衍生项目，如检测框架 Faster R-CNN 系列、Caffe For Windows 等。

（5）主要支持CNN：虽然Caffe的优点很多，但其主要支持CNN，暂不支持RNN，更适合做图像处理相关任务。且模块化的代码使用简单，但灵活性上稍有欠缺，若需要定制个性化的功能，就需要解读源码。

6.5.2 TensorFlow

TensorFlow是谷歌公司在2015年推出的一个开源的深度学习系统。它是由谷歌公司在2011年推出的第一代人工智能学习系统DistBelief基础上发展而来的，如图6.14所示，其特点如下。

图6.14 TensorFlow图标

（1）灵活性强：TensorFlow并不是一个"严格"意义上的深度学习框架，它采用数据流图（data flow graphs）进行数值计算，具有高度的灵活性，只要能将计算表示为数据流图，均可使用TensorFlow。如图6.15所示为可视化的计算流图，结点（nodes）在图中表示为数学操作，线（edges）可以运输大小可变的多维数组，即张量（tensor）。

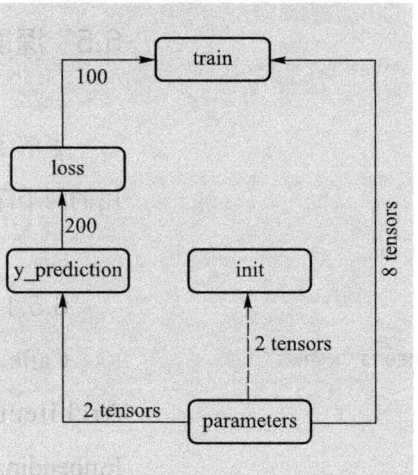

图6.15 TensorFlow计算流图

（2）真正的可移植性：和Caffe一样，TensorFlow也支持CPU和GPU两种模式的运行，并且具有真正的可移植性，可在台式机、服务器、手机等嵌入式设备上运行。

（3）自动求微分：基于梯度学习的机器学习算法使用TensorFlow，会得益于其自动求微分的能力。只需要定义好预测模型的结构，将这个结构和目标函数（objective function）结合在一起，并添加数据，TensorFlow将自动计算相关的微分导数。

（4）多语言支持：TensorFlow框架主要基于Python，但也提供C++使用界面和Ipython交互界面。

（5）可视化工具：TensorFlow提供一个强大的可视化工具——

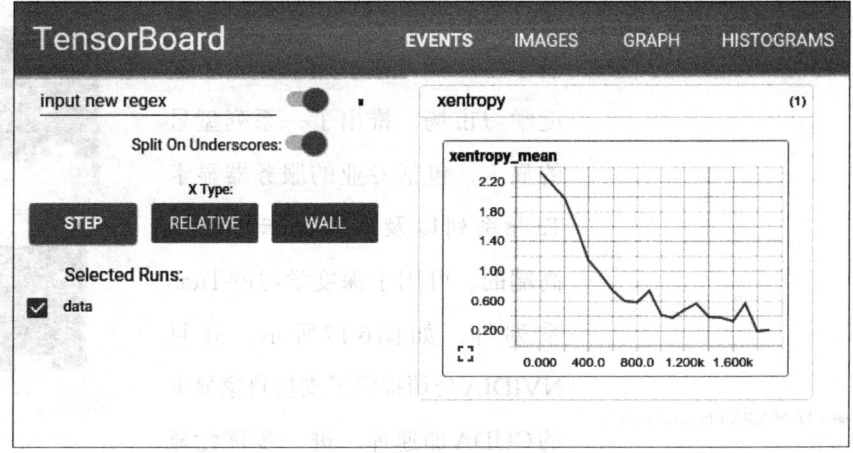

图6.16 TensorBoard部分功能

TensorBoard，方便对TensorFlow程序进行理解和调优。TensorBoard可以展示程序的计算流图、参数的分布和直方图以及loss和accuracy等指标的变化图，如图6.16所示。

（6）丰富的封装库支持：虽然使用TensorFlow的原生代码编程，需要了解TensorFlow的编写语法，不如Caffe易上手，但随着TensorFlow的发展，出现了一些基于TensorFlow的高级API，包括TFlearn、TF-Slim和现已集成到tf.contrib.learn的SkFlow等。这些库中封装了很多常用的模型或者模块，可以简单快捷的构建一个基于TensorFlow的深度学习应用，更利于非专业的人员使用。

6.5.3 硬件支撑

近几年深度学习的发展迅猛，一半得益于大数据时代带来的海量数据，另一半得益于硬件的发展，硬件的发展对深度学习的发展至关重要。

1. CPU+GPU的异构运算

现在大部分的深度学习框架都支持CPU和GPU模式，虽然两者均可使用，但是两者区别较大。

从设计目的来看，CPU针对的是通用处理，芯片中大部分面积用于复杂的控制流，只有少部分面积留给计算单元，所以CPU更擅长少量数据的快速处理。而GPU最初主要用于个人电脑或游戏机等设备的图像运算工作，它比CPU拥有更多的处理单元，且GPU芯片中很大一部分是用作计算而不是用作缓存，更适合密集高并行的计算。

目前，GPU的主流趋势是使用NVIDIA（英伟达）公司开发的GPU。

NVIDIA公司是一个有名的老牌显卡生产商，在早期就介入了深度学习市场，推出了一系列型号的显卡，包括专业的服务器显卡Tesla系列以及游戏显卡中较为高端的、可用于深度学习的Titan系列等，如图6.17所示，并且NVIDIA公司提供了支持自家显卡的CUDA加速库，进一步优化显卡的计算性能。其中几款较强的显卡，测评时的计算性能是Intel E5系列服务器CPU的10倍以上。当然，现在NVIDIA公司依然在不断推出更优质的显卡，用于深度学习。

图6.17 NVIDIA Titanx和Tesla GPU

虽然GPU在密集数据处理上有较大的优势，但并未完全取代CPU。大多数架构采用是CPU和GPU协调工作的方式。CPU在内存读取方面有优势，就让CPU负责串联处理。GPU在密集的浮点运算方面有优势，就让GPU负责并行运算。这种CPU和GPU协同计算的方式就是一种异构运算。

2. FPGA

CPU和GPU实际上都是冯·诺依曼结构，是一种将程序指令存储器和数据存储器合并在一起的存储器结构，执行任意指令需要由指令存储器、译码器、各种指令的运算器、分支跳转处理逻辑。假如想执行一个算法，由于在GPU中能执行的运算是固定的，如只支持加减乘除，那这个的算法就需要通过代码实现，无法直接通过GPU实现。那是不是可以去掉冯·诺依曼结构，提高处理速度呢？FPGA（field programmable gate array，可编程逻辑门阵列）就是采用了这样的方法。

FPGA是一种集成了大量的数字电路基本门电路以及存储器的芯片，用户可以通过在芯片中烧入配置文件，来定义门电路和存储器的连接方式。一个计算结果可以直接送到下一个单元执行，而不需要单元临时保存，所以响应速度很快。因此，FPGA在实现特定机器学习的硬件架构优化上比GPU更有优势。但从运行速度看，GPU（大于1GHz）相比FPGA（约100MHz）更有优势。所以比较两者性能，还是要看FPGA在架构优化的性能能否弥补其在运行速度的劣势。

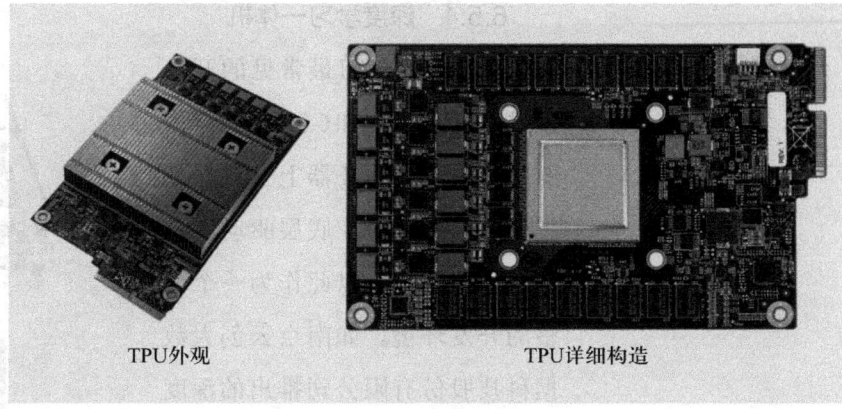

图6.18 谷歌公司的TPU

3. ASIC

除了上述两种架构外,深度学习的硬件实现方案还可以采取ASIC(application-specific integrated circuit,专用集成电路)方案。ASIC是一种为专门目的而设计的集成电路,其体积小、功耗低、性能优,各方面都很优秀。但其开发周期长,风险大,若芯片设计出现问题,成品就会全部报废,所以基本只有一些大公司才有能力做相关开发。

最有名的ASIC芯片是谷歌公司在2016年推出的深度学习芯片TPU(tensor processing unit),如图6.18所示,该芯片支持TensorFlow框架,可以让TensorFlow的指令在TPU上有更高的执行效率。在围棋机器人AlphaGo对战职业围棋手李世石的比赛中,谷歌正是使用了TPU作为AlphaGo的硬件支撑。

由于神经网络中通常并不需要32位或16位浮点数的计算精度,所以TPU适当降低了芯片的计算精度,减少运算需要的内存和计算资源,且使用这个方法后,模型的大小也会有所缩减。此外,TPU具有可编程性,使用复杂指令集(complex instruction set computer,CISC)代替大多数CPU使用的精简指令集(reduced instruction set computer,RISC)①,更有利于复杂的任务。在2017年谷歌公司公布的TPU论文[10]中指出,TPU比当时的GPU或CPU快15~30倍左右,性能功耗比高出约30~80倍。

---

① CISC和RISC计算机是当前CPU的两种架构。CISC通过设置一些功能复杂的指令,把一些原来由软件实现的、常用的功能改用硬件的指令系统实现,以此来提高计算机的执行速度。RISC尽量简化计算机指令功能,只保留那些功能简单、能在一个节拍内执行完成的指令,而把较复杂的功能用一段子程序来实现。

6.5.4 深度学习一体机

现在深度学习最常见的开发模式是使用GPU和CPU异构架构的服务器，在服务器上安装自己想要的操作系统、底层驱动以及深度学习框架，以此作为一个完整的开发环境。如南京云创大数据科技股份有限公司推出的深度学习一体机就是一个比较经典的深度学习开发平台。

其硬件架构如图6.19所示，左边为单个结点的示意图，配置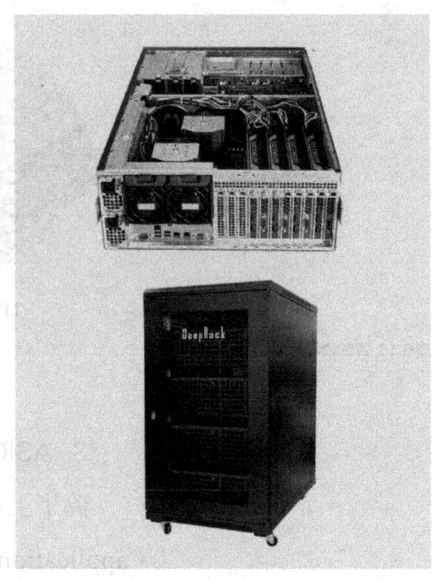

图6.19 云创深度学习一体机

了4~12块英伟达Tesla系列的GPU用于深度学习相关任务，可供4~12人同时使用。右侧为整个机柜的示意图，其中装配了4个结点，图6.19所示机器的配置可供16~64个人同时使用。

在硬件基础上，深度学习一体机增加了一个管理平台，用于快速搭建深度学习环境、合理分配机器资源。

首先，平台的管理员有账户创建和资源监控的权限，可合理地分配账号和资源，供不同用户使用。其账户管理界面如图6.20所示，可为用户分配不同的项目、组和角色，限制其权限和可用资源。

同时管理员可监控整个平台的资源使用情况，以便合理地分配机器的资源，如图6.21所示。

管理员分配了账号后，登录平台创建自己的深度学习环境，如图6.22所示。平台中提供了原始的系统镜像和一些安装好的深度学习框架镜像，如TensorFlow和Caffe的镜像。用户可以根据自己的需求，一键创建自己的环境（实例），创建时可选择配置（实例类型），每个用户之

图6.20 账户管理界面

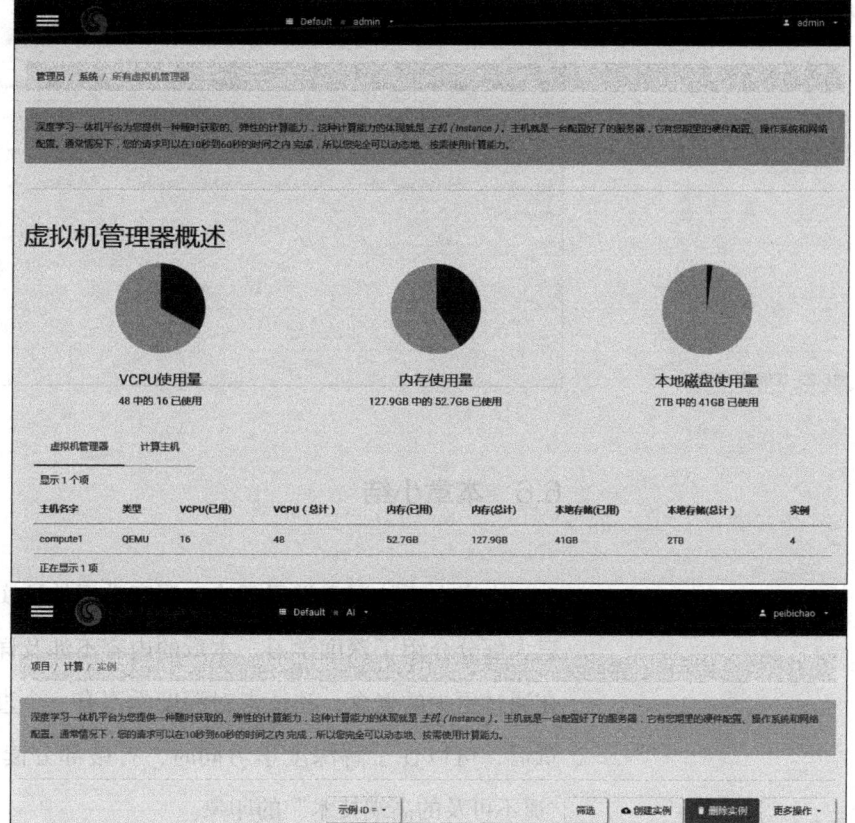

图6.21 资源监控界面

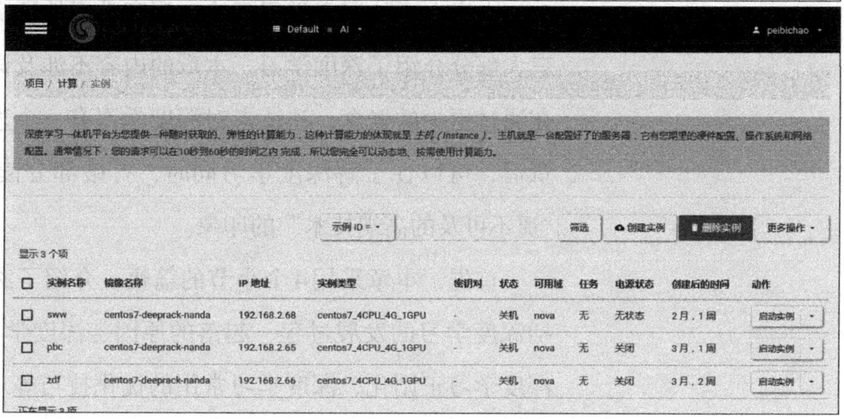

图6.22 深度学习环境创建界面

间创建的环境相互隔离，不会互相影响。创建完成后，平台会给出一个虚拟的 IP 地址，即为自己环境的地址。远程登录环境即可开启自己的深度学习旅程。

环境（实例）创建完后，平台还提供一系列的实例管理操作，可以重新编辑实例的信息、根据自己的需求灵活调整实例的资源大小、将当前的环境保存为镜像方便环境恢复等。即使由于操作不当将环境破坏，也可销毁实例，重新创建一个干净的环境。实例操作界面如图6.23所示。

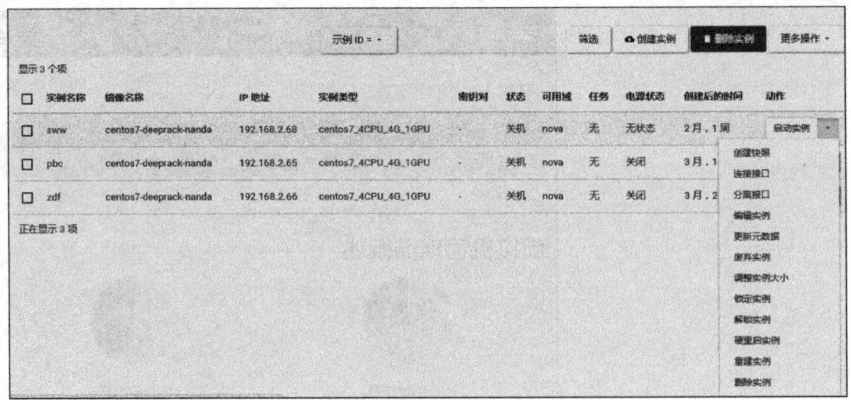

图6.23 实例操作界面

6.6 本章小结

本章主要从深度学习理论、深度学习软硬实现、深度学习相关实例三大部分介绍了深度学习。本章的内容不涉及详细的深度学习算法,旨在通过更少的概念,让读者对深度学习有一个直观的理解。希望阅读此章后,可以在了解深度学习同时,打破部分读者认为深度学习是一门"遥不可及的高端技术"的印象。

首先,本章采用4个小节的篇幅,介绍了深度学习的相关理论,包括深度学习的发展过程、起落的原因、深度学习模型训练的基本过程、深度学习正则化、深度学习常用的优化技巧等。先介绍这些内容是为了让读者对深度学习有一个整体的认知,对深度学习概念、整体流程、优化技巧有一个初步了解。

接着,本章最后一个小节,介绍了深度学习在软硬件上的实现方法。软件实现方面介绍了两个常用的深度学习框架——Caffe和TensorFlow;硬件实现方面,介绍了CPU、GPU、FPGA、ASIC这几种硬件架构。软硬件的介绍,是对深度学习如何实现的进一步认知,让深度学习不再是一个浮于理论的概念。

特别提醒,在本书的附录部分,还介绍了一个简单的算法在TensorFlow框架上的代码实现,更直观地展示了深度学习相关算法的实现细节。

习题

1. 简述从感知器到深度学习网络的发展过程。
2. 简述反向传播算法的流程。
3. 简述文章提到的几种优化算法及其特点。
4. 简述Caffe和TensorFlow框架各自的特点。
5. 简述深度学习的几种硬件实现方式，及其优缺点和使用的场合。
6. 了解TensorFlow实现手写字体识别的流程，按照本章例程，实现MNIST手写字体识别案例。

参考文献

[1] FITCH F B, MCCULLOCH W S, PITTS W. A logical calculus of the ideas immanent in nervous activity.[J]. Journal of Symbolic Logic, 1944, 9(2):49–50.

[2] MINSKY M, PAPERT S. Perceptrons: An Introduction to Computational Geometry[M]. Cambridge: the MIT press,1987.

[3] RUMELHART D E, HINTON G E, WILLIAMS R J. Learning representations by back-propagating errors[M]// Neurocomputing: foundations of research. Cambridge MIT Press, 1988:533–536.

[4] HINTON G, OSINDERO S, WELLING M, et al. Unsupervised Discovery of Nonlinear Structure Using Contrastive Backpropagation[J]. Cognitive Science, 2006, 30(4): 725.

[5] KRIZHEVSKY A, SUTSKEVER I, HINTON G E. ImageNet classification with deep convolutional neural networks[C]// International Conference on Neural Information Processing Systems. New York: Curran Associates Inc. ,2012:1097–1105.

[6] ZEILER M D, FERGUS R. Visualizing and Understanding Convolutional Networks[J]. Computer Science, 2013, 8689:818–833.

[7] SZEGEDY C, LIU W, JIA Y, et al. Going deeper with convolutions[C]//proceedings of 2015 IEEE Conference on Computer Vision and Pattern Recognition Washington PC:IEEE press, 2015:1–9.

[8] SIMONYAN K, ZISSERMAN A. Very Deep Convolutional Networks for Large-Scale Image Recognition[J]. Computer Science, 2014.

[9] HE K, ZHANG X, REN S, et al. Deep Residual Learning for Image Recognition[C]// proceedings of 2016 IEEE Conference on Computer Vision and Pattern Recognition.washington DC:

IEEE press, 2016:770-778.

[10] JOUPPI N P, YOUNG C, PATIL N, et al. In-Datacenter Performance Analysis of a Tensor Processing Unit[J]. Computer Science, 2017:1-12.

第7章 卷积神经网络

或许你很喜欢摄影，拿着相机，对着大自然的山山水水、花花草草、鸟兽鱼虫拍个不停。于是，相册里有了无数照片。过后再翻看这些照片时，很多细节可能记不得了，这个可爱的动物名字叫什么，那朵漂亮的鲜花品种又是什么。这时你可能会有这样的需求，要是电脑（智能手机）能自动识别这些物体就好了。

本章主要讲解卷积神经网络，它被广泛应用于物体的分类（即识图认物），它在图像识别、语音识别等领域有很多成功的应用案例。卷积神经网络是一种前馈人工神经网络，是典型的深度学习网络之一。本章首先讲解卷积的含义、卷积神经网络的网络结构层次，然后对经典的卷积神经网络（如LeNet-5、AlexNet等）进行讨论。

7.1 基于手工特征的图像分类

7.1.1 "指鹿为马"的尴尬

在《史记·秦始皇本纪》记载了这么一个故事：赵高欲为乱，恐群臣不听，乃先设验，持鹿献于二世，曰："马也。"二世笑曰："丞相误邪？谓鹿为马。"问左右，左右或默，或言马以阿顺赵高，或言鹿者。

故事大意说的是，赵高想要叛乱，恐怕各位大臣不听从他，就先设下圈套来试探。于是带来一只鹿献给秦王二世（胡亥），说："这是一匹马。"二世笑着说："丞相错了吧？你把鹿说成是马。"问身边的大臣，左右大臣有的沉默，有的故意迎合赵高说是马，有的说是鹿，如图7.1所示。

现在，不从历史的角度来评价"指鹿为马"主角的是非功过。如果从现代学术角度来看，是鹿还是马，这实际上是个模式识别问题。类似于穿越小说《寻秦记》的常见场景，如果能穿越到两千多年前的秦朝，给秦二世带去一个宝物，可以不受人为因素影响而辨别动物种类，那么这个最佳宝物可能就是下面即将介绍的基于"卷积神经网络"的分类器。

7.1.2 计算机"视界"中的图像

为了区分不同事物，需要找到这些事物的独有特点来刻画它们，称之为特征（feature）。例如，鹿有长长的犄角，马有较高的四肢等。特征是分类器乃至人工智能系统非常重要的概念。对同类的事物（如花），也可以找到不同的特征来区分亚种。

以鸢尾花数据集为例，该数据集合最初是埃德加·安德森（Edgar

图7.1 赵高的"指鹿为马"

Anderson)从加拿大加斯帕半岛上的鸢尾属花朵中提取的地理变异数据。其数据集包含了150个样本,属于鸢尾属下的三个亚属,分别是山鸢尾(Iris setosa)、变色鸢尾(Iris versicolor)和弗吉尼亚鸢尾(Iris virginica),如图7.2所示。

鸢尾数据集合使用四个特征作为样本的定量分析,它们分别是花萼长度(sepal_length)、花萼宽度(sepal_width)、花瓣的长度(petal_width)和花瓣的宽度(petal_width)。这个数据集一共有150个样本数据,读者可以在UCI(加州大学-埃文分校)的机器学习库中下载这个数据集。

通过测量,可以得到上述数值特征,多个特征拼接在一起(如[5.0,3.6,1.4,0.2]),就形成特征向量。然后将这些特征向量输入到训练好的分类器中,经过计算,分类器就可以给出某朵鸢尾花的亚种。

当然,也可以遵循类似的流程,设计一个图片分类系统。对于图片而言,就没有这么明显的特征来使用了。如果想达到分类目的,计算机系统必须解决如何提取特征、使用哪些特征来输入给分类器。

在解决这些问题之前,先从计算机的视角来"审视"这些图片是什么?如果将图片不断放大,就可以看到它是由很多小格子构成,每个格子都是一个色块,称之为像素(pixel)。通常用大小不同的数字来表示像素大小,像素的行和列就构成了像素矩阵。像素矩阵行和列的大小,就是图像的分辨率(resolution)。

如果图片是灰度图,只需要一个这样的矩阵即可。矩阵中的每个数字的取值范围为[0,255]。0表示最暗的黑色,255表示最亮的白色,其他介于0和255的整数,则表示不同明暗程度的灰色。

图7.2 鸢尾花卉的三个亚种

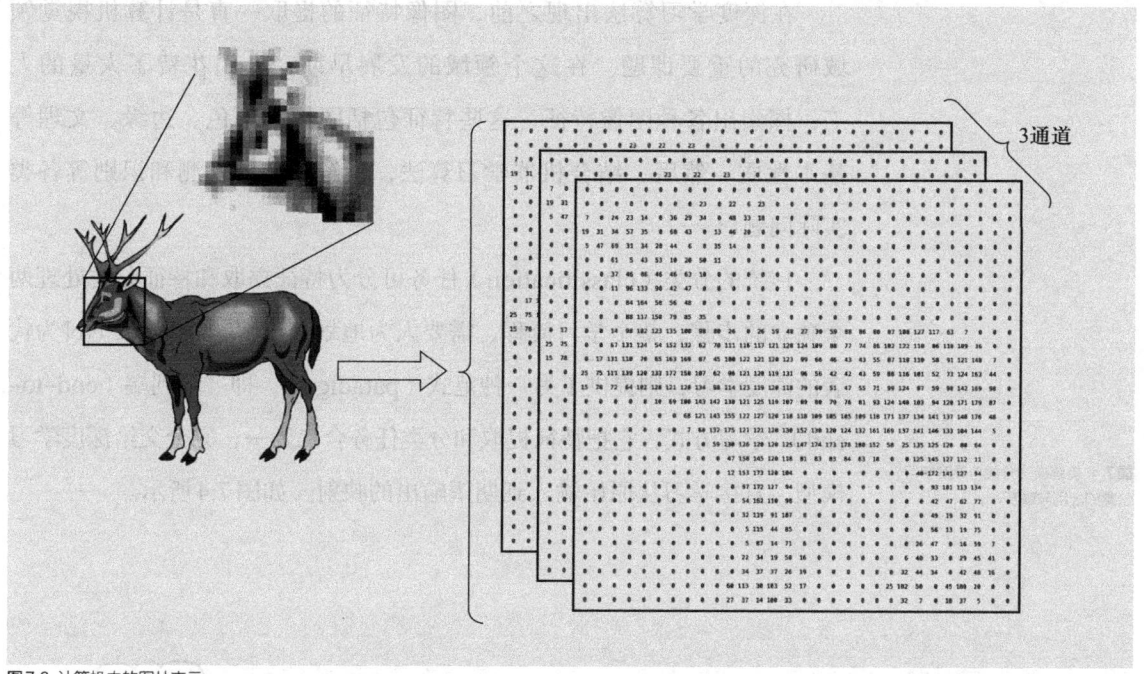

图7.3 计算机内的图片表示

如果是图片是彩色图，则用RGB（即红、绿和蓝）三个矩阵实施叠加，如（135，206，255）表示天蓝色。每个这样的矩阵称之为通道，灰度图为单通道，彩色图为3通道。在数学上，把这样的3通道数据矩阵称为三阶张量（tensor）。张量的长度和宽度分别为图像的分辨率（即行数和列数），通道数称为高度（此处为3）[1]，如图7.3所示。

现在知道了，人们看到的一幅幅绚丽多彩的图片，对于计算机来说，就是一张张这样的数字矩阵。

那问题是，为了识别图像中的物体，如何从图像中提取特征呢？对

---

[1] 更广义来看，标量（如数值，1、2.3、100等单个数值）称为零阶张量，向量（如 [1,3,5,7]）称为1阶张量，矩阵称为2阶张量，以此类推。

于人类而言，这个过程非常简单，通过长期的进化，人们看到图片，大脑就自动提取很多用以识别类别的特征。但对于计算机而言，如果从一系列的数字矩阵提取特征，并不是一件简单的事情。既然在计算机的"视界"里，图像是数字矩阵，那么提取图像的特征，实际上就是对矩阵的运算，其中非常重要的一种运算就是卷积。它正是本章后续部分讲解的重点。

7.1.3　深度学习的"端到端"

在深度学习算法出现之前，图像特征的提取一直是计算机视觉领域研究的重要课题。在这个领域的发展早期，人们花费了大量的人工，探索出各种图像特征，这些特征包括图像的颜色、边缘、文理等基本性质。然后，结合机器学习算法，能解决物体检测和识别等各类实际问题[1]。

传统的分类（classification）任务可分为特征提取和特征分类处理两个独立的步骤，整个学习流程，需要人为地划分子问题。而以CNN为代表的深度学习，则提供了另一种范式（paradigm），即"端到端（end-to-end）"学习方式，它把特征提取和分类任务合二为一，完全交给深度学习模型，直接学习从原始输入到期望输出的映射，如图7.4所示。

图7.4　传统模式分类与深度学习分类的区别与联系

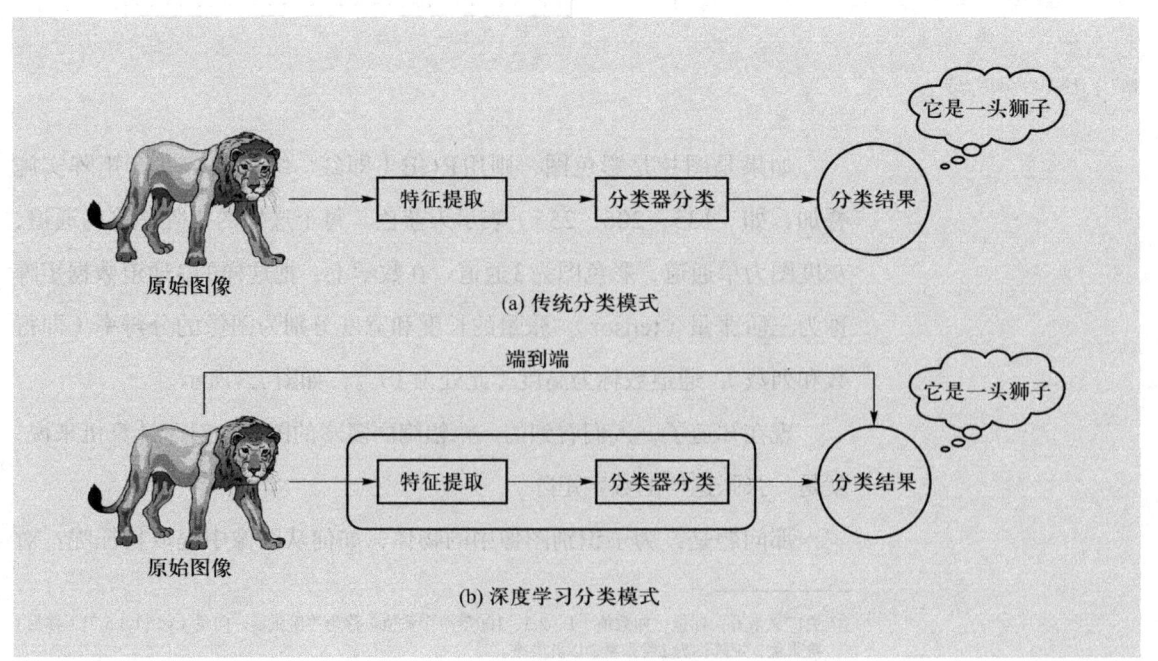

这里"end-to-end"（端到端）说的是，输入的是原始数据（始端），然后输出的直接就是最终目标（终端）。整个学习流程并不进行人为的子问题划分，而是完全交给深度学习模型直接学习从原始输入到期望输出的映射。比如说，"end-to-end"的自动驾驶系统，输入的是前置摄像头的视频信号（其实也就是像素），而输出的直接就是控制车辆行驶的指令（方向盘的旋转角度）。这个端到端的映射就是：像素→指令。"端到端"的设计范式，实际上体现了深度学习作为复杂系统的整体性特征。

7.2 卷积神经网络的发展历程

卷积神经网络（convolutional neural network，CNN）是深度学习的代表性网络之一。下面先简单回顾一下它的发展历程。

7.2.1 神经生物学家的发现

卷积神经网络的工作机理，受益于脑科学的发展。1968年，神经生物学家大卫·休伯尔（David Hunter Hubel）与托斯坦·威泽尔（Torsten N. Wiesel）在研究动物的视觉信息处理机制时，有了两个重要而有趣的发现[2]。

（1）对于视觉的编码，动物大脑皮层的神经元存在局部感受域（localized receptive field），也就是说，它们是局部敏感的且具有方向选择性。

（2）动物大脑皮层是分级、分层处理的。在大脑的初级视觉皮层中存在三类细胞：简单细胞（simple cell）、复杂细胞（complex cell）和超复杂细胞（hyper-complex cell），这些不同类型的细胞承担不同抽象层次的视觉感知功能（如图7.5所示）。

这种由简单到复杂、由低级到高级的逐级抽象过程，在生活中，也有非常鲜活的例子。例如，学习一门外语（以英语为例），通过字母的组合，可以得到单词；通过单词的组合，可以得到句子；然后再通过对句子的分析，了解到语义；最后，通过语义分析，可以获得句子表达的思想。

休伯尔和威泽尔等人的研究表明，不同功能的大脑细胞对外部世界的特征有着完全差异性的局部敏感性。有些细胞对运动数据敏感但对色彩不敏感，它能识别可视域中的运动物体但却选择性地忽略色彩的差别，而有些则相反。

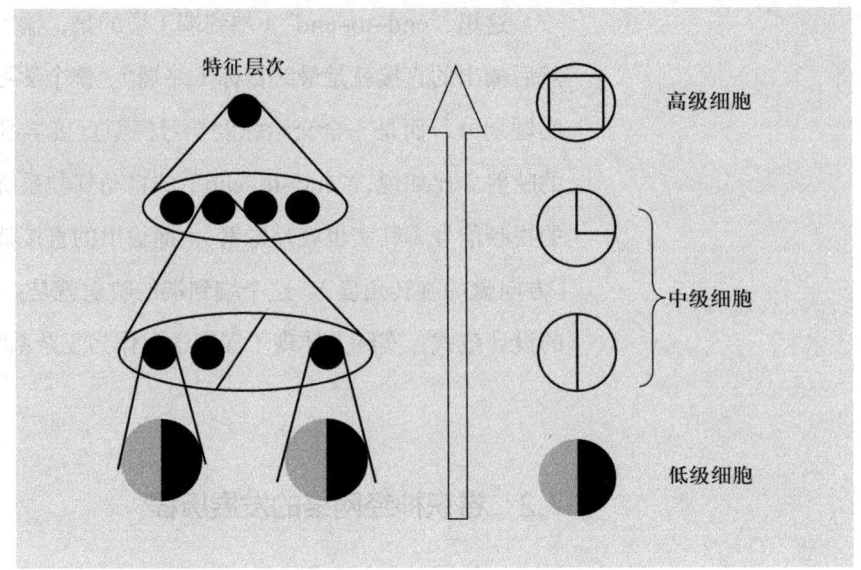

图7.5 由低级特征向上抽象形成高级特征

这个研究成果意义重大。它对人工智能的启发意义在于,人工神经网络的设计,一是可以分层完成,二是不必考虑使用神经元的"全连接"模式(即局部连接即可)。如此一来,就可以大大降低神经网络的复杂性。

7.2.2 卷积网络的提出

借鉴休伯尔等人提出的视觉可视区(visual area)分层和高级区关联等理念,1980年日本学者福岛邦彦(Fukushima)模拟生物视觉系统,提出了一种层级化的多层人工神经网络,即"神经认知机"(neocognitron,亦译作"新识别机")模型[3],这是一个使用无监督学习训练的神经网络模型,它也是卷积神经网络的雏形。在福岛邦彦的神经认知模型中,有两种最重要的组成单元:"S型细胞"和"C型细胞",这两类细胞交替叠加在一起,构成了神经认知网络。其中,"S型细胞"用于抽取局部特征(local feature),"C型细胞"则用于抽象和容错。不难发现这与现代卷积神经网络中的卷积层(convolution layer)和池化层(pooling Layer),在功能上可一一对应。

自此之后,很多计算机科学家先后对"神经认知机"做了深入研究和改进,但效果不尽人意。直到1990年,在AT&T贝尔实验室工作的扬·勒丘恩(Yann LeCun)等人,把有监督的反向传播(BP)算法应用于福岛邦彦等人提出的架构,从而奠定了现代CNN的结构[4]。

基于CNN的工作原理,在手写邮政编码的识别问题上,勒丘恩等人把错误率降低到5%左右。相对成熟的理论加之成功的应用案例，卷积神经网络吸引了学术界和产业界的广泛关注[5]。

但人们很快发现，CNN通常只能用于小于7层的浅层网络结构。这是因为CNN基于反向传播（BP）算法，而BP算法存在严重的梯度消失问题。而且当CNN网络做大之后，大量网络的参数更新，没有相应的计算能力与之匹配。

与此同时，20世纪90年代，瓦普内克（Vapnik）提出了支持向量机（support vector machine，SVM）。SVM不仅算法高效，而且还不存在局部最优解的问题，因此，使得很多CNN的研究者，逐渐转到SVM的研究上来。因此，CNN的研究再次受到冷落。

7.2.3 卷积神经网络的发展动力

那为什么30年前提出的CNN，现在突然又以深度学习的面目重新火爆起来了呢？对于深度学习，著名深度学习学者吴恩达（Andrew Ng）有个形象的比喻，他说，深度学习就犹如发射火箭。倘若想让火箭成功发射，需要依靠两样重要的基础设施：一是发动机，二是燃料。而对深度学习而言，它的发动机就是"大计算"，它的燃料就是"大数据"。

在30年前，勒丘恩等人虽然提出了CNN，但其性能严重受限于当时的大环境：既没有大规模的训练数据，也没有跟得上的计算能力，这导致了当时CNN网络的训练过于耗时，且识别性能不高。而现在，这两个制约CNN应用与发展的瓶颈得以大大缓解。因此，在此背景下，深度卷积神经网络（deep convolutional neural networks，DCNN）的研究再次火爆起来就顺理成章了。

7.3 卷积的本质

说到卷积神经网络，它最核心概念可能莫过于"什么是卷积"，它是图像特征提取的核心运算。下面来讨论这个问题。

7.3.1 什么是卷积

Convolutional（卷积）源自拉丁文convolvere，其含义就是"卷在一起（roll together）"。从数学概念讲，所谓卷积，就是一个函数和另一个函数在某个维度上的"叠加累计"作用。这里的"叠加"通常是一种"点积"，记作"*"。这里的"累计"，对于连续函数而言，表示"积分"，对于离散信号而言，表示"求和"。如图7.6所示，在图中函数f和函数g是卷积对象，图7.6（a）~图7.6（d）分布为函数g在x轴滑动时的卷积，阴影部分为卷积的结果。

卷积的概念比较抽象，难以理解。为了便于理解这个概念，可以借助现实生活中的案例来辅助说明这个概念。例如，在一根铁丝某处不停地弯曲，假设发热函数是$f(t)$，散热函数是$g(t)$，此时此刻的温度就是$f(t)$跟$g(t)$的卷积。在一个特定环境下，发声体的声源函数是$f(t)$，该环境下对声源的反射效应函数是$g(t)$，那么这个环境下的接收到的声音就是$f(t)$和$g(t)$的卷积。

其实，记忆也可视为一种卷积的结果[6]。假设认知函数是$f(t)$，它代表对已有事物的理解和消化，遗忘函数是$g(t)$，那么人脑中记忆函数$h(t)$

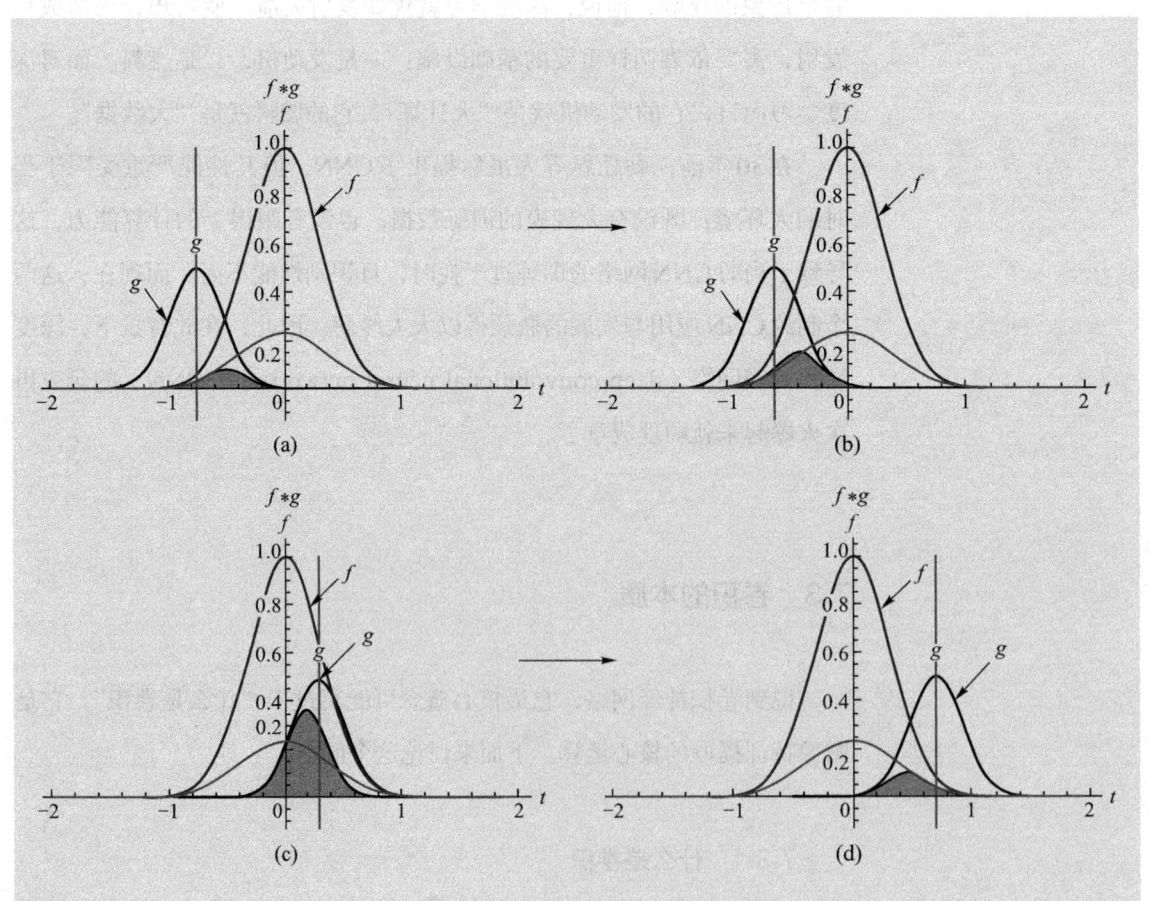

图7.6 卷积示意图

就是函数是 $f(t)$ 跟 $g(t)$ 的卷积，如式（7-1）所示。

$$h_{记忆}(t) = f_{认知}(t) * g_{遗忘}(t)$$
$$= \int_{0}^{+\infty} f_{认知}(t) * g_{遗忘}(t-\tau)\,\mathrm{d}\tau \quad (7\text{-}1)$$

其中，星号"*"表示卷积。式（7-1）所示的操作，被称为连续域上的卷积操作。更一般地，这种操作通常也被简单记为如下公式。

$$s(t) = f(t) * g(t) \quad (7\text{-}2)$$

在式（7-2）中，通常把函数 f 称为输入函数，g 称为滤波器或卷积核（kernel），这两个函数的叠加结果称为特征图或特征图谱（feature map）。

在理论上，输入函数可以是连续的，因此通过积分可以得到一个连续的卷积。但实际上，在计算机处理场景下，它难以处理连续（模拟）信号。因此，需要把连续函数离散化。

卷积运算在图像处理等领域有着广泛的应用。以图像处理为例，它的作用就是对原始图像或 CNN 上一层的特征进行变换，也就是特征抽取。这就是为什么卷积之后的结果，被称之为"特征图谱"的原因。

7.3.2 什么是卷积核

在卷积神经网络中，通常利用一个局部区域（用数学描述就是一个小矩阵）去扫描整张图像，在这个局部区域作用下，图像中的所有像素点，会被线性变换组合，形成下一层的神经元结点。这个局部区域称为卷积核。

为了理解卷积核的概念，可以设想这样一个场景：假设 E 是一名谍报人员，他发现了一个重要情报，但却无法脱身，于是他用一种隐形墨水，把情报信息写入一张很大的油画里，然后托人带给上司 F。F 利用自己手中特制的方形光源手电筒，油画的左上角开始，从左到右、从上到下，逐行扫描油画。于是，油画上的秘密逐渐展开。

事实上，上面的场景就是一个比喻。油画就好比要识别的对象，而特制的手电筒就好比是卷积核（kernel），也被称为"滤波器（filter）"。手电筒照过的区域称为感受域，而逐渐被解密的情报，就好比特征图谱（feature map）。

7.3.3 卷积运算

下面用更为浅显易懂的示意图来说明卷积运算的过程。先从一维向量来说明这个过程[7]。

两个向量的卷积结果仍然是一个向量，它的计算过程如图7.7所示。首先将两个向量的首元素对齐，并截取长向量的多余部分，然后做这两个维度相同元素的向量内积运算。例如，一开始时，向量（1，2，3）和临时向量（4，5，6）做点积：$1\times4+2\times5+3\times6=32$，这样就得到了结果向量的第一个元素32，如图7.7（a）所示。然后重复"滑动－截取－计算内积"这个流程，直到短向量和长向量最后一个元素对齐位置，如图7.7（c）所示。综合看来，上述例子中的卷积运算可以描述为：（1，2，3）*（4，5，6，7，8）=（32，38，44）。其中，（32，38，44）就是计算出来的特征图。

很显然，特征图向量（32，38，44）的长度（为3）要比长向量（4，5，6，7，8）的长度（为5）要短。有时候，希望得到的特征图向量和长向量等长，这时，可以把长向量（4，5，6，7，8）左右两边都扩充一个0，得到一个更长的向量（0，4，5，6，7，8，0），然后重复图7.7所示的流程，就会得到一个长度和原始长向量等长的结果向量（即特征图长度也为5）。这个过程并不复杂，读者可自行推算一番。这种左右两侧都扩充一个0的操作，称为"补零（Zero padding）"，在后面的章节里，还会提及到。

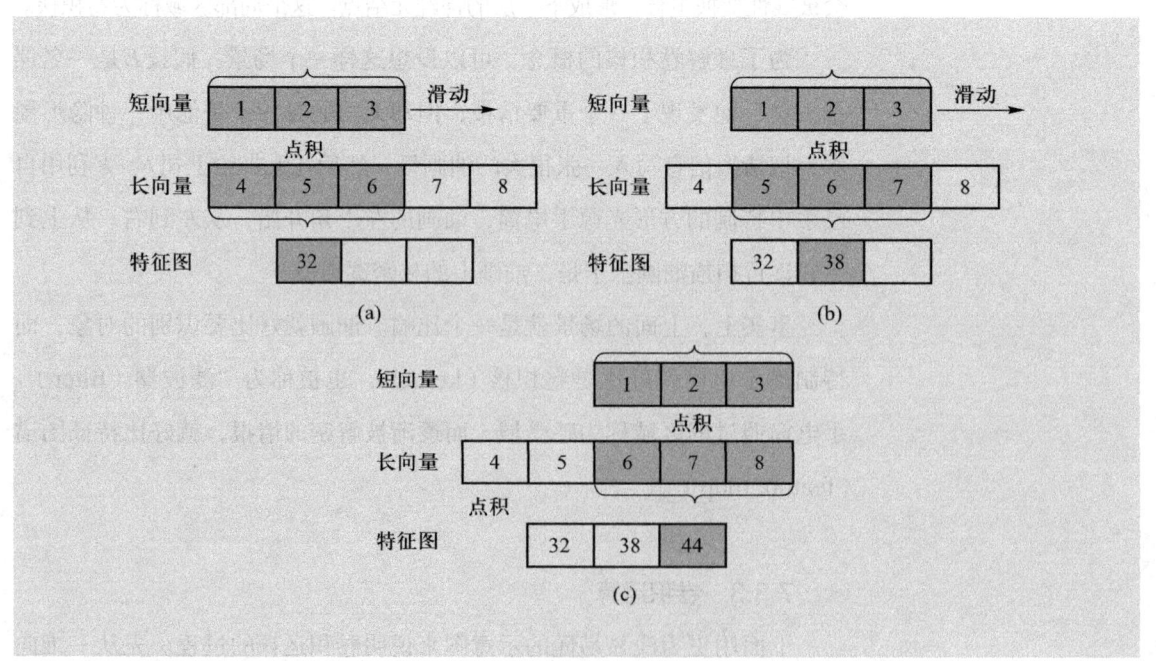

图7.7 向量的卷积

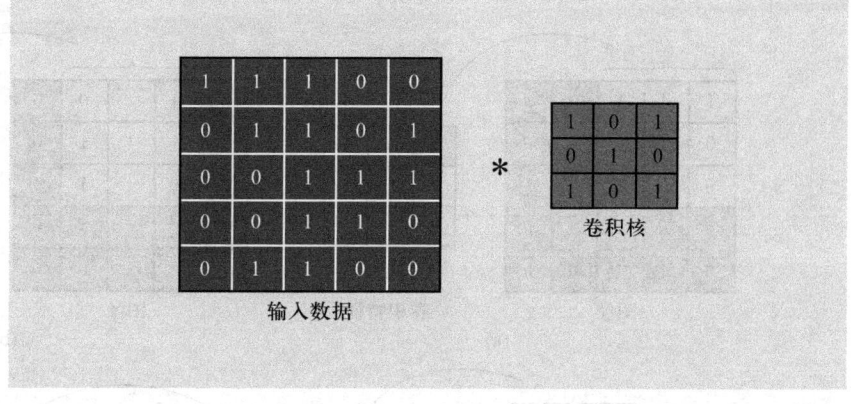

图7.8 简化版本的图像矩阵和卷积核

前面讨论了一维向量的卷积,二维向量(即矩阵)的卷积又是怎样处理的呢?它和一维向量的卷积具有类似性。如前所述,每张图片都可视为是像素值的矩阵。对于灰度图像而言,像素值的范围是0~255,为了简单起见,考虑一个给定5×5的图像,它的像素值仅为或0或1。类似地,卷积核是一个3×3的矩阵(其中的值也是或0或1),如图7.8所示。

下面介绍卷积计算是怎么完成的。用卷积核矩阵在原始图像(图7.8左子图)上从左到右、从上到下滑动,每次滑动s个像素,滑动的距离s称为"步幅(stride)"。在每个位置上,可以计算出两个矩阵间的相应元素乘积,并把"点乘"结果之和,存储在输出矩阵(即卷积特征)中的每一个单元格中,这样就得到了特征图谱(或称为卷积特征)矩阵。

图7.9(a)中卷积特征矩阵的第一个元素"4"的计算过程是这样的:$(1×1+1×0+1×1)+(0×0+1×1+1×0)+(0×1+0×0+1×1)=2+1+1=4$。乘号(×)前面的元素来自于原始图像数据,乘号后面的元素来自卷积核,它们之间做点乘运算,就得到了所谓的卷积特征。不同于向量的卷积,只需要沿着一个方向滑动,矩阵(二维向量)在做卷积时,需要朝着横向和纵向两个维度滑动。其他方格(如图7.9(b)、(c)和(d)所示)的卷积特征值的求解方式都是类似的,这里不再赘述。

上面的过程描述起来比较抽象,下面用真实的图像和两个特定的卷积核做卷积,得到特定的特征图谱,以让读者有个感性认识,如图7.10所示。从图7.10中的变化可以看出,卷积操作之后,得到一幅新图像,有时候它比原图更清楚地表达了某种性质,因此可以把新图当作原图的一个特征。如图7.10第一行,通过边界检测核与原始图片进行卷积,就提取了图像的边缘特征。第二行,通过锐化核与原始图片进行卷积,补

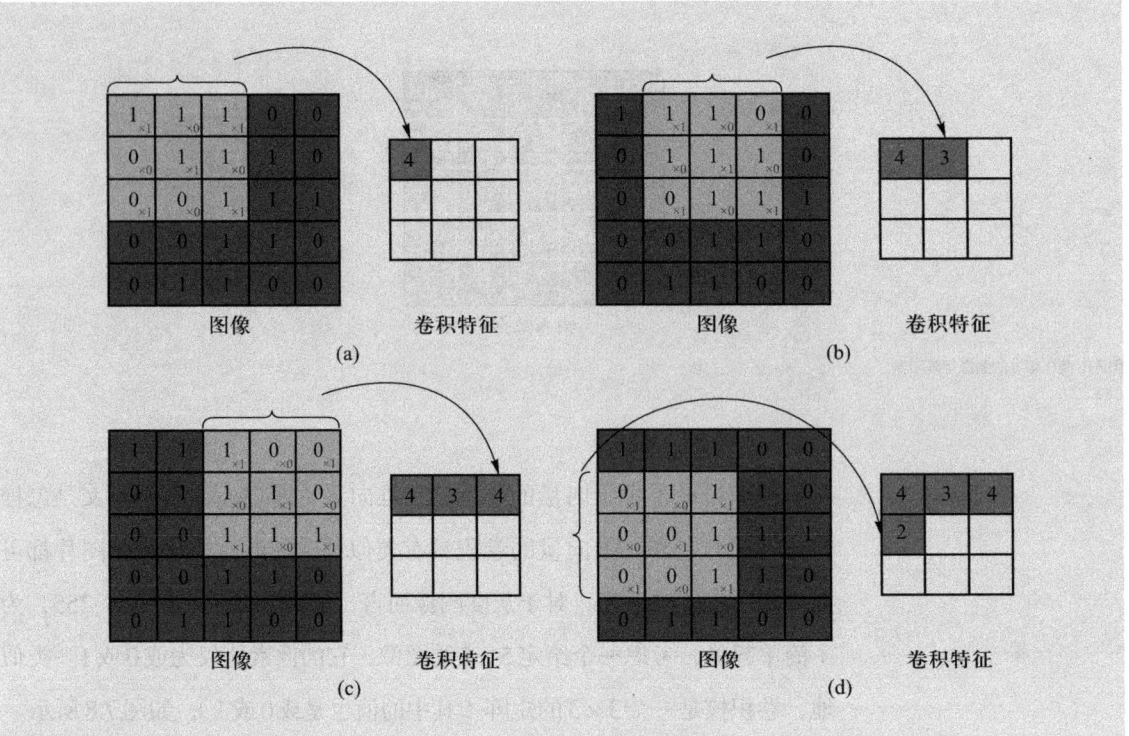

图7.9 二维向量（矩阵）卷积的实现过程

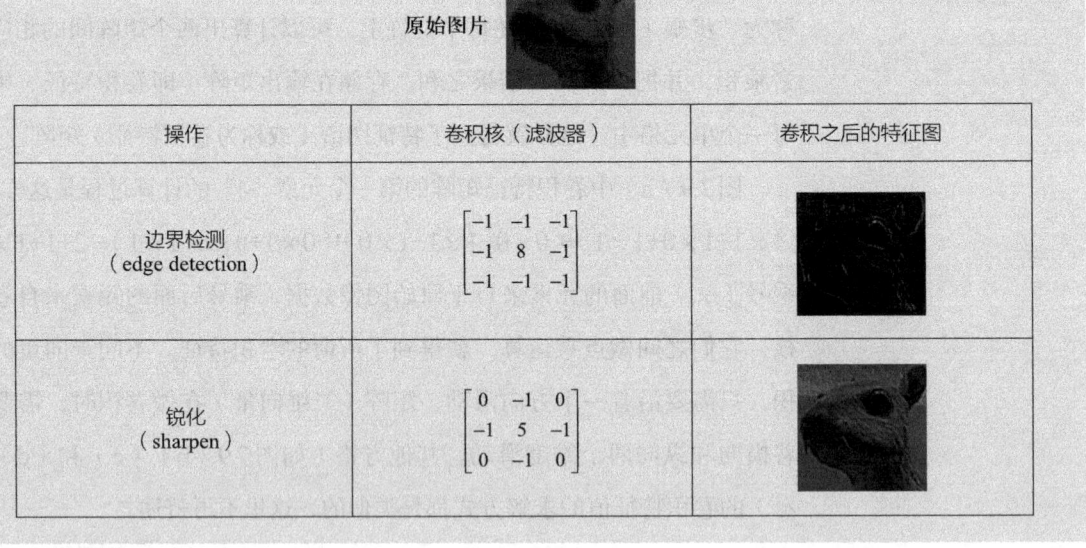

图7.10 原始图像与特定卷积核之间的卷积运算结果

偿图像的轮廓，增强图像的边缘及灰度跳变的部分，使图像变得清晰。

需要说明的是，图像矩阵中的元素值都是介于 0～255 的整数，但卷积核可以是任意实数，图7.10 所示的卷积核（元素值都是整数）仅仅是特例而已。

7.4 卷积神经网络的结构

上面已经讨论了卷积的概念，它嵌入到卷积神经网络中，发挥了重要的作用。但光有卷积操作层，CNN 还不能发挥显著功效，它还需要其他层来辅助完成部分操作。下面先介绍卷积神经网络中的几个重要结构，如图 7.11 所示。

在不考虑输入层的情况下，一个典型的卷积神经网络通常由若干个卷积层（convolutional layer）、激活层（activation layer）、池化层（pooling layer）及全连接层（fully connected layer）组成。下面先简单地介绍其功能，后文会逐个进行详细介绍。

- 卷积层：这是卷积神经网络的核心所在。在卷积层，通过实现"局部感知"和"参数共享"这两个设计理念，可达到两个重要的目的：降维处理和提取特征。
- 非线性激活层：其作用在于将前一层的线性输出，通过非线性的激活函数进行处理，这样用以模拟任意函数，从而增强网络的表征能力。
- 池化层：亦有文献称为子采样层或下采样层（subsampling layer）。简单来说，"采样"就意味着降低数据规模。

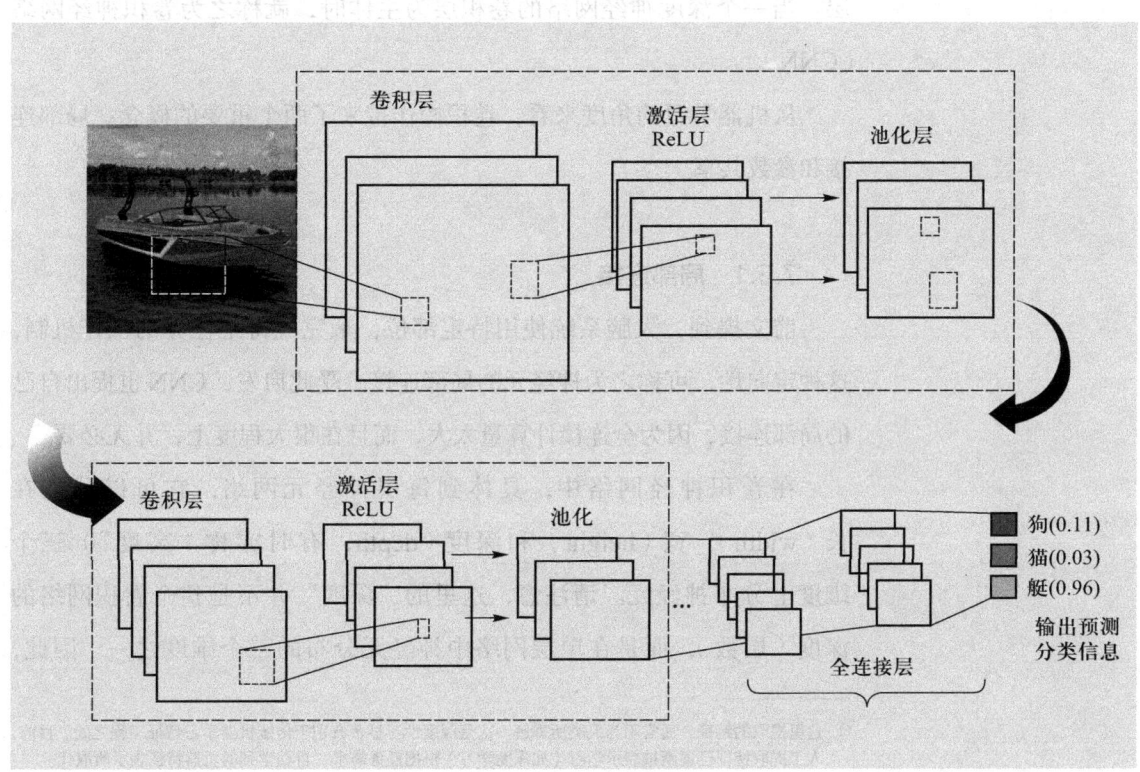

图 7.11 典型卷积神经网络的结构

- 全连接层：这个网络层相当于多层感知器（multi-layer perceptron，MLP）。在整个卷积神经网络中起到分类器的作用。

如果说卷积层、池化层和激活层等的操作，是将原始数据映射到隐层特征空间的话，那么全连接层的作用是，将学习得到的"分布式特征表达"重新映射回样本标记空间[8]。

上述模型完成了一个end-to-end（端到端）的设计架构，可直接用于训练和分类，但在人们的认知上，特征提取和分类依然是分开的。也就是说，卷积层、池化层和激活层主要用于特征提取①，全连接层用于分类。

事实上，还可以根据不同的业务需求，构建出不同拓扑结构的卷积神经网络。例如，可以先由 m 个 $(m \geq 1)$ 卷积层和激活层叠加，然后（可选）进行一次池化操作，再不断重复这个结构（即包括卷积层、激活层和池化层） n 次 $(n \geq 1)$，最后叠加 k 个全连接层 $(k \geq 1)$。

7.5 卷积层

卷积层是深度神经网络在图像处理时，十分常见的一种数据加工层。当一个深度神经网络的卷积层为主体时，就称之为卷积神经网络（CNN）。

从机器学习的角度来看，卷积操作带来了两个重要的概念：局部连接和参数共享。

7.5.1 局部连接

前文提到，大脑系统使用特定部位，来完成特定任务的工作机制，这种定向性，可称之为神经元的局部连接。受此启发，CNN也提出自己的局部连接，因为全连接计算量太大，而且在很大程度上，并无必要。

在卷积神经网络中，具体到每层神经元网络，它可以分别在长（width）、宽（height）和深度（depth，有时亦称"高度"）三个维度上分布神经元。请注意，这里的"深度"并不是整个卷积网络的深度（层数），而是在单层网络中神经元分布的三个维度之一。因此，

---

① 这里提取的特征，通常不为人类所理解。这是深度学习显著有别于传统机器学习特征工程之处。目前，人工提取特征已逐渐被表示学习（如深度学习）根据任务需求，自动学到的机器特征表示所取代。

width×height×depth 就是单层神经元的总个数。举例来说，每一幅 CIFAR-10 图像都是 32×32×3 的 RGB 图（分别代表长、宽和高 3 色通道）。也就是说，在设计输入层时，共有 32×32×3 = 3072 个神经元。

对于隐层的某个神经元，如果按全连接前馈网络中的设计模式，它不得不和前一层的神经元（3072）全部都保持连接，也就是说每个隐层神经元需要有 3072 个权值。如果隐藏层的神经元也比较多，那么整个网络的权值总数是巨大的。

但现在不同了，通过局部连接（local connectivity），对于卷积神经网络而言，隐藏层的某个神经元仅仅需要与前层部分区域相连接。这个局部连接区域有个特别的名称叫"感知域（receptive field）"，其大小等同于卷积核的大小（比如说 5×5×3）。

对于隐藏层的某一个神经元，它的前向连接个数是由全连接的 32×32×3 个，减少到稀疏连接的 5×5×3 个。连接的数量要比原来的稀疏得多。因此，局部连接也被称为"稀疏连接（sparse connectivity）"。

需要注意的是，这里的稀疏连接，是指卷积核的感知域（5×5）相对于原始图像的高度和宽度（32×32）而言的，但卷积核的深度（depth）需要与原始数据保持一致，否则难以保证数学运算的可行性。

而卷积核的深度实际上就是卷积核的个数。对于本例而言，为简单起见，如果只在红色、蓝色和绿色三个通道提取特征，那么此时的卷积核深度就是 3。

7.5.2 卷积层的核心参数

前面讲解了局部连接的原理，接着来讨论一下决定卷积层设计的 4 个参数，它们分别是：卷积核的大小、深度、步幅及补零。其中，卷积核的大小（通常多是 3×3 或 5×5 的方矩阵）已经在前文做了讨论，下面仅仅对另外三个结构进行说明。

7.5.2.1 卷积核的深度

卷积核的深度（depth），对应的是卷积核的个数。每个卷积核都只能提取输入数据的部分特征。显然，在大部分场景下，单个卷积核提取的特征是不充分的。这时，就需要添加多个卷积核来提取多维度的特征。每一个卷积核与原始输入数据执行卷积操作，会得到一个卷积特征，这样的多个特征汇集在一起，称为特征图谱。

事实上，每个卷积核提取的特征都有各自的侧重点。因此，通常说来，多个卷积核的叠加效果要比单个卷积核的分类效果好得多。例如，在2012年的ImageNet竞赛中，Hinton和他的学生Krizhevsky构造了第一个"大型的深度卷积神经网络"，也即现在众所周知的AlexNet取得突破发展，成为第一个应用深度神经网络的应用，在这个夺得冠军的算法中，就使用了96个卷积核。

7.5.2.2 步幅

步幅指的是在输入矩阵上滑动滤波矩阵的像素单元个数。设步幅大小为S，当S为1时，每次移动滤波器一个像素的位置。其实在前文的图7.9中，已经说明了步幅为1的卷积情况。当S为2时，每次移动滤波器会跳过2个像素。S越大，将会得到越小的特征图。以一维向量为例，当卷积核为（1，0，-1），步幅S分别为1和2时，图7.12显示了卷积层的神经元分布情况。

7.5.2.3 填充

在某些场景下，卷积核的大小不一定刚好被输入数据矩阵的维度大

图7.12 当步幅S为1和2时，输入层和卷积层的神经元空间分布

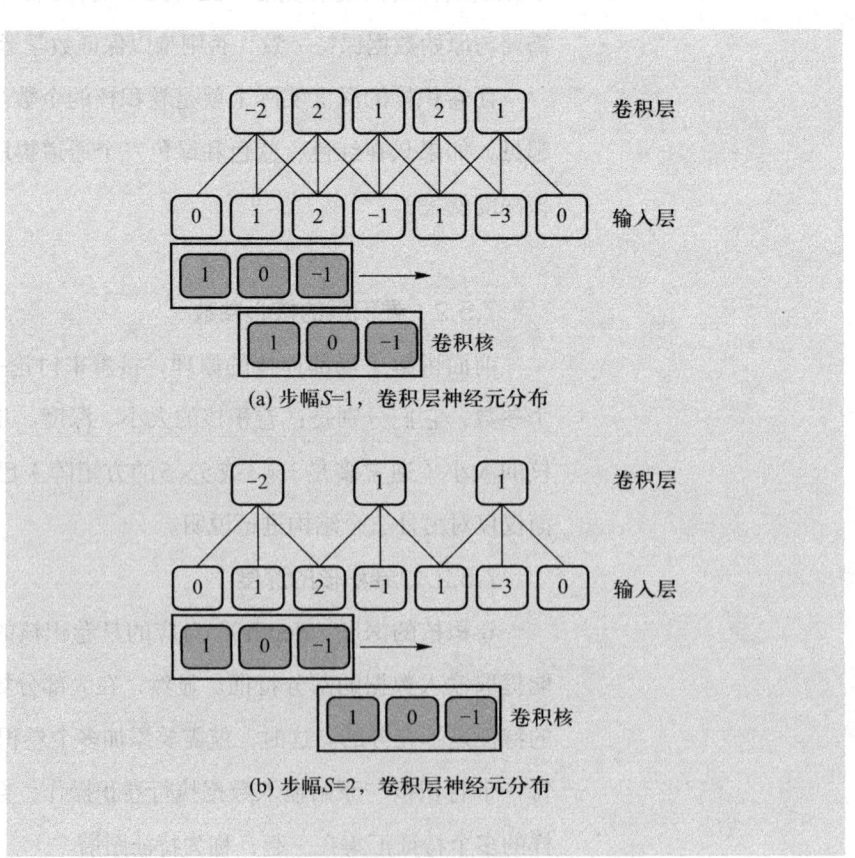

小整除[①]。因此，就会出现卷积核不能完全覆盖边界元素的情况，这时，边界元素无法参与卷积运算。

此时，该如何处理这种情况呢？通常由两种处理方式。第一种叫"valid padding（有效填充）"。在这种策略下，直接忽略无法计算的边缘单元，实际上就是padding = 0，不填充。在步幅$S = 1$时，图像的输入和输出维度关系如式（7-4）所示。

$$H_{out} = H_{in} - H_{kernel} + 1$$
$$W_{out} = W_{in} - W_{kernel} + 1$$
（7-3）

这里，H_{in}和H_{out}分别表示图像的输入和输出高度（height），H_{kernel}表示卷积核的高度。类似地，W_{in}和W_{out}分别表示图像的输入和输出宽度（width），W_{kernel}表示卷积核的宽度。

例如，对于一个800×600像素的图片，用3×3的卷积核来卷积，利用式（7-3），很容易计算出，卷积核可以有效处理的图片范围为798×598。也就是说，原图的上下左右均减少一个像素。

在"valid padding（有效填充）"中，每次卷积核所处理的图像的确都是"有效的"，但原图也被迫做了"裁剪"——变小了。这种策略犹如削足而适履，所以还有第二类常用的填充方式。

第二种处理方式叫"same padding（等大填充）"。在这种处理模式下，在输入矩阵的周围填充若干圈"合适的值"，使得在输入矩阵的边界处的大小刚好和卷积核大小匹配。这样一来，输入数据中的每个像素都可以参与卷积运算，从而可以保证输出图片与原图保持大小一致（这也是"same padding"名称的由来）。

这里的"合适的值"，有两类。第一类是填充最邻近边缘的像素值，即"就近取材"，重复利用，或者认为图片无限循环的，用镜像翻转图片作为填充值。第二类更简单，直接填充为0，称为零值填充（zeropadding）。这样的填充，相当于对输入图像矩阵的边缘进行了一次滤波。

下面举例说明这个概念。假设步幅S的大小为2，为了简单起见，假设输入数据为**一维向量**[0, 1, 2, -1, 1, -3]，卷积核也是1维矩阵[1, 0, -1]，在移动两次后，此时输入矩阵边界多余一个"-3"，如图7.13（a）所

[①] 与是否整除相比，使用padding更重要的好处在于，它有可能使得卷积前后的图像尺寸保持相同，可以保持边界的信息。换句话说，如果没有padding策略，边界元素与卷积核卷积的次数，可能会少于非边界元素。

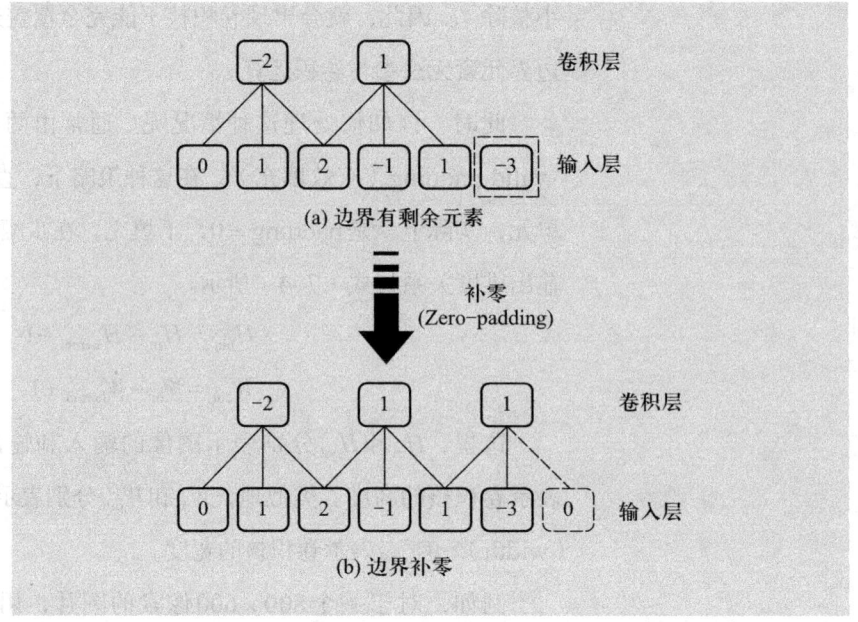

图7.13 在输入矩阵边界处补零

示。此时，便可以在输入矩阵填入额外的0元素，使得输入矩阵变成 [0, 1, 2, -1, 1, -3, 0]，这样一来，所有数据都能得到处理。

7.5.3 权值共享

卷积层设计的另一个核心概念是权值共享（shared weights）。实际上，这些权值就是相邻两层不同神经元之间的连接参数，所以有时候，也将权值共享称为参数共享（parameter sharing）。

为什么要实现权值共享机制呢？其实也是无奈之举。前文提到，通过局部连接处理后，神经元之间的连接个数已经有所减少。但如果卷积核比较多，整体上的下降幅度并不大，还是无法满足高效训练的需求。

而权值共享就是来解决这个问题的。该如何理解权值共享呢？可以把每个卷积核（也称为过滤核）当作一种特征提取方式，这种方式与图像的位置无关。这里隐含的假设是：图像的统计特性在各部分都是一样的。

这就意味着，对于同一个卷积核，它在一个部分提取到的特征，也能应用于其他部分。因此，每一个卷积核对应生成的特征图谱神经元，都共享同一个参数列表。基于这个思想，就可以把同一个卷积核的所有神经元，用相同的权值来与输入层神经元相连，如图7.14所示。

在图7.14中，假设输入层是一维的，神经元有7个，$x = [x1, x2, x3, x4, x5, x6, x7]$。隐层的神经元有3个，$h = [h1, h2, h3]$，权值向量

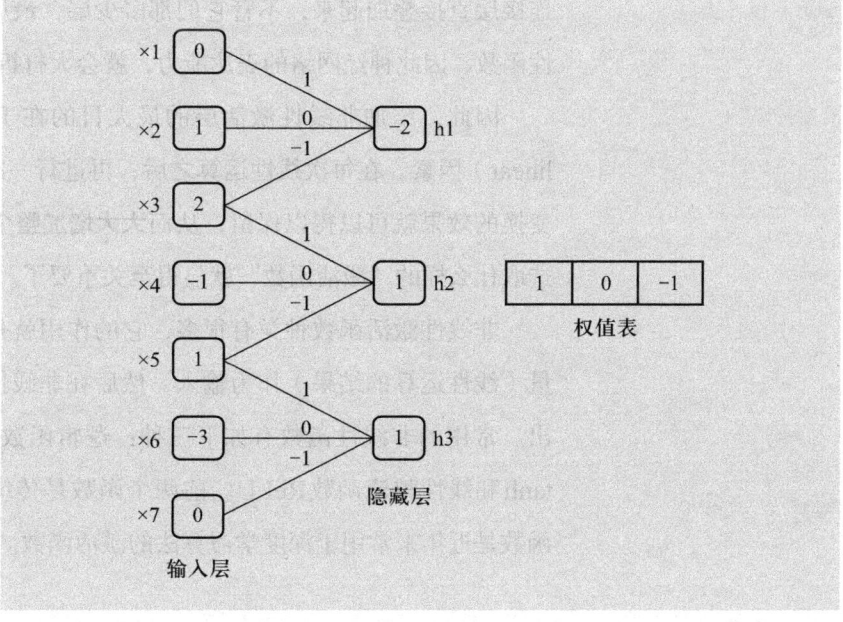

图7.14 权值共享示意图

$w = [w1, w2, w3] = [1, 0, -1]$。这个权值向量用于计算隐藏层的$h1$、$h2$、$h3$：

$$h1 = wgx[1:3] = 0 \times 1 + 1 \times 0 + 2 \times (-1) = -2$$

$$h2 = wgx[3:5] = 2 \times 1 + (-1) \times 0 + 1 \times (-1) = 1$$

$$h3 = wgx[5:7] = 1 \times 1 + (-3) \times + 0 \times (-1) = 1$$

从上面的计算过程可以看出，在计算隐藏层元素$h1$、$h2$、$h3$时，权值向量都是一样的，换句话说，它们的权值都是彼此共享的。其实，前面提及的卷积核，就是这里的共享权值表。

权值共享保证了在卷积时只需要学习一个参数集合即可，而不是对每个位置都再学习一个单独的参数集合。因此参数共享也被称为绑定的权值（tied weights）。

7.6 非线性激活层

通过前面的介绍可知，一般来说，在每个卷积层和全连接层之后，都会添加一个非线性激活层。这是为什么呢？简单来说，不管是卷积层，还是全连接层，它们中间的运算，都是线性运算，即都是关于自变量的一次函数。而线性函数的一个特点就是，所有线性运算的组合，依然是线性的。换句话说，如果没有非线性激活层的帮忙，仅仅把卷积层和全连接层直接叠加起来，不管它们都多少层，最后都会"退化"为一个线性函数，因此神经网络的表达能力，就会大打折扣。

因此，添加非线性激活层的最大目的在于，它引入非线性（non-linear）因素。在每次线性运算之后，再进行一次非线性运算，那么每次变换的效果就可以得以保留，从而**大大增加整个网络的表征能力**。这时，选取什么样的"激活函数"就显得至关重要了。

非线性激活函数种类有很多，它的作用就是把输入特征图或特征向量（线性运算的结果）作为输入，然后在非线性函数的加工下，给出输出。常用的非线性函数有如下三种：逻辑函数sigmoid、双曲正切函数tanh和线性整流函数ReLU。前两个函数是传统的激活函数，最后一个函数是近年来常用于深度学习算法的激活函数。下面分别给予简介。

7.6.1 传统激活函数

在激活层，传统的激活函数sigmoid也是可用的。它的函数形式如式（7-4）所示。

$$\text{sigmoid}(x) = \frac{1}{1+e^{-x}} \tag{7-4}$$

sigmoid函数有很多优良特质，如单调递增、反函数形式简单等。sigmoid函数还可以将任意变量均映射到(0, 1)区间，如图7.15（a）所示，因此常被用作神经网络的阈值函数。

tanh函数同样也是可取的，它的形式化描述为

$$\tanh(x) = \frac{\text{Sinh}(x)}{\text{Cosh}(x)} = \frac{e^x - e^{-x}}{e^x + e^{-x}} = 2\text{sigmoid}(2x) - 1 \tag{7-5}$$

从式（7-5）可见，tanh实际上是sigmoid函数的线性变换，二者具有一定的相似性。与sigmoid函数显著不同的是，tanh函数将任意变量均映射到(-1, 1)区间，如图7.15（b）所示。此外，该函数在特征明显时，特征提取效果会更好。

传统的激活函数有个很大的缺点，就是它的导数值很小。例如，sigmoid的导数取值范围仅为[0, 1/4]。且当输入数据（x）很大或者很小的时候，其导数都趋近于0。这就意味着，很容易产生梯度消失（vanishing gradient）现象。没有了梯度的指导，那么神经网络的参数训练，就失去了方向感。

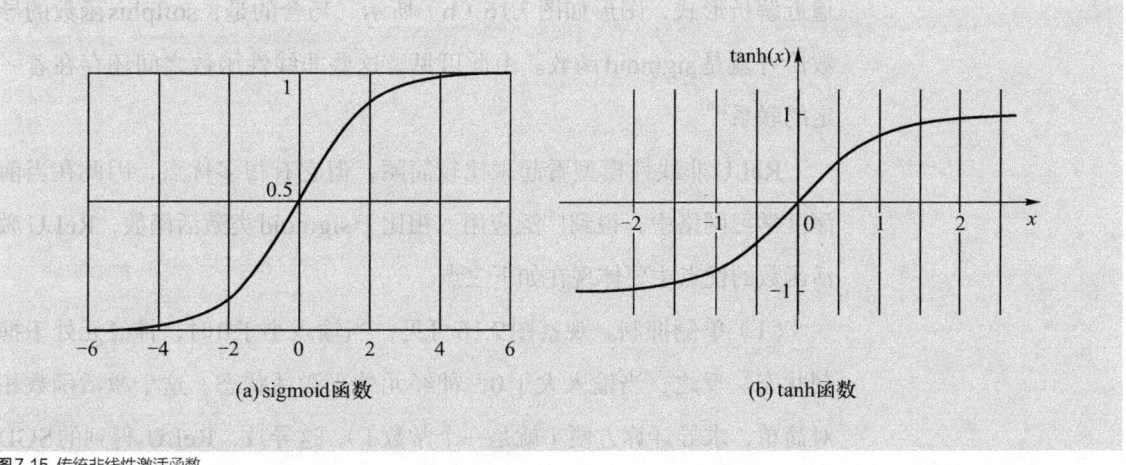

图7.15 传统非线性激活函数

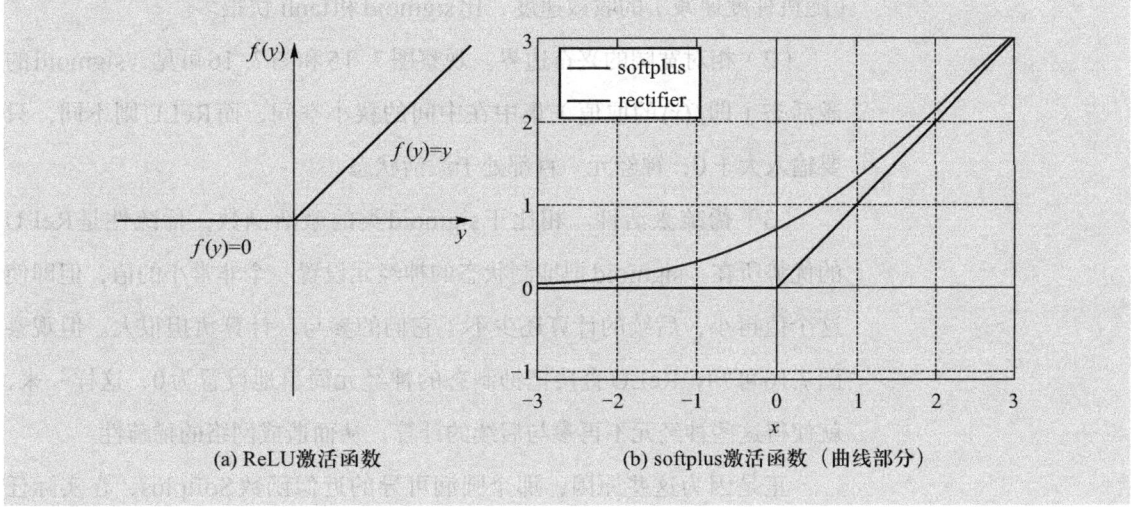

图7.16 激活函数ReLU和softplus

因此，如何防止深度神经网络出现梯度消失，一直都是深度学习非常热门的研究课题。目前，在卷积神经网络中，最常用的激活函数就是修正线性单元（rectified linear unit，ReLU）。

7.6.2 激活函数ReLU

标准的ReLU函数为$f(x)=\max(x, 0)$。即当$x>0$时，输出x；当$x\leq 0$时，输出0，如式（7-6）所示。

$$\mathrm{ReLU}(x)=\begin{cases}0, & x<0\\ x, & x\geq 0\end{cases} \quad (7\text{-}6)$$

ReLU函数的曲线如图7.16（a）所示，请注意，这也是一条曲线，只不过它在原点处不够那么圆润而已。为了在原点处圆润可导，可使用softplus函数，它的函数形式为$f(x)=\ln(1+e^x)$。softplus是ReLU的平滑逼近解析形式，图形如图7.16（b）所示。巧合的是，softplus 函数的导数恰好就是 sigmoid 函数。由此可见，这些非线性函数之间还存在着一定的联系[10]。

ReLU 非线性模型看起来比较简陋，但它有很多优点，因此在当前深度学习网络中，得到广泛应用。相比于 sigmoid 类激活函数，ReLU 激活函数的优点主要体现在如下三点。

（1）单侧抑制。观察图7.16可见，当输入小于0时，神经元处于抑制状态。反之，当输入大于0，神经元处于激活状态。这个激活函数相对简单，求导计算方便（就是一个常数1）。这导致，ReLU 得到的 SGD （随机梯度递减）的收敛速度，比 sigmoid 和 tanh 快很多。

（2）相对宽阔的兴奋边界。观察图7.15和图7.16可见，sigmoid 的激活态（即 $f(x)$ 的取值）集中在中间的狭小空间，而 ReLU 则不同，只要输入大于0，神经元一直都处于激活状态。

（3）稀疏激活性。相比于 sigmoid 类的激活函数，稀疏性是 ReLU 的优势所在。sigmoid 把抑制状态的神经元设置一个非常小的值，但即使这个值再小，后续的计算还少不了它们的参与，计算负担很大。但观察图7.16可知，ReLU 直接把抑制态的神经元简单地设置为0，这样一来，就使得这些神经元不再参与后续的计算，从而造成网络的稀疏性。

正是因为这些原因，那个圆润可导的近似函数 Softplus，在实际任务中，并不比"简陋"的 ReLU 函数效果来得好，因为 Softplus 带来了更多的计算量。

说到 ReLU 激活函数有如此神奇作用，其实还有一个原因，那就是这样的模型正好"暗合"生物神经网络工作机理。2003年纽约大学教授 Peter Lennie 的研究发现，大脑同时被激活的神经元只有1%～4%，即神经元同时只对输入信号的少部分选择性响应，大量信号被刻意地屏蔽了，这进一步表明神经元工作的稀疏性。

7.7 池化层

通常来说，当卷积层提取了目标的某个特征之后，都要在两个相邻的卷积层之间安排一个池化层。池化层（pooling layer）亦有文献译作汇合层或采样层。

在计算卷积时，通常会用卷积核划过图像或特征图的每一个像素，如果特征图或图像本身的分辨率很高，那么卷积层的计算量会非常大（特别是有多个卷积核的情况下）。

那该如何降低数据量呢？最简单的策略自然就是"采样（sampling）"了。其实，**采样的本质就是力图以合理的方式"以偏概全"**。这样一来，数据量自然就降低了。

在卷积神经网络中，采样是针对若干个相邻的神经元而言的，因此也称为"亚采样（subsampling）"。目前，它有一个更为常用的术语——"池化（Pooling）"。池化就是将小区域的特征，整合得到新特征的过程。

池化操作的大致步骤如下。

首先，将卷积得到的特征图按照通道分开，得到若干个矩阵。例如，对于彩色图，有R、G、B 3个通道。对于单色图片，通道数就为1。对于每个特征图矩阵，将其分割为大小相等的正方形小矩阵。以如图7.17所示的单通道特征图片为例，将一个4×4的矩阵，分割成2×2的小矩阵。

接着，对每个小矩阵实施池化操作。池化操作考查的是在输入数据中，大小为2×2的子区域之内，所有元素具有的某一种特性。常见的统计特性包括最大值、均值、累加和及L2范数等。池化层函数力图用统计特性反映出来的1个值，来代替原来2×2的整个子区域。

因此，池化层设计最直接的目的，就是降低了下一层待处理的数据量。例如，当卷积层的输出大小是4×4时，如果池化层过滤器的大小为2×2，那么经过池化层处理后，输出数据的大小为2×2，也就是说现有的数据量一下子减少到池化前的1/4。有了上面的解释，很容易得出图7.18中所示的两种池化（最大池化和均值池化）策略结果。

图7.17 池化操作示意图

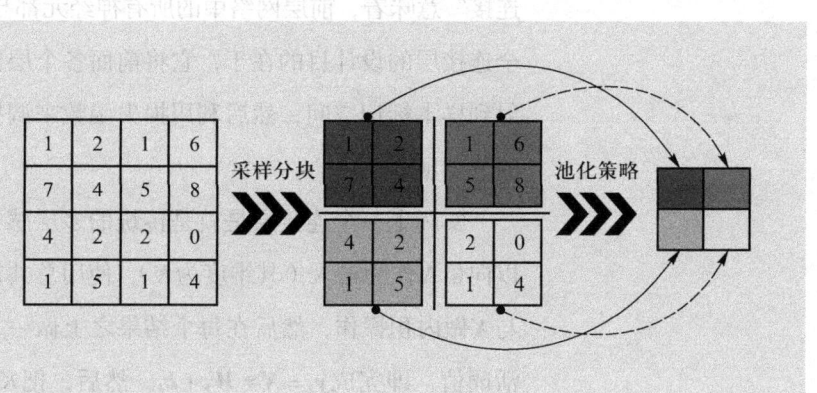

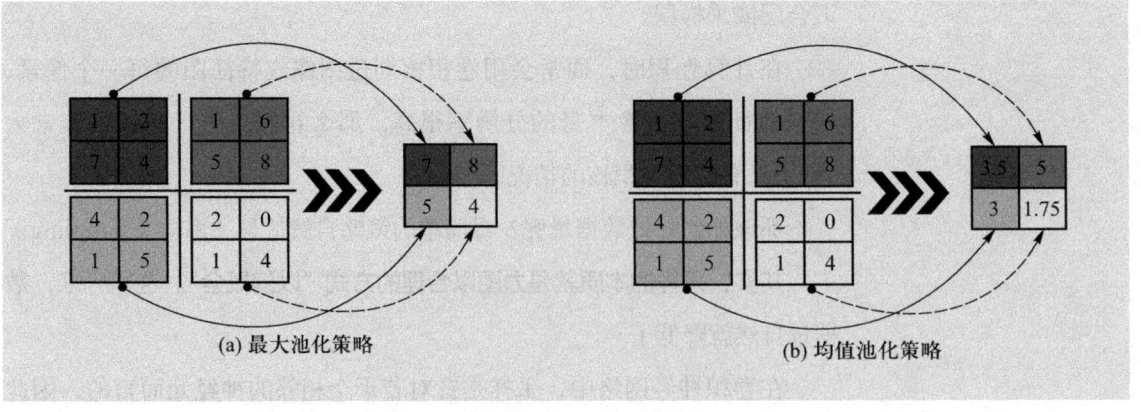

图7.18 最大池化和均值池化策略比对图

读者可能会有疑问。对于处理图片而言，如果池化层的过滤器 2×2，就相当于将上一层4个像素合并到一个1像素。如果过滤器的大小是 6×6，那就相当于将上一层36个像素合并到一个1像素，这也岂不是让图像分辨率降低，从而变得更加模糊了。

很显然，人们是不喜欢这样的模糊图片。但请注意，计算机的"视界"和人类完全不同，池化后的图片，丝毫不会影响它们对图片特征的提取。

因为池化综合了（过滤核范围内的）全部邻居的反馈，即通过 k 个像素的统计特性而不是单个像素来提取特征，这种方法既提高神经网络的健壮性，也大大减少了下一层卷积层的计算量。

7.8 全连接层

前面介绍的卷积层、激活层和池化层都是为分类做准备。在CNN中，分类的工作是由全连接层（fully connected layer，FC）完成的。"全连接"意味着，前层网络中的所有神经元都与下一层的所有神经元连接。全连接层的设计目的在于，它将前面各个层预学习到的特征图，重新映射到样本标记空间，然后利用损失函数来调控学习过程，最后给出对象的分类预测。

实际上，全连接层是就是传统的多层感知器。在全连接层中，如果以向量 X 作为输入（其维度为 K），使用总共 K 个维度相同的权值向量 W_k 与 X 做内积操作，然后在每个结果之上做一个偏置 b_k 来调整神经元的激活阈值，即完成 $y_k = X * W_k + b_k$。然后，把 K 个标量输出 y_k 组成的向量 Y

作为输出层的结果进行输出。

不同于BP全连接网络的是,卷积神经网络在输出层使用的激活函数不同,它通常使用softmax函数。常把softmax函数的加工层叫作归一化指数层,它的作用就是完成多累线性分类器中的归一化指数函数运算。归一化指数层通常处于分类网络的最后一层,它以一个长度和类别个数相同的特征向量作为输入。例如,要识别数字,数字为0~9,那么该层的神经元个数就是10,然后,在softmax函数加工下,输出为各个类别的概率。

那么,这个softmax是如何定义的呢?假设一个向量C有k个元素,z_i表示C中的第i个元素,那么它的softmax值可定义为如式(7-7)所示。

$$\text{softmax}(z_i) = \frac{e^{z_i}}{\sum_j e^{z_j}} (j = 1, 2, 3, \cdots, k) \tag{7-7}$$

如果应用在分类领域,假设向量C中有k个元素,它就是k分类。对于机器学习领域常用的SVM(支持向量机)分类器,它在分类计算的最后,会对一系列的标签如"猫""狗""船"等,输出一个具体分值,如[4, 1, –2],然后取最大值(如4)作为分类评判的依据。

softmax函数会对这些分值实施规则化(regularization),也就是说,将这些实数分值转换为一系列的概率值(信任度),如[0.96, 0.04, 0.0],最后选择概率最大的作为分类依据,如图7.19所示。由此可见,其实SVM和softmax是相互兼容的,不过是表现形式不同而已。

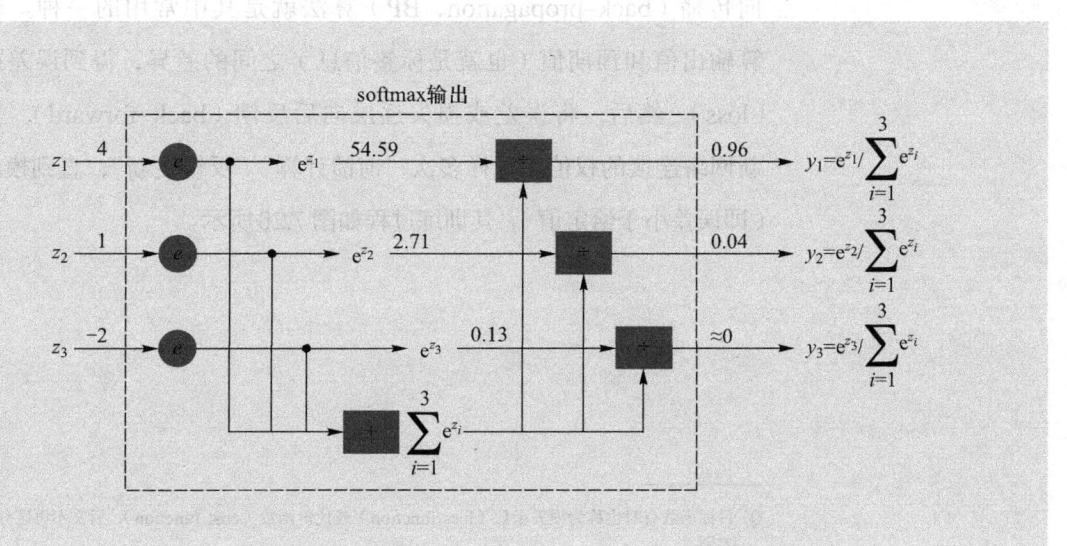

图7.19 softmax输出层示意图

对于一个长度为 k 的向量 $[z_1, z_2, \cdots, z_k]$，利用 softmax 回归函数可以输出一个长度为 k 的向量 $[p_1, p_2, \cdots, p_k]$。如果一个向量想成为一种概率描述，那么它的输出至少要满足两个条件：一是每个输出值 p_i（即概率）都在 [0, 1] 上；二是这些输出向量之和 $\sum_j p_j = 1$。

虽然全连接层处于卷积神经网络最末的位置，看起来貌不惊人，但由于全连接层的参数冗余，导致该层的参数总数占据整个网络参数的大部分比例。

7.9 CNN网络的训练

通过前面的层层堆叠，可以把识别对象（如图片等）的高层语义信息（即特征图谱），逐层从原始数据输入层中抽取出来，这一过程便是"前馈运算"（feed-forward）。最终，卷积神经网络的最后一层（即全连接层）将其目标任务（分类、回归等）形式化表达为目标函数（objective function）[①]。

需要说明的是，深度神经网络需要大量训练，才能学习得到特征图谱[9]。在本质上，训练的目的就是寻找最佳参数（如连接权值和偏置等）的过程。这些最佳参数的数量，通常非常庞大。例如，AlexNet需要训练的参数达到六千万个。

为了快速有效地进行参数训练，人们提出了很多优化算法，如反向传播（back-propagation，BP）算法就是其中常用的一种。通过计算输出值和预期值（也就是标签信息）之间的差异，得到误差或损失（loss）。然后，将误差或损失逐层向后反馈（back-forward），从而更新网络连接的权值。这样多次"前馈计算""反馈更新"，直到模型收敛（即误差小于给定值）。其训练过程如图7.20所示。

---

① 目标函数有时也称为损失函数（loss function）或代价函数（cost function），后文不再区分这三者的差别。

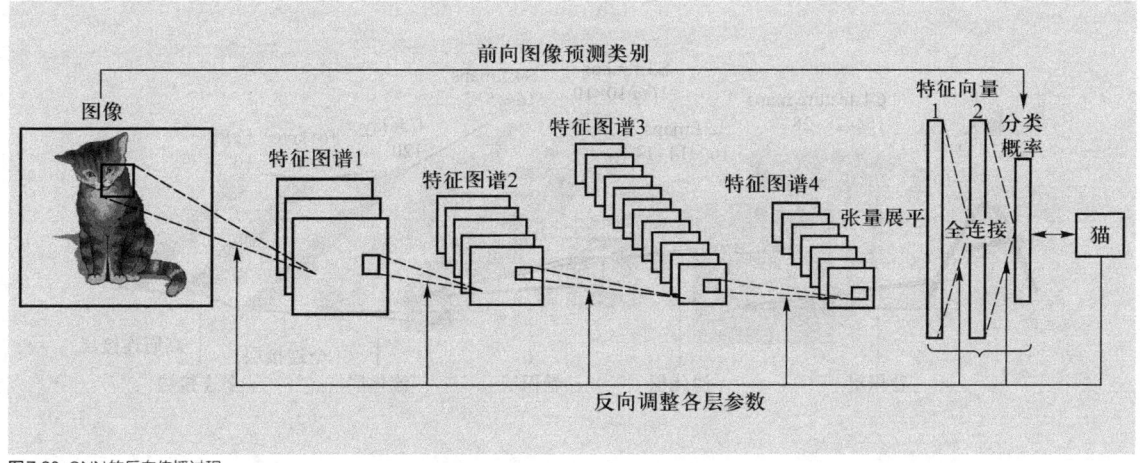

图7.20 CNN的反向传播过程

7.10 经典的卷积神经网络

以"卷积操作"为核心特征的神经网络，都可归属于卷积神经网络范畴。目前经典的卷积神经网络有很多，如LeNet-5、AlexNet、Network-In-Network、残差网络（ResNet）等。下面仅讨论相对简单的LeNet-5和AlexNet，其他类型的卷积神经网络，读者可自行查阅相关文献。

7.10.1 LeNet-5

LeCun提出的LeNet-5，在推进深度学习的发展上可谓功不可没，他极大启发了现代CNN结构的设计。LeNet-5可算是卷积神经网络的开山之作，麻雀虽小，但五脏俱全，它提出的卷积层、池化层、全连接层的概念，一直沿用至今。

在LeNet-5中，主要有卷积层（convolutions）、亚采样层（subsampling，或池化层）和全连接层（full connection）3类连接方式。LeNet-5共有7层（不包括输入层），每层都包含不同数量的训练参数。各层的结构如图7.21所示。

具体说来，输入层（input）是原始的分辨率为32×32的灰度图像。然后CNN复合使用了多个"卷积层"（如C1、C3和C5）和多个"采样层"（如S2和S4）对输入信号进行加工，然后在全连接层实现与输出目标之间的映射。每个卷积层包含若干个特征图谱（feature map），每

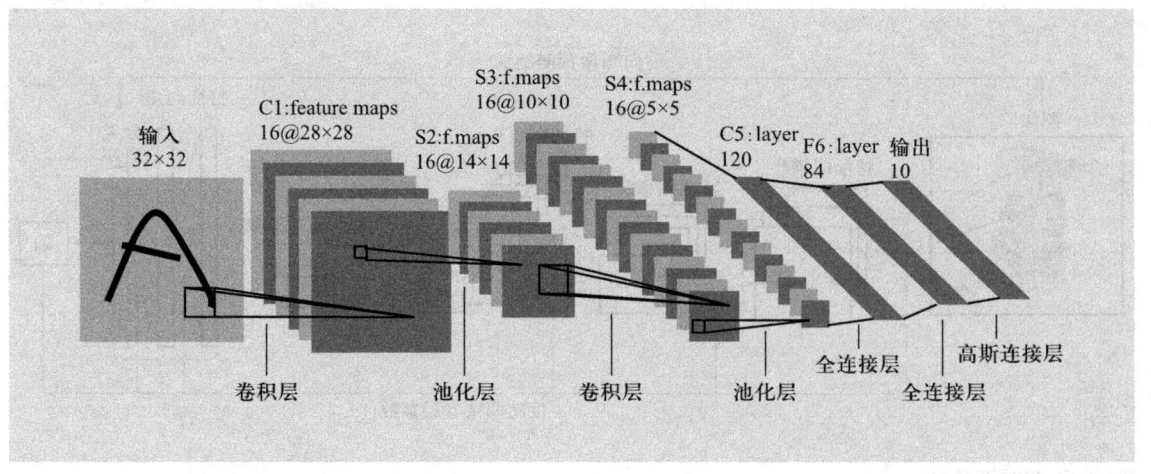

图7.21 LeNet-5的网络架构
(图片来源：参考文献[5])

个特征图谱都是前一层的信号，是通过与多个卷积核（又称为滤波器，LeNet-5的核大小为 5×5,）卷积操作获得的新特征。这些新特征的表达，是由若干个特征神经元构成的"超平面"构成。例如，第一个卷积层由6个特征图谱构成，每个特征图谱是由 28×28 的神经元阵列构成，它的每个神经元负责从原始图像（32×32）的 5×5 子区域，通过卷积滤波器提取的局部特征。之所以会产生图像分辨率变小，即从原始图像的 32×32 变成 28×28，是因为卷积层使用了"valid padding（有效填充）"，而没有使用"same padding（等大填充）"。

卷积层之后，图片的尺寸依然很大，需要参加卷积运算的神经元依然非常多，这时需要插入采样层（池化层），其作用就是基于局部相关性原理进行亚采样——"以偏概全"，从而减少数据量的同时还保留有用信息。在图7.21中，第一个采样层是S2（这里"2"表示它处于整个网络中的第二层，但作为采样层，它是第一个）。通过采样，它把6个原本分辨率为 28×28 的特征图谱，变成了6个 14×14 的采样图谱，在这些采样图谱中，每个神经元都与前一层对应的 2×2 的区域相连。

通过多个复合卷积层和采样层，图7.21的最后一个卷积层被拉伸（flatten）为 1×120 维的全连接层，最后，通过一个 1×84 维的连接层与输出层连接，完成分类任务。输出层是10个分类，所以神经元维度为 1×10。

CNN通常用BP优化算法进行训练，在训练过程中，无论是卷积层还是采样层，每一组神经元（即图7.21中的每个平面）与前一层的连接，都使用相同的权值，即权值共享，这样就大大减少了需要训练的参数个数。

7.10.2 AlexNet

在AlexNet出现之前，深度学习沉寂良久。历史在2012年出现了转机，Hinton和他的博士生Alex Krizhevsky等人提出了AlexNet，并一举拿下了当时ImageNet比赛的冠军。相比于前一年的冠军，Top5的错误率一下子下降了10百分点（达到16.4%），而且远远超过当年的第二名（26.2%），可见其功力非同一般，也确立了深度学习（确切来说是深度卷积神经网络）在计算机视觉领域的统治地位。

Yann LeCun等人在1998年提出的LeNet，已经把CNN的应用推到了一个很高的地位。而AlexNet更是继承并发扬了LeNet的思想，它把CNN的基本原理应用到了更深更宽的网络当中。

AlexNet的应用创新，主要存在于如下6个方面[12]。

（1）成功应用了ReLU激活函数。虽然ReLU并非AlexNet的原创，最早在2000年《自然》杂志的一篇文章中它就被提出来了，后来被Hinton等人借鉴到神经网络体系当中，但真正能发挥神奇功效、并被世人所知，当属它在AlexNet中的成功应用。

（2）成功使用了dropout机制。在AlexNet中最后几个全连接层（FC），使用dropout（随机失活）机制来减轻过拟合。

（3）使用了重叠的最大池化（max pooling）。此前的CNN，通常使用平均池化，而AlexNet全部使用最大池化，成功避免了平均池化带来的模糊化效果。此外，AlexNet让步长比池化核的尺寸小一些，这样做的好处在于，池化层的输出彼此有重叠和覆盖，这丰富了特征提出的多样性。

（4）提出了局部响应规范化（local response normalization，LRN）层概念。LRN的设计就是为了凸显"相对"大的神经元。根据文献，使用了这个策略，Top5分类错误率得以降低1.2%。随后，很多学者研究发现，LRN的效果并不明显，即使性能可能稍有提高，但付出的代价是增加了内存消耗和计算量的提升，所以并不是一种性价比高的策略，故此，LRN也就渐渐淡出研究者的视线。

（5）使用GPU加速训练过程。之前的Yann LeCun等人之所以止步于"收割"CNN的红利，其中很大的一个原因就在于，受当时的计算机硬件"算力"局限。

（6）使用了数据增强（data augmentation）策略。

数据增强是指，通过少量的计算从原始图片变换得到新的训练数据。

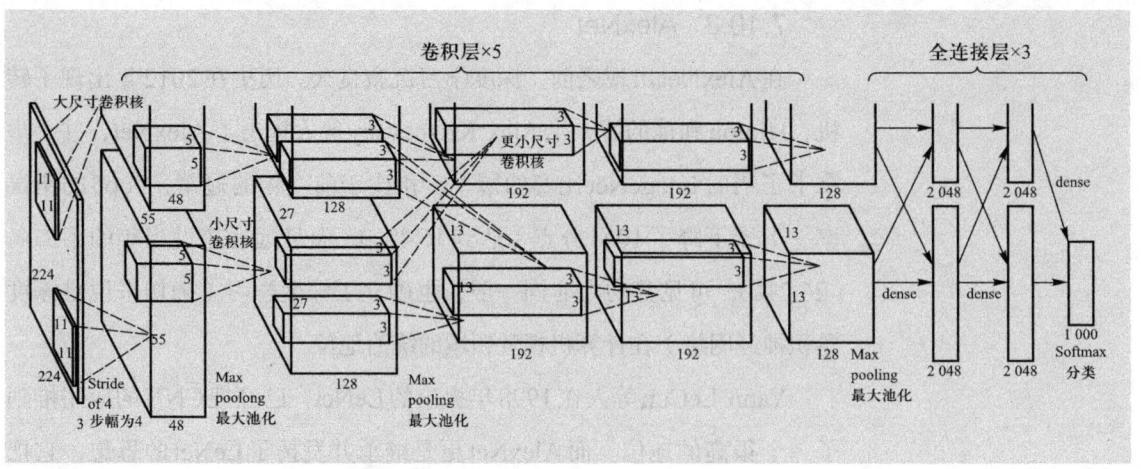

图 7.22 AlexNet的整体架构图 [13]

深度学习项目，通常需要大量的数据作为支撑，但是在现实中，很难找到数量庞大的数据集合来满足训练需求。另一方面，如果训练数据量少，通常会造成过拟合等问题。

数据增强通过技术手段，根据现有的数据集合，合法地"伪造"（增强）数据。这些手段包括但不限于：水平/竖直翻、随机裁剪、修改"颜值"、仿射/旋转变换及添加噪声。

AlexNet一共分为8层，包括5个卷积层和3个全连接层，在每个卷积层后面都跟着一个最大值子采样层（max pooling）和一个局部响应规范化层（LRN）。在前两个全连接层后面都会连着一个dropout层，如图7.22所示。

AlexNet的架构为什么分为上下并行的两层？这是因为，AlexNet当时使用的GPU为GTX 580，一个GTX 580 GPU只有3GB内存，而当时用于训练AlexNet网络的样本数有120万个，单个GPU的内存无法容下所有的样本，所以当时只能采取这种两个GPU并行计算的架构来实现。

7.11 本章小结

本章首先回顾了卷积神经网络的发展史，了解了深度学习网络和传统模式分类的区别与联系。然后给出了卷积的数学定义，接着用生活中相近的案例来反向演绎解释了这个概念。

接着，我们讨论了卷积神经网络的拓扑结构，并重点讲解了卷积层的设计动机和卷积层的3个核心概念：空间位置排列、局部连接和权值共享。前者确定了神经网络的结构参数，而局部连接和权值共享策略显著降低了神经元之间的连接数。

然后，介绍了卷积神经网络的核心层。各个层各司其职，概括起来，卷积层从数据中提取有用的特征；激活层为网络中引入非线性，通过弯曲或扭曲映射，来实现表征能力的提升；池化层通过采样减少特征维度，并保持这些特征具有某种程度上的尺度变化不变性；全连接层实施对象的分类预测。

最后，介绍了经典的卷积神经网络结构LeNet-5和AlexNet。了解更多深度学习的知识，学有余力的读者可参阅文献[13]。

习题

1. 除了本文中描述的常见卷积核，你还知道哪些常用于图像处理的卷积核？
2. CNN的反向传播部分用的是BP算法，而BP算法是否符合生物视觉系统的工作机理，是存在争议的，你知道这些争议都体现在何处？
3. 编程（如使用Python）实现（或用深度学习框架如TensorFlow、Keras等）卷积神经网络，并在手写字符识别数据集MNIST上进行试验测试。

参考文献

[1] 汤晓鸥，陈玉琨. 人工智能基础[M]. 华东师范大学出版社, 2018.

[2] HUBEL D H, WIESEL T N. Receptive fields and functional architecture of monkey striate cortex[J]. The Journal of physiology, 1968, 195(1): 215-243.

[3] FUKUSHIMA K, MIYAKE S. Neocognitron: A self-organizing neural network model for a mechanism of visual pattern recognition[M]//Competition and cooperation in neural nets. Berlin: Springer, 1982: 267-285.

[4] LECUN Y, BOSER B E, DENKER J S, et al. Handwritten

digit recognition with a back-propagation network[C]// Advances in neural information processing systems. 1990: 396-404.

[5] LeCUN Y, BOTTOU L, BENGIO Y, et al. Gradient-based learning applied to document recognition[C]// Proceedings of the IEEE 86.11, 1998: 2278-2324.

[6] 李德毅.从脑认知到人工智能[C]//中国计算机大会,2015.

[7] 张玉宏.深度学习之美:AI时代的数据处理与最佳实践[M]. 北京:电子工业出版社,2018.

[8] 周志华.机器学习[M].北京:清华大学出版社,2016.

[9] NAIR V, HINTON G E. Rectified linear units improve restricted boltzmann machines[C]// International Conference on International Conference on Machine Learning. Madison: Omnipress, 2010:807-814.

[10] HE K, ZHANG X, REN S, et al. Delving Deep into Rectifiers: Surpassing Human-Level Performance on ImageNet Classification[C]// IEEE International Conference on Computer Vision.Washington DC: IEEE press, 2015:1026-1034.

[11] BOUREAU Y L, PONCE J, LECUN Y. A Theoretical Analysis of Feature Pooling in Visual Recognition[C]// International Conference on Machine Learning. DBLP, 2010:111-118.

[12] SIMONYAN K, ZISSERMAN A. Very deep convolutional networks for large-scale image recognition[J]. arXiv preprint: 1409.1556, 2014.

[13] IAN G, YOSHUA B, AARON C. 深度学习[M].北京:人民邮电出版社,2017.

第8章 循环神经网络

第7章介绍的卷积神经网络在图像和视频分析、图像分类、图像检索、物体检测、自然语言处理、推荐系统等领域均得到很好的应用。然而，卷积神经网络在使用过程中，还存在两点不足。其一是参数太多，随着隐藏层神经元数量的增多，参数的规模也会急剧增加。这会导致整个神经网络的训练效率非常低，也很容易出现过拟合。其二是局部不变特征，自然图像中的物体都具有局部不变特征，如尺度缩放、平移、旋转等操作不影响其语义信息。而全连接的前馈网络和卷积神经网络很难提取这些局部不变特征，一般需要进行数据增强来提高性能。针对普通神经网络的不足，引出对循环神经网络的研究。本章首先介绍循环神经网络的工作原理，包括循环神经网络的模型结构、前向计算及梯度计算。接着介绍改进的循环神经网络，分析传统循环神经网络梯度爆炸与梯度消失的原因，介绍长短时记忆神经网络及门控制循环单元（GRU）网络。然后再给出深层循环神经网络及双向循环神经网络。最后介绍循环神经网络的简单应用，包括情感分析、语音识别、机器翻译以及基于循环神经网络的语言模型。

8.1 循环神经网络的工作原理

8.1.1 循环神经网络的模型结构

循环神经网络（recurrent neural network，RNN）源自1982年由Saratha Sathasivam提出的霍普菲尔德网络。RNN的主要用途是处理和预测序列数据。在全连接的前馈神经网络和卷积神经网络模型中，网络结构都是从输入层到隐藏层再到输出层，层与层之间是全连接或部分连接的，但每层之间的结点是无连接的，但是这种普通的神经网络对于很多问题却无法处理。例如，要预测句子的下一个单词是什么，一般需要用到前面的单词，因为一个句子中前后单词并不是独立的。例如 x_{t-1}, x_t, x_{t+1} 是一个输入："我　是　中国"，预测下一个词最有可能是什么？应该是"人"的概率比较大。RNN是一种对序列数据建模的神经网络，即一个序列当前的输出与前面的输出也有关。具体的表现形式为网络会对前面的信息进行记忆并应用于当前输出的计算中，即隐藏层之间的结点不再是无连接而是有连接的，并且隐藏层的输入不仅包括输入层的输出还包括上一时刻隐藏层的输出。RNN模型的连接如图8.1所示。

图8.1中每个圆圈可以看作是一个单元，而且每个单元做的事情也

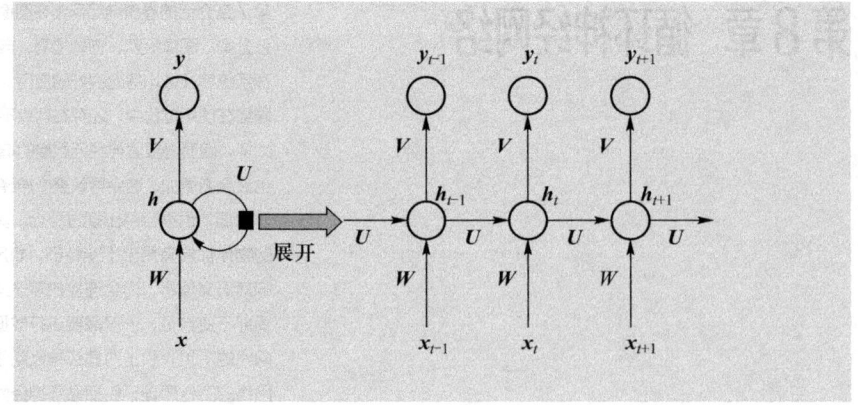

图8.1 RNN模型结构图

是一样的,因此可以折叠成左半图的形式,RNN整体结构就是一个单元结构重复使用的结果。

8.1.2 循环神经网络的基本工作原理

循环神经网络是一种基于时间的反向传播算法BPTT(bach propagation through time)。该算法是针对循环层设计的训练算法,它的基本原理和反向传播BP算法是一样的,包含同样的三个步骤:

(1)前向计算每个神经元的输出值;

(2)反向计算每个神经元的误差项值,它是误差函数E对神经元j的加权输入的偏导数;

(3)计算每个权重的梯度。

最后再用随机梯度下降算法更新权重。

假设时刻为t时,输入为x_t,隐层状态(隐层神经元活性值)为h_t,h_t不仅和当前时刻的输入x_t相关,也和上一个时刻的隐层状态h_{t-1}相关。

$$z_t = Uh_{t-1} + Wx_t + b \tag{8-1}$$

$$h_t = f(z_t) \tag{8-2}$$

其中z_t为隐藏层的净输入;$f(g)$是非线性激活函数,通常为logistic函数或tanh函数;U为状态–状态权重矩阵;W为状态–输入权重矩阵;b为偏置。式(8-1)和式(8-2)也经常直接写为

$$h_t = f(Uh_{t-1} + Wx_t + b) \tag{8-3}$$

需要注意的是在传统神经网络中,每一个网络层的参数是不共享的。而在RNN中,所有层次均共享同样的参数(如式(8-3)中的W,U,b)。其反映出RNN中的每一层都在做相同的事,只是输入不同,因此大大地

降低了网络中需要学习的参数。

循环神经网络的结构特征可以很容易得出它最擅长解决的是与时间序列相关的问题。对于一个序列数据，可以将这个序列上不同时刻的数据依次传入循环神经网络的输入层，而输出可以是对序列中下一个时刻的预测，也可以是对当前时刻信息的处理结果（比如语音识别结果）。循环神经网络要求每一个时刻都有一个输入，但是不一定每一个时刻都需要有输出。其次，循环神经网络可以往前看获得任意多个输入值，其递归推导方法如式（8-4）所示，即RNN的输出层y和隐藏层h的计算方法：

$$y_t = g(Vh_t) \quad (8\text{-}4)$$

$$h_t = f(Wx_t + Uh_{t-1}) \quad (8\text{-}5)$$

如果反复把式（8-5）带入到式（8-4），将得到：

$$\begin{aligned}
y_t &= g(Vh_t) \\
&= g(Vf(Wx_t + Uh_{t-1} + b_t)) \\
&= g(Vf(Wx_t + Uf(Wx_{t-1} + Uh_{t-2} + b_{t-1}) + b_t)) \\
&= g(Vf(Wx_t + Uf(Wx_{t-1} + Uf(Wx_{t-2} + Uh_{t-3} + b_{t-2}) + b_{t-1}) + b_t)) \\
&= g(Vf(Wx_t + Uf(Wx_{t-1} + Uf(Wx_{t-2} + Uf(Wx_{t-3} + Uh_{t-4}) + b_{t-2}) + b_{t-1}) + b_t))
\end{aligned}$$

从上述递归推导可以看出，RNN的输出层y和输入系列x_t的前t个时刻都有关。

8.1.3 循环神经网络的前向计算

循环神经网络中循环的意思就是同一网络结构不停的重复。相比普通的神经网络，循环神经网络的不同之处在于，隐层的神经元之间还有相互的连接，在隐层上增加了一个反馈连接，也就是说，RNN隐层当前时刻的输入有一部分是前一时刻隐层的输出，这使得RNN可以通过循环反馈连接保留前面所有时刻的信息，这赋予了RNN的记忆功能。这些特点使得RNN非常适合用于对时序信号的建模。

$$h_t = f(Wx_t + Uh_{t-1}) \quad (8\text{-}6)$$

$$y_t = g(Vh_t) \quad (8\text{-}7)$$

整理一下可以写为：

$$y_t = g(Vf(Wx_t + Uh_{t-1})) \quad (8-8)$$

循环神经网络前向计算如图 8.2 所示。给定 t 时刻的输入 x_t,计算网络的输出 y_t。输入 x_t 与权 w_{xh} 相乘(加上偏差 b)与前一时刻的隐层输出与权重 $h_{t-1}U_{h,h-1}$ 的和为 z_t,即 $z_t = U_{h,h-1}h_{t-1} + w_{xh}x_t + b$,且 z_t 为 $N \times 1$ 的隐含层潜向量,w_{xh} 是 $N \times K$ 的权重矩阵,连接 k 个输入单元到 N 个隐含层单元;z_t 经过激活函数 $f()$ 之后即为隐藏层的输出 h_t,$v_t = h_t V_{hy}$,v_t 是 $L \times 1$ 的输出层潜向量,v_t 经过激活函数 $g()$ 以后即得到输出 y_t,$f(z_t)$ 是隐含层激活函数,$g(v_t)$ 是输出层激活函数。典型的隐含层激活函数有 sigmoid,tanh 与 ReLU,典型的输出层所用的激活函数有 linear 和 softmax 函数。激活函数的主要作用是提供网络的非线性建模能力。如果没有激活函数,该网络仅能够表达线性映射,此时即便有再多的隐藏层,整个网络跟单层神经网络也是等价的,因此,只有加入了激活函数,深度神经网络才具备了分层的非线性映射学习能力。激活函数应具有的基本特性有:① 可微性,当优化方法是基于梯度的时候,这个性质是必需的;② 单调性,当激活函数是单调的时候,单层网络能够保证是凸函数;③ 输出值的范围,当激活函数输出值是有限的时候,基于梯度的优化方法会更加稳定,因为特征的表示受有限权值的影响更显著;当激活函数的输出是无限的时候,模型的训练会更加高效,不过在这种情况下,一般需要更小的学习率。

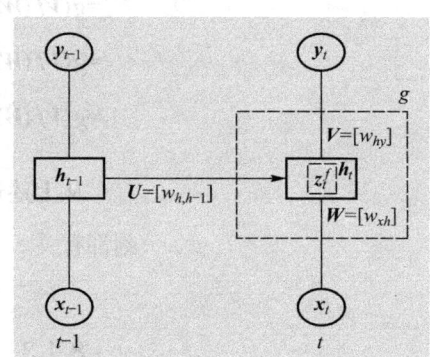

图 8.2 前向计算示意图

8.1.4 循环神经网络的梯度计算

BPTT 算法将循环神经网络看作是一个展开的多层前馈网络,其中"每一层"对应循环网络中的"每个时刻"。这样,循环神经网络就可以按照前馈网络中的反向传播算法进行参数梯度计算。在"展开"的前馈网络中,所有层的参数是共享的,因此参数的真实梯度是所有"展开层"的参数梯度之和,其误差反向传播如图 8.3 所示。给定一个训练样本 (x, y),其中 $x = (x_1, x_2, \cdots, x_T)$ 为长度是 T 的输入序列,$y = (y_1, y_2, \cdots, y_T)$ 是长度为 T 的标签序列。即在每个时刻 t,都有一个监督信息 y_t,定义时刻 t 的损失函数为:

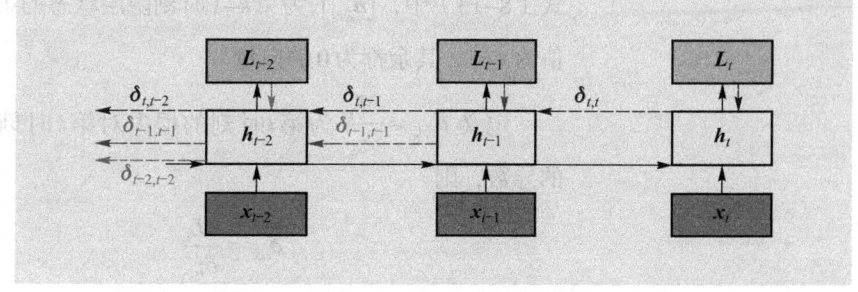

图8.3 误差反向传播示意图

$$L_t = L(\boldsymbol{y}_t, g(\boldsymbol{h}_t)) \tag{8-9}$$

式（8-9）中，$g(\boldsymbol{h}_t)$ 为第 t 时刻的输出；L 为可微分的损失函数，比如交叉熵。那么整个序列上的损失函数为：

$$L = \sum_{t=1}^{T} L_t \tag{8-10}$$

整个序列的损失函数 L 关于隐层间参数 $\boldsymbol{U}$ 的梯度为：

$$\frac{\partial L}{\partial \boldsymbol{U}} = \sum_{t=1}^{T} \frac{\partial L_t}{\partial \boldsymbol{U}} \tag{8-11}$$

即每个时刻的损失 L_t 对参数 $\boldsymbol{U}$ 的偏导数之和。

图 8-3 给出了误差项随时间进行反向传播算法的示例。

计算偏导数 $\frac{\partial \boldsymbol{L}}{\partial \boldsymbol{U}}$ 先要计算式（8-11）中第 t 时刻损失对参数 $\boldsymbol{U}$ 的偏导数 $\frac{\partial L_t}{\partial \boldsymbol{U}}$。

因为参数 $\boldsymbol{U}$ 和隐藏层在每个时刻 $k(1 \leq k \leq t)$ 的净输入 $z_k = \boldsymbol{U}\boldsymbol{h}_{k-1} + \boldsymbol{W}\boldsymbol{x}_k + \boldsymbol{b}$ 有关，因此第 t 时刻损失的损失函数 L_t 关于参数 U_{ij} 的梯度为：

$$\begin{aligned}\frac{\partial \boldsymbol{L}_t}{\partial \boldsymbol{U}_{ij}} &= \sum_{k=1}^{t} tr\left(\left(\frac{\partial \boldsymbol{L}_t}{\partial \boldsymbol{z}_k}\right)^T \frac{\partial^+ \boldsymbol{z}_k}{\partial \boldsymbol{U}_{ij}}\right) \\ &= \sum_{k=1}^{t} \left(\frac{\partial^+ \boldsymbol{z}_k}{\partial \boldsymbol{U}_{ij}}\right)^T \frac{\partial \boldsymbol{L}_t}{\partial \boldsymbol{z}_k}\end{aligned} \tag{8-12}$$

式（8-12）中，$\frac{\partial^+ \boldsymbol{z}_k}{\partial \boldsymbol{U}_{ij}}$ 表示"直接"偏导数，即公式 $z_k = \boldsymbol{U}\boldsymbol{h}_{k-1} + \boldsymbol{W}\boldsymbol{x}_k + \boldsymbol{b}$ 中保持 $\boldsymbol{h}_{k-1}$ 不变，对 $\boldsymbol{U}_{ij}$ 进行求偏导数，得到

$$\frac{\partial^+ \boldsymbol{z}_k}{\partial \boldsymbol{U}_{ij}} = \begin{bmatrix} 0 \\ \vdots \\ [\boldsymbol{h}_{k-1}]_j \\ \vdots \\ 0 \end{bmatrix} = \prod_i([\boldsymbol{h}_{k-1}])_j \tag{8-13}$$

式（8-13）中，$[\mathbf{h}_{k-1}]_j$ 为第 $k-1$ 时刻隐层状态的第 j 维；$\prod_i(\mathbf{x})$ 除了第 i 行值为 $\mathbf{x}$ 外，其余都为 0 的向量。

定义 $\delta_{t,k} = \dfrac{\partial L_t}{\partial z_k}$ 为第 t 时刻的损失对第 k 时刻隐藏神经层的净输入 z_k 的导数，则

$$\begin{aligned}\delta_{t,k} &= \frac{\partial L_t}{\partial z_k} \\ &= \frac{\partial \mathbf{h}_k}{\partial z_k}\frac{\partial z_{k+1}}{\partial \mathbf{h}_k}\frac{\partial L_t}{\partial z_{k+1}} \\ &= diag(f'(z_k))\mathbf{U}^T \delta_{t,k+1}\end{aligned} \quad (8\text{-}14)$$

将式（8-14）和式（8-13）代入式（8-12）得到

$$\frac{\partial L_t}{\partial \mathbf{U}_{i,j}} = \sum_{k=1}^{t}\left[\delta_{t,k}\right]_i \left[\mathbf{h}_{k-1}\right]_j \quad (8\text{-}15)$$

将式（8-15）写成矩阵形式为

$$\frac{\partial L_t}{\partial \mathbf{U}} = \sum_{k=1}^{t} \delta_{t,k} \mathbf{h}_{k-1}^T \quad (8\text{-}16)$$

将式（8-16）代入式（8-11）得到整个序列的损失函数 L 关于参数 $\mathbf{U}$ 的梯度：

$$\frac{\partial L}{\partial \mathbf{U}} = \sum_{t=1}^{T}\sum_{k=1}^{t} \delta_{t,k} \mathbf{h}_{k-1}^T \quad (8\text{-}17)$$

同理可得，L 关于权重 $\mathbf{W}$、偏置 $\mathbf{b}$ 以及参数 $\mathbf{V}$ 的梯度为：

$$\frac{\partial L}{\partial \mathbf{W}} = \sum_{t=1}^{T}\sum_{k=1}^{t} \delta_{t,k} \mathbf{x}_k^T \quad (8\text{-}18)$$

$$\frac{\partial L}{\partial \mathbf{b}} = \sum_{t=1}^{T}\sum_{k=1}^{t} \delta_{t,k} \quad (8\text{-}19)$$

$$\frac{\partial L}{\partial \mathbf{V}} = \sum_{t=1}^{T}\sum_{k=1}^{t} \delta_{t,k} \mathbf{h}_{k-1}^T \quad (8\text{-}20)$$

在 BPTT 算法中，参数的梯度需要在一个完整的"前向"计算和"反向"计算后才能得到并进行参数更新。

8.2 改进的循环神经网络

8.2.1 梯度爆炸与梯度消失

在BPTT算法中,将式(8-14)展开得到

$$\delta_{t,k} = \prod_{i=k}^{t-1}(diag(f'(z_i))U^T)\delta_{t,t} \tag{8-21}$$

如果定义 $\gamma \cong \left\|\text{diag}(f'(z_i))U^T\right\|$,则

$$\delta_{t,k} = \gamma^{t-k}\delta_{t,t} \tag{8-22}$$

若$\gamma>1$,当$t-k\to\infty$时,$\gamma^{t-k}\to\infty$,会造成系统不稳定,此时称为梯度爆炸问题(gradient exploding problem);相反,若$\gamma<1$,当$t-k\to\infty$时,$\gamma^{t-k}\to 0$,会出现和深度前馈神经网络类似的梯度消失问题(gradient vanishing problem)。

另一方面,由于循环神经网络经常使用logistic函数或tanh函数作为非线性激活函数,其导数值都小于1,并且权重矩阵$\|U\|$也不会太大,因此如果时间间隔$t-k$过大,$\delta_{t,k}$会趋向于0,就会出现梯度消失问题。

值得注意的是,循环神经网络中的梯度消失不是说$\frac{\partial L_t}{\partial U}$的梯度消失了,而是$\frac{\partial L_t}{\partial h_k}$的梯度消失了(当$t-k$比较大时)。也就是说,参数$U$的更新主要靠当前时刻$k$的几个相邻状态$h_k$来更新,长距离的状态对$U$没有影响。

虽然简单循环网络从理论上可以建立长时间间隔状态之间的依赖关系,但是由于梯度爆炸或消失问题,实际上只能学习到短期的依赖关系,这就是循环神经网络在学习过程中经常遇到的长期依赖问题(long-term dependencies problem)。

为了避免梯度爆炸或消失问题,一种最直接的方式就是选取合适的参数,同时使用非饱和的激活函数,尽量使得 $\text{diag}(f'(z_i))U^T \approx 1$,这种方式需要足够的人工调参经验,限制了模型的广泛应用。下面介绍几种比较有效的改进模型或优化方法来缓解循环神经网络的梯度爆炸和梯度消失问题。

(1)梯度爆炸

一般而言,循环网络的梯度爆炸问题比较容易解决,主要通过权重衰减或梯度截断来避免。

权重衰减是通过给参数增加L_1或L_2范式的正则化项限制参数的取值范围,从而使得$\gamma \leq 1$。梯度截断是另一种有效的启发式方法,当梯度的

模大于一定阈值时，就将它截断成为一个较小的数。

（2）梯度消失

梯度消失是循环神经网络的主要问题。除了使用一些优化技巧外，更有效的方式就是改变模型，比如让 $U=1$，同时使用 $f'(z_i)=1$，即

$$h_t = h_{t-1} + g(x_t;\theta) \tag{8-23}$$

式（8-23）中，$g(\ )$是一个非线性函数，θ 为参数。

在式（8-23）中，h_t 和 h_{t-1} 之间为线性依赖关系，且权重系数为1，这样就不存在梯度爆炸或消失问题。但是，这种改变也丢失了神经元在反馈边上的非线性激活的性质，因此也降低了模型的表达能力。

为了避免这个缺点，可以采用一个更加有效的改进策略：

$$h_t = h_{t-1} + g(x_t, h_{t-1};\theta) \tag{8-24}$$

这时 h_t 和 h_{t-1} 之间既有线性关系，也有非线性关系，在一定程度上可以缓解梯度消失问题。但这种改进依然有一个问题就是记忆容量（memory capacity）。随着 h_t 不断累积存储新的输入信息，会发生饱和现象。假设 $g(\ )$ 为 logistic 函数，则随着时间 t 的增长，h_t 会变得越来越大，从而导致 h 变得饱和。也就是说，隐藏状态 h_t 可以存储的信息是有限的，随着记忆单元存储的内容越来越多，其丢失的信息也越来越多。

为了解决容量问题，最有效的方法是进行选择性的遗忘，同时也进行有选择地更新，这就是长短时记忆神经网络。

8.2.2 长短时记忆神经网络

长短时记忆神经网络（long short-term memory neural network，LSTM）是RNN的一种特殊类型，可以学习长期依赖信息。LSTM由Hochreiter 和 Schmidhuber 在1997年提出，并在近期被 Alex Graves 进行了改良和推广。在很多问题上，LSTM 都取得相当巨大的成功，并得到了广泛的使用。

所有的RNN都具有重复神经网络模块的链式形式，在标准的RNN中，这个重复的模块只有一个非常简单的结构，如一个tanh层，如图8.4所示。式（8-22）中，如果 $\gamma>1$，当 $t-k\to\infty$ 时，$\gamma^{t-k}\to\infty$ 会造成梯度爆炸问题；相反，如果 $\gamma<1$，当 $t-k\to\infty$ 时，$\gamma^{t-k}\to 0$ 时会出现和深度前馈神经网络类似的梯度消失问题。换言之，导数的链式法则导致了连乘的形式，从而造成梯度消失与梯度爆炸。LSTM使用"累加"的形式计算状态，

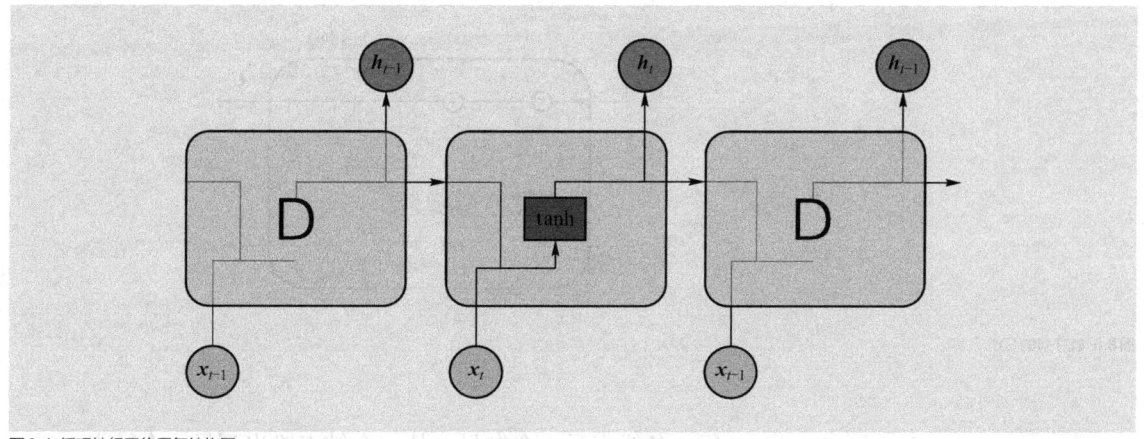

图8.4 循环神经网络重复结构图

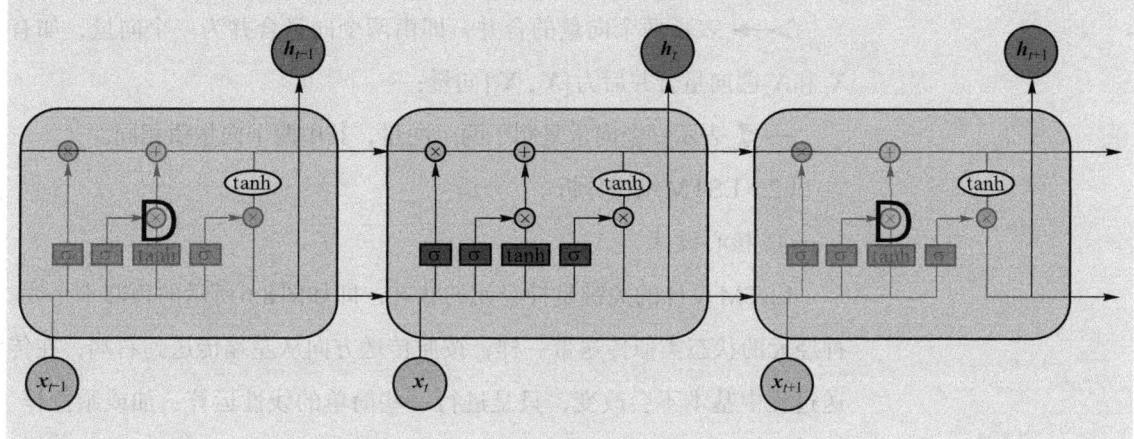

图8.5 LSTM结构图

这种累加形式导致导数也是累加形式，从而避免了梯度消失。

（1）LSTM的结构

LSTM的设计就是为了精确解决RNN的长短时记忆问题，默认情况下LSTM是记住长时间依赖的信息，而不是让LSTM努力去学习长时间的依赖。LSTM的循环体是一个拥有四个相互关联的全连接前馈神经网络的复制结构，如图8.5所示。

在图8.5中，黑线代表向量，从一个结点到其他结点的传输；圆圈代表一种操作，如向量的和；矩阵就是学习到的神经网络层；合在一起的线表示向量的连接；分开的线表示内容被复制，然后分发到不同的位置。具体的符号语义如下：

☐ 表示一个神经网络层；

◯ 表示一种操作，如加号表示矩阵或向量的求和，乘号表示向量的乘法操作；

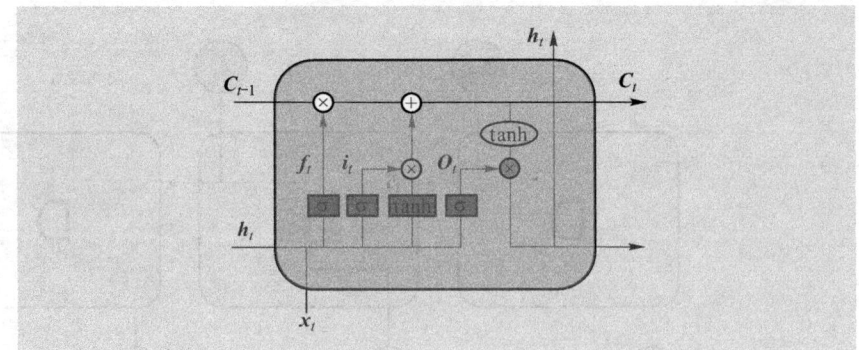

图8.6 LSTM的C线

→ 每一条线表示一个向量，从一个结点输出到另一个结点；

⤳ 表示两个向量的合并，即由两个向量合并为一个向量，如有 X_1 和 X_2 两向量合并后为 $[X_1, X_2]$ 向量；

⤙ 表示一个向量复制了两个向量，其中两个向量值相同。

（2）LSTM结构分析

① 核心设计

LSTM设计的关键是神经元的状态，即如图8.6所示的顶部水平线。神经元的状态类似传送带一样，按照传送方向从左端传送到右端，在传送过程中基本不会改变，只是进行一些简单的线性运算：加或乘操作。神经元间通过线性操作能够小心地管理神经元的状态信息，将这种管理方式称为门操作（gate）。

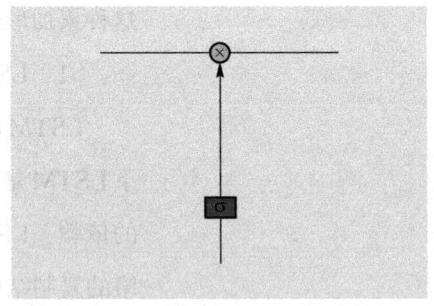

图8.7 LSTM的基本控制门

门操作能够随意地控制神经元状态信息的流动，如图8.7所示，它由一个sigmoid激活函数的神经网络层和一个点乘运算组成。sigmoid层输出要么是1要么是0，若是0则不能让任何数据通过；若是1则意味着任何数据都能通过。

LSTM有三个门来管理和控制神经元的状态信息。

② 遗忘门

LSTM执行的第一步是要决定从上一个时刻的状态中丢弃什么信息，通过一个有sigmoid层的全连接前馈神经网络的输出来管理，将这种操作称为遗忘门（forget gate layer），如图8.8所示。这个全连接的前馈神经网络的输入是 h_{t-1} 和 x_t 组成的向量，输出是 f_t 向量。f_t 向量是由1和0组

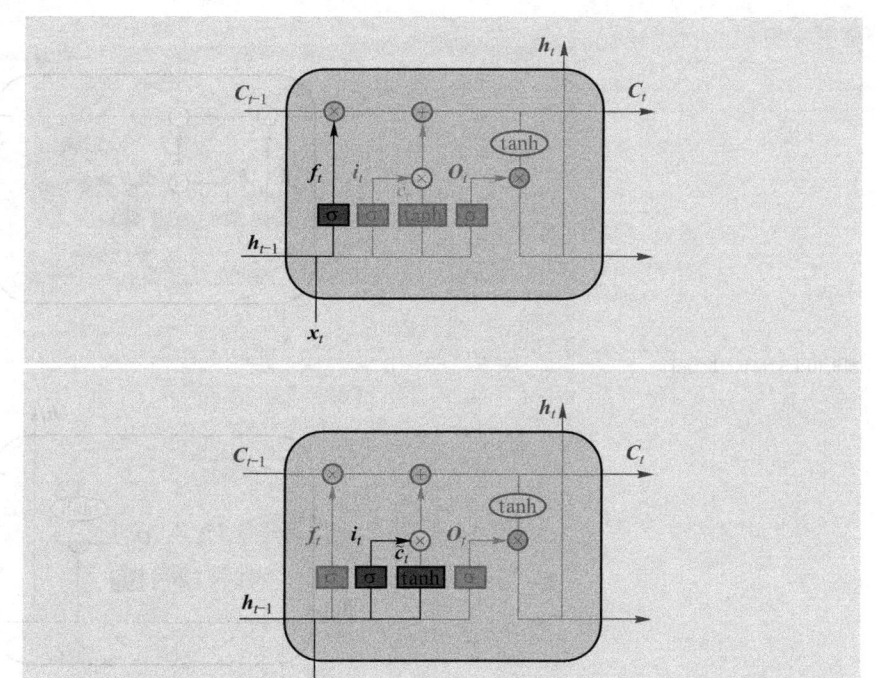

图8.8 LSTM的遗忘门图

图8.9 LSTM的输入门

成,1表示能够通过,0表示不能通过。其函数式为:

$$f_t = \sigma(W_f[h_{t-1}, x_t] + b_f) \quad (8-25)$$

③ 输入门

第二步决定哪些输入信息要保存到神经元的状态中。这由两队前馈神经网络决定,如图8.9所示。首先是一个有sigmoid层的全连接前馈神经网络,称为输入门(input gate layer),其决定了哪些值将被更新;然后是一个有tanh层的全连接前馈神经网络,其输出是一个向量C_t,C_t可以被添加到当前时刻的神经元状态中;最后根据两个神经网络的结果创建一个新的神经元状态。其函数关系为:

$$i_t = \sigma(w_i[h_{t-1}, x_t] + b_i) \quad (8-26)$$

$$\tilde{C}_t = \tanh(W_C[h_{t-1}, x_t] + b_c) \quad (8-27)$$

④ 状态控制

第三步就可以更新上一时刻的状态C_{t-1}为当前时刻的状态C_t了。上述第一步的遗忘门计算了一个控制向量,此时可通过这个向量过滤一部分C_{t-1}信息,如图8.10所示的乘法操作;上述第二步的输入门根据输入向量计算了新状态,此时可以通过这个新状态和C_{t-1}状态构建一个新的状态C_t,如图8.10所示的加法操作。其函数关系为:

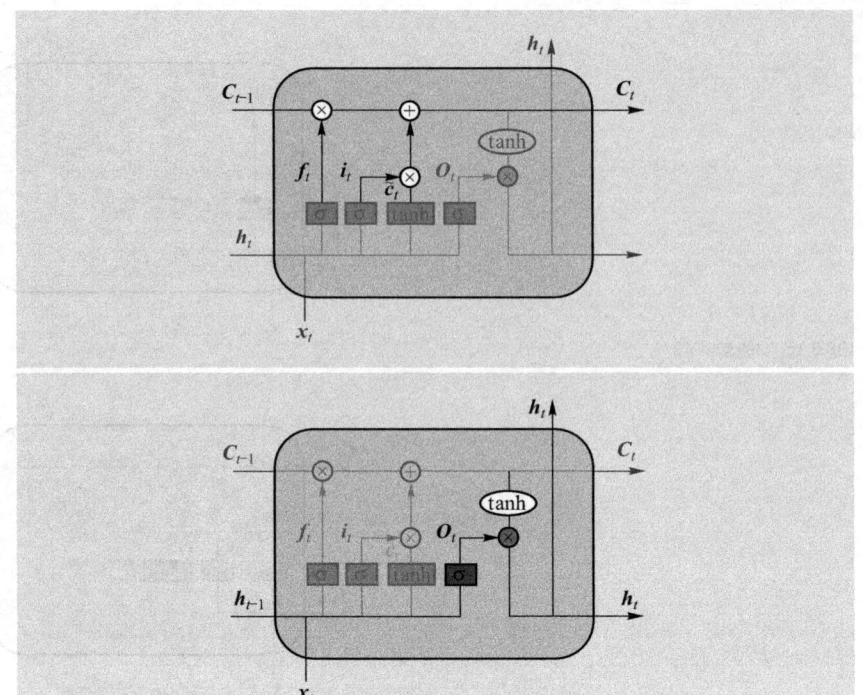

图8.10 LSTM状态控制图

图8.11 LSTM的输出门

$$C_t = f_t * C_{t-1} + i_t * \tilde{C}_t \quad (8-28)$$

⑤ 输出门

最后一步就是决定神经元的输出向量 h_t 是什么，此时的输出是根据上述第三步的 C_t 状态进行计算的，即根据一个有 sigmoid 层的全连接前馈神经网络过滤掉一部分 C_t 状态作为当前时刻神经元的输出，如图8.11所示。这个计算过程是：首先通过 sigmoid 层生成一个过滤向量；然后通过一个 tanh 函数计算当前时刻的 C_t 状态向量（即将向量每个值的范围变换在 [-1, 1] 上）；接着通过 sigmoid 层的输出向量过滤 tanh 函数的计算结果，即为当前时刻神经元的输出。其函数关系为：

$$o_t = \sigma(W_0[h_{t-1}, x_t] + b_0) \quad (8-29)$$

$$h_t = o_t * \tanh(C_t) \quad (8-30)$$

（3）LSTM的延伸网络

上述介绍的LSTM结构是一个正常的网络结构，然而并不是所有的LSTM网络都是这种结构，实际上，LSTM有很多种变体，即为多种变化形态。下面介绍几种常用的形态结构。

① peephole 连接

这种流行的LSTM变体是由 Gers 和 Schmidhuber 在2000年提出的

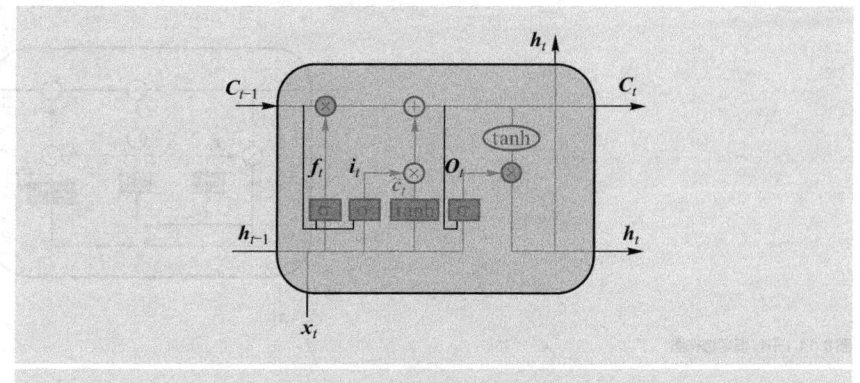

图 8.12 LSTM 的 peephole 连接图

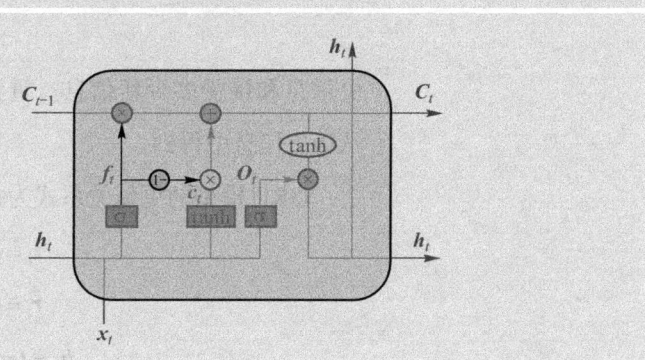

图 8.13 耦合的遗忘门和输入门

网络结构，如图 8.12 所示。通过将上一时刻的状态 C_{t-1} 合并到各个门上，从而更详细控制各个门的管理。其具体的各层函数关系式为：

$$f_t = \sigma(W_f g[C_{t-1}, h_{t-1}, x_t] + b_f) \tag{8-31}$$

$$i_t = \sigma(W_i g[C_{t-1}, h_{t-1}, x_t] + b_i) \tag{8-32}$$

$$o_t = \sigma(W_o g[C_t, h_{t-1}, x_t] + b_o) \tag{8-33}$$

② 耦合的遗忘门和输入门（coupled forget and input gates）

另一种变体是使用耦合的遗忘门和输入门，如图 8.13 所示。

LSTM 网络中的输入门和遗忘门有些互补关系，因此同时用两个门比较冗余。为了减少 LSTM 网络的计算复杂度，将这两个门合并为一个门。其具体的函数关系为：

$$C_t = f_t * C_{t-1} + (1 - f_t) * \tilde{C}_t \tag{8-34}$$

③ 门限循环单元（Gated Recurrent Unit，GRU）

GRU 是一种比 LSTM 更加简化的版本，是 LSTM 的一种变体，如图 8.14 所示。在 LSTM 中，输入门和遗忘门是互补关系，因为同时用两个门比较冗余。GRU 将输入门与遗忘门合并成一个门：更新门（update gate），同时还合并了记忆单元和神经元的活性值。GRU 模型中有两个门：更新门 z 和重置门 r，更新门 z 用来控制当前的状态需要遗忘多少历

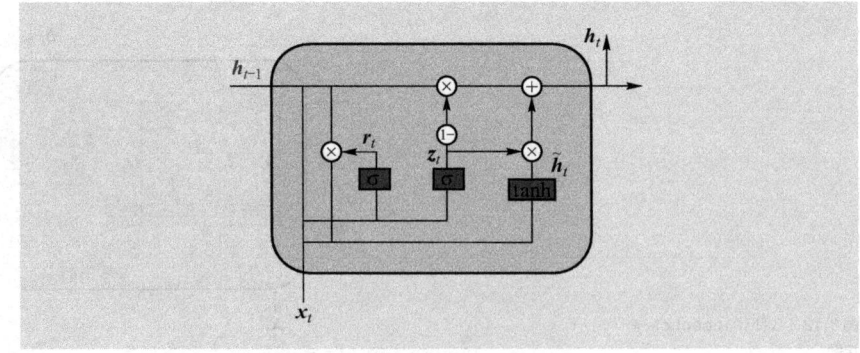

图8.14 GRU模型结构图

史信息和接受多少新信息。重置门 r 用来控制候选状态中有多少信息是从历史信息中得到。

GRU模型的更新关系式为：

$$z_t = \sigma(W_z[h_{t-1}, x_t]) \tag{8-35}$$

$$r_t = \sigma(W_r[h_{t-1}, x_t]) \tag{8-36}$$

$$\tilde{h}_t = \tanh(W[r_t * h_{t-1}, x_t]) \tag{8-37}$$

$$h_t = (1 - z_t) * h_{t-1} + z_t * \tilde{h}_t \tag{8-38}$$

8.3 深层循环神经网络

如果将深度定义为网络中信息传递路径长度的话，循环神经网络可以看作是既"深"又"浅"的网络。一方面，如果把循环网络按时间展开，长时间间隔的状态之间的路径很长，循环网络可以看作是一个非常深的网络。另一方面，如果同一时刻网络输入到输出之间的路径为 $x_t \to y_t$，那么这个网络是非常浅的。

既然增加深度可以极大地增强前馈神经网络的处理能力，那么如何增加循环神经网络的深度呢？

增加循环神经网络的深度主要是增加同一时刻网络输入到输出之间的路径 $x_t \to y_t$，比如增加隐藏状态到输出 $h_t \to y_t$，以及输入到隐藏状态 $x_t \to h_t$ 之间的路径的深度。

一种常见的做法是将多个循环网络堆叠起来，称为堆叠循环神经网络（stacked recurrent neural network，SRNN）。一个堆叠的简单循环神经网络也称为循环网络多层感知器（recurrent multi-layer perceptron，RMLP）。

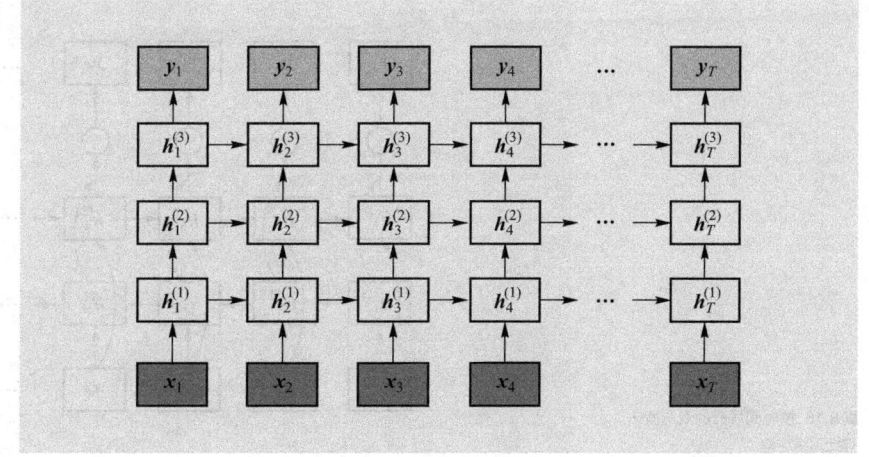

图8.15 按时间展开的堆叠循环神经网络

图8.15给出了按时间展开的堆叠循环神经网络。第 l 层网络的输入是第 $l-1$ 层网络的输出。定义 $h_t^{(l)}$ 为在时刻 t 时第 l 层的隐藏状态。

$$h_t^{(l)} = f(U^{(l)} h_{t-1}^{(l)} + W^{(l)} h_t^{(l-1)} + b^{(l)}) \qquad (8-39)$$

式（8-39）中，$U^{(l)}$、$W^{(l)}$ 和 $b^{(l)}$ 为权重矩阵和偏置向量，当 $l=1$ 时，$h_t^{(0)} = x_t$。

8.4 双向循环神经网络

从单向的循环神经网络结构中可以知道它的下一刻预测输出是根据前面多个时刻的输入来共同影响的，而有些时候预测可能需要由前面若干输入和后面若干输入共同决定，这样会更加准确。例如，"我肚子xx，准备去吃饭"，那么如果没有后面的部分就不能很好地推断出是"饿了"，也可能是"好疼"或"胖了"之类的词。再例如下面这句话：我的手机坏了，我打算____一部新手机。可以想象，如果只看横线前面的词，手机坏了，那么我是打算修一修？换一部新的？这些都是无法确定的。但如果看到了横线后面的词是"一部新手机"，那么，横线上的词填"买"的概率就大得多了。

鉴于单向循环神经网络在某些情况下的不足，提出了双向循环神经网络，因为在许多应用中是需要能关联未来的数据，而单向循环神经网络属于关联历史数据，所以对于未来数据的关联就提出了反向循环神经网络，两个方向的网络结合到一起就能关联历史与未来了。

双向循环神经网络（bidirectional recurrent neural network，Bi-RNN）

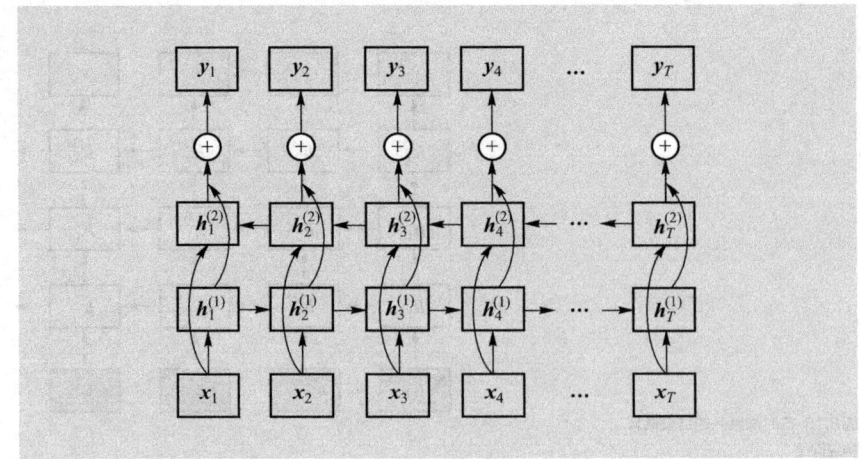

图8.16 按时间展开的双向循环神经网络结构

由两层循环神经网络组成,它们的输入相同,只是信息传递的方向不同。双向循环神经网络按时刻展开的结构如图8.16所示,可以看到向前和向后层共同连接着输出层,其中包含了6个共享权值,分别为输入到向前层和向后层两个权值、向前层和向后层各自隐含层到隐含层的权值、向前层和向后层各自隐含层到输出层的权值。

假设第1层按时间顺序,第2层按时间逆序,在时刻 t 时的隐藏状态定义为 $h_t^{(1)}$ 和 $h_t^{(2)}$,则

$$h_t^{(1)} = f(U^{(1)} h_{t-1}^{(1)} + W^{(1)} x_t + b^{(1)}) \quad (8-40)$$

$$h_t^{(2)} = f(U^{(2)} h_{t+1}^{(2)} + W^{(2)} x_t + b^{(2)}) \quad (8-41)$$

$$h_t = h_t^{(1)} \oplus h_t^{(2)} \quad (8-42)$$

式(8-42)中,$\oplus$ 为向量拼接操作。

从图8.16以及式(8-40)、式(8-41)以及式(8-42)中可以看出一般的规律:正向计算时,隐藏层的值 $h_t^{(1)}$ 与 $h_{t-1}^{(1)}$ 有关;反向计算时,隐藏层的值 $h_t^{(2)}$ 与 $h_{t+1}^{(2)}$ 有关;最终的输出取决于正向和反向计算的结果。

从式(8-40)、式(8-41)以及式(8-42)中还可以看到,正向计算和反向计算不共享权值,也就是说 $U^{(1)}$ 和 $U^{(2)}$、$W^{(1)}$ 和 $W^{(2)}$、$b^{(1)}$ 和 $b^{(2)}$、$V^{(1)}$ 和 $V^{(2)}$ 都是不同的权重矩阵。

双向RNN需要的内存是单向RNN的两倍,因为在同一时间点,双向RNN需要保存两个方向上的权重参数,在分类的时候,需要同时输入两个隐藏层输出的信息。

8.5 循环神经网络的应用

8.5.1 情感分析

情感分析（sentiment analysis），又称倾向性分析、意见抽取（opinion extraction）、意见挖掘（opinion mining）、情感挖掘（sentiment mining）、主观分析（subjectivity analysis），它是对带有情感色彩的主观性文本进行分析、处理、归纳和推理的过程。例如，从评论文本中分析用户对"数码相机"的"变焦、价格、大小、重量、闪光、易用性"等属性的情感倾向，或者是对一部电影的评论，对一个商品的评价，对一次体验的感想等。情感分析的目的是对带有情感色彩的主观性文本进行判断，识别出用户的态度，是喜欢、讨厌还是中立，这在实际生活中有很多应用，例如，通过对 Twitter 用户的情感分析，来预测股票走势、电影票房、选举结果等，还可以用来了解用户对公司、产品的喜好，分析结果可以被用来改善产品和服务，还可以发现竞争对手的优劣势等。

情感分析最常用的做法就是在文本中找到具有各种感情色彩属性的词，统计每个属性词的个数，哪个类多，这段话就属于哪个属性。但是这存在一个问题，例如 don't like，一个属于否定，一个属于肯定，统计之后变成 0 了，而实际上应该是否定的态度。再有一种情况是，前面几句是否定，后面又是肯定，那整段到底是中立还是肯定呢，为了解决这样的问题，就需要考虑上下文的环境。

任务的表示是：

Input: a sentence。

Output: a sentiment label (2-class)。

例如：

Input：I hate this movie。

Output：1（代表正情感）。

传统的做法是将"I hate this movie"这句话通过特征工程，变成一个特征向量，然后送入分类器。而在 RNN 表示为句子的时候，将"I hate this movie"通过一个 RNN，在最后一个隐藏层状态得到该句子的表示，相当于得到它的特征向量。

在情感分析过程中，还会面临一种问题，那就是评价属性的缺失，或者说评价属性不在句子中。这是很常见的现象，此时就需要结合上下文环境，而RNN可用于表示上下文语境。例如，在预测this的词性的时候，并不是独立的只看this这个单词对最后预测的影响，而是通过前面的RNN单元从前面的时间序列传过来的隐层信息作为当前的语境表示，从而实现后续的词性预测。

8.5.2 语音识别

语音识别技术是一门交叉技术，近二十年来取得显著进步，开始从实验室走向市场。人们预计，未来10年内，语音识别技术将进入工业、家电、通信、汽车电子、医疗、家庭服务、消费电子产品等各个领域。语音识别技术，也被称为自动语音识别，其目标是将人类语音中的词汇内容转换为计算机可读的输入，要实现语音识别，其实现过程如图8.17所示。

语音识别方法主要是模式匹配法，其包括两个阶段，一是训练阶段，用户将词汇表中的所有词依次说一遍，并且将其特征矢量作为模板存入模型库；其二是识别阶段，将输入语音的特征矢量依次与模型库中的每个模板进行相似度比较，将相似度最高者作为识别结果的输出。

2015年，百度公开发布的采用神经网络的LSTM+CTC模型大幅度降低了语音识别的错误率。其中，CTC全称是connectionist temporal classification，即联结主义时间分类，采用这种技术对安静环境下的标准普通话识别率接近97%。CTC的计算实际上是计算损失值的过程，就像其他损失函数一样，它的计算结果也是评估网络的输出值和真实值差多少。

在语音识别开始之前，需要对原始声波进行数据处理，输入数据是提取声学特征的数据，以帧长25ms、帧移10ms的分帧为例，1s的语音数据大概会有100帧左右的数据。采用Mel倒谱频系统（mel-frequency cepstral coefficients, MFCC）提取特征，默认情况下一帧语音数据会提取13个特征值，那么1s大概会提取100×13个特征值。用矩阵表示是一个100行13列的矩阵。

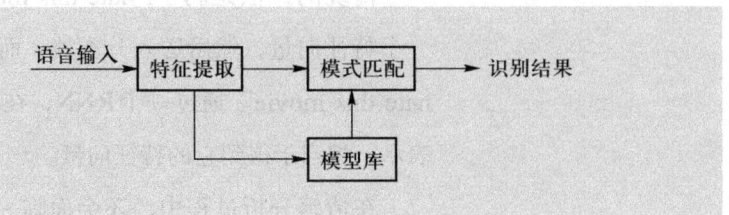

图8.17 语音识别过程

把语音数据特征提取完之后,其实就和图像数据差不多了。只不过图像数据把整个矩阵作为一个整体输入到循环神经网络里处理,序列化数据是一帧一帧的数据放到网络中处理。

如果训练英文的一句话,假设输入给LSTM的是一个100×13的数据,发音因素的种类数是26(26个字母),则经过LSTM处理之后,输入给CTC的数据要求是100×28的矩阵($28 = 26 + 2$)。其中100是原始序列的长度,即多少帧的数据,28表示这一帧数据在28个分类上的各自概率。在这28个分类中,其中26个是发音因素,剩下的两个分别代表空白和没有标签。

原始的wav文件经过声学特征提取变成$N \times 13$,N代表这段数据的长度,13是每一帧数据的特征值,N不是固定的。然后把$N \times 13$矩阵输入给LSTM网络,这里涉及两层双向LSTM网络,隐藏结点是40个,经过LSTM网络之后,如果是单向的,输出会变成40个维度,双向的就会变成80个维度。再经过全连接,对这些特征值分类,经过softmax函数计算各个分类的概率,最后接正确的音素序列。

8.5.3 机器翻译

机器翻译(machine translation,MT)是采用计算机来进行自然语言之间翻译的一门新兴实验性学科,是将一种源语言语句变成意思相同的另一种源语言语句,如将英语语句变成同样意思的中文语句。机器翻译也是计算语言学的一个应用领域,它的研究是建立在语言学、数学和计算技术这三门学科的基础之上,语言学家提供适合于机器进行加工的词典和语法规则,数学家把语言学家提供的材料进行形式化和代码化,计算技术专家给机器翻译提供软件手段和硬件设备,缺少上述任何一方面,机器翻译就不能实现。机器翻译效果的好坏,也完全取决于上述三方面的共同努力。机器翻译与语言模型的关键区别在于,机器翻译需要将源语言语句序列输入后,才进行输出,即输出第一个单词时,便需要从完整的输入序列中进行获取第二个单词、依次进行。机器翻译如图8.18所示。

将整个句子输入循环神经网络后,这个时候最后一刻的输出就已经处理完了整个句子,假设这个时候输出的是"机",然后将"机"作为下一时刻的输入,再产生"器",就这样一直执行下去,理论上他会一直执

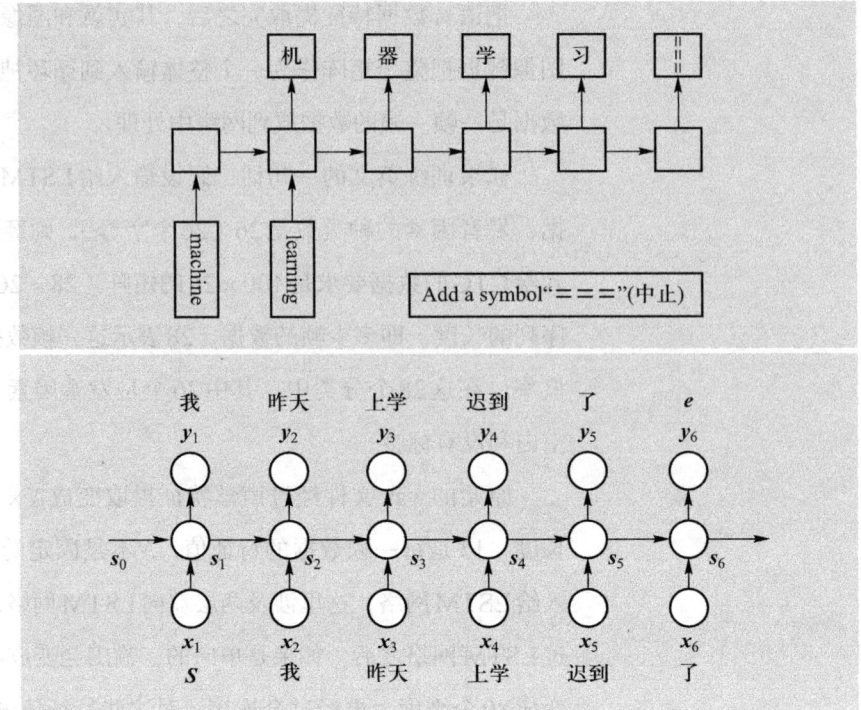

图8.18 机器翻译示意图

图8.19 RNN输入与输出示例

行下去,并不知道应该在什么时间停止,所以这个时候就应该在输出中增加中止标志"===",代表中断或停止的意思。

8.5.4 基于循环神经网络的语言模型

基于循环神经网络的语言模型就是把词依次输入到循环神经网络中,每输入一个词,循环神经网络就输出到目前为止,下一个最可能的词。例如,当依次输入:我–昨天–上学–迟到–了。

神经网络的输出如图8.19所示。

其中,S和e是两个特殊的词,表示一个序列的开始和结束。

（1）向量化

神经网络的输入和输出都是向量,为了让语言模型能够被循环神经网络处理,必须把词表达为向量的形式,这样神经网络才能处理它。

神经网络的输入是词,可以用下面的步骤对输入进行向量化。

① 建立一个包含所有词的词典,每个词在词典里面有一个唯一的编号。

② 任意一个词都可以用一个N维的one-hot向量来表示。其中,N是词典中包含的词的个数。假设一个词在词典中的编号是i,v是表示这个词的向量,v_j是向量的第j个元素,则:

$$v_j = \begin{cases} 1 & j = i \\ 0 & j \neq i \end{cases} \tag{8-43}$$

式（8-43）的含义，可以用图8.20来直观的表示。

使用这种向量化方法，就得到了一个高维、稀疏的向量（稀疏是指绝大部分元素的值都是0）。处理这样的向量会导致循环神经网络有很多的参数，带来庞大的计算量。因此，往往会需要使用一些降维方法，将高维的稀疏向量转变为低维的稠密向量。

语言模型要求的输出是下一个最可能的词，可以让循环神经网络计算词典中每个词其下一个词的概率，这样，概率最大的词就是下一个最可能的词。因此，神经网络的输出向量也是一个N维向量，向量中的每个元素对应着词典中相应词的下一个词的概率，如图8.21所示。

（2）softmax层

语言模型是对下一个词出现的概率进行建模，那么，怎样让循环神经网络输出概率呢？方法就是用softmax层作为循环神经网络的输出层。

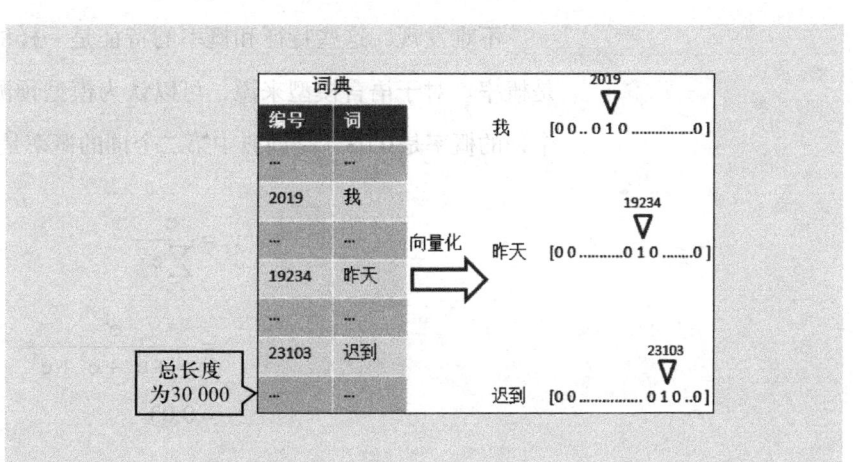

图8.20 RNN语言模型向量化示意图

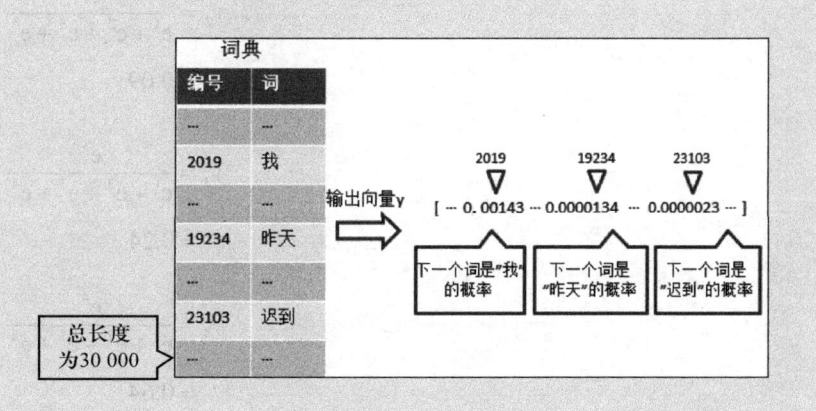

图8.21 RNN的语言模型词典示意图

softmax 函数的定义为：

$$g(z_i) = \frac{e^{z_i}}{\sum_k e^{z_k}} \quad (8\text{-}44)$$

式（8-44）看起来很晦涩，举一个例子，softmax 层如图 8.22 所示。

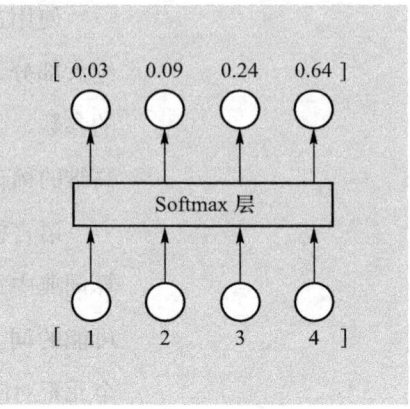

从图 8.22 可以看出，softmax 层的输入是一个向量，输出也是一个向量，两个向量的维度是一样的（在这个例子里面是 4）。输入向量 $x = [1\ 2\ 3\ 4]$ 经过 softmax 函数计算，转变为输出向量 $y = [0.03\ 0.09\ 0.24\ 0.64]$。计算过程为：

输出向量 y 有如下特征：

① 每一项的取值为 0~1 之间的正数；

② 所有项的总和是 1。

不难发现，这些特征和概率的特征是一样的，因此可以把它们看作是概率。对于语言模型来说，可以认为模型预测下一个词是词典中第一个词的概率是 0.03，是词典中第二个词的概率是 0.09，以此类推。

图 8.22 RNN 语言处理输出层示意图

$$y_1 = \frac{e^{x_1}}{\sum_k e^{x_k}}$$

$$= \frac{e^1}{e^1 + e^2 + e^3 + e^4}$$

$$= 0.03$$

$$y_2 = \frac{e^2}{e^1 + e^2 + e^3 + e^4}$$

$$= 0.09$$

$$y_3 = \frac{e^3}{e^1 + e^2 + e^3 + e^4}$$

$$= 0.24$$

$$y_4 = \frac{e^4}{e^1 + e^2 + e^3 + e^4}$$

$$= 0.64$$

（3）语言模型的训练

可以使用监督学习的方法对语言模型进行训练，首先需要准备训练数据集。下面，介绍怎样把语料"我–昨天–上学–迟到–了"转换成语言模型的训练数据集。

首先，获取输入–标签对，如表8.1所示。

表8.1　RNN输入–标签表

输入	标签
s	我
我	昨天
昨天	上学
上学	迟到
迟到	了
了	e

使用前面介绍过的向量化方法，对输入 x 和标签 y 进行向量化。对标签 y 进行向量化，其结果也是一个one-hot向量。例如，对标签"我"进行向量化，得到的向量中，只有第2019个元素的值是1，其他位置的元素的值都是0。它的含义就是下一个词是"我"的概率是1，是其他词的概率都是0。

使用交叉熵误差函数作为优化目标，对模型进行优化。在实际工程中，可以使用大量的语料来对模型进行训练，获取训练数据集和传统的循环神经网络训练的方法是完成相同的。

（4）交叉熵误差

一般来说，当神经网络的输出层是softmax层时，对应的误差函数 E 通常选择交叉熵误差函数，其定义如下：

$$L(\boldsymbol{y},\boldsymbol{o}) = -\frac{1}{N}\sum_{n\in N}\boldsymbol{y}_n \log \boldsymbol{o}_n \tag{8-45}$$

式（8-45）中，N 是训练样本的个数；向量 $\boldsymbol{y}_n$ 是样本的标记；向量 $\boldsymbol{o}_n$ 是网络的输出。标记 $\boldsymbol{y}_n$ 是一个One-Hot向量，例如 $y_1 = [1, 0, 0, 0]$，如果网络的输出 $\boldsymbol{o} = [0.03, 0.09, 0.24, 0.64]$，那么，交叉熵误差为（假设只有一个训练样本，即 $N = 1$）：

$$L = -\frac{1}{N}\sum_{n \in N} y_n \log o_n$$
$$= -y_1 \log o_1$$
$$= -(1 \times \log 0.03 + 0 \times \log 0.09 + 0 \times \log 0.24 + 0 \times \log 0.64)$$
$$= 3.15$$

当然可以选择其他函数作为误差函数，比如最小平方误差函数（MSE）。不过对概率进行建模时，选择交叉熵误差函数更合适。

8.6 本章小结

在前馈神经网络中，信息的传递是单向的，这种限制虽然使得网络变得更容易学习，但在一定程度上也减弱了神经网络建模的能力。在生物神经网络中，神经元之间的连接关系要复杂得多。前馈神经网络可以看成是一个复杂的函数，每次输入都是独立的，即网络的输出只依赖于当前的输入。但是在很多现实任务中，网络的输入不仅和当前时刻的输入相关，也和其过去一段时间的输出相关。

基于此，本章介绍了循环神经网络的基本结构，给出了其基本工作原理。在循环神经网络工作过程中，包括两个过程，一个是前向计算，也就是值传递过程；另一个是梯度误差反向传播的过程。本章给出了循环神经网络前向值传递过程，也给出了损失函数对输入连接权、对前一个结点同本层结点连接权以及本层结点对输出结点连接权的偏导数。采用这种值传递以及梯度反向传播的方法，存在着梯度爆炸以及梯度消失的问题，为了改进循环神经网络的不足，本章给出了改进的循环神经网络，也就是LSTM网络，同时给出了LSTM的组成结构，并对结构进行了分析，同时也给出了两个变形的LSTM网络结构，即peephole连接网络以及耦合的遗忘门和输入门网络。同时也介绍了深度循环神经网络和双向循环神经网络的模型结构，最后简单地给出了循环神经网络在情感分析、语音识别、机器翻译以及基于循环神经网络的语言模型方面的应用。

习题

1. 简述循环神经网络工作过程。
2. 循环神经网络同卷积神经网络有什么区别?
3. 计算式(8-18)、式(8-19)和式(8-20)中的梯度。
4. 计算LSTM网络中参数的梯度,并分析其避免梯度消失的效果。
5. 计算GRU网络中参数的梯度,并分析其避免梯度消失的效果。
6. 查找资料,为何能将GRU的输入门和遗忘门合并成一个门?
7. 简述双向循环神经网络的工作过程。
8. 循环神经网络除了本章介绍的基本应用外,还有什么其他应用?

参考文献

[1] TANG Z, LI L, WANG D, et al. Collaborative Joint Training with Multi-task Recurrent Model for Speech and Speaker Recognition[J]. IEEE/ACM Transactions on Audio Speech & Language Processing, 2016, (99):1-18.

[2] IOFFE S, SZEGEDY C. Batch Normalization:Accelerating Deep Network Training by Reducing Internal Covariate Shift[J]. Computer Science, 2015, 45(6):243-256.

[3] HOCHREITER S, SCHMIDHUBER J. Long Short-Term Memory[J]. Neural Computation, 2012, 9(8): 1735-1780.

第9章 自然语言处理

自然语言处理（natural language processing, NLP）是人工智能和语言学领域的分支学科。其研究的主要目的在于，让计算机懂人类的语言，即把自然语言转化为计算机更易于处理的形式。本章首先讲解自然语言处理的基本原理，然后讨论自然语言处理的模型（包括语料库、统计语言模型及概率图模型等），最后介绍自然语言处理的几个应用案例。

9.1 概论

狭义地讲，利用计算机进行语言分析的研究是一门语言学与计算机科学的交叉学科，学术界称之为计算语言学，或者说自然语言处理可以理解为"语言学范畴+计算模型"[1]。其中，语言学范畴是指由语言学家定义的语言学概念和标准，如词、词性、语法、语义角色、篇章结构等[2]，自然语言处理的任务大多来源于此，但具体实现的计算模型或算法通常由计算机专家研制。

一般来说，通用的基础自然语言处理总是与语言学领域的范畴直接相关联的，研究包括词干提取、分词、词性标注、命名实体识别、词义消歧、组块识别、句法分析、语义角色标注、篇章分析等。还有一些自然语言处理研究不与语言学范畴直接关联，而是面向文本处理应用的，比如机器翻译、信息抽取、情感分类、信息检索、问答系统等，这些面向应用的自然语言处理技术多少会依赖于前面所介绍的几类自然语言处理基础研究。

在计算模型研究方面，有规则方法和统计方法两种。由于自然语言在本质上属于人类社会因交流需要而产生的符号系统，其规则和推理特征鲜明，因此早期自然语言处理的研究首要采用规则方法。然而，一方面，人类语言毕竟不是形式语言，规则模式往往隐式存在语言当中，使规则的制定并不容易；另一方面，自然语言的复杂性使得规则很难既无冲突又能涵盖全部的语言现象，于是这种基于规则的方法使得自然语言处理研究长时间停留在一种小范围可用的阶段。直到大规模语料库的建设和统计机器学习方法流行开来后，自然语言处理研究才逐渐走向了面向实用化的道路。统计方法省去了很多人工编制规则的负担，在模型生成方面自动训练特征的权重,具有较好的健壮性。然而,当想要得到一个好的自然语言模型,在设计反映语言现象的模型以及合适的特征设计方面,仍离不开自然语言处理研究人员对语言的深入理解及其智力的支持。

可以看到,自然语言处理的处理方式是将理解自然语言的过程看作是一种对语言的数学建模。一方面要求研究者有扎实的语言学知识背景,另一方面也要具备深厚的数理功底和机器学习经验。这样在面对一个具体的自然语言处理问题时,才能将其分解为可操作性的建模任务。从这个角度讲,自然语言处理并非是真正理解自然语言,只是将语言处理当作一种计算任务。

9.2 自然语言处理原理

9.2.1 语言学基础

(一)语素

语素是汉语的最小语言单位,根据构词中语素的多少,分为单音节语素、双音节语素和多音节语素[3]。单音节语素一个音节就具有语意,如土、火、人、水、风、子、民、大、海等为单音节语素。双音节语素只有两个音节合起来才有语意,分开来没有与该语素相关的意义,双音节语素主要包括联绵字、外来词和专用名词,如琵琶、乒乓、澎湃、鞑靼、尴尬、荆棘、蜘蛛、踯躅、踌躇、仿佛等。多音节语素主要指由两个以上的音节组成,主要是拟声词、专用名词和音译外来词,如喜马拉雅、珠穆朗玛、安迪斯、法兰克福、奥林匹克、白兰地、凡士林、噼里啪啦、淅淅沥沥。

(二)汉语词性

词是由语素组成的最小造句单位。从构成方式来看,可以分成单纯词和合成词。单纯词是由一个语素组成的词,自由的单音节语素和所有的双音节、多音节语素都可以组成单纯词,如山、水、天、地、人、有、土、红、凑、仿佛、苍茫、蜈蚣、琉璃、参差、蹉跎、敌敌畏、阿司匹林、萨克斯、麦克风等。合成词由两个或两个以上的语素组成的词,从词性来看可以分成实词和虚词[4]。实词指有实际意义的词,包括名词、动词、形容词和量词，具体见表9.1所示；虚词表示没有具体意义的词，包括连词、助词、介词和感叹词等，具体如表9.2所示。

表9.1 实词表

名称	示例	备注
名词：表示人或事物名称的词。	主要包括人物名词、时间名词和方位名词，如学生、老头、维吾尔族、上午、甲戌、世纪、东南、上面等。	
动词：表示动作行为及发展变化的词。	有行为动词、心理动词、使令动词、存现动词、能愿动词、趋向动词和判断动词，如跑、喝、敲、摸、生长、发芽、喜欢、觉得、消失、有、让、禁止、会、愿意、来、上、是、为、乃等。	
形容词：表示事物性质、状貌特征的词。	表形状、性质和表状态的形容词，如大、高、瘦、细、甜、好、香、漂亮、单调、快、浓、多、迅速、悄悄。	
数词：表示事物数目的词。	确数词，如1、2、3、一、二、三、壹、贰、叁、二分之一；概数词，如几、一些、左右、以下、余；序数词，如第一、第二、老大、老三、初九、初十。	
量词：表示事物或动作的单位。	名量词，如尺、寸、里、公里、斤、两、辆、角、元；动量词，如把、次、趟、下、回、声、脚、幢、座。	
代词：能代替事物名称的词。	人称代词，如我、你、它、她们、大家、咱们；疑问代词，如谁、什么、怎么、哪里、为什么、何以；指示代词，如这、那、那里、那边。	

表9.2 虚词表

名称	示例	备注
副词：修饰动词或形容词，表示程度或范围的词。	程度副词，如很、极、非常等；时间副词，如刚、才、将、要等；范围副词，如都、全、总等；情态副词，如正好、果然、刚好、悄然等；语气副词，如准保、确实、岂、难道、尤其、甚至、绝对等；重复副词，如又、再、还、仍等。	
介词：用在代词或名词前边，合起来表示方向、对象等的词。	如从、往、在、当、把、对、同、为、以、比、跟、被、由于、除了等。	
连词：连接词、短语或句子的词。	如和、同、跟、不但、只要、而且、与其、尚且等。	
助词：附着在别的词后面，独立性差、无实义的词。	结构助词，如的、地、得、所等；时态助词，如着、了、过等；语气助词，如呢、吧、吗、哟、哩、呀、啥等。	
叹词：表示感叹或者呼唤答应的词。	如啊、哎、哦、噢、哼、呸、唏、呀等。	
拟声词：模拟事物的声音。	如哗哗、轰隆隆、淅淅沥沥、咚咚、噼里啪啦、哗啦啦、滴答、喔喔、旺旺、喵喵、唧唧、叽叽喳喳、啪啪等。	

（三）短语和短语的类型

短语是词和词组合成的语言单位。按照语法功能，短语可以分为名词短语、形容词短语、动词短语、主谓短语、介宾短语，如表9.3所示。

表9.3 短语类型及示例

名称	构成及示例	备注
并列短语，由两个或两个以上的名词、动词、形容词并列组成。	如老师和同学、调查研究、培养和提高、万紫千红、理直气壮、丰功伟绩、是非黑白等	
偏正短语，词和词按修饰关系构成的短语，由定语或状语加中心词组成。	如我的老师、一个顾客、伟大的人民、世外桃源；小心观察、更加坚决、突然发现、非常壮观、相当迅速。	
动宾短语，词和词按照支配关系构成的短语，由动词和宾语组成。	如吃晚饭、盖房子、歌唱祖国、顾全大局、关心集体、饱经风霜、理清思路等。	
动补短语，词和词按照补充关系构成的短语，由动词或形容词加上补语组成。	如看明白、想得太多、送出去、住一宿、说两句、红得发紫、害怕得要命、好得很、傻呆了、漂亮极了。	
主谓短语，词和词按照陈述关系构成的短语，由主语和谓语组成。	如心情舒畅、人声鼎沸、春光明媚、好人一生平安、月儿弯弯照九州等。	
介宾短语，由介词加上宾语组成的短语。	如从山中来、向沙漠进军、为人民服务、因下雨中止、在教室、当太阳升起的时候，等等。	
复指短语，由两个所指意思基本一致的词构成的短语。	如故乡四川、伟大领袖毛泽东、酒仙李白、智多星吴用、小明他们、天王刘德华，等等。	
连动短语，由动词或动词短语连用而成的短语。	如踢球去、领书去、画蛇添足、守株待兔、买菜回来、打靶归来，等等。	
兼语短语，由一个动宾短语和一个主谓短语套合构成的短语。	如叫你不要讲话、让他把话说完、引狼入室、请君入瓮、引人入胜、使羊将狼、放虎归山等。	
特殊短语	主要包括所字短语、的字短语、能愿短语和合成短语，如所讲的、所见，我们的、婆婆妈妈的，能看见、愿意听命、宁可缺席，一群、四十年，等等。	

9.2.2 汉语分词

（一）原理

中英文都存在分词的问题，英文每个单词之间以空格为分割符进行分割，所以处理起来相对方便。中文分词是将汉字序列切分成词序列。鉴于中文字之间没有分隔符，所以分词问题有较大的挑战。当前中文分词常用的方法有，基于字典的最长串匹配和基于统计机器学习算法。前者易于实现，可以解决85%的问题，但是歧义分词很难避免，后者已成为分词技术主流。

例句：发改委主任李荣增强调广州市应积极探索新机制，实现跨越式发展。

正确分词：

发改委/主任/李荣增/强调/广州市/应/积极/探索/新/机制/。

错误分词：

发改委/主任/李荣/增强……

因为增强也是一个常见的词，所以很可能出现这种分词结果。那么，如果想要搜索和发改委主任李荣强相关的信息时，搜索引擎就很难检索到该文档了。切分歧义是分词任务中的主要难题。哈尔滨工业大学的LTP分词系统和中科院NLPIR的词模块在基于机器学习框架的基础上融入词典策略，可以很好地解决歧义问题。

（二）算法

分词算法主要包括基于字符串匹配的分词方法、基于理解的分词方法和基于统计的分词方法三种。当前，基于统计方法进行分词，因为有较高的性能，已经成为分词主流。基于统计的分词方法是在给定大量已标注的语料库的前提下，训练机器学习模型来实现对未知文本的切分。主要的统计模型有N元文法模型（N-gram）、隐马尔可夫模型（hidden Markov model，HMM）、最大熵模型（ME）、条件随机场模型（conditional random fields，CRF）和循环神经网络（recurrent neural network，RNN）等。

在实际的应用中，基于统计的分词系统都需要使用分词词典来进行字符串匹配分词，同时使用统计方法识别一些新词。通过将字符串频率统计和字符串匹配结合起来，既发挥匹配分词切分速度快、效率高的特点，又利用了无词典分词结合上下文识别生词、自动消除歧义的优点，实现了最佳的分词效果。

9.2.3 词性标注

（一）原理

词性标注（part-of-speech tagging，POS）是基于机器学习的方法给句子中每个词分配一个词性类别。这里的词性类别可能是名词、动词、形容词或其他。词性作为对词的一种泛化，在语言识别、句法分析、信息抽取等任务中有重要作用。下面的句子是一个词性标注的例子。其中，v代表动词，n代表名词，c代表连词，d代表副词，wp代表标点符号。哈尔滨工业大学LTP系统词性标记集中采用863词性标注集，其各个词性标记如表9.4所示。

发改委/ni 主任/n 李荣增/nh 强调/v 广州市/ns 应/v 积极/d 探索/v 新/a 机制/n。/wp

表9.4　POS集合

标记	描述	例子	标记	描述	例子
a	形容词	漂亮	Ni	机构名	发改委
b	名词修饰符	大型、中式	Nl	位置名词	城郊
c	连词	因为、虽然	Ns	地理名词	北京
d	副词	很、十分	Nt	时间名词	近日、明代
e	拟声词	啊、哎	Nz	专有名词	诺贝尔奖
g	语素（Morpheme）		O	拟声词	哗啦
h	前缀（Prefix）	阿、伪	P	介词	在，把
i	成语（Idiom）	千娇百媚	Q	量词	个
j	简写	公检法	R	代词	我们
k	后缀（Suffix）	率、升	U	助词	的，地
m	数词	一、第一	V	动词	研究
n	普通名词	橘子	Wp	标点符号	，。！
nd	方向名词	左右	Ws	外来词	坦克
nh	人名	李白	X	不构成语（non-lexeme）	葡、翱

（二）算法

如同分词一样，基于机器学习的方法依然是当前分词的最有效手段，本节简要概述基于隐马尔可夫模型的分词算法。一个句子经过分词后是一组词序列，这是可以观察到的，其实在词序列的背后还有一个词性序列。例如，一个词序列"小赵是个勤奋的学生"，隐含还有一个词性序列"名词动词量词形容词名词标点"。因此，对于给定的词序列，对词性的标注过程就是求与词序列对应的具有最大概率的一个词性序列。

基于隐马尔可夫模型的词性标注，可以把该模型标记为五元组 $u = (S, K, A, B, p_i)$。S 代表所有的词性集合，可以从已标注词性的训练语料中统计得来；K 为所有的词集合，从已标注词性的训练语料中统计而来；p_i 为初始状态概率，即句子中第一个词的词性概率，如果有训练语料，则可统计出句子中第一个词（不区分什么词）的词性概率分布，A 为状态转移概率，即 A 为一个词性后边另一个词性的概率分布，如动词后边是名词的概率、动词后边是介词的概率、名词后边是形容词的概率等；B 为一个词性中单词的概率分布，如名词一共出了 2000 次，而语料库中某一特定名词出现了 10 次，则名词中该词出现的概率是 1/200。

9.2.4 命名实体识别

命名实体识别（named entity recognition，NER）是在句子的词序列中定位并识别人名、地名、机构名等实体的任务。本质上还是标注问题的一种。只不过把标注细化了。如之前的例子，命名实体识别的结果如下所示。

发改委（机构名）主任李荣增（人名）强调 广州市(地名) 应积极探索新机制。

9.2.5 句法理论与自动分析

（一）原理

依存句法（dependency parsing，DP）往往是一种基于规则的专家系统，通过分析语言单位内成分之间的依存关系揭示其句法结构。直观来讲，依存句法识别句子中的"主谓宾""定状补"这些语法成分，并分析各成分之间的关系，最终生成的结果往往是一棵句法分析树。句法分析可以解决传统词袋模型不考虑上下文的问题。例如，张三是李四的领导，李四是张三的领导，这两句话，用词袋模型是完全相同的，但是用句法分析可以分析出其中的主从关系。依存句法分析标注关系，其含义如表 9.5 所示。仍然是上面的例子，其分析结果如图 9.1 所示。

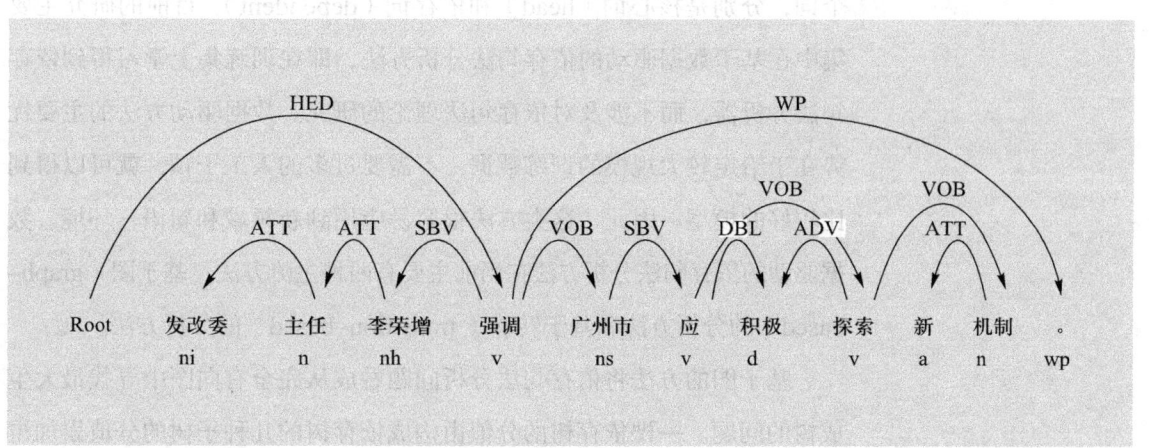

图 9.1 句法分析结果

从分析的结果中可以看到,句子的核心谓词为"强调",而不是"增强",主语是"李荣增"而不是"李荣",宾语是"广州市应积极……","发改文主任"是李荣增的定语。有了上面的句法分析结果,就可以比较容易地看到,"强调者"是"李荣增",而强调的内容是"广州市应积极……"。

表9.5 句法依存关系

关系类型	标记	实例
主谓关系	SBV	我送他一本书(我←送)
动宾关系	VOB	我送他一本书(送→书)
间宾关系	IOB	我送他一本书(送→他)
前置关系	FOB	她什么东西都吃(东西←吃)
兼语关系	DBL	他请我吃饭(请→吃)
定中关系	ATT	大房子(大←房子)
状中关系	ADV	非常美丽(非常←美丽)
动补结构	CMP	跳完了舞蹈(跳→完)
并列关系	COO	江海和湖泊(江海→湖泊)
介宾关系	POB	在室内(在→内)
左附加关系	LAD	江海和湖泊(和←湖泊)
右附加关系	RAD	朋友们(朋友→们)
独立结构	IS	两个单句在结构上彼此独立
核心关系	HED	指整个句子的核心

(二)算法

依存句法本质上研究词和词之间的依存关系。一个依存关系连接两个词,分别是核心词(head)和依存词(dependent)。目前的研究主要集中在基于数据驱动的依存句法分析方法,即在训练集上学习得到依存句法分析器,而不涉及对依存句法理论的研究。数据驱动方法的主要优势在于给定较大规模的训练数据,不需要过多的人工干预,就可以得到比较好的模型。因此,这类方法很容易应用到新领域和新语言环境。数据驱动的依存句法分析方法在当前主要有两种主流方法:基于图(graph-based)的分析方法和基于转移(transition-based)的分析方法。

基于图的方法将依存句法分析问题看成从完全有向图中寻找最大生成树的问题。一棵依存树的分值由构成依存树的几种子树的分值累加得到。基于图的依存分析模型根据依存树分值中包含的子树的复杂度，可以简单区分为一阶和高阶模型。基于图的方法通常采用基于动态规划的解码算法，也有一些学者采用柱搜索（beam search）来提高效率。学习特征权重时，通常采用在线训练算法，如平均感知器（averaged perceptron）。

基于转移的方法将依存树的构成过程建模为一个动作序列，将依存分析问题转化为寻找最优动作序列的问题。早期，研究者们使用局部分类器（如支持向量机等）决定下一个动作。近年来，研究者们采用全局线性模型来决定下一个动作，一个依存树的分值由其对应的动作序列中每一个动作的分值累加得到。特征表示方面，基于转移的方法可以充分利用已形成的子树信息，从而形成丰富的特征，以指导模型决策下一个动作。模型通过贪心搜索或者柱搜索等解码算法找到近似最优的依存树。和基于图的方法类似，基于转移的方法通常也采用在线训练算法学习特征权重。

基于图和基于转移的方法从不同的角度解决问题，各有优势。基于图的模型进行全局搜索但只能利用有限的子树特征，而基于转移的模型搜索空间有限但可以充分利用已构成的子树信息构成丰富的特征。因此，研究者们使用不同的方法融合两种模型的优势，常见的方法有：叠加学习（stacked learning）、对多个模型的结果加权后重新解码（re-parsing），从训练语料中多次抽样训练多个模型（bagging），均取得了较好的效果。

9.3 自然语言模型

统计语言模型是一个单词序列上的概率分布，对于一个给定长度为 m 的序列，它可以为整个序列产生一个概率 $p(w_1, w_2, \cdots, w_m)$。其实就是想办法找到一个概率分布，它可以表示任意一个句子或序列出现的概率。传统方法主要是在语料库的基础上通过统计学模型，构建自然语言概率模型，最近几年基于神经网络的语言模型也越来越成熟。当前自然语言概率模型应用非常广泛，如语音识别、机器翻译、词性标注、句法分析等。

9.3.1 语料库

语料库是自然语言处理的基础资源,是自然语言模型训练的基础。语料库有多种类型,依据语料采集的原则和方式,可以把语料库分成四类:异质语料库指没有特定的语料收集原则,广泛收集并原样存储各种语料;同质语料库只收集同一类内容的语料;系统语料库指按一定比例收集语料,使语料具有平衡性,能够代表语言事实;专用语料库指只收集某一特定领域或用途的语料。除此之外,按照语料的语种,语料库也可以分成单语、双语和多语。按照语料库是否标注,又可分为生语料库和熟语料库[7]。

以下是我国10大知名语料库:中国台湾中央研究院近代汉语标记语料库;中国台湾中央研究院汉籍电子文献;国家现代汉语语料库;国家语委现代汉语语料库;树图数据库;语料库语言学在线;北京大学中国语言学研究中心(简称CCL)语料库检索系统;北京大学《人民日报》标注语料库;北京语言大学的语料库;清华大学的汉语均衡语料库。

9.3.2 统计语言模型

一元模型(unigram model),它是一种上下文无关模型。该模型仅仅考虑当前词本身出现的概率,而不考虑当前词的上下文。概率形式为 $p(w_1, w_2, \cdots, w_n) = p(w_1) \times p(w_2) \times \cdots \times p(w_n)$,即一个句子出现的概率等于句子中每个单词概率之积[8]。以某一语料库为例,每个单字的概率只取决于该单词本身在文档中的概率,而文档中所有单字出现的概率和为1。

n元模型(n-gram model),针对一个由m个词序列$w_1, w_2, \cdots, w_m$组成的句子,该句子的概率为$p(w_1, w_2, \cdots, w_m)$,依据链式规则,可以用式(9-1)表示。可以理解为当前词的概率与前面的n个词有关系,是一种上下文有关模型。特别地,当$n=1$,n-gram变成了一元模型,即为unigram,概率可以用式(9-2)求得;当$n=2$时,n-gram变成了二元模型,即为bigram,概率可以用式(9-3)求得;当$n=3$时,n-gram变成了三元模型,即为trigram,概率可以用式(9-4)计算。式中的条件概率可以用式(9-5)求得。

$$p(w_1, w_2, \cdots, w_m) = p(w_1) p(w_2 | w_1) p(w_3 | w_1 w_2) \cdots p(w_m | w_1 w_2 \cdots w_{m-1}) \quad (9\text{-}1)$$

$$p(w_1, w_2, \cdots, w_m) = \prod_{i=1}^{m} P(w_i) \quad (9-2)$$

$$p(w_1, w_2, \cdots, w_m) = \prod_{i=1}^{m} P(w_i \mid w_{i-1}) \quad (9-3)$$

$$p(w_1, w_2, \cdots, w_m) = \prod_{i=1}^{m} P(w_i \mid w_{i-2} w_{i-1}) \quad (9-4)$$

$$p(w_i \mid w_{i-(n-1)} \cdots w_{i-1}) = \frac{count(w_{i-(n-1)} \cdots w_{i-1} w_i)}{count(w_{i-(n-1)} \cdots w_{i-1})} \quad (9-5)$$

9.3.3 语言模型的平滑

n元模型中,在统计结果中会出现零概率事件反映语言的规律性,这种现象不该出现。通常,这是因为语言模型的训练文本的规模及其分布存在局限性和片面性。所谓"平滑"技术,就是为了产生更准确的概率来调整最大似然估计的技术,基本思想是提高低概率,降低低概率分布,使整体概率分布趋于合理。

1. Add-one模型

Add-one是最简单、最直观的一种平滑算法。既然希望没有出现过的n元组的概率不再是0,那就不妨规定任何一个n元组在训练语料至少出现一次(即规定没有出现过的n元组在训练语料中出现了一次),对于一元模型而言,Add-one模型可由式(9-6)计算得来,其中,M是训练语料中所有的n元组的数量,而v是所有可能的不同的n元组的数量。同理,对于bi-gram模型而言,可由式(9-7)得到;推而广之,对于n元模型而言,可由式(9-8)计算而来。

$$p_{add1}(w_i) = \frac{C(w_i) + 1}{M + |v|} \quad (9-6)$$

$$p_{add1}(w_i \mid w_{i-1}) = \frac{C(w_{i-1} w_i) + 1}{C(w_{i-1}) + |v|} \quad (9-7)$$

$$p_{add1}(w_i \mid w_{i-n+1} \cdots w_{i-1}) = \frac{C(w_{i-n+1} \cdots w_i) + 1}{C(w_{i-n+1} \cdots w_{i-1}) + |v|} \quad (9-8)$$

如此一来,训练语料中未出现的n元组的概率不再为0,而是一个大于0的较小的概率值。Add-one平滑算法确实解决了问题,但显然它也并不完美。由于训练语料中未出现的n元组数量太多,平滑后,所有未出现的n元组占据了整个概率分布中很大的一个比例。因此,在NLP中,Add-one给训练语料中没有出现过的n元组分配了太多的概率空间。

2. Add-k平滑模型

由Add-one衍生出来的另外一种算法就是Add-k。既然认为加1有点过了,就选择一个小于1的正数k。此时,add-one概率模型就变成了式(9-9)。通常,Add-k算法的效果会比Add-one好,因k必须人为给定,而这个值到底该取多少却有较大不确定性。

$$p_{addK}(w_i | w_{i-n+1} \cdots w_{i-1}) = \frac{C(w_{i-n+1} \cdots w_i) + k}{C(w_{i-n+1} \cdots w_{i-1}) + |v|} \quad (9-9)$$

3. 内插平滑

插值和回退的思想其实非常相像。设想对于一个三元的模型,要统计语料库中三元组出现的次数,结果发现它没出现过,则计数为0。在回退策略中,将会试着用低阶低元组来进行替代,这很明显与实际的情况不相符。在使用插值算法时,把不同阶别的n元模型通过线形加权统合后再来使用。线性插值可以由式(9-10)定义,其中,$0 \leqslant \lambda_i \leqslant 1$, $\sum_i \lambda_i = 1$。λ_i可以根据试验凭经验设定,也可以通过应用某些算法确定,如EM算法。

$$p_{interp}(w_n | w_{n-2} w_{n-1}) = \lambda_1 P(w_n) + \lambda_2 P(w_n | w_{n-1}) + \lambda_3 P(w_n | w_{n-2} w_{n-1}) \quad (9-10)$$

4. Kneser-Ney平滑

Kneser-Ney平滑算法是当前一个标准的、广泛采用的、先进的平滑算法,它其实相当于前面讲过的几种算法的综合[9]。如果说$p(w_i)$衡量了w这个词出现的可能性,现在想创造一个新的一元模型,记作$p_{continuation}(w_i)$,它表示w这个词作为一个新的接续的概率,这就要求考虑前面一个词(即历史)的影响。换言之,为了评估$p_{continuation}(w)$,需要知道由w这个词来生成的不同二元组的数量。注意这里说使用了w这个词来生成的不同类型二元组的数量,是指当前词为w,而前面一个词不同时,就会产生不同的类型。每一个二元组类型,当第一次遇到时,就视为一个新的接续。也就是说$p_{continuation}(w)$应该同所有新的接续构成的集合之势成比例,如式(9-11)所示。然后,为了把上面这个数变成一个概率,需要将其除以一个值,这个值就是所有二元组类型的数量,即$|\{(w_{i-1}, w_i): C(w_{i-1} w_i) > 0\}|$,这里大于0的意思就是出现过,于是该概率可以表示为式(9-12)。进一步,结合Absolute Discounting的概率计算公式,Kneser-Ney平滑算法可以用式(9-13)表示。其中,

$max(C(w_{i-1}w_i)-d, 0)$ 是要保证最后的计数在减去一个 d 之后不会变成一个负数；其次，式（9-13）将原来的 $p(w_i)$ 替换成了 $p_{continuation}(w_i)$。此外，λ 是一个正则化常量，用于分配之前 discount 的概率值。

$$p_{continuation}(w_i) \propto |w_{i-1}:C(w_{i-1}w_j)>0| \quad (9-11)$$

$$p_{continuation}(w_i) = \frac{\left|\{w_{i-1}:C(w_{i-1}w_j)>0\}\right|}{\left|\{(w_{i-1},w_i):C(w_{i-1}w_i)>0\}\right|} \quad (9-12)$$

$$p_{KN}(w_i|w_{i-1}) = \frac{max(C(w_{i-1}w_i)-d,0)}{C(w_{i-1})} + \lambda_1(w_{i-1})p_{continuation}(w_i) \quad (9-13)$$

9.3.4 概率图模型

概率图结合了概率论与图论知识，是用结点和边表达概率相关关系的模型的总称，目的是建立一套通用自然语言智能推理理论。解决非确定性问题的传统思路就是利用概率论的思想，但是随着问题的复杂不断增加，传统的概率方法显得越来越力不从心。图模型的引入使人们可以将复杂问题得到适当的分解，变量表示为结点，变量与变量之间的关系表示为边，这样就使问题结构化。概率图理论也就自然地分为三个部分：概率图模型表示理论、概率图模型学习理论和概率图模型推理理论。

模型的表示。有贝叶斯网络（有向无环图）和马尔可夫随机场（无向图）两类模型。其中，在自然语言处理中最常用的是各种基于马尔可夫随机场的概率图模型。

模型的学习。模型的学习是指将给定的概率模型表示为数学公式。模型的学习精度受以下三方面的影响：一是语料库样本集对总体的代表性；二是模型算法的理论基础及所针对的问题（不同模型因为原理不同，能够处理的语言问题也不同，如朴素贝叶斯模型在处理文本分类方面精度很高，最大熵模型在处理中文词性标注问题上表现很好，条件随机场模型处理中文分词、语义组块等方面的精度很高）；三是模型算法的复杂度。

模型的推理。用模型学习阶段得到的模型，把最大的后验概率作为预测的结果。

9.4 自然语言处理应用

9.4.1 文本情感分析

文本情感分析，又称意见挖掘（opinion mining），是指对带有情感色彩的主观性文本进行分析、处理、归纳和推理的过程，属于计算语言学的范畴，涉及人工智能、机器学习、数据挖掘、信息检索、自然语言处理等多个研究领域[10]。

1. 情感分析分类

按照应用领域的不同，可以将文本情感分析分为基于产品评论的文本情感分析和基于新闻评论的文本情感分析。前者一般用于消费者辅助决策和商业舆情监控，而后者多用于帮助政府相关部门进行舆情监控，对大众做出正确舆论引导。按照文本的不同粒度，可将文本情感分析划分为词语级、句子级、篇章级和海量数据级。

① 词语级是情感分析的最小粒度。在对评价词进行抽取的基础上，对其情感倾向进行分类，如褒义、贬义。中文词库中大部分词汇属于中性词，本身没有情感倾向，具有情感倾向的词语只占一小部分，这部分词语的抽取一般基于两种方法。一是基于语料库通过统计的方法来挖掘带有情感极性的评价词语；二是基于词典，主要使用词典中（如WordNet或HowNet）词语之间的词义联系（如同义词、反义词、下位词等）来挖掘评价词语。有时还需要考虑词语上下文因素，参见本书第8章相关内容。

② 句子级的任务主要包括：判断该句子是主观句还是客观句；如果是主观句，则对句子情感倾向进行判断，并从中提取出与情感倾向性论述相关联的各个要素。在句子级情感分析中，首先通过中文分词技术对句子进行分词，然后利用词语级情感分析通过综合分类模型进行情感判断。综合分类模型一般通过监督学习、无监督学习、半监督学习在语料库基础上训练得出。

③ 篇章级是指从整体上判断某篇文档的情感倾向性。由于文档往往包含多个评论对象（或者多个主题），使得篇章级文本情感分析技术相对粗糙而不适合于大多数应用。

④ 海量数据级主要从互联网上抓取大量关于某个新闻或者相关主题、公司及其产品（或者竞争对手及其产品）的主观评论文本，并对

它们进行集成和分析，进而挖掘出大众对这些目标实体的总体褒贬态度和走势。

此外，文本情感分析具有很强的领域特性，图书销售在线评论与旅游景点在线评论的分析有明显的差异性，这给文本情感分析的实际应用带来困难。

2. 情感分析的主要方法

现阶段主要的情感分析方法有两大类，基于词典的方法和基于机器学习的方法。基于词典的方法需要先构建一个由情感词组成的情感词典和情感评价规则。对要分析的文档，首先进行段落分解，然后在把每一段落进行句子分解，接着对生成的所有句子进行分词，再利用情感词典作为依据，对全文情感词进行统计等操作，流程如图9.2所示。

基于机器学习的方法把对情感程度的分析转化为回归问题或分类问题。在情感极性的判断时通常将目标情感分类两类，褒义和贬义的。在人工标注的极性语料库基础上，通过有监督的机器学习实现分类模型的训练。

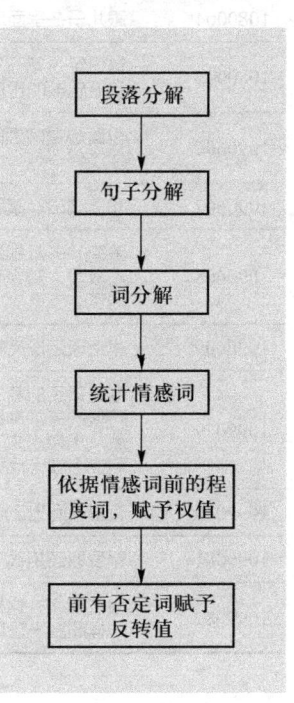

图9.2 情感分析流程图

在还没有获得大量文本的情况下，使用基于词典的方法或者简单的机器学习方法是一个不错的选择。获得大量文本后，可以尝试使用一些复杂的机器学习方法甚至使用深度学习来进一步提升分析效果。

3. 实践

在主机上安装搭建GPU深度学习环境，本小节的项目使用Python 3.6.5和TensorFlow1.7来完成深度学习环境的搭建。

项目开发中使用Keras深度学习工具包完成实际算法的开发，Keras工具包使用TensorFlow作为神经网络算法的后端，能够快速完成深度神经网络模型的搭建。

项目总计有40 000多条对旅游景区评论，还有另外18 000多条没有标注的评论，数据如表9.6所示。序号表示第多少条评论，后面的标记为该评论的极性标注，1表示褒义、2表示中性、3则表示贬义。项目目标是用已经标记的 40 000 多条信息作为训练数据,训练一个神经网络模型,来对剩余的 18 000 多条评论进行自动情感标注。

表 9.6　景区评论及等级数据库样例

编号	游客评价内容	评级
1080003	普通公园一个只是多了几个泉而已,人不多,适合老人孩子闲逛,买票的话还是贵了,人家说 6:30 之前进园不用花钱。	1
1080004	跟儿子在里面玩了一天,非常好!真的很不错哦,有空还要去。	1
1080005	这已经是第五次来这里玩了。每次孩子都很喜欢,不愿意从水里出来。有机会还会再来。还有比我更忠诚的客户吗?哈哈	1
1090606	里面都是啤酒的事情,还送一杯啤酒和啤酒豆,很多人都说很好喝,但是我觉得还是很苦,不太能接受……	2
1090607	和青城山、峨眉山等景区比起来,个人感觉就是小巫见大巫!	2
1090608	济南,一片银装素裹之下,北国风光才展现得淋漓尽致。没有看到北国的大雪,南方的鹅毛显得不成景。曾经我最大的愿意,就是和最美的人,手牵手,漫步在大学的校园,现在只能在脑海勾勒了。	2
1090609	早上天还没亮就很多人去登顶了。	2
1099079	本是孩子的梦幻起点。结果成了噩梦的终点!真所谓排队 2 两小时,玩耍 5 分钟。这也就算了,更可恨的是加勒比海盗大清早 8 点一开园就去,排到 10 点多,没有一个高音喇叭通知一声,莫名其妙就从出口出来了,发一张所谓的快速通行证,鬼起火!网上 APP 一看暂停服务!更火冒三丈的是到晚上迪士尼关门都没开,你说给差评不!小朋友坚决不想来第二次!差差差!	3
1099080	订票中间出了点问题,最后折腾了两天还算比较愉快地解决了,不过挺闹人的。武夷山还是很美的。	3
1099081	票没取还扣钱?这么堵的地方还让人咋去?老差了!	3
1099082	太坑爹了,这样的景区要 70(块)门票!免费才对!象鼻山的名气太大了!在路对面的酒店视野一样超赞~还可以把门票钱省下吃饭~	3

主要步骤如下。

(1)把景点的评论分为三类:褒义、贬义和中性。把每一类所有褒义评论的信息进行分词,如图 9.3 所示,然后对词频进行统计,用正面情感倾向的词语形成正面情感词向量,如图 9.4 所示。同理,依次生成负面情感词向量和中性情感词向量,分别如图 9.5、9.6 所示。最后把上述三类词向量连接成综合词向量。

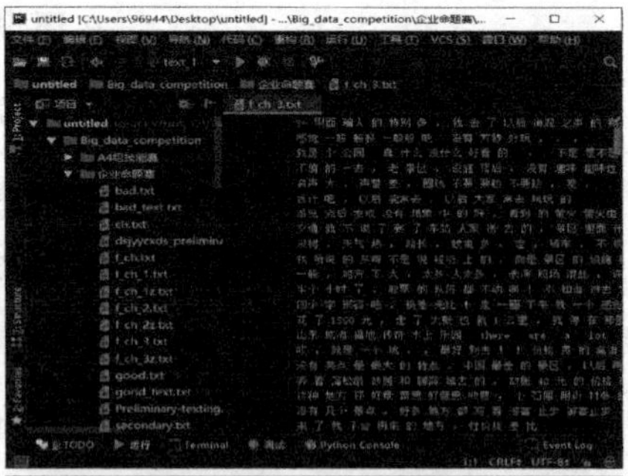

图 9.3　分词结果

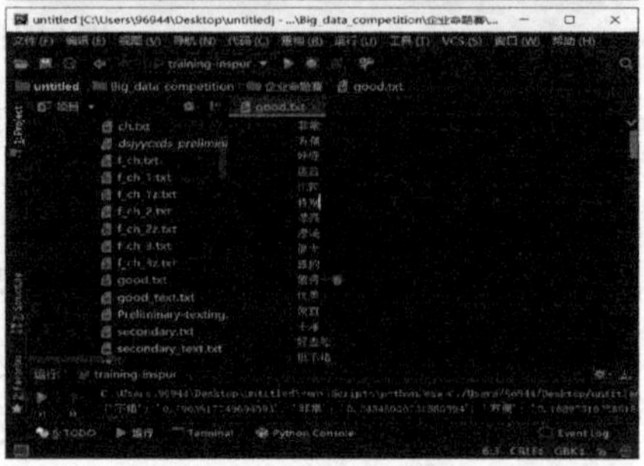

图 9.4　正面情感词向量

(2)对已标记的评论提取对应的词向量特征。首先对要提取词向量的句子进行分词,然后把第一阶段生成的综合词向量作为模板进行匹配,如果该词出现,则把该词对应的位置赋值为一个固定的值,依据具体情况可以带有权值,否则,对应的位置赋值为0。通过这种方法,就把对文本的处理转换成了对向量的处理了。对所有训练样例,做词特征向量提取,生成对应的特征向量文件。

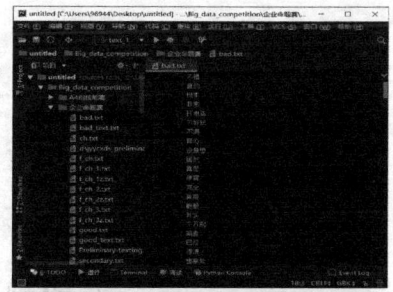

图9.5 负面情感词向量

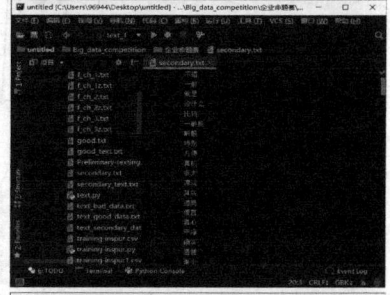

图9.6 中性情感词向量

(3)定义神经网络模型,利用第(2)阶段生成的特征向量文件,训练网络模型,本实验定义的网络模型如图9.7所示。

(4)用训练好的神经网络模型,对剩余18 000多条评价记录进行积极预测,识别率达到89.2%,如同9.8所示。

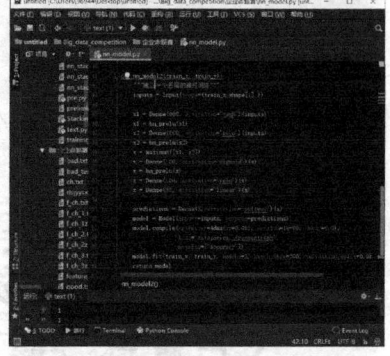

图9.7 神经网络模型

9.4.2 自然语言模型在消歧中的应用

手写体文本识别过程中单字切分和识别时的不确定性导致手写体识别有很大的挑战性。鉴于识别的对象为文本信息,又具有自然语言的统计规律性。可以利用自然语言模型来校正识别过程中引入的错误。

首先,对要识别的手写体文本进行行切分,行切分有很多成功的算法,本小节不再累述,图9.9(a)给出了已经切分出来的较短的文本行。因为计算机并不知道该文本行中到底有多少个手写体单字和每个单字由哪些笔画组成,因此通过假设切分,产生尽可能多的单字切分候选项集,

图9.8 情感分析识别结果

```
========================sentiment analysis========================
==========sample number= 18978
============precision==========0.89.211325556
============Recall==========0.893456721122
============Specificity==========0.878745672333
```

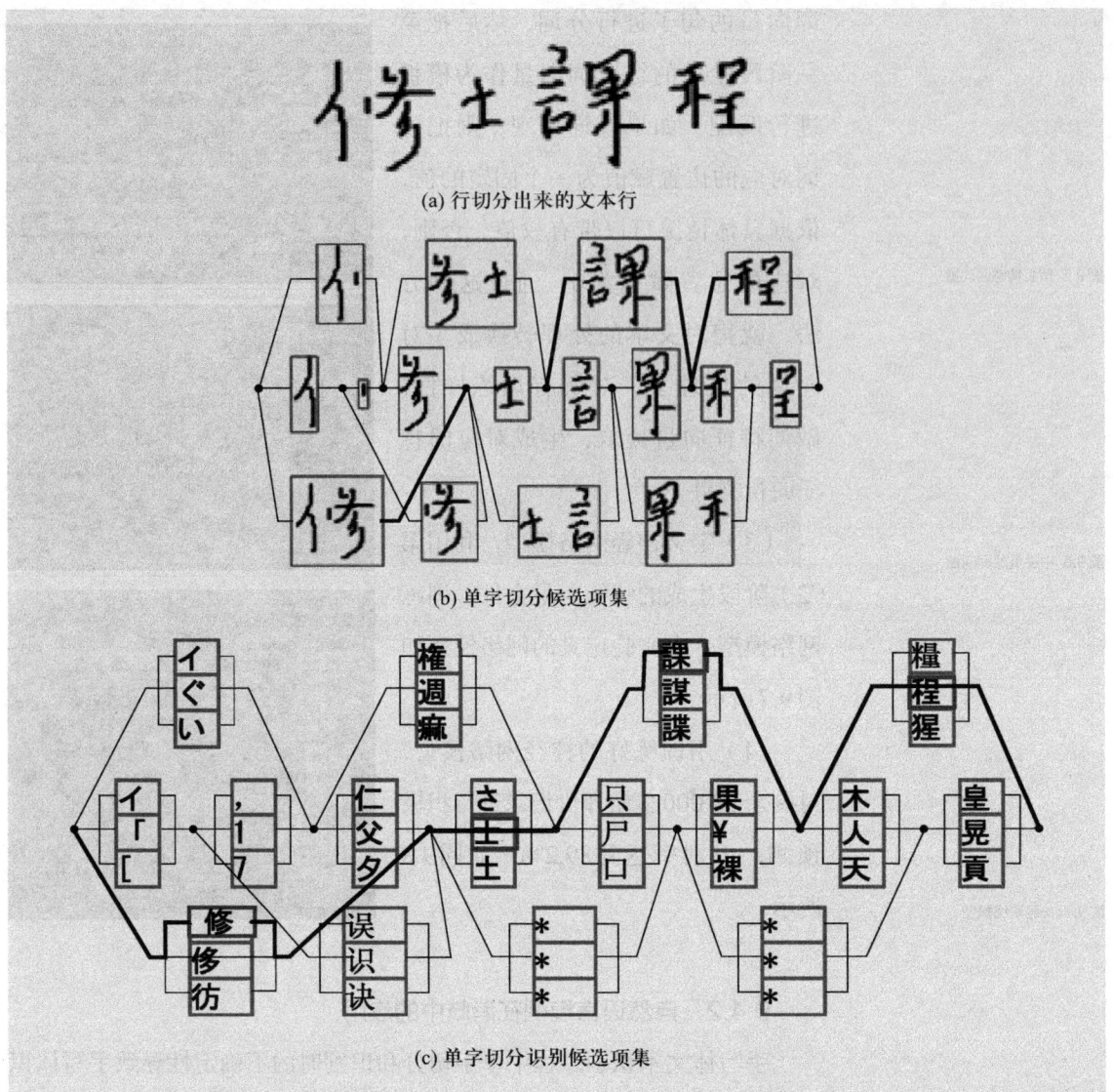

图9.9 手写体文本识别过程

确保了正确的切分包含在切分候选项集中，如图9.9（b）所示。切分候选项集的引入，尽管确保集合中包含正确切分，但是那么多切分的路径，需要通过进一步的选择，才能得到正确的结果。接着，对图9.9（b）中的所有单字假设切分结点用单字识别器进行识别，生成单字切分识别候选项集，如图9.9（c）所示。通过在单字切分和单字识别时引入候选项集，实现决策递延。单字识别后，会形成上千条切分识别候选项，最终通过基于自然语言模型的信息融合方法在统一识别框架下消除各专家模块产生的不确定性，实现手写体文本识别的最优识别，如图9.10所示，左边为文本识别的流程，右边为对应的专家模块。这里的自然语言模型就是9.3.3节描述的Kneser–Ney平滑算法。

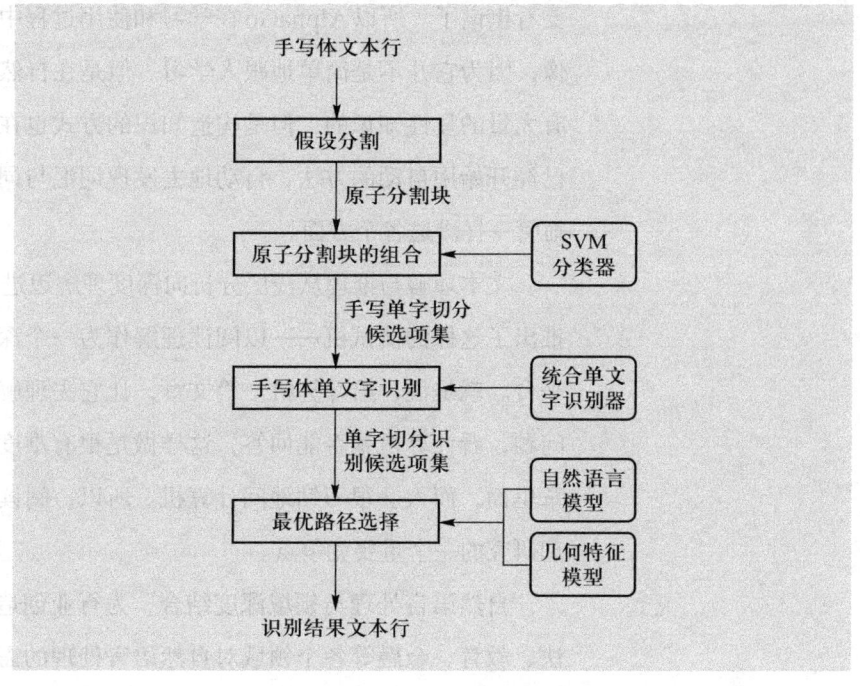

图9.10 自然语言模型在手写文本识别中消除歧义

9.5 自然语言处理前瞻

语义表示从符号表示升级到分布表示。自然语言处理一直是比较抽象的，都是直接用词汇和符号来表达概念。但是使用符号存在一个问题，例如两个词，它们的词性相近但词形不匹配，计算机内部就会认为它们是两个词。在一个语义空间里，用词汇与词汇组合的方法，把它表示为连续、低维、稠密的向量的话，就可以计算不同层次（短语、句子和篇章）的语言单元之间的相似度。再利用深度学习的方法，对语义的理解就能带来一个很大的转变。

学习模式从浅层学习向深度学习挺进。浅层到深层的学习模式中，浅层是分步骤走，可能每一步都用了深度学习的方法，实际上各个步骤是串接起来的。直接的深度学习是一步到位的端到端，在这个过程中，还可以看到一些人为贡献的知识，包括该分几层，每层的表示形式，一些规则等，但这些所谓的知识在深度学习里所占的比重逐渐减小，主要是对深度学习网络结构的调整。

语言知识的学习从人工构建到自动构建。AlphaGo告诉我们，没有围棋高手介入他的开发过程，而AlphaGo最新的版本，它已经不怎么需要看棋谱了。所以AlphaGo在学习和使用过程中都有可能会超出人的想像，因为它并不是简单地跟人学习。但是在自然语言处理领域，还是要有大量的显性知识的，但是构造知识的方式也在发生变化。例如，现在已经开始用自动的方法，自动地去发现词汇与词汇之间的关系，像毛细血管一样渗透各个方面。

文本理解与推理从浅层分析向深度理解迈进。Google等公司都已经推出了这样的测试机——以阅读理解作为一个深入探索自然语言理解的平台。就是说，给计算机一篇文章，让它去理解，然后人问计算机各种问题，看计算机是否能回答，这样做是很有难度的，因为答案就在这文章里面，而人会很刁钻地问计算机。所以，阅读理解是现在自然语言处理研究的一个重要竞争点。

自然语言处理与领域深度结合，为行业创造价值。现在，医药、司法、教育、金融等各个领域对自然语言处理的需求都非常多。有专家预测，自然语言处理技术首先会在信息储备充分并且服务方式本身就是知识和信息的领域产生突破。例如，司法领域的服务本身有大量信息，它就会使用自然语言处理技术来取代人工服务。

9.6 本章小结

本章首先阐述了自然语言处理的一些基本概念和语言学方面的基本知识，进而讲述了基于语料库统计的自然语言模型，最后以旅游景点用户评价为研究对象，以实例演示了基于具体行业的文本情感分析，同时也给出了自然语言模型在消除歧义方面的一个应用实例。

习题

1. 在自然语言处理时，为何需要进行分词？有哪些辅助手段可提高分词的正确率？
2. 统计自然语言处理中，自然语言处理都有哪些统计模型，为何要对自然语言模型进行平滑？
3. 语料库的功能是什么？中文都有哪些语料库？
4. 文本的情感挖掘是什么意思？概述文本情感挖掘的基本步骤。
5. 词向量指的是什么？如何生成词向量？

参考文献

[1] 宗成庆.统计自然语言处理[M]. 2版.北京：清华大学出版社，2013.

[2] MOHAMED Z K. NATURAL Language Processing and Computational Linguistics: semantics, discourse, and applications[M]. London: Wiley-ISTE, 2017.

[3] 梅德明：语言学与应用语言学百科全书[M].北京：北京大学出版社，2017.

[4] 魏榕，何伟：《系统功能语言学的杂合性研究：语法、语篇和话语语境》评介[J].上海外国语大学学报，2018.

[5] 苏祺，昝红英，胡景贺，等.词性标注对信息检索系统性能的影响[J]. 中文信息学报，2005(02).

[6] 刘知远，孙茂松，林衍凯，等. 知识表示学习研究进展[J]. 计算机研究与发展，2016.

[7] 张继光，王少爽.翻译驱动型语料库述评[J].语料库语言学，2014.

[8] LAKE, BRENDEN M, RUSLAN S, et al. Human-level concept learning through probabilistic program induction[J]. Science，350.6266: 1332-1338，2015.

[9] DRAGOMIR R R, GUNES E, ANTHONY F.LexNet: A Graphical Environment for Graph-Based NLP [C]// proceedings of the association for computational linguistics, 2006.

[10] BING LIUB. Sentiment Analysis and Opinion Mining[M]. Williston: Morgan & Claypool Publishers, 2012.

第10章 分布式智能

随着物联网、人工智能和边缘计算等技术的飞速发展,集中式智能架构已不能满足大型复杂系统的协同工作需求,亟须朝着分布式协同架构持续演进,从而形成"智联网"的分布式体系格局。让智能无处不在,让计算无处不在,让交互无处不在,分布式智能必将带来前所未有的新跨越。

本章首先从多智能体、边缘计算、群智感知等方面概述分布式人工智能的基本技术,然后分别阐述符号推理、行为主义、协作进化和平行智能四大分布式协同体系架构,最后介绍智慧交通、柔性制造、工业区块链、战术物联网等典型分布式人工智能应用。

10.1 分布式人工智能

分布式人工智能(distributed artificial intelligence,DAI)将人工智能与分布式计算相结合,在通信、计算、控制的基础上打造深度信息物理融合系统(cyber physical system,CPS),并通过移动边缘网络、多智能体协同、群智感知策略等技术实现分布式感知、计算与决策,以应对大型复杂系统的智能化体系构建。

如图10.1所示,分布式人工智能体系建立在若干个CPS子系统的基础上,依托由多智能体(agent)组成的边缘网络(edge networks),通过移动边缘计算(mobile edge computing,MEC)、移动群智感知(mobile crowdsensing)等先进技术,在各个CPS子系统之间形成高效的协同感知、协同计算、协同交互的分布式人工智能体系架构。

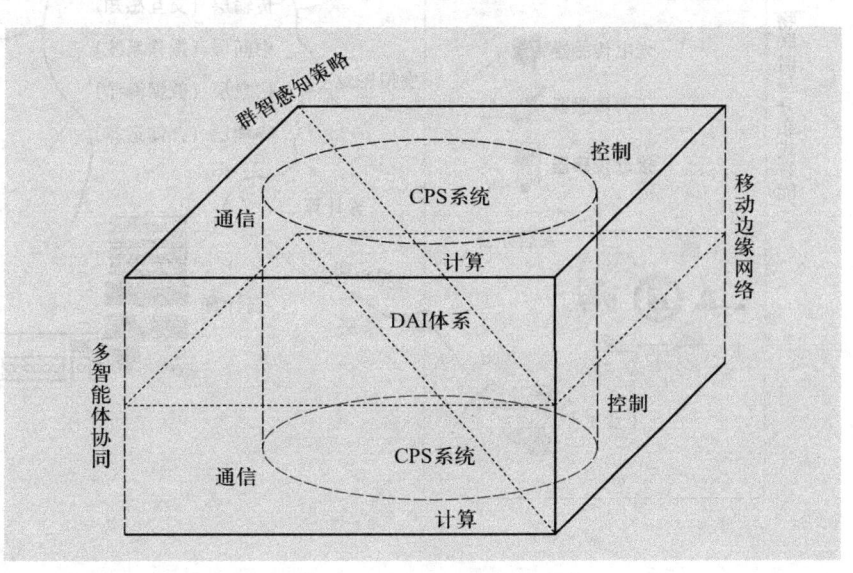

图10.1 分布式人工智能(DAI)体系

分布式智能离不开物联网的发展，传统互联网主要以"被动式"信息获取为主要特点，而移动互联网则逐步变被动为主动，向着"交互式"信息服务的方向发展。如图10.2所示，随着物联网、云计算、大数据等技术的融合与应用，面向人工智能的物联网技术突飞猛进，"物联网大脑"逐步升级，传统的信息交互演变为智能的"主动决策"，人与世界之间的格局被重新定义，虚拟与现实之间的鸿沟被不断跨越。人与人、人与物、物与物之间的交互越来越畅通，数据的海洋让万物形成互联，分布式的智能体系让人们感知到世界的每一个角落。建立在分布式智能架构之上的"智慧大脑"正在让城市变得更生动，让交通变得更畅通，让工业变得更高效，让机器变得更聪明，让环境变得更清新，让生活变得更有趣。

10.1.1 多智能体系统

多智能体系统（multi-agent system，MAS）是分布式人工智能（DAI）的一个重要分支，即多个智能体（agent）组成的集合。MAS的

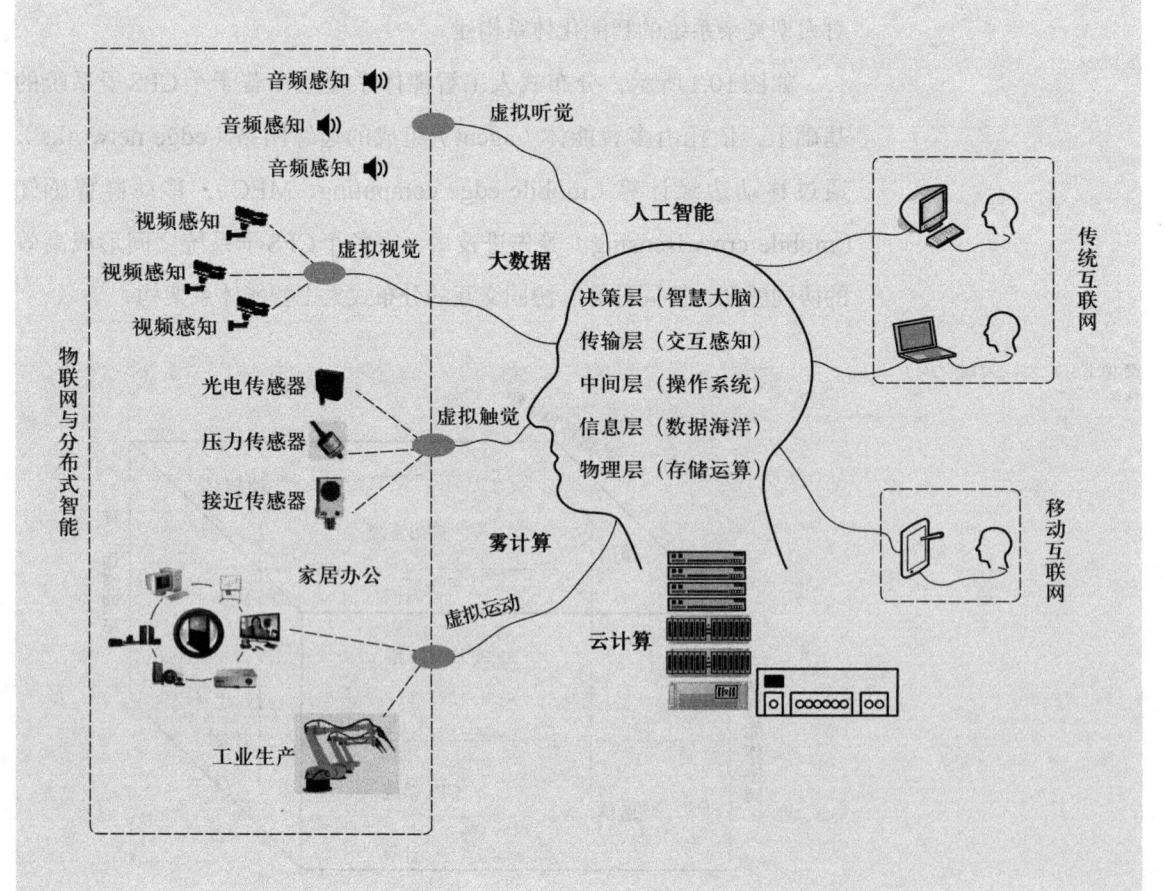

图10.2 物联网与分布式智能

目标是将大而复杂的系统建设成小的、分布式的系统，彼此可互相通信，易于协调，易于管理[1]。

如图10.3所示，在一个MAS架构中，每个智能体都是自主的，具有自己的目标、行为和知识，可通过传感器（sensor）感知环境，也可通过执行器（effector）作用于环境。它们可以是不同的个体或组织，采用不同的设计方法或编程语言开发而成，可能是完全异质的，没有全局数据，也可以没有全局控制。这是一种开放的系统，智能体的加入和离开都是自由的，当然智能体之间还可以依靠各种通信方式进行交互和协作。MAS系统中的智能体通过共同协作，可进一步协调它们的能力和目标，通过分布式计算，从而求解单个智能体无法解决的问题。现实环境中存在的事物，可以将其个体或组织视作多智能体，每个智能体按照其本质属性赋予其行为规则。在一个活动空间中，智能体按照各自的属性规划行为，随着时间的变化，MAS系统会形成不同的场景，这些场景可以用来辅助"DAI大脑"进行判断、分析现实世界无法直接观察到的复杂现象，并提供智慧决策。

智能体应具4个重要特征：自治性、反应性、能动性、社交性。主要表现在智能体的智能性和代理能力。智能性是指应用系统使用推理、学习和相关技术来分析、解释智能体接触过的或刚提供给它的各种信息和知识的能力。代理能力指智能体能感知外界发生的消息，并根据自己所具有的知识自动决策并响应。以下通过几个典型的MAS案例进一步阐述。

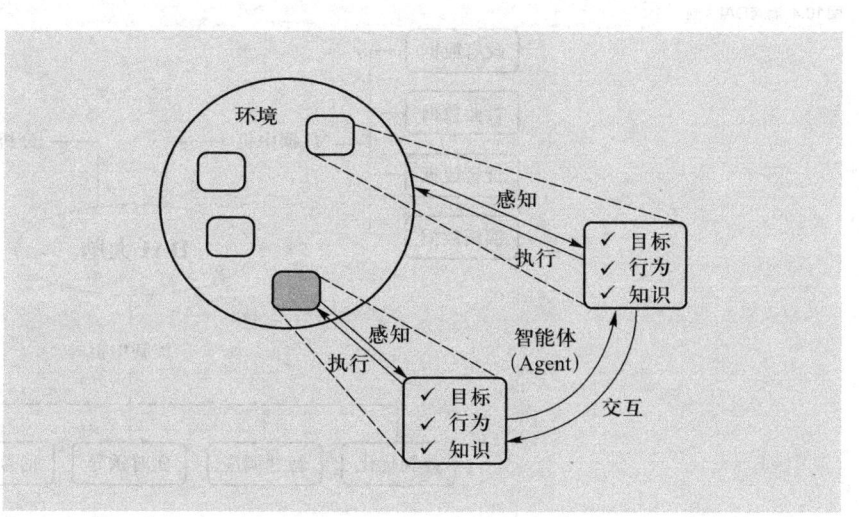

图10.3 多智能体系统（MAS）架构

案例1：滴滴打车

滴滴打车的业务场景对计算要求和实时性都非常高，用户输入一个目的地，最佳合理调度都由"滴滴大脑"以毫秒级的速度来计算，通过滴滴云计算搭建大规模实时分单处理平台，可以实现多维度最佳订单匹配。在滴滴打车的应用案例中，每位用户的手机终端、每位司机的手机终端，都可以看成是一个个的智能体（Agent）。多智能体MAS系统可以帮用户做出决定：到底可以接受什么样的司机（客户）、车型、价钱等？系统层面也可以有一套机制合理分配资源。例如，出行高峰出租车可用资源较少，但是用户需求量又较大；而在其他时段，可用出租车资源又很多，但是用户需求量却不大。系统如何进行资源最优化调配，这就需要一个非常庞大的分布式人工智能协同系统来进行分析和辅助决策。

如图10.4所示，滴滴分布式人工智能DAI大脑体系架构主要包括数据中枢、分析中枢和控制中枢等环节，通过多智能体分布式协同机制来进行复杂的资源优化调度。

案例2：RoboCup

机器人世界杯足球锦标赛（Robot World Cup，RoboCup），专门针对多智能体系统MAS和分布式人工智能DAI，提供了一个标准的、易于评价的国际比赛平台，从而促进DAI与MAS的研究与发展。RoboCup涉及的研究领域包括智能机器人系统、多传感器融合系统、多智能体系统、实时模式识别与行为系统、智能体结构设计、实时规划和推理、三

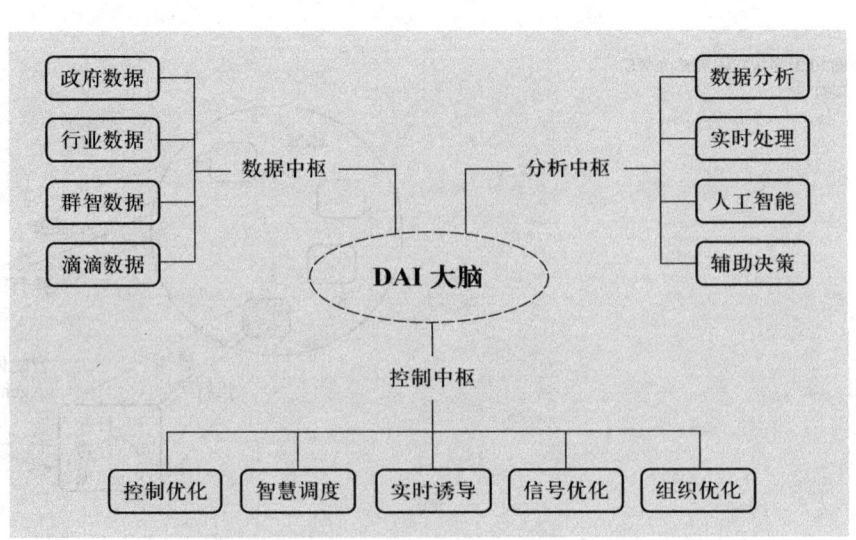

图10.4 滴滴DAI大脑

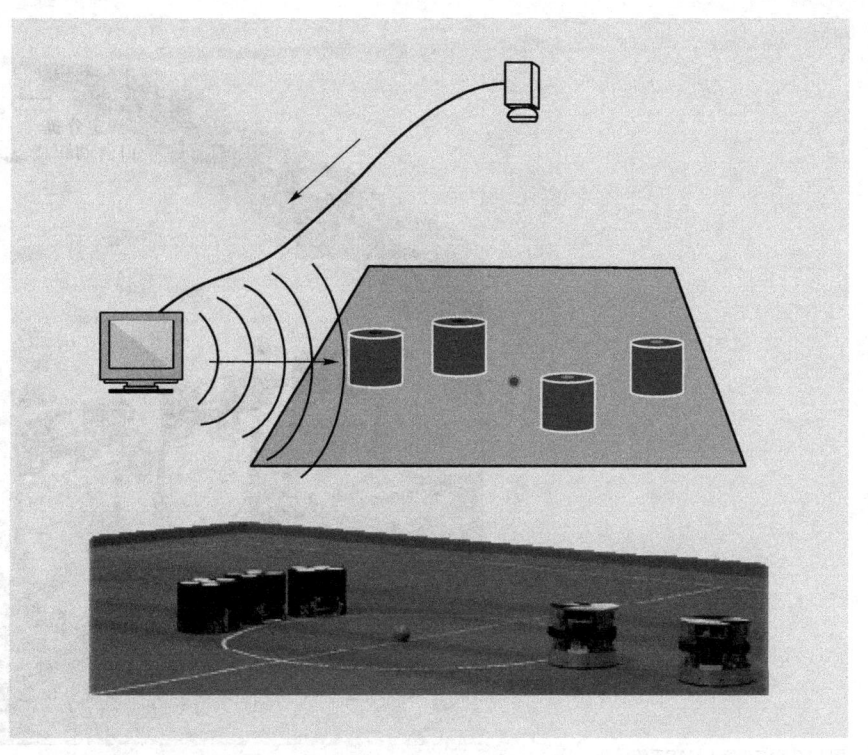

图10.5 RoboCup小型组系统示意图

维虚拟图形交互等。其技术特点有：分布式合作与协调、动态实时规划、非全信息的带噪声环境模型、非符号化的环境信息等。如图10.5所示为RoboCup小型组竞赛的系统结构示意。

人工智能的最终目标是创建一种智能系统，能够在与动态变化的物理世界交互过程中突现出复杂行为，完成给定任务。传统的人工智能研究主要是在寻求知识获取和表示中用到的符号处理，以及用符号推理的方法，而很少考虑在现实的动态世界中的应用。而在机器人学方面，更多的重点被放在设计、建造硬件系统及控制方法上。然而，包括自治智能体的设计准则、多智能体合作、策略获取、实时推理和规划、智能机器人、传感器数据融合及行为学习的话题在两个领域都出现了，这些话题揭示了传统方法很难处理的新方向。为了处理这些问题，使智能体能在动态环境中突现出复杂行为来完成目标，物理实体将是一个很重要的角色，而这一直是传统人工智能没有给予足够关注的方面。RoboCup多智能体挑战提供了一个很好的测试环境，可以观察在RoboCup的框架下实现智能行为时物理实体所扮演的重要角色。

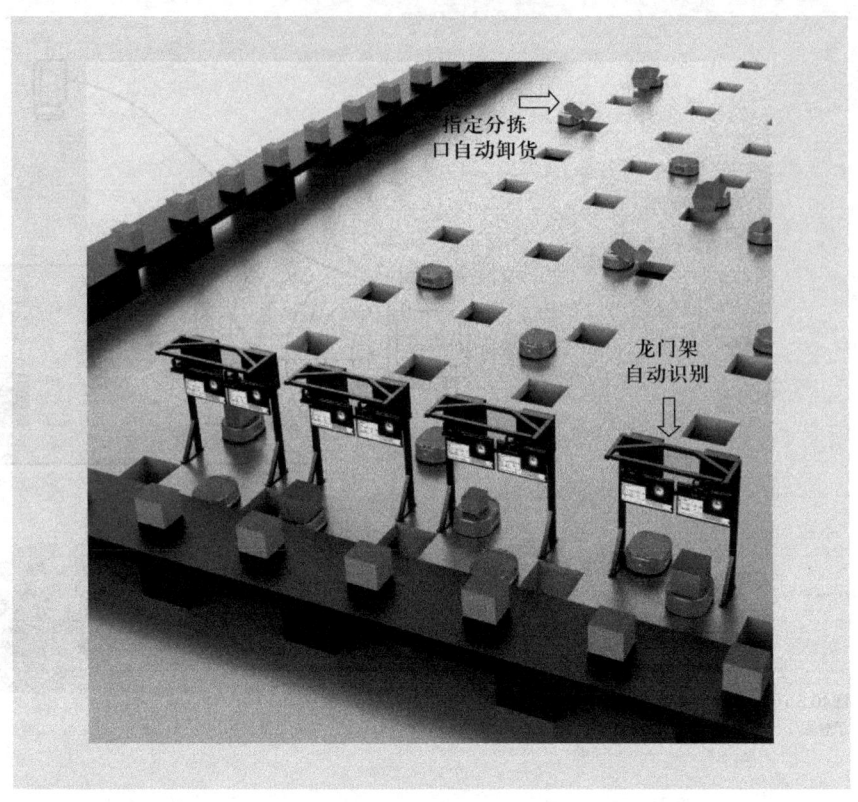

图10.6 分拣机器人MAS系统示意图

案例3：分拣机器人

分拣机器人也是一个MAS多智能体系统，机器人有自己的"眼睛"，工作时能通过"查看"地面上粘贴的二维码，为自己定位和认路。所有分拣机器人都会听从分拣决策"大脑"（机器人调度系统）的指挥。分拣机器人成功领到包裹后，会头顶包裹穿过配有工业相机和电子秤等外围设备的龙门架。借助工业相机读码和电子秤称重等功能，决策"大脑"便识别了快递包裹的面单信息，完成包裹的扫码和称重，并根据包裹目的地规划出机器人的最优运行路径，调度机器人到达指定位置进行包裹分拣投递，如图10.6所示。

10.1.2 边缘计算

边缘计算靠近终端或数据源头的网络边缘侧，融合网络、通信、计算、存储、应用决策的分布式开放平台，就近（本地）提供边缘智能服务，从而满足快速连接、实时业务、数据优化、智能决策、安全与隐私保护等方面的关键需求。边缘计算是连接物理和数字世界的桥梁，可更好地促进智能网关、智能系统、智能决策和智能服务的发展[2]。

边缘计算有如下几个特点。

（1）连接性

连接性是边缘计算的根本。边缘计算需要具备丰富的连接能力，以满足所连接物理对象的多样性以及应用场景的多样性，例如，多种网络接口、网络协议、网络拓扑、网络部署、网络配置、管理与维护等。目前已有典型的网络连接技术包括：时效性网络（time sensitive networking，TSN）、软件定义网络（software defined network，SDN）、网络功能虚拟化（network function virtualization，NFV）、网络即服务（network as a service，NaaS）、窄带物联网（narrow band internet of things，NB-IoT）、第五代移动通信技术（fifth-generation，5G）等，同时针对工业物联网（互联网）应用，还要考虑各种工业总线的互联互通。

（2）数据入口

边缘计算是物理世界到数字世界的桥梁，是海量数据的第一入口。只有拥有大量、实时、完整、有效的数据，才能基于数据全生命周期进行高效管理，并创造价值，同时更好地支撑预测性维护、本地化效率与管理服务等创新应用。作为数据第一入口，边缘计算也面临着数据实时性、确定性、多样性、安全性等各种挑战。

（3）约束性

边缘计算终端需适配工业现场等相对恶劣的工况条件与运行环境，如防电磁干扰、防尘、防爆、抗震、抗电流/电压冲击等。在工业物联网场景下，对边缘计算终端的功耗、成本、空间、兼容性等也有较高的要求。边缘计算设备需要考虑通过软硬件协同设计、集成与优化，从而适配各种条件约束，支撑分布式智能多样性场景。

（4）分布性

边缘计算的实际部署本身就具备分布式特征，因此要求边缘计算支持分布式计算与存储，可实现分布式资源的动态调度与协同管理，可支撑分布式智能，具备分布式安全等能力。

（5）融合性

运营技术（operation technology，OT）是用特定的硬件和软件，对物理设备（如阀、泵）等进行控制，从而导致物理过程与状态的变化，确保生产正常进行的专业技术。OT技术的核心基础是工业知识的积累和传递，将人的隐性知识转化为机器语言，成为一种可执行的知识体系。

OT与ICT（信息通信技术）的融合是行业数字化转型的重要基础，而边缘计算作为OICT融合与协同的关键承载，需要支持在连接、数据、管理、控制、应用、安全等方面的协同。

边缘计算的体系架构如图10.7所示，智能计算、智能网关、智能系统都具有数字化、网络化、智能化的共性特点，都提供网络、计算、存储等ICT资源，可以在逻辑上统一抽象为边缘计算结点。边缘计算结点的主要功能包括：总线协议适配、实时连接、实时流式数据分析、时序数据存取、策略执行、设备即插即用、资源管理等。

根据边缘计算结点的典型应用场景，可将边缘计算架构定义为4个方面：实时计算系统、轻量计算系统、智能网关系统和智能分布式系统。实时计算系统面向数字化的物理控制，满足应用实时性等需求；轻量计算系统面向资源受限的感知终端，满足低功耗等需求；智能网关系统支持多种网络接口、总线协议与网络拓扑，实现边缘系统互联，并提供本地计算和存储能力，能够和云端系统协同；智能分布式系统基于分布式架构，能够在边缘侧弹性扩展网络、计算和存储等能力，支持资源面向业务地动态管理和调度，能够和云端系统协同。

边缘计算可以分成三个阶段：互联、智能、自治。**互联**：实现终端及设备的海量、异构与实时连接，网络自动部署与运维，并保证连接的安全、可靠与维护性。**智能**：边缘侧引入数据分析与业务自动处理能力，智能化执行本地业务逻辑，可以大幅度提升效率并且降低成本。**自治**：

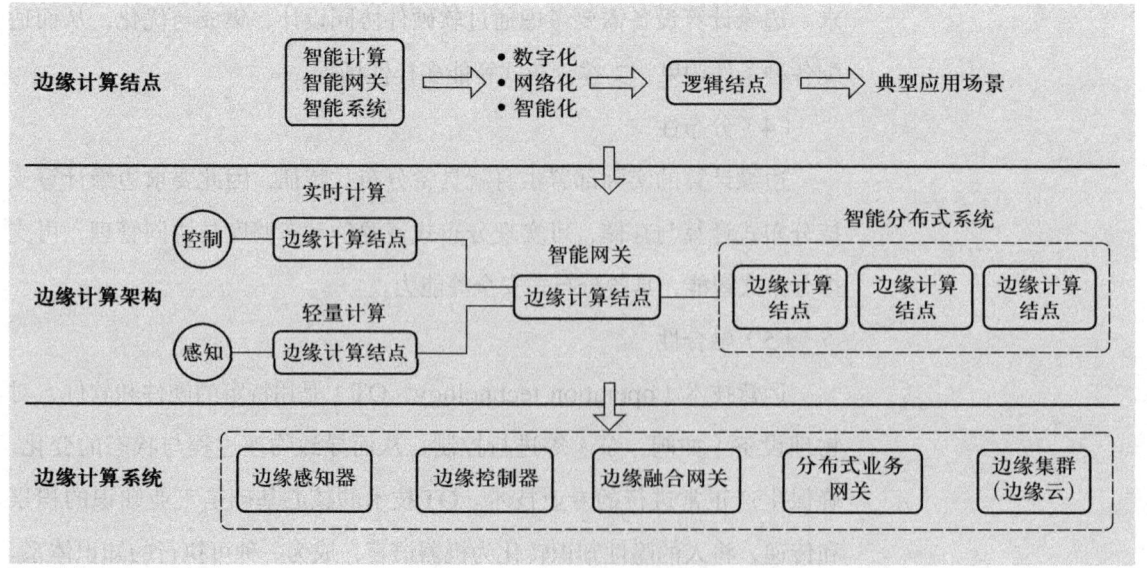

图10.7 边缘计算体系架构

引入人工智能，边缘计算不但可以自主进行业务逻辑分析与计算，还可以动态实时完成自我优化、调整执行策略。

自治阶段同样是一个端到端的系统，边缘计算和云计算二者之间需要协同工作。云计算主要针对非实时、长周期数据、业务集中决策等场景，而边缘计算的主要优势是实时性、短周期数据和本地决策等。边缘计算与云计算是分布式人工智能的两大重要支撑，如表10.1所示，边缘计算与云计算在网络、业务、应用、智能等领域需要深入协同，有助于支撑分布式人工智能更广泛的应用场景。

表10.1 边缘计算与云计算协同

协同领域	边缘计算	云计算
网络	数据聚合	数据分析
业务	多智能体	业务编排
应用	特定应用	生命周期管理
智能	分布式推理	集中式训练

边缘计算联盟（ECC）针对边缘计算，定义了4个领域：设备域（感知与控制层）、网络域（连接和网络层）、数据域（存储和服务层）、应用域（业务和智能层）。这4个"层域"就是边缘计算的计算对象[3]。

设备域：边缘计算在这一层，可以对感知的信息直接进行计算处理。如在视频采集、音频采集中直接部署智能鉴别的能力；又或者像手机一样，能够由语音输入直接转换成文字输出。

网络域：通过部署计算能力，实现各网络协议的自动转换，对数据格式进行标准化处理。要解决物理网中数据异构的问题，就需要在网络域中部署边缘计算，以实现数据格式的标准化和数据传递的标准化（例如，将所有的感知数据都换算成MQTT类型数据，并通过HTTP方式传递）。同时，网络域的边缘计算，还能对"融合网络"进行智能化管理，实现网络的冗余，保证网络的安全，并可进一步参与网络的优化工作。

数据域：边缘计算使得数据管理更智能、存储方式更灵活。首先，边缘计算可以对数据的完整性和一致性进行分析，并进行数据清洗工作，消灭系统中的"脏"数据。其次，边缘计算可以对计算和存储能力以及系统负载进行动态地部署。最后，边缘计算还能和云端计算保持高效协同、合理分担运算任务。

应用域：边缘计算提供属地化的业务逻辑和应用智能。它使得应用具有灵便、快速反应的能力，并在离线的情况下（和云端失去联系时），仍能够独立地提供本地化的应用服务。

在物联网贴近用户和应用场景的地方，边缘计算被部署在以上4个层域中。它使得设备具有智能化的感知能力，装配自适应的连接策略和（数字）部署策略，解决系统中的数据异构问题，并提供局部的业务逻辑甚至智能决策。

10.1.3 群智感知

城市和社会感知成为当前信息领域发展的必然趋势，迫切需要对大量的数字特征进行挖掘和理解，从中获取社会情境、交互模式以及大规模人类活动和城市动态规律，并把学习到的智能信息运用到各种城市及社会服务中。与传统感知技术依赖于专业人员和设备不同，群智感知的数据源主要来自大量普通用户，利用其随身携带的智能移动终端（如智能手机、可穿戴设备等）形成大规模、随时随地且与人们日常生活密切相关的感知系统。群智感知以大量普通用户作为数据感知源，强调利用大众的广泛分布性、灵活移动性和机会连接性进行感知，并为城市及社会管理提供智慧性的辅助决策[4]。

群智感知技术可应用在很多重要领域，如智慧城市、智能交通、公共安全、环境监测、社会服务等。典型的群智感知系统架构如图10.8所示，主要包括群智感知数据源、数据采集与传输、数据处理与计算、群智感知场景等[5,6]。

群智感知数据源：通过移动感知、移动社交网络、边缘网络结点等方式，可以获取海量群智数据。采用云-端融合的方式进行数据存储和处理，可根据需求在本地或服务器端完成数据存储和计算任务。访问控制是本地端的一个重要功能，用户可以决定其数据由谁访问以及访问的范围。

数据采集与传输：群智感知利用边缘网络和智能网关进行数据传输，主要包括机会网络（如蓝牙、Wi-Fi、RFID、ZigBee）和基于基础设施的异构网络（如4G、NB-IoT、LoRaWAN）等。群智感知网络应该使数据上传对参与者透明，并且能够包容不可避免的网络中断。此外，该层还具有任务优化分配和对参与者进行激励等功能。

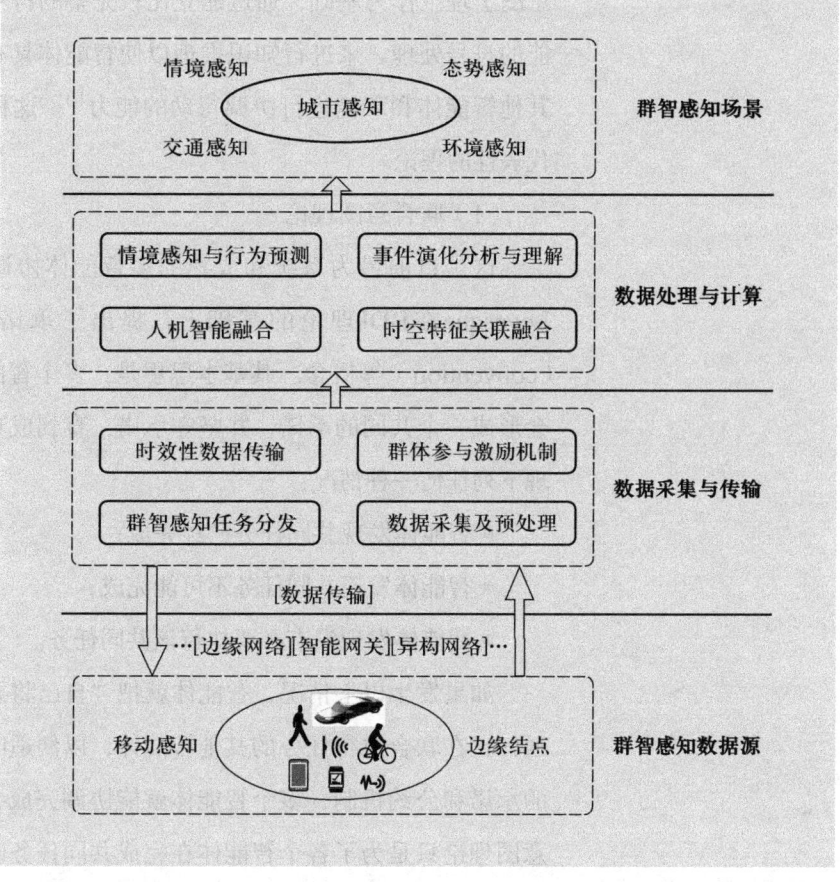

图10.8 群智感知体系架构

数据处理与计算：利用机器学习、情境感知、数据挖掘、行为预测和推理技术等，实现对多源异构群体贡献数据的关联、融合和理解。其中，人类智能与机器智能的协同与分布式计算为关键环节。

群智感知场景：包括各种由群智感知大数据驱动的应用和服务，包括社会情境感知、交通感知、城市计算、态势感知、环境污染监测等。

10.2 分布式协同体系架构

分布式人工智能协同体系大致可分为4类，即：符号推理体系、行为主义体系、协作进化体系和平行智能体系。

10.2.1 符号推理体系

以Bratman等人提出的BDI（belief desire intention，信息、愿望、

意图)理论作为基础,通过建立比较完整的符号系统并基于经典人工智能的符号处理,来进行知识推理以使智能体具有自主思考、决策以及与其他智能体和环境进行协调行动的能力[7]。这种体系主要包括下面三种代表性的理论。

(1)联合意图理论

这是目前最为系统和成熟的多智能体协调理论框架,由Cohen和Levesque在BDI理论的基础上,提出了承诺(commitment)和公约(convention)等概念。其基本思想是:多个智能体在完成共同的任务时会形成一个共同的承诺,并坚守承诺,直到成功完成共同任务,除非出现下列任何一种情况:

- 智能体发现共同任务已经完成;
- 智能体发现共同任务不可能完成;
- 智能体发现没有必要执行该共同任务。

如果发生以上情况,智能体就把"自己将要退出承诺"的意图设法通知正在联合执行任务的其他智能体,以便适时地进行调整。通过这样的承诺和公约机制,多个智能体就能协调完成共同的任务。所以,联合意图理论只是为了各个智能体在完成共同任务时参与和坚持的一致性提供了一个框架,而没有确定联合行为中的具体分工和协作问题[8]。

建立面向任务的联合意图关键流程如图10.9所示。根据当前态势或者下达的任务需求,当决策组织判断需要组成团队进行协作时,首先需要建立联合意图[9]。

① **建立任务集合**。根据当前场景态势和下达的总任务 T,分解成一组子任务集合 $T\{T_1, T_2, \cdots, T_n\}$,任务的分解遵循任务独立性原则,对于有依赖关系的子任务需要给出关系描述规范表示。

② **形成任务团队**。由承担总任务 T 的成员 μ 寻找具有完成各个子任务能力的实体,形成任务团队 Φ,团队任务用 $T_\Phi = \{T_{v1}, T_{v2}, \cdots, T_{vn}\}$ 表示。

③ **发出协作请求**。成员 μ 通过执行 $Request(\mu, \Phi, p)$ 向任务团队 Φ 内的所有成员发出协作请求,请求团队内的实体建立持续弱目标 $PWAG(v_i, p, \Phi)$。其中,$PWAG(v_i, p, \Phi)$ 表示团队在形成联合持续目标 $JPG(\Phi, p, q)$ 之前,一个团队成员 v_i 对于执行团队任务目标 p 的承诺。这个承诺保证了团队中的每一位成员都能够保持对整个团队行动状态的更新,从而使得整个团队的行动保持一致。

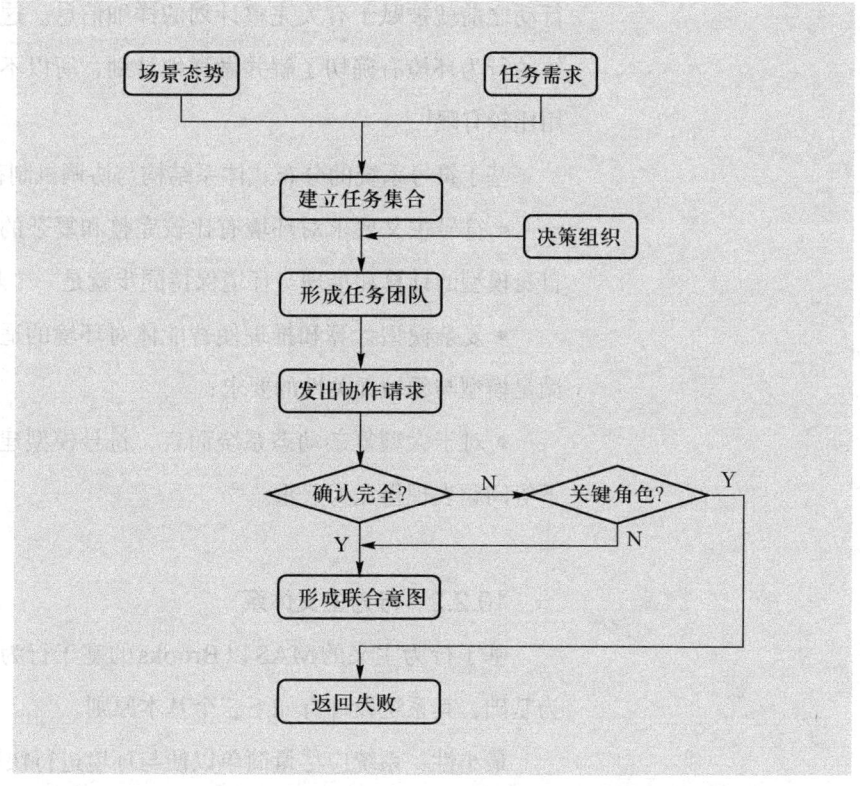

图10.9 面向任务的联合意图关键流程

④ **请求确认**。团队中的每个成员 v_i 通过 confirm 或 refuse 进行响应。

⑤ **等待确认**。如果对任意 i，成员 v_i 都返回了 confirm，说明所有成员已建立 $PWAG(v_i, p, \Phi)$，则跳转到第⑥步。如果接收 $Request(\mu, \Phi, p)$ 的成员没有全部确认，继续等待。

⑥ **建立联合意图**。成员 μ 根据返回的 $PWAG(v_i, p, \Phi)$，形成团队的联合目标 $JPG(\Phi, p)$。

（2）共享计划理论

该理论由 Grosz 等人提出，其基本思想是：参与联合行动的各个智能体先达成一个包括具体行动步骤和各方面细节的共享计划，并且相信所有智能体都打算参与联合行动并接受共享计划；数个智能体组建形成子团体，不同的子团体或单独或组合地完成共享计划的每一个具体步骤；子团体之外的其他智能体都相信子团体能够完成相应的具体步骤，并形成相应的共享计划。于是，通过共享计划的协调，各个智能体就能合作完成共同的任务[10]。

（3）计划的队行为

计划由设计者事先确定，而不是由 MAS 动态产生，各个智能体在行动之前就被赋予有关完整计划的详细信息。这种方法要求事先对智能体的行为环境有确切了解并做详细计划，所以不适合于动态环境，其应用比较有限[11]。

基于符号系统的分布式体系结构与协调机制存在的主要问题有：

• 符号主义要求对环境有比较完整和复杂的模型，而如何使智能体自身模型的计算和推理与环境保持同步就是一个棘手的问题；

• 复杂模型计算和推理使智能体对环境的适应能力变差，并且难以满足模型与领域无关性的要求；

• 对于大型复杂动态系统而言，符号模型建立过程的烦琐和效率低下等问题表现得尤为严重。

10.2.2 行为主义体系

基于行为主义的MAS以Brooks的基于行为的系统分析与设计方法为基础，其系统设计有如下三个基本原则。

最小性：系统应尽量简单以便与环境进行快速交互。

无状态性：系统本身没有关于外部环境的状态模型，其行为是基于"感知-行为"的模式进行的。

健壮性：系统能够有效地处理而不是去除实际环境中的不确定性。

基于行为主义的智能体设计首先应确定一些基本行为，通过基本行为的选择和组合来完成所要求的任务。因此，行为选择机制的研究非常重要，也是分布式协调研究的热点和核心问题。

其基本思想是：由各种基本行为构成一个网状结构，各个结点表示相应的基本行为，而各个结点之间的连接表示为行为的活性，即行为对目标的贡献和效能的一种度量；如果行为促使目标的实现，其活性值为正，反之为负，并且，这种效能越大，其活性值就越大；各种行为之间存在激励或抑制的相互作用影响，于是，相应的活性值就在行为网络中进行传播，通过相应的活性传播控制算法就可以对行为进行有效的组合、调度和协调，从而完成复杂任务。

10.2.3 协进化体系

自然界中的各个物种共同生存于同一个生态系统中，每个物种在其中都有自己的生存环境。由于资源有限，各个物种必须通过竞争和合作才能获得自己生存所需的资源。竞争和合作又促使物种不断进化和改变，并影响彼此的进化过程，这样的过程就称为协进化。

协进化是克服传统进化算法的不足而提出的更为通用的机器学习过程，并适用于多智能体的协调。在协进化计算中，通常考虑多个物种群体，每个物种都有相应的个体类型，各个物种群体采用进化算法实现其进化过程。与常规模拟进化不同的是，在对个体进行适应度评价时，增加对群体间交互协调作用的考虑，对于有利于协调的个体赋予较高的适应度，反之则赋予较低的适应度。这样，促使各个群体向相互协调和适应的方向进化，从而产生协调行为。

协进化概念是基于物种间两种最基本的交互方式而得到的，即合作与竞争。因此，在这个意义上，协进化可以分为合作型协进化（cooperative coevolution）和竞争型协进化（competitive coevolution）。在分布式多智能体协同问题中，针对不同的领域背景，可以选择合作型或竞争型的协进化方法[12]。

对于需要多智能体合作完成共同任务的场合，合作型协进化方法很常用。合作型协进化注重于群体之间的合作关系，通过对群体间有利于合作的个体进行适应度加强，促使群体向着有利于产生相互合作和共同适应行为的方向进化。因此，将合作型协进化用于在多个智能体之间产生合作行为是一种极佳的方法，其思想是为参与合作的每个智能体都构造一个自身采用进化算法的群体，这样通过各个群体间的协进化就能产生智能体之间的协调合作行为。

一种通用的合作型协进化模型可以参考如下算法。

```
gen = 0
对于每个群体S，进行如下操作：
    对群体进行随机初始化操作
    计算初始群体中每个个体的适应度
    结束
直到满足终止条件之前，进行如下操作：
    gen = gen+1
        对每个群体S，进行如下操作：
            基于适应度值数从上一代群体中选取新一代群体
            将遗传算子（交叉、变异）应用到群体的个体中
            对群体的每个个体，评价其适应度
            结束
结束
```

其中，合作型协进化模型对于个体适应度的评价是这种协进化算法

的核心，可采用如下算法。

> 从其他群体中选择代表个体
> 对于群体S中的每个需要评价的个体i进行如下操作：
>   将个体i与从其他群体中选出的代表个体组合形成协作行为通过将这种协作行为应用到目标问题而评价其适应度对个体i赋予协作的适应度
> 结束

以基于协进化机制的多传感器管理体系为例，多传感器协作管理体系可提供多传感器之间活动和交互的框架，它决定多传感器之间的信息关系和控制关系，其体系结构是实现协作行为的基础，决定了多传感器的合作能力。多传感器协作管理机制可以规范化多传感器之间的协作程度，主要体现在通过对传感器资源进行协同，实现它们之间的优化组合与配置，进而产生一个在完成任务效果方面远远超越原来独自结构的系统，达到协同效应的目的。引入协同进化机制，同时借鉴交互式智能体架构设计的思想，如基于行为的学习优化思想、模块化处理等，可构建如图10.10所示的多传感器协作管理控制体系。

任务规划层：针对多传感器系统的任务队列总体进行规划，将任务的目标和需求进行汇总，在对任务形式化描述之后，对任务进行相应的分解。经过统筹考虑，为任务初步指定多传感器集合，这个集合包括所有能够满足任务需求的传感器。当为任务初步分配传感器集合之后，再

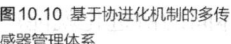
图10.10 基于协进化机制的多传感器管理体系

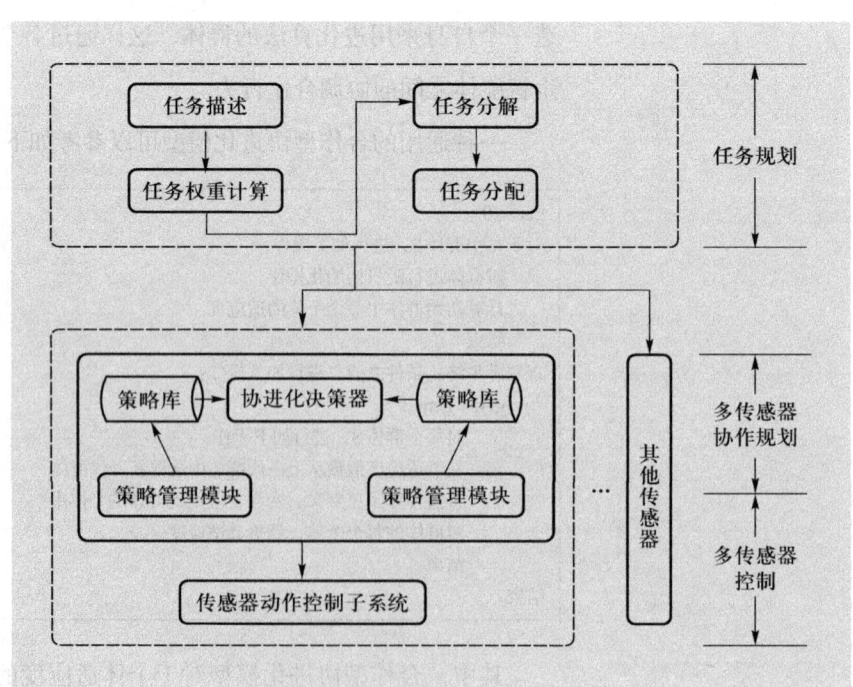

进行详细的规划调度，根据传感器所处的位置、任务要求的完成时间、任务的优先级等因素，决定执行每个任务的具体传感器。

多传感器协作规划层：在任务规划层输出执行任务的传感器集合后，多传感器协作规划层的主要内容包括传感器任务和传感器不同模式的协调优化。它是多传感器协作管理体系结构的核心部分。在传感器内部让在不同条件下发生的一系列动作即规则聚在一起，组成一个策略。每个传感器内部存在着按照传感器协进化决策算法进化的一个策略库，在任务目标下利用策略的不同适应度指导进化。传感器之间和任务执行环境通过协进化机制进行信息交互，特别是通过协进化方法对策略进化群体中的个体适应度进行评估。进化结束后，该组织内所包含的一系列规则就是传感器做出的决策，从而为该传感器协作行为提供支持。

多传感器控制层：根据协作规划层所做出的行为决策，将传感器行动方案转换为对传感器的操作命令，具体包括传感器模式控制、空间控制、时间控制和报出控制，最终形成传感器具体动作。多传感器控制层是多传感器协作管理控制体系结构的最底层。

10.2.4 平行智能体系

中国科学院自动化所王飞跃研究员于2004年提出了平行智能系统的思想，试图用一种适合复杂系统的计算理论与方法解决社会经济系统中的重要问题。其主要观点是利用大型计算模拟、预测并诱发引导复杂系统现象，通过整合人工社会、计算实验和平行系统等方法，形成新的计算研究体系[13]。

将平行智能系统的思想扩展并引入到机器学习领域，建立一种新型理论框架能更好地解决数据取舍、行动选择等传统机器学习理论不能很好解决的问题。

如图10.11所示，平行学习智能体系架构大致可以分为数据处理和决策学习两个互相耦合关联的阶段[14]。

在数据处理阶段，平行学习首先从原始数据中选取特定的"小数据"，输入到软件定义（SDX）的人工系统中，并由人工系统产生大量新的数据。然后这些人工数据和特定的原始小数据一起构成解决问题所需要学习的"大数据"集合，用于更新机器学习模型。

在行动学习阶段，平行学习沿用强化学习的思路，使用状态迁移来刻

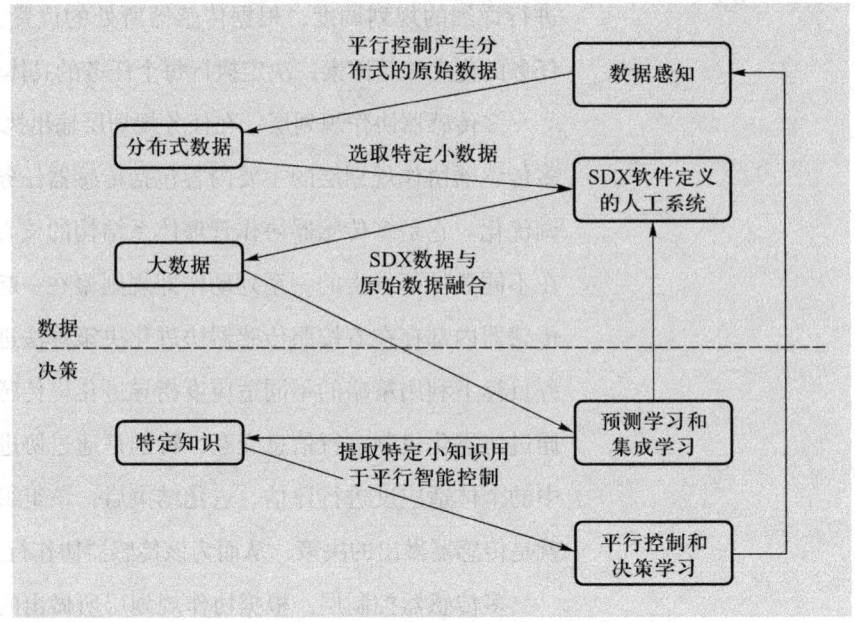

图10.11 平行学习智能体系架构

画系统的动态变化,从人工合成大数据中学习,并将学习到的知识存储在系统状态转移函数中。但特别之处在于,平行学习利用计算实验方法进行预测学习(predictive learning)。通过学习提取,可以得到应用于某些具体场景或任务的"小知识",并用于平行控制和平行决策。这里的"小"是针对所需解决具体问题的特定智能化的知识,而不是指知识体量上的小。

而平行控制和平行决策将引导系统进行特定的数据采集,获得新的原始数据,并再次进行新的平行学习,使系统在数据和行动之间构成一个闭环。不仅如此,还引入决策学习(prescriptive learning)的思想,从另一个角度来重新结合数据和决策。

10.3 分布式智能应用

分布式人工智能应用广泛,随着智慧城市、智慧工业、智慧军事等领域的建设步伐不断加快,分布式智能也必将发挥其重要作用。

10.3.1 智慧交通

人、车和交通基础设施是城市交通系统的三大核心元素。城市交通系统的现状是,移动客流、车流体量大,人们的出行需求难以预测,基础设施配置不均。仅采用传统的、基于经验的交通管理决策机制已无法满足城市精细化管理的需求。信息技术的蓬勃发展促使城市交通综合管理决策从经验驱动向大数据智能驱动转变，如图10.12所示。在信息采集方面，通过集成智能感知技术，交通部门可获取车辆GPS、城市道路图片/视频等动静态多源异构大数据。在信息分析方面，应用人工智能策略对海量大数据进行挖掘分析，获取公交线网、道路拥堵、交通安全等各类指数或指标体系，支撑职能部门做出智能化管理决策。在信息存储计算方面，应用云存储和云计算技术实现海量数据的存储与计算。在信息服务方面，集结车联网、物联网和互联网技术，公众通过实时交通信息展板、信息交互平台获取所需信息，实现便捷安全出行。在科学技术不断发展的今天，各学科知识交叉融合。城市交通综合管理理念的不断创新离不开新学科、新思想的凝聚。

近年来，区块链技术在金融领域得到了非常成功的应用，其在城市智能交通领域也有潜在的应用价值。区块链是一个分布式的存储结构，其中每一个结点平等，无中央管理者，任一用户可以通过共识过程为下一个结点上传数据信息。区块链的最大特点是，去中心化、平等公开，一旦链接成功，数据难以篡改且所有结点的数据保持一致，在智能交通领域有广泛的应用前景。

图10.12 智慧交通分布式应用场景

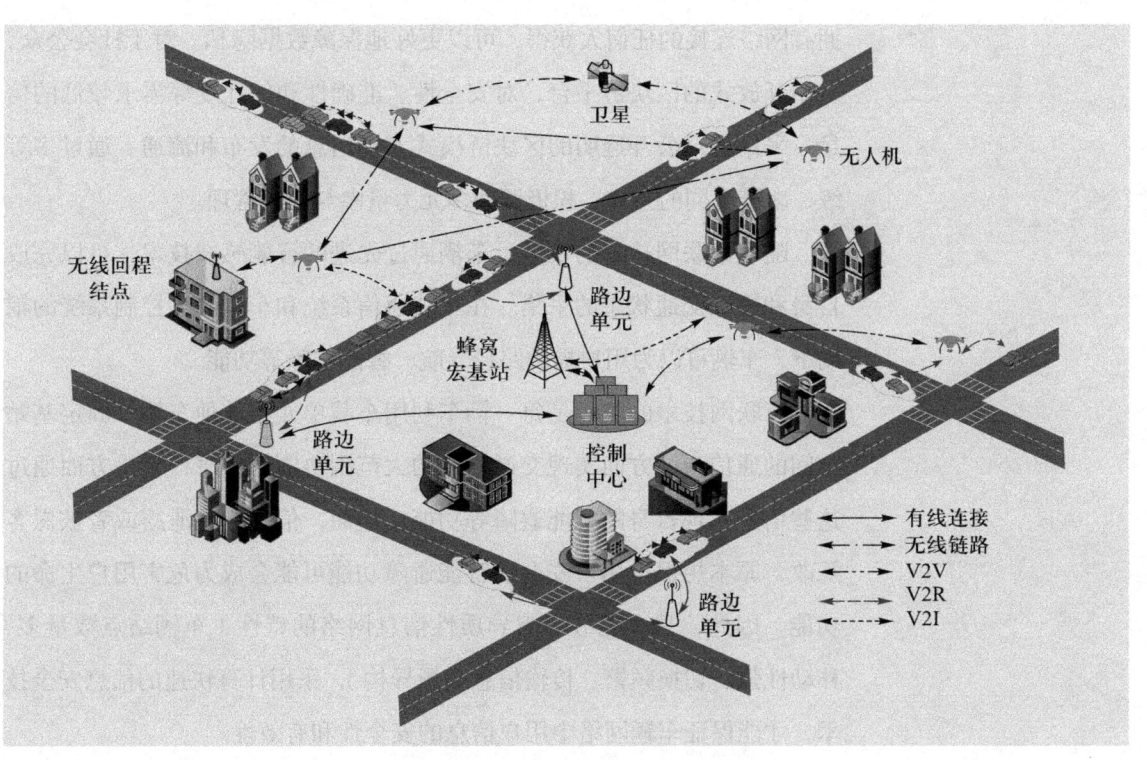

城市交通问题涉及方面众多，获得交通信息的渠道也有各个层面。然而，各类交通信息从采集到分析，从发布到更新，整个流程都是由交通职能部门管控的，公众与其他政府职能部门参与甚少。综合利用公众与各政府部门所有的信息资源，充分调动各级政府和社会公众等多元力量参与管理，才能实现更灵活、有效的信息管理模式。

采取完全开放的信息管理模式，让公众都可作为结点链接信息平台，任意读取或发布交通信息，这种方式并不可取。因为仅仅采用完全开放的、基于公有链模式的信息管理，会带来两个致命的问题。第一，难以保证公众上传的交通信息是真实准确的。区块链技术的数据无法篡改性决定了结点一旦链接成功，发布的信息很难修改。第二，发布的信息即使真实准确，数据完全透明公开可能会带来一系列不可预测的交通运行问题。

有效利用社会公众提供的共筹交通信息，必须做到既能放权给公众，让其参与交通管理，提高管理的灵活性，又能严格管控公众发布的信息，避免不可预测性。因此，采用多类型区块链协同的交通信息管理模式，放权给公众的同时兼顾信息的合理管控。对交通职能部门采取基于私有链的信息管理模式，即在信任度高的职能部门建立区块链，读取权限对公众有一定程度的限制。

在这样的模式下，结点信任度高，链接速度快，数据不会轻易地被拥有网络连接的任何人获得，可以更好地保障数据隐私。对于社会公众，采用开放式的区块链平台，对安全性、准确性和信任度等需求较低的信息，采用相对公开透明的区块链模式实现信息的发布和流通。通过多等级、多链协同的方式，积极调动多元力量参与交通管理。

随着车联网技术的发展，车辆通过先进的智能感知技术，可以完成自身和周围交通状态的采集。在车载通信系统和车辆终端控制系统的辅助下，车辆可以为用户提供路径导航、智能避障等功能。

车联网技术的核心是每一辆车利用车载单元与其他车辆、固定基站之间的通信，一方面实现交通信息的大范围协同与共享，另一方面通过这些信息实现自身的智能避障等功能。然而，信息一旦泄露或者被黑客篡改，原本想保护用户安全的智能避障功能可能会成为危害用户生命的功能。因此，只有充分考虑异质性信息网络的特性（车辆结点数量多、移动性强、切换频繁、传输信息多源异构），采用计算快速的信息安全技术，才能保证车辆网络中用户信息的安全性和有效性。

采取基于分散区块链结构的分布式密钥管理方案,可以更好地保证车辆信息交互的安全性。利用区块链的共识过程、封装块来传输密钥,然后在相同的安全域内对车辆进行重新编码,从而充分利用区块链中数据无法篡改这一特性,保证数据的安全。此外,选择动态方案可以进一步减少车辆交接期间的密钥传输时间,适应不同车流量水平下的通信场景。

随着大数据挖掘技术、人工智能、智能感知技术和互联网通信技术的蓬勃发展,城市交通综合管理不仅要继承传统、规范流程,还要转变思路、创新发展,实现智能化、人性化、灵活有效的多元化管理模式。在交通信息化快速发展的浪潮中,区块链技术必将以其去中心化、数据无篡改性和数据公开透明的特质脱颖而出,在城市交通的方方面面融合创新,发光发热。

在云计算和区块链两个平台的支撑下,可以有效完成车联网一些传统的和新兴的业务。车联网最大的问题是数据的安全,在区块链和云计算的融合下,就能够实现数据的分级控制问题,通过应用级别和应用场景,可以利用区块链和云计算不同的访问控制机制,来实现不同级别的访问控制方法。

利用云计算和区块链的融合,还可以对车联网数据进行分类存储。也就是说,对一些类似交通事故这样不可篡改、需要固化的数据,就可以放在区块链上;对某一些大量的、原始的数据,归档的数据,就可以放在云计算里,而且可以把云计算里面原始的数据,逐渐抽象为某些源数据,把这些重要的源数据也放在区块链上面,这样在整个融合体系下,就可以对整个车联网实现数据的分类管理。

10.3.2 柔性制造

智能柔性制造系统中的虚拟化和业务编排是将生产设备等资源通过智能网关或智能资产连接到智能分布式系统中,实现生产设备在数字世界的虚拟化和模型化,通过边缘计算和云计算的协同完成网络资源、生产设备、生产工艺的智能编排,使能制造过程的自感知、自决策、自执行和可预测性维护等,如图10.13所示。

边缘计算在智能制造系统虚拟化和业务编排上的核心价值有以下几个方面。

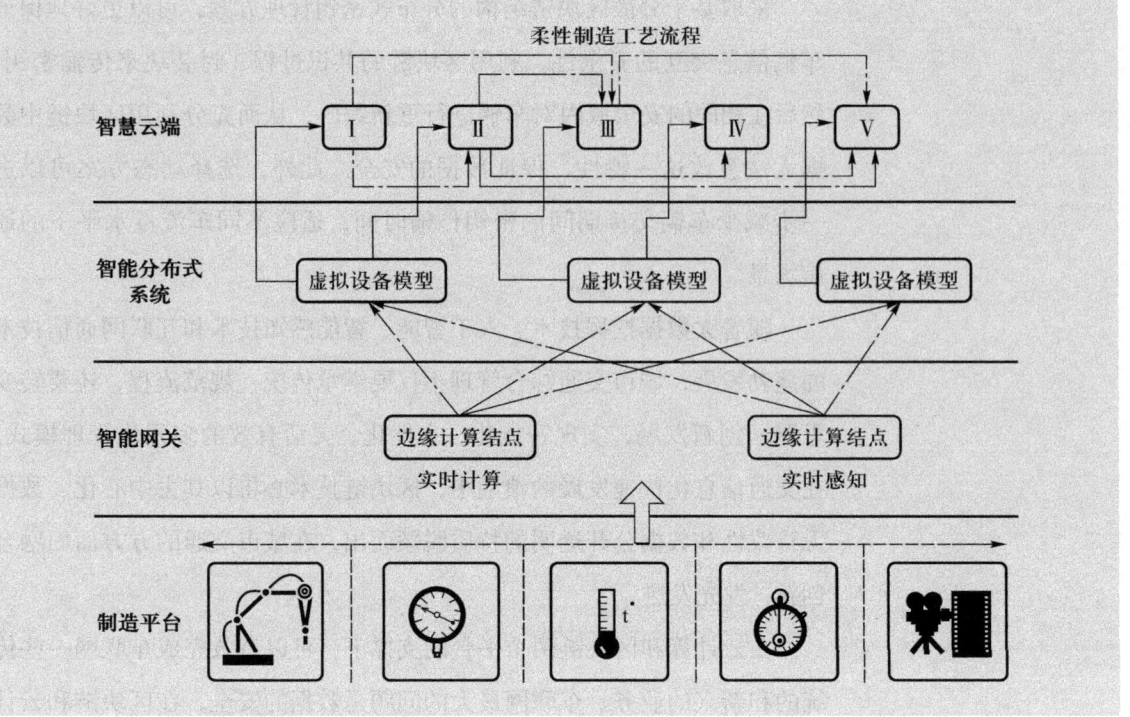

图10.13 柔性制造分布式智能体系

- 通过对边缘侧设备的实时连接和感知，建立独立、可重构的数字设备模型(digital twins)，使能生产资源的虚拟化、建模、关联和检索。
- 通过SDN技术实现网络资源自适应分配，为可重构设备提供有效信息传递手段。
- 通过业务Fabric定义加工、装配环节的任务、工艺流程、路径规划与控制参数，实现业务策略的快速部署和多品种的快速加工。

关键需求与技术，参考架构与平台，测试床与商业案例是边缘计算产业发展的三部曲，三者互相协同，互相促进，不断迭代，持续提升边缘计算竞争力和产业适配能力。

- 通过提炼场景化需求和识别关键技术支撑构建边缘计算参考架构，使能产业界基于统一框架和语言开展高效合作。
- 通过边缘计算参考架构牵引构建开放的边缘计算软硬件平台，支撑测试床和商业案例部署，以最佳实践加速产业发展。
- 通过部署测试床与商业案例验证关键技术、参考架构和软硬件平台，并进一步识别差距和问题点，作为关键需求导入后续优化，持续迭代改进，拓展商业应用的广度和深度。

10.3.3 工业区块链

区块链技术因其分布式存储、点对点传输与不可篡改等特性使得去中心化自治协作成为可能。将区块链技术应用于工业物联网，可极大地优化产业流程、提升生产效率。

基于区块链技术构建出一个分布式的智能生产网络（distributed intelligent production network，DIPNET），终端用户与终端生产者均以平等结点的身份接入。数据可在任意结点间进行点对点传输，实时交互，实现研发、设计、生产、制造、销售等环节数据打通。订单信息、事务历史记录等记录在链上，分布式存储不可篡改，可实现去中心化协作，产品溯源安全便捷。交易流程由智能合约自动执行，提高效率。

作为面向工业物联网的区块链底层技术，应致力于使每个终端使用者与终端生产者都能轻松接入生产网络。在DIPNET中，将根据不同生产模式在链上提供多种既定构架的智能合约范式。智能合约范式涵盖了该种生产模式下生产、制造、销售全环节的各种智能合约构架。链上提供的多种智能合约范式可满足绝大多数生产模式的价值流转需求，各生产环节的制造者仅需对号入座，大幅降低使用者接入并使用生产网络的难度。

DIPNET所形成的分布式制造模式，以用户创造内容为代表，使人人都有能力进行制造并参与到产品全生命周期当中，彻底颠覆传统制造业模式，生产企业也能因此而受益。在产品开发方面，新模式使产品设计、生产制造由原来的以生产商为主导逐渐转向以消费者为主导，消费者能够更早、更准确地参与到产品设计和制造过程中，并通过庞大的分布式网络对产品不断完善，使企业的产品更容易适应市场需求，并获得利润上的保证；在产品创新方面，新模式延伸了创新边界。

DIPNET提供三种既定的链上智能合约范式供生产网络用户自行调用，包括清单生产合约、询价生产合约和竞标合约。三种合约范式可满足绝大部分生产模式的经济流转需求。当然，生产模式不胜枚举，有更多的生产模式正被不断创造，覆盖这三种智能合约范式难以满足的应用领域。另外，更多的智能合约范式将根据新的需求被不断创造出来。同时在网络中，具有专业技术开发能力的人士也可自行设计新型智能合约范式，并上传到生产网络中供生产者自行选择调用。作为激励，开发者可收获该合约范式被调用所获得的手续费。

在DIPNET中将产生一种新型的生产模式：每一个生产单元都通过

调用既有的智能合约范式,以极低的门槛将自己的产品连入不同的产业链当中,并通过各种智能合约范式与自己的产业链上下游相连,给自己的产品和整个产业链都在虚拟世界里构建出一个"数字化双胞胎"。

这些"数字化双胞胎",通过智能合约范式,接入影视、娱乐、电商等流量端,这些流量端以特定的场景,创造出多品种小批量的碎片化需求,消费者根据自己的需求直接在流量端选择自己需要的商品。消费者付费的一瞬间,该商品整个生产链条的智能合约被触发,商品所有部件的生产商根据智能合约范式被全部确定,相关的所有生产单元临时组成一个快速响应的生产系统,链上执行的智能合约连接到各生产单元自身内部的中心化数字生产系统里,快速执行生产指令,完成生产过程。生产完成的商品,通过接入物流智能合约范式的物流企业,直接送到消费者手中,完成从生产到物流的全定制化。各类生产服务机构,如银行、担保机构、检测机构等,通过各自的智能合约范式与生产单元相连,为其提供相应的清算、担保、检测等服务。

每个智能合约范式的开发者,以及接入合约范式的生产单元和生产服务机构,都可以基于分布式智能生产网络的底层标准,以自己在主链上的结点为起始,分出子链,并发行自己的通证(Token),为自己的资产增加流动性和融资管道,高效完成生产行为。整个生产组织过程,不是通过中心化的"巨型工业云",而是完全分布式、智能化、自组织地进行生产,快速响应多品种小批量的生产需求。数以百万计的设计者、创新者、开发者都能够通过自己的智力劳动为智能合约范式做出贡献,并分享合约范式上流动的通证价值,每一个设计都不会被浪费,每一个开发者都能找到自己的用户,数百倍、数千倍的社会创造力将被启动。这种工业区块链技术,将从根本上变革人类的社会生产方式,重塑整个工业社会的价值基础。

如图10.14所示为一个典型的工业物联网能源区块链应用架构,针对微电网(microgrids)、能量收集网络(energy harvesting networks)、智能汽车电网(vehicle-to-grid networks)等应用场景,采用能源区块链技术进行安全、高效、可靠地分布式能源交易。

10.3.4 战术物联网

随着高新技术的发展,军事理论及军事装备也在不断进行变革和更

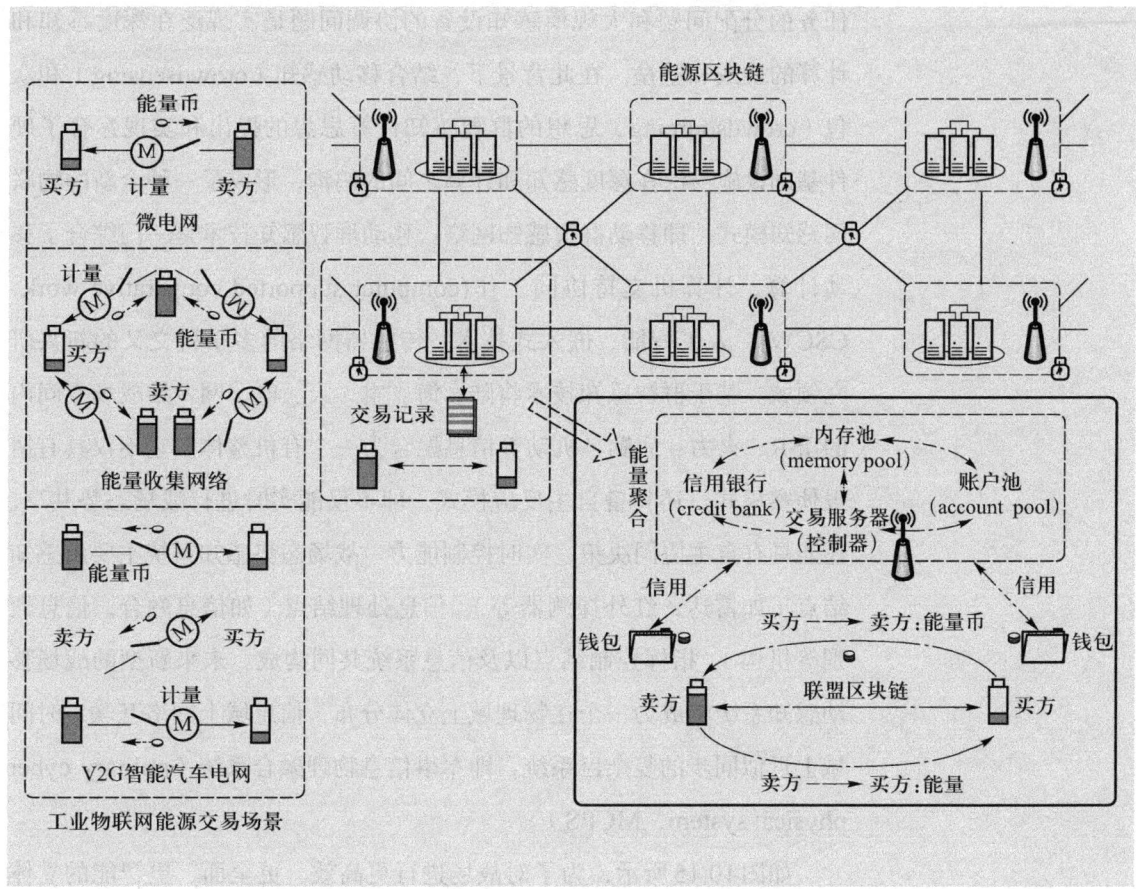

图10.14 工业物联网能源区块链架构

新。日益智能化的作战装备,逐渐复杂的战场电磁环境及高效全面的战场检测手段正逐步改变现代战争的形态。现代战争正由传统的机械化战争转变为智能化战场装备为主体,以数字信息化为手段,以复杂战场电磁环境为背景,实现高度智能、高精度、长距离的现代军事战争形态。现代军事战争是信息化战争,信息化战争是一种战争形势,指的是在海、陆、空、天四维战场空间中,在常规武器装备中加入先进的信息技术,从而形成信息化军队,实现联合作战的目标。

战场态势感知是指所有参战部队和支援保障部队对战场空间内敌、我、友各方兵力部署、武器装备和战场环境(如地形、气象、水文等)等信息的实时掌握的过程。随着电子技术的发展,各个侦察感知结点被连接成一个有机的系统,特别随着移动互联网技术和无线通信技术的快速发展,移动智能终端设备极大增强的能力(如计算能力、存储能力和通信能力等)、集成的丰富感知能力和无处不在的感知网络,为实现泛在深度感知和计算提供了硬件基础设施支撑。然而,庞大感知任务的分配问题和大规模感知设备的协调问题是实现泛在深度感知和计算的挑战和壁垒。在此背景下，结合移动感知（crowdsensing）和众包（crowdsourcing）思想的群智感知计算思想的提出和实现弥合了硬件基础设施与泛在深度感知和计算之间的鸿沟，形成了一种全新的物联网感知模式，即移动群智感知网络。移动群智感知技术是一门综合了移动计算、计算机支持协同工作(computer supported cooperative work，CSCW)、人工智能、嵌入式技术、传感器网络的多学科交叉的新兴研究领域。基于群智感知技术将陆、海、空、天、电、网六维战场空间内的 ISR、火力、后勤、机动等信息融合为一个有机整体。它不仅具有情报侦察模式，还具备自主反应模式，即不仅能实时进行战场态势共享，还能具有自主协同决策、实时控制能力。战场态势感知系统主要由感知结点（如雷达，红外探测器等）、信息处理结点（如信息融合，信息甄别等机构）、指挥控制结点以及信息系统共同构成。未来新型的战场移动感知系统将成为一个在物理域上立体分布，信息域上网络互联，时间域上近似同步的复杂巨系统，即军事信息物理融合系统（military cyber physical system，MCPS）。

如图10.15所示，为了对战场进行更高效、更全面、更智能的立体态势感知，通过分层网络构建泛在智能感知器网络，各感知群体的处理能力及感知深度各异，自底向上可分为三层，包括低功耗无线传感器网络、移动传感器网络、无人机感知网络等，根据不同的感知任务级别进行协同感知，增强柔性组织能力及自主行为演进性能，从而形成具备自适应及自愈能力的综合战场态势感知网络。另外，结合侦察卫星、无人

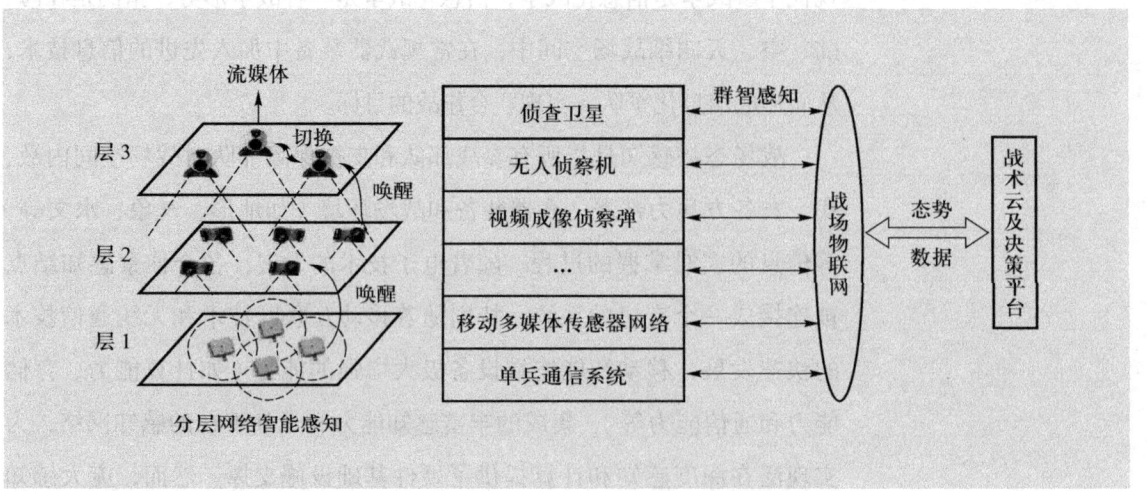

图10.15 战术物联网体系架构

侦察机、视频成像侦察弹、单兵通信系统等群体智能感知数据，利用多源信息融合技术，构建战场及战术物联网，通过对群智感知大数据的清洗、分析、融合与决策，实现对战场态势的全智能操控，最终形成战术云及指挥决策平台，为战场立体态势分析和重要军事决策提供战略依据。

10.4 本章小结

分布式智能是人工智能发展的必然趋势，是建立在多智能体、边缘计算、群智感知等先进技术之上的新一代人工智能体系。本章以分布式人工智能的关键技术作为出发点，系统地阐述了分布式智能体系架构，并通过其在智慧城市、智能交通、工业物联网、智慧军事等领域的应用，进一步描述了分布式人工智能在未来的发展前景及重要价值。

习题

1. 通过查阅相关文献，思考分布式人工智能的重要性及应用价值。
2. 分布式人工智能主要涉及哪些关键技术？
3. 简述多智能体系统（MAS）的定义。
4. 通过一个应用案例，详细阐述多智能体系统的工作原理及架构。
5. 简述边缘计算的主要特点，并结合物联网分析移动边缘网络的主要架构和实际应用案例。
6. 结合分布式协同体系架构的4种主要类型，选其中一种进行分析，并根据经典文献阐述主要思想和算法。
7. 通过查阅相关文献，阐述平行智能驾驶在智能交通中的应用原理和方法。
8. 通过查阅相关文献，阐述柔性制造在工业物联网中的应用原理和方法。

参考文献

[1] STONE P, VELOSO M. Multiagent Systems: A Survey from a Machine Learning Perspective[J]. Autonomous Robots,

2000, 8(3): 345–383.

[2] MAO Y, YOU C, ZHANG J, et al. A Survey on Mobile Edge Computing: The Communication Perspective[J]. IEEE Communications Surveys & Tutorials, 2017, 19(4): 2322–2358.

[3] MACH P, BECVAR Z. Mobile Edge Computing: A Survey on Architecture and Computation Offloading[J]. IEEE Communications Surveys & Tutorials, 2017, 19(3): 1628–1656.

[4] MARJANOVIĆ M, ANTONIĆ A, ŽARKO I P. Edge Computing Architecture for Mobile Crowdsensing[J]. IEEE Access, 2018, 6: 10662–10674.

[5] HU X, CHU T, CHAN H, et al. Vita: A crowdsensing-oriented mobile cyber-physical system[J]. IEEE Transactions on Emerging Topics in Computing, 2013, 1(1): 148–165.

[6] WANG L, ZHANG D, WANG Y, et al. Sparse mobile crowdsensing: Challenges and opportunities[J]. IEEE Communications Magazine, 2016, 54(7): 161–167.

[7] 薛宏涛, 叶媛媛, 沈林成, 等. 多智能体系统体系结构及协调机制研究综述[J]. 机器人, 2001, 23 (1): 85–90.

[8] JENNINGS N, SYCARA K, WOOLDRIDGE M. A Roadmap of Agent Research and Development[J]. Autonomous Agents and Multi-Agent Systems, 1998, 1(1): 7–38.

[9] 冯磊, 查亚兵, 胡记文, 等. 面向任务的CGF实体联合意图形成[J]. 系统仿真学报, 2012, 24 (10): 2113–2116.

[10] BARBARA J G. Collaborative Systems[J]. American Association for Artificial Intelligence, 1996: 67–85.

[11] TAMBE M. Towards Flexible Teamwork[J]. Journal of Artificial Intelligence Research, 1997, 7(1): 83–124.

[12] 张强. 基于协进化机制的多传感器协作管理体系及方法研究[D]. 合肥工业大学, 2009.

[13] WANG F, ZHENG N, CAO D, et al. Parallel Driving in CPSS: A Unified Approach for Transport Automation and Vehicle Intelligence[J]. IEEE/CAA Journal of Automatica Sinica, 2017, 4(4): 577–587.

[14] 李力, 林懿伦, 曹东璞, 等. 平行学习—机器学习的一个新型理论框架[J]. 自动化学报, 2017, 43(1): 1–8.

第11章 智能机器人

智能机器人总能出乎意料地在智力上战胜人类,它的发展水平已经远远超出了人们的想象[1]。以人工智能理论为基础的智能机器人,拥有各种各样的传感器、灵活的构架以及应用程序。不论是从形体上还是从智力上,智能机器人在各方面都体现了与人惊人的相似之处,无疑说明了智能机器人的发展正朝着替代人类工作的方向不断前行。本章从整体上介绍智能机器人的基本概念、智能机器人关键技术、智能机器人控制策略、智能机器人在各领域的应用情况等方面的内容。

11.1 智能机器人基本概念

智能机器人是一种包含了多学科知识的技术,它是伴随着人工智能的出现而产生的。如今,智能机器人的地位变得越来越重要,在很多领域和岗位上都需要有智能机器人的参与和配合,因此,人们对智能机器人的研究也越来越深入。虽然现阶段,在生活中还很少发现智能机器人的影子,但是,在未来,随着智能机器人技术的不断发展,伴随着越来越多科研人员的努力,相信智能机器人势必会走进每个家庭,为人们提供更好的服务,对人类和社会起到非常重要的作用。

伴随着信息技术、计算机等相关技术的快速发展,机器人技术的发展也越来越快,应用领域也不断地扩大,机器人的发展在智能化、多样化的道路上越走越远。

11.1.1 定义

简单来讲,对于机器人,国际上是这样来定义的:它是一种可以通过编程来完成各种任务的机器,通过改变程序,就可以实现完成不同任务的功能。

机器人的发展主要经历了下面三个阶段。

① 第一代机器人

它可以根据人们事先编写好的程序工作,而且只能按照固定的模式重复工作。

② 第二代机器人

第二代机器人具有一定的自适应能力,可以根据不同的需要按照不同的程序完成不同的工作。

③ 第三代机器人

第三代机器人就是智能机器人。它是在科技不断发展的环境下应运而生的。智能机器人具有人类的智慧，有一定的分析和判断能力，可以根据周围环境和自身的状态采取相应的策略来完成任务，具有很强的学习能力和自适应能力。随着计算机技术、机器人技术及人工智能的发展，智能机器人已经成为机器人技术研究的主要方向[2]。

所谓的"智能机器人"就是在传统的机械机器人的基础上，再加上一个和人一样具有智慧的"大脑"，这个"大脑"通常指的是智能机器人内部的一个中央处理器。虽然智能机器人可以进行自我控制，但它不具备人体内部的结构，只是具备各种传感器，包括视觉传感器、听觉传感器、触觉传感器等。智能机器人能够理解人类的语言，还可以用人类语言与人类进行对话。

11.1.2 分类

智能机器人可以从不同的角度进行分类。按照用途可以分为家庭机器人、医疗机器人、军事机器人等；按照作业空间可以分为水下机器人、管道机器人、空中机器人等；按照移动方式可以分为爬行机器人、步行机器人、轮式机器人等[3]。

按照功能的不同，智能机器人又可以被分为以下三类。

① 传感型机器人

传感型机器人本身不带有智能单元，只有感应机构和执行机构，在实际操作过程中，传感型机器人可以通过视觉、听觉、触觉等传感系统处理信息，它的控制是由外部的计算机实现的，计算机上具有完善的智能处理单元，可以根据机器人获得的信息对机器人进行合理的控制。

② 交互型机器人

交互型机器人可以通过计算机系统与人类进行对话，具有一定的语言交流能力，由操作员来实现对机器人的控制和操作，虽然它具备了一定的处理问题和决策问题的能力，但是存在一定的局限性。

③ 自主型机器人

自主型机器人可以不受人的干预，自主应对各种复杂的环境，自动完成任务。它包括感知、处理、决策、执行等应用模块，可以模仿人的思考方式和行为方式，独立处理各种问题，自主完成各种复杂活动。这种机器人可以对周围的物体进行实时的识别和测量,当环境发生变化时,可以改变自身的参数进行调整,从而完成既定的任务。它不仅可以和人进行沟通交流,还可以与计算机及其他机器人进行信息的交换。对自主型机器人的研发,要求在人工智能、制造业等领域具有比较高的水平。相信在未来,全自主型机器人将广泛应用到人们的生活中。

11.2 智能机器人关键技术

随着社会的发展,人们的需求也不断增多,对智能机器人的要求也越来越高。在智能机器人的研发过程中,有一些关键性的技术可以起到非常重要的作用。

智能机器人涉及的关键技术直接关系到机器人智能化的程度。目前,对智能机器人的发展影响比较大的关键技术主要包括:多传感器融合、自主导航与避障、路径规划、智能控制以及人机接口技术等。

11.2.1 多传感器融合

多传感器信息融合是信息综合处理的专门技术,它广泛应用于工业机器人、自动控制、医疗诊断等多个领域。多传感器信息融合技术是指把分布在不同位置的多个传感器所提供的相关信息进行综合处理,以产生更全面更准确的信息的过程。经过融合之后的传感器可以更精确地反映被测对象的特性,消除多传感器之间可能存在的冗余,降低了不确定性。

多传感器信息融合的过程包括多传感器、数据预处理、信息融合中心等部分。如图 11.1 所示为多传感器信息融合的过程。传感器在周围环境或空间中进行信号检测,将得到的信号经过 A/D 转换器转换成能够被计算机识别和处理的数字信号,再通过预处理环节去除干扰和噪声,然后经过信息融合中心对被测对象进行特征提取和融合计算,最后输出结果。

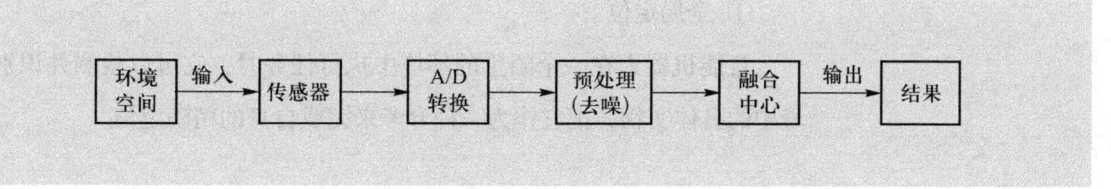

图 11.1 多传感器信息融合的过程

11.2.2 自主导航与避障

智能机器人的导航是指机器人根据自身传感系统对内部姿态和外部环境进行感知，通过对环境信息的识别、存储、搜索等一系列操作找出最优路径或近似最优的路径，实现与障碍物无碰撞的安全运动[4]。

1. 导航方式分类

智能机器人常用的导航方式主要有：惯性导航、视觉导航、卫星导航等。不同的导航方式适用的环境不同，包括室内室外环境，简单环境和复杂环境等。

① 惯性导航

惯性导航方式是指利用加速度计和陀螺仪等惯性传感器测量机器人的方位角和加速率，从而推知机器人的当前位置和下一步目的地。这种导航方式实现起来比较简单，但是随着机器人航程的增长，误差的积累会无限增加，控制及定位的精度很难提高。

② 视觉导航

视觉导航方式是指机器人利用自身装配的摄像机拍摄周围环境的局部图像，然后根据图像处理技术将外部环境的相关信息存储起来，为机器人进行自身定位以及下一步动作的规划，从而实现机器人自主规划路线，最终安全到达终点，完成全局导航。这种导航方式中涉及的图像处理技术计算量大，还存在实时性差的问题。

③ 卫星导航

卫星导航方式是指机器人通过安装卫星信号接收装置在室内或者在室外实现自身定位。这种导航方式存在近距离定位精度低等缺点，在实际应用中一般都结合其他导航技术一起工作。

2. 导航系统结构

智能机器人的自主导航系统主要任务是实现把感知、规划、决策、动作等模块有效地结合起来，从而完成指定的任务。图11.2为一种智能机器人的自主导航系统的控制结构图。

3. 导航的任务

① 全局定位

智能机器人在一个陌生的环境中执行任务时，它可以检测并识别环境中的具体实物，把它作为一种参考来完成自身的精确定位。

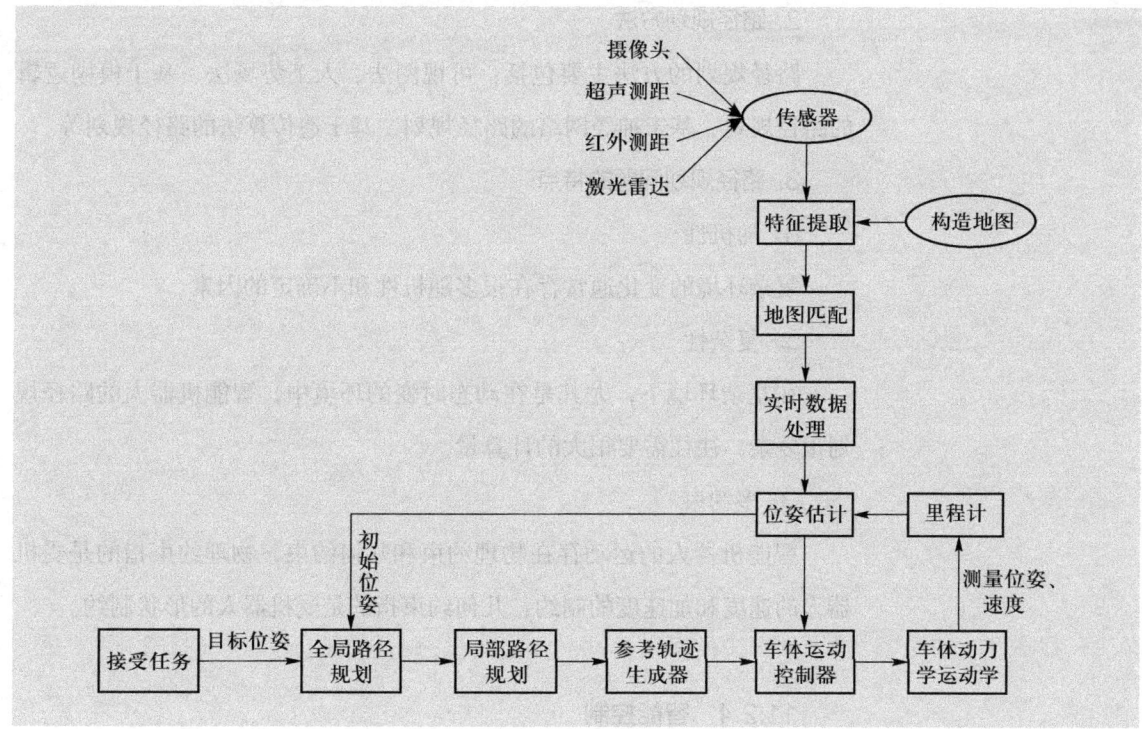

图11.2 自主导航系统控制结构图

② 识别目标及检测障碍物

在智能机器人行动的过程中，需要实时的检测和识别障碍物，以提高控制系统的稳定性。

③ 安全保护

在执行任务的过程中，智能机器人要确保自己不受到外界障碍物的伤害。

11.2.3 路径规划

路径规划技术主要是指用最优路径规划算法，找到一条从起点到终点可以有效避开障碍物的最优路径[5]。

1. 路径规划分类

路径规划从不同的方面可以有不同的划分方法，它本身可以划分成不同的层次。根据对环境的掌控情况，机器人的路径规划可以分为三种情况。

① 基于地图的全局路径规划。

② 基于传感器的局部路径规划。

③ 混合型方法。该方法的意图在于结合全局和局部的优点。

2. 路径规划方法

路径规划的方法主要包括：可视图法、人工势场法、基于模糊逻辑的路径规划、基于神经网络的路径规划、基于遗传算法的路径规划等。

3. 路径规划问题的特点

① 随机性

复杂环境的变化通常存在很多随机性和不确定的因素。

② 复杂性

在复杂环境下，尤其是在动态时变的环境中，智能机器人的路径规划很复杂，往往需要很大的计算量。

③ 多约束

智能机器人的运动存在物理约束和几何约束，物理约束指的是受机器人的速度和加速度的制约，几何约束指的是受机器人的形状制约。

11.2.4 智能控制

智能控制是控制理论发展的高级阶段，主要用来解决复杂系统的控制问题。智能控制研究的对象通常具有不确定数学模型以及有复杂的任务要求的。目前，智能机器人上应用最多的智能控制方法有模糊控制和神经网络控制，在后续的小节中会详细地介绍。

11.2.5 人机接口技术

人机接口技术主要是研究如何使人与计算机方便、自然地进行交流。近年来，人们越来越多地利用虚拟现实技术创建智能机器人的工作环境，从而使操作者可以身临其境地进行操作，各种虚拟现实的装置也不断地被提出，如类似人的手、臂以及双眼视觉系统等。设计良好的人机接口已经成为智能机器人研究的重点问题之一，具有重要的价值。

根据目前的技术水平，完全用计算机来实现对智能机器人的控制有很多困难，智能机器人系统还不能脱离人的控制，因此，在进行控制操作时，还需要借助人机交互进行协调。由于人们希望与计算机进行很好的交流，因此，人机接口技术的研究变得尤为重要。一方面，对智能机器人进行控制的计算机需要有一个完善的人机界面，另一方面计算机需要理解人的语言文字，还要会表达。随着计算机技术的发展，在人机接口技术领域有了更多的应用，如图像处理、文字识别等。

11.3 智能机器人控制策略

常用的智能机器人控制算法[6]主要包括：PID控制[7][8]、模糊控制、自适应控制、神经网络控制等。

11.3.1 PID控制

PID（Proportion Integral Differential，比例、积分、微分）控制算法控制结构简单，参数容易调整，易于实现，而且具有较强的健壮性，因此，被广泛应用于工业过程控制及工业机器人的控制中。在被控对象的结构和参数不能获知或者是无法得到精确的数学模型时，可以应用PID控制进行调节和控制。

PID控制算法的参数整定很重要，主要是选择PID算法中的比例、积分和微分参数进行调节，使得控制系统的输出满足各种性能的要求。PID控制算法的结构如图11.3所示。

11.3.2 模糊控制

1. 基本的模糊控制

模糊控制的关键是模糊控制器，它主要由模糊化、模糊推理、模糊规则及逆模糊化。如图11.4所示，用计算机实现模糊控制器的具体

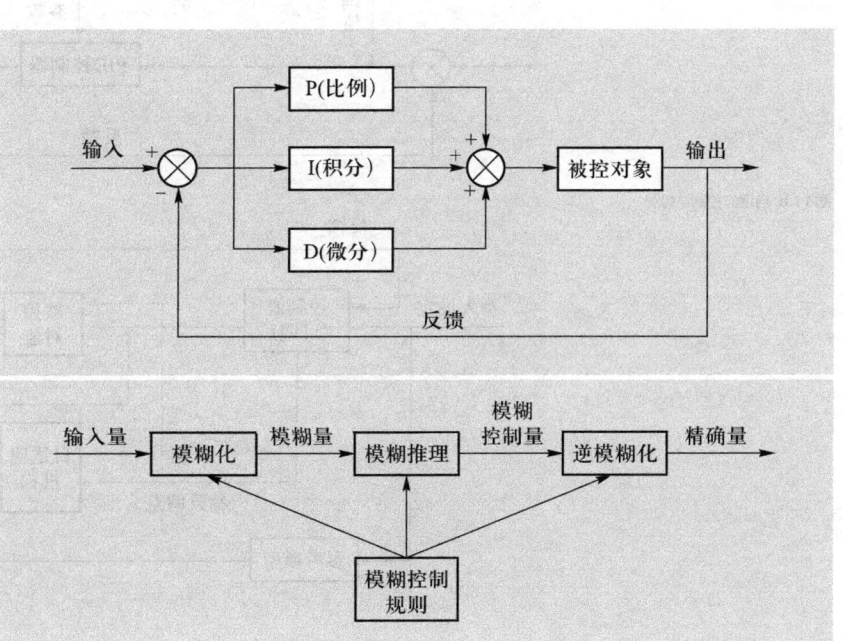

图11.3 PID控制算法结构图

图11.4 模糊控制器基本结构图

过程：先通过采样得到被控量的精确值，将其与给定值进行比较，得到系统的误差，再求出误差变化率，然后进行输入量的模糊化处理，将误差和误差变化率都变成模糊量并且将模糊量转化为适当的模糊子集（如"高""低""快""慢"等）。再根据模糊控制规则进行模糊推理，得到模糊控制量，最后进行逆模糊化处理，得到精确量。这就完成了一个A/D采样周期内对被控对象的控制，等到下一次A/D采样，再重新按照上面的步骤进行控制，依次循环，就完成了整个控制过程。

2. 模糊PID控制

如图11.5所示为模糊PID控制的过程：首先计算出采样时刻的偏差和偏差变化率，进行模糊化处理，然后应用模糊推理求出PID控制器的修正参数，再加上PID预整定的参数，就得到了该采样时刻比例、积分、微分参数，从而实现PID控制。

11.3.3 自适应控制

如图11.6所示，自适应控制结构中由于加入了参考模型，因此又称作模型参考自适应控制。其基本思想就是由可调的控制器与被控对象形成

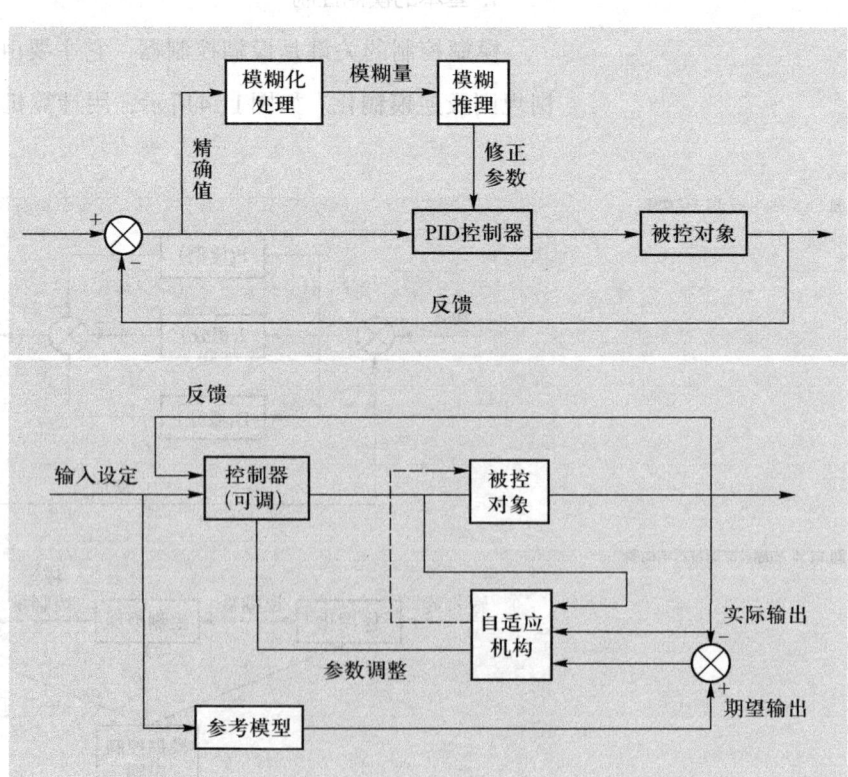

图11.5 模糊PID控制结构图

图11.6 自适应控制结构图

一个闭环回路,然后再建立一个由自适应机构和参考模型组成的附加调节回路。在实际的运行过程中,当被控对象的参数或特性发生变化时,产生的误差进入自适应机构,由自适应机构进行适当的运算,从而产生调整,改变控制器相关参数,从而使实际输出与参考模型的期望输出一致。

11.3.4 神经网络控制

神经网络控制[9]方式具有较强的自学习和自适应能力,该控制方式是智能控制中一个重要的部分。神经网络在各方面试图模拟人的大脑功能,因此,它不依赖于比较精确的数学模型,能够解决数学模型难以描述或无法处理的控制系统,非常适用于智能机器人这种具有复杂、不确定、多变量、非线性系统的控制,因此得到广泛应用。

11.4 智能机器人应用

随着科技的不断发展,人们对智能机器人的要求越来越高,智能机器人的应用也越来越广泛,有为家庭服务的扫地机器人,有军用机器人,有在天空中飞翔的无人机,有工业机器人,还有各种农业机器人等。这些智能机器人的应用,给各个领域带来了巨大的变化。智能机器人的应用领域不断扩大,越来越多地为人类服务,代替人类完成各种复杂的工作[10][11]。

在互联网和人工智能技术的支持下,智能机器人的发展将加入更多的先进技术,如大数据、云计算、多传感器融合等技术。除此之外,智能机器人还将实现多种算法的融合,如模糊算法、神经网络算法等。有了这些理论和技术的支持,智能机器人将不断地进行完善和升级。大数据的应用,可以使智能机器人具有更丰富的知识储备;云计算的应用,可以实现机器人的思维联网,实现机器人之间的交流;物联网的应用,可以使智能机器人的应用领域更加广泛。

11.4.1 智能工业机器人

1. 工业机器人的分类

工业机器人在产品制造行业应用比较广泛,这种机器人通常都有一个机械手,每个机械手有多个自由度。这些工业机器人内部都有编写程序的装置，操作人员可以录入程序，然后通过开关进行启动，工业机器人就会按照事先编好的程序运行，完成各种工作。工业机器人可以持续地进行工作，高效地完成产品的生产、包装，质量也有所保障。一般来讲，传统的工业机器人主要包括：焊接机器人、移动机器人、激光加工机器人等。在新时期，传统的分类方法已经不能完整地覆盖工业机器人的应用领域，按照工作内容，当前的工业机器人可以更全面地划分为以下几种[12]。

① 装配机器人

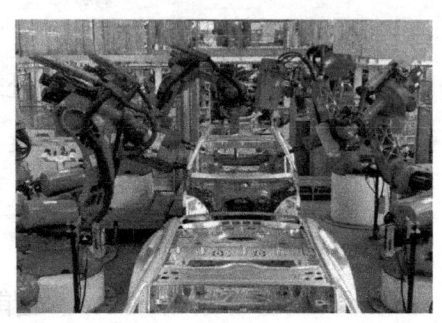

图11.7 Maserati工厂里工作的柯马机器人

装配机器人的运动轨迹复杂且运动量大，通常采用多个CPU控制，机器人的四肢通常都设计成手爪的形状，为了更好地适应装配对象。装配机器人可以通过传感系统与周围环境和装配对象之间实现信息和数据的传递和交流，其精密程度高、灵活性好，可以与其他工业机器人协作使用，通常应用于电器、汽车制造业等领域。如图11.7所示，柯马机器人为玛莎拉蒂工厂里的装配机器人，用于固定车身零件。

② 焊接机器人

焊接机器人主要完成焊接、切割等工作，它融合了数控和电子技术，在提高工作效率的同时可以避免各种人工危险。焊接机器人可以分为点焊机器人和弧焊机器人。点焊机器人一般有6个自由度，采用电气驱动的方式区别于喷漆机器人的液压驱动，相比而言，具有耗能低、维修简单、速度快、精度高等优点。工作时，点焊机器人按照操作者的规定进行作业，可以实现无人值守，还可以实现与外部数据库的实时更新。

③ 搬运机器人

图11.8 仓储运输机器人

搬运机器人可以进行自动化的搬运工作，将一个工件从一个加工位置转移到另一个加工位置，需要有很大的载重量，因此，机器人本身的材质需要足够坚固，要承受比较大的压力。搬运机器人涉及传感器技术、视觉技术等领域。如图11.8所示，为AICRobo公司

"勤劳懂事"的仓储运输机器人WT210，在运输过程中遇到的各种障碍和困难，它都能有效地克服，并把货品运输到指定的位置上。

④ 采矿机器人

采矿机器人需要在相当恶劣的环境中作业。矿洞中环境特殊，采矿流程复杂，这就需要有智能并且灵活的机器人来完成作业。按照采矿过程中对任务的不同分工，可以将采矿机器人分成三类：凿岩机器人，井下喷浆机器人，瓦斯、地压检测机器人。

⑤ 食品工业机器人

食品加工机器人可以分为罐头封装机器人、切割牛肉机器人等，该类机器人最重要的部件是传感系统和云数据库。

2. 智能机器人应用的十大工业领域

智能机器人应用的十大工业领域为汽车制造业、电子电气行业、橡胶及塑料行业、铸造行业、食品行业、化工行业、玻璃行业、家用电器行业、冶金行业和烟草行业。

3. 智能工业机器人的未来发展

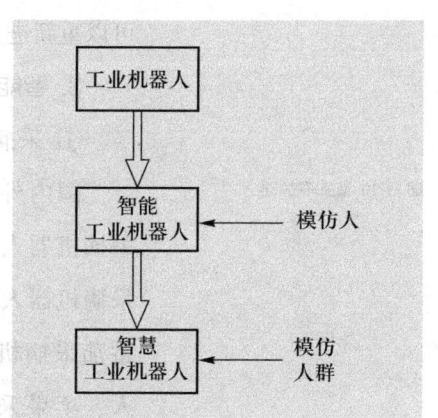

图11.9 智能工业机器人的发展方向

传统的工业机器人只能按照人们给定的指令完成相应的操作，不能模仿人类进行自主思考和学习，没有智能化的特点。随着科技的发展，越来越多的智能工业机器人开始出现并广泛应用于航空、汽车、机械、电子等行业，从一定程度上提高了自动化生产的能力。智能工业机器人可以模仿人类进行判断，从视觉、听觉、触觉等方面对控制对象有一个反馈，再经过自主学习可以更好地完成任务。但是，相对于个人的智慧而言，人群的智慧更强大，所以，通过网络可以把不同的机器和人群连接起来形成智慧机器人。如图11.9所示，智能工业机器人的发展方向是智慧工业机器人。

11.4.2 智能农业机器人

农业的机械化是实现农业现代化的重要标志。目前，由于我国人口结构不断老龄化，在农村从事田间耕作的劳动力几乎都是老年人，青壮年劳动力相当匮乏。在这种情况下，应用大量的农业机器人进行田间操作，可以有效降低人工劳动的强度，还可以节约生产成本。

1. 智能农业机器人的特点

与智能工业机器人相比，智能农业机器人有以下几个特点。

① 工作环境比较复杂。智能农业机器人的工作环境会受到各种自然因素的影响，如阳光照射、季节等。由于农作物会随着时间和空间的改变而有所变化，这就需要智能机器人可以在各种复杂多变的环境下进行作业。

② 工作的对象比较复杂。与工业领域不同，田间的农作物通常容易受到损伤且种类一般不止一种，这就要求智能农业机器人在操作时有较强的识别能力，力度适中，还可以做出不同的动作。

2. 智能农业机器人的基本结构

智能农业机器人集成了人工智能、传感器、通信、图像识别等技术，它由末端执行器、移动装置、控制装置、视觉系统以及传感器等装置组成。由于智能农业机器人主要是从事农业生产，因此具备强烈感知信息、可以重新进行编程等功能，还拥有模仿人体的一些肢体动作的设备。

3. 智能农业机器人在现代农业中的应用

① 采摘机器人

图11.10 番茄采摘机器人

国内外学者很早就开始研究采摘机器人，根据农作物的不同，采摘机器人包括草莓采摘机器人、番茄采摘机器人、黄瓜采摘机器人、苹果采摘机器人等。日本的番茄采摘机器人如图11.10所示，它使用的小型镜头可以拍摄7万像素以上的彩色图像，工作时，先通过图像传感器检测出红色的已经成熟的番茄，然后对形状和位置进行精准的定位，采摘时不会伤害果实。

② 育苗机器人

育苗机器人的工作包括播种、育苗、插枝等作业，其工作主要是定点搬运。对大多数育苗工作者来说，定点搬运的工作不仅浪费时间还很枯燥，借助育苗机器人来进行作业，不仅可以提高工作效率，还可以节约生产成本。工作过程操作起来很简单，先给育苗机器人设定好参数，育苗机器人会自动感应盆栽的位置，然后利用导航系统将盆栽移动到正确的地方。美国发明的育苗机器人，可以自动抓取盆栽，并将它们快速的送至目的地。

③ 果蔬分级拣选机器人

在果蔬分级拣选方面，很早就引入了机器视觉系统、果蔬装箱机器人等相关的机器人技术。果实的分拣归类是农业生产中的必要环节，由于果实的数量巨大，利用人工的方式来分拣，效率太低。因此，人们研究出了分拣机器人。它可以克服恶劣的环境进行工作，如在泥泞的土地里，或者在炎热的环境下工作。分拣机器人可以利用光电图像识别系统将番茄和樱桃分拣归来，还可以将大小不同的土豆实现分拣，在分拣的过程中果皮不会有所损伤。

④ 畜产机器人

在畜产方面，大量的工作也需要用到智能机器人。例如，给奶牛挤奶，一天需要挤几次，而且要有固定的间隔时间，挤奶的工作量大，而且环境严酷，因此智能挤奶机器人就应运而生。在挤奶过程中，挤奶机器人可以通过红外扫描仪感知奶牛的乳房，挤奶前，机器人要对奶牛乳房进行消毒，以确保奶源不被细菌污染，然后，挤奶机器人通过定位将奶嘴合理固定，最后开始挤奶。除了自动挤奶外，挤奶机器人还可以对奶质进行检测，对不同品质的奶进行区分，并检测奶中各种营养物质的含量。

除了以上应用之外，智能机器人在农业方面的应用还有很多，例如，澳大利亚的放牧机器人，如图11.11所示，拥有先进的全球定位系统，可以自动检测牛群的运动速度并且对它们进行驱赶；德国的除草机器人，如图11.12所示，可以实现精确除草。

图11.11 放牧机器人

4. 智能农业机器人存在的问题

智能农业机器人根据农业生产的特点要求必须具有适应复杂环境的能力，如合理避障等。虽然在自主导航、视觉定位等方面已经有比较成熟的解决方案，但总的来说，体系发展还不够完善，在一定程度上还不能满足农业生产的需求。同时，高智能程度带

图11.12 除草机器人

来的高成本问题也成为制约智能农业机器人发展的一个因素。此外，智能农业机器人在工作时受环境影响较大，例如，在视觉导航过程中会受到自然光照等外界因素的影响。

11.4.3 家庭智能机器人

家庭用的智能机器人产品大致可以分为3类：家政服务机器人，如扫地机器人；儿童智能机器人；陪伴型机器人，可以跟家里的老人和孩子进行互动交流，提供一些生活服务等。下面举例说明智能机器人在人类生活中的具体应用。

① 扫地机器人

电影《机器人瓦力》中的一个虚构角色WALL-E（如图11.13所示）就是一种清扫型机器人。当然，它是一个虚构的形象。在生活中，智能家庭扫地机器人的主要作用是清扫地面的尘土和垃圾，也可以看作是一个小型的可以自主移动的吸尘器。它拥有先进的GPS导航定位系统，可以像人类走路一样来构建一个清洁地图，自动地清扫房间。这种机器人一般可实现定时打扫和自动充电，工作时可以有效地避开障碍物以及自动转弯。

在我国，扫地机器人的应用已经非常广泛了，而且受到越来越多人们的喜爱。在机器人的帮助下，人们的生活也方便、轻松多了，下了班回到家，人们不需要忙于清扫房间，只需按下一个按钮，扫地机器人就会开始自动地打扫房间。

图11.13 WALL-E

② 陪护机器人

智能陪护机器人通常是指在家里对老人和小孩起到陪同作用的机器人。它可以实现互动娱乐、健康监测等功能。例如，可以通过图片认识家人，还能通过声音判断对象。如果发现家里的老人、孩子异常，还可以主动发出提醒信号。如海尔"小帅"机器人（如图11.14所示），它是提供智能教育服务的智能机器人，既能听

图11.14 海尔"小帅"

懂人的语言,还可以与人进行交流,可以对孩子进行学习辅导以及一些生活和娱乐服务。

③ 宠物机器人

随着智能机器人的发展,不难想象,在未来,人们的家里不仅有小猫小狗这样有生命的宠物,还会有各种智能的宠物机器人。Domgy是北京初创公司ROOBO发布的人工智能宠物机器人,Domgy可以向人们展现爱意和快乐,发出欢快的笑声,它的体内安装有先进的人工智能系统,而且有高清相机,因此,它可以辨认出自己的主人,还可以识别各种指令。当主人在屋里走动时,它会跟在身后,当主人不在时,它会像真正的小狗一样看门。Domgy可以学会10种以上的语言,还可以在男声与女声之间随意地切换,当它电量不足时,会自动走到充电座旁边进行充电。

④ 养老机器人

养老机器人的功能与医护机器人相似,但是它主要是解决养老问题。RI-MAN机器人是由日本开发的养老智能机器人。它有柔软、安全的外形,手臂和躯体上有触觉感受器,使它能小心翼翼地抱起或搬动患者,在不远的将来,RI-MAN机器人可以取代护工去照顾老人或体弱多病者。RI-MAN可以识别8种不同的气味,还具有视觉辨识和声音辨识的功能,可以照顾老人和抚慰老人。

在大数据的背景下,智能化的生活已经越来越多地渗透到人们生活的各个角落,例如,远程控制家里的电器、通过手机APP与智能家电进行交互等。智能机器人的发展已经使其可以更好地满足消费者复杂、多样化的需求,但目前市场上的智能机器人还不够智能,在一些功能上还需要进行优化,例如,家庭陪伴机器人还需要更加人性化等。

11.4.4 其他应用

现代智能机器人可以完成各种复杂的工作,适应各种复杂的环境,如深海探测、搜集情报、抢险、航空制造业、银行系统等工作,可以完成人类不能完成或不愿意完成的任务。不仅可以单独工作,还可以和人类配合工作,应用领域非常广泛。

智能机器人根据工作场所的不同,可以完成不同的工作。例如,水下机器人可以用于海上石油开发、海底打捞救生等;管道机器人可以用于管道清扫、焊接等;空中机器人可以用于灾害监测、气象监测等;医用机器人可以实现人机交互，有感知能力和记忆能力；在国防军用领域，智能机器人可以自主搜索、选择道路，完成侦查、作战等功能，例如，大狗机器人（Big dog）就是专门为美国军队研究设计的，如图11.15所示，这种机器狗的体型相当于大型的犬，能够在交通不便的地区运送弹药和粮食等物品，不仅可以行走奔跑，还可以跨越一定高度的障碍。

图11.15 Big Dog

随着智能机器人相关技术的不断创新，新的高水平的智能机器人也不断涌现，Boston Dynamics 的 Atlas 人形机器人，如图11.16所示，可以实现后空翻，Atlas 已经成为市面上所能见到的最符合人体动力学的人形机器人，它的行为动作已经不断地接近于人类。此外，还有能够实现与人沟通的表情机器人索菲娅，如图11.17所示，与以前的各种机器人相比，她更具备与人类相似的外观和行为方式，索菲娅具有人工智能、视觉数据处理和面部识别功能，她还可以模仿人类的手势和面部表情，并能够回答某些问题，进行简单的会话交流。在未来，她将会更加的智能化。

图11.16 Atlas人形机器人

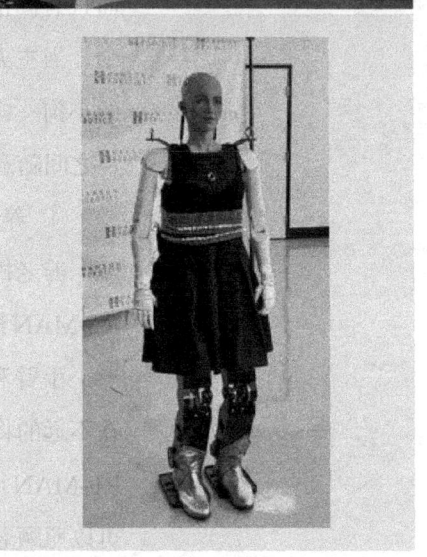

图11.17 表情机器人索菲娅

11.5 本章小结

在本章，首先讨论了智能机器人的定义，智能机器人具有类人的智慧，有一定的分析和判断能力，可以根据周围环境和自身的状态采取相应的策略来完成任务，具有很强的学习能力和自适应能力。

随后，详细介绍了智能机器人关键技术，包括：多传感器融合、自主导航与避障、路径规划、智能控制及人机接口技术。

接下来，介绍了智能机器人控制策略，包括PID控制、模糊控制、自适应控制及神经网络控制，对每一种控制方法的原理进行了详细说明。

最后，介绍了智能机器人应用，包括智能工业机器人、智能农业机器人、家庭智能机器人等，并阐述了在各自应用领域的应用情况。

随着科技的发展、社会的进步及应用领域的不断扩大，人们对智能机器人的要求越来越高，尽管机器人人工智能取得了很多显著的成绩，但智能机器人的智能水平还有待提高，今后的研究将会开展得更加深入。智能机器人的出现，在一定程度上改变了人们的生活，提高智能机器人的智力水平也是专家学者们努力的方向。但是随着智能机器人智力的不断提高，会不会出现一系列新的问题呢？它们会不会取代人类呢？因此，对于未来智能机器人会发展到什么程度，人们都是无法预料的。

习题

1. 根据自己对智能机器人的理解，给智能机器人下一个定义。
2. 智能机器人涉及哪些关键技术？解释一下各自的原理。
3. 智能机器人有哪些控制策略？
4. 简述智能机器人的应用领域。

参考文献

[1] 韦康博.智能机器人[M].北京：人民邮电出版社，2017.

[2] 肖南峰.智能机器人[M].广州：华南理工大学出版社，2008.

[3] 张毅，罗元，等.移动机器人技术及其应用[M].北京：电子工业出版社，2007.

[4] 刘贞.基于无线传感器网络的机器人分布式导航方法研究[D].哈尔滨工业大学，2009.

[5] 张堂凯.已知环境下智能清洁机器人路径规划研究[D].南京邮电大学，2017.

[6] 陈雯柏.智能机器人原理与实践[M].北京：清华大学出版社，2016, 8.

[7] KAZUO S, JOHN S. Genetic algorithms for adaptive motion planning of an autonomous mobile problems[J]. IEEE Trans SMC, 1997.

[8] AMBASTHA M, BUSQUETS D. Evolving a multi-agent

system for landmark-based robot navigation[J]. International Journal of Intelligent Systems, 2003, 20(5): 523-539.

[9] CHANGMAN S. Comparison of intelligent control planning algorithms for robot's part micro-assembly task[J]. Engineering Applications of Artificial Intelligence, 2006, 19(1): 41-52.

[10] RONGSHEN L, WENGUANG L, YONGMING W. Review of Research on the Key Technologies, Application Fields and Development Trends of Intelligent Robots[M].Berlin: Springer, 2018.

[11] 龚军. 智能服务机器人关键技术研究与应用[D]. 山东师范大学, 2018.

[12] 殷俊. 智能工业机器人在航空制造业的应用[J]. 制造业自动化, 2016, 10:105-107.

[13] 日本机器人学会. 机器人科技[M].北京: 人民邮电出版社, 2015.

[14] DING Y, WANG L, LI YW. Model predictive control and its application in agriculture: A review[J]. Computers and Electronics in Agriculture, 2018, 151: 104-117.

[15] 万强. 基于机器视觉的农业机器人自主作业研究[D]. 南京农业大学, 2014.

[16] 柴剑. 智能扫地机器人技术的研究与实现[D].西安电子科技大学, 2014.

[17] DUSKO K, MIOMIR V. survey of intelligent control algorithms for humanoid robots [J]. IFAC Proceedings Volumes, 2005, 38(1): 31-42.

[18] 刘叙.家庭智能清理机器人设计与研究[J].智能应用, 2016, 11: 32-33.

第12章 人工智能前沿

前面的章节主要讨论了人工智能的经典问题和相对成熟的技术。凡是过往,皆为序章。立足于当前技术,不禁要问,人工智能技术的未来发展方向在哪里?

本章将讨论人工智能的前沿技术,这些技术可能还不甚成熟,但代表着人工智能发展趋势,了解这些技术的基本原理,有利于拓展研究视野。这些前沿涉及(但并不限于)强化学习、生成对抗网络、深度学习的可解释理论、神经胶囊网络、自动机器学习等。

12.1 深度强化学习

深度强化学习是指将深度神经网络和具有决策能力的强化学习相结合,通过端到端学习的方式实现感知、决策或感知决策一体化的技术。下面先从AlphaGo谈起这项技术。

12.1.1 从AlphaGo谈技术

2016年3月15日,DeepMind公司的AlphaGo以4:1战胜世界围棋冠军李世石成为人工智能的里程碑事件。AlphaGo围棋的核心技术深度强化学习[1]开始受到人们的广泛关注和研究,也取得了丰硕的理论和应用成果。

随后,2017年10月19日,Google深度思维(deep mind)团队在著名学术期刊《自然》(*Nature*)上发表论文 *Mastering the game of Go without human knowledge*(无需人类知识,精通围棋博弈)[1],并正式推出了AlphaGo(阿法狗)的升级版AlphaGo Zero(译作"阿法元"),阿法元从零(tabula rasa①)开始,不需要人类任何历史围棋谱做指导,完全靠"强化学习"和参悟,自学成才,又一次刷新人们对深度强化学习的认知。

刚开始训练时,阿法元对围棋一无所知。3小时之后,阿法元达到围棋初学者水平;19小时后,阿法元已经自己总结出了一些"套路",如死活、打劫、先占边角等;3天后,阿法元战胜了AlphaGo Lee(当初击败韩国棋手李世石的AlphaGo版本),战绩是60:0;自学第40天后,它战胜了AlphaGo Master(击败中国棋手柯洁的AlphaGo版本)。阿法

---

① 古希腊哲学用语,意为"白板"。

元的训练历程如图12.1所示。

相比于原始版的AlphaGo，阿法元的棋力高了不少，而且节约了算力（TPU资源）。如果只用人类专家的方数据（即棋谱）来训练机器，那么机器的棋力上限可能就只能发展到和人类专家相当的水平。就此，AlphaGo创始人之一大卫·席尔瓦（David Silver）指出，阿法元远比阿法狗强大，就是因为它不再被人类的知识所局限，而是能够发现新知识，发展出新策略。

深度强化学习结合了深度学习和强化学习的优势，将深度学习的感知能力与强化学习的决策能力相结合，并能够通过端对端的学习方式实现从原始输入到输出的直接控制。

在许多需要感知高维度原始输入数据和决策控制的任务中，深度强化学习方法取得了实质性的突破。对深度强化学习的成功做出突出贡献的主要算法包括深度Q网络算法、A3C算法、策略梯度算法及其他算法的相应扩展。深度强化学习在自然语言处理、游戏、机器人、智能驾驶、智能医疗等领域有着广泛的应用。

下面简单介绍一下这个技术。

12.1.2 深度强化学习的理念

人类智能最重要的就是学习和推理能力，为了让计算机也能够像人一样学习和决策，机器学习技术应运而生。根据是否从系统中获得反馈，可以把机器学习分为有监督、无监督和强化学习三大类。简单来说，监

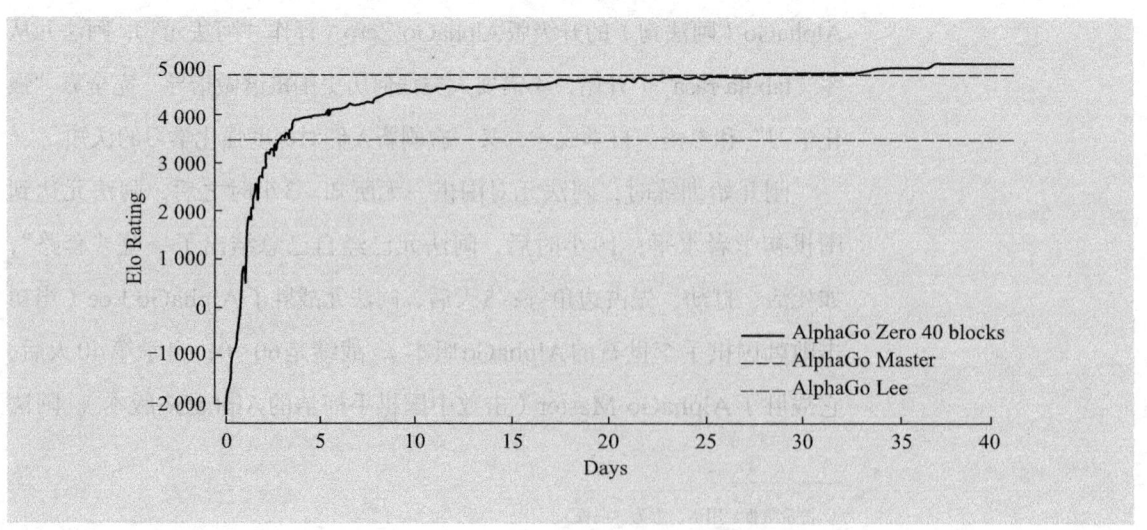

图12.1 阿法元的训练历程[1]

督学习就是一种利用标签数据的分类技术,它通常使用这些正确的且已标记过的数据(即教师或目标)来训练神经网络。

非监督学习就是一种利用距离的"亲疏远近",来衡量不同类的聚类技术。非监督学习使用未标记过的数据,即不知道输入数据对应的输出结果是什么,让学习算法自身发现数据的模型和规律,比如聚类和异常检测。非监督学习之所以能"异常检测",就是判断某些点"不合群",它是聚类的反向应用。

有监督和无监督的机器学习模式可解决大多数的机器学习问题,但这两种机器学习模式同人类学习、生物进化的过程有很大的不同。生物的进化是一种主动对环境进行试探,并根据试探后环境反馈回来的结果进行评价、总结,以改进和调整自身的行为,然后环境会根据新的行为做出新的反馈,持续调整的学习过程。体现这一思想的学习模式在机器学习领域称为强化学习(reinforcement learning,RL)[2]。

"强化学习"亦称"增强学习",但它与监督学习和非监督学习都有所不同。强化学习强调的是,在一系列的情景之下,选择最佳决策,它讲究通过多步恰当的决策,来逼近一个最优的目标,因此,它是一种序列多步决策的问题,本质上是让计算机学会自主决策的方法论。

强化学习在理论上依赖于理查德·贝尔曼①(Richard Bellman)的动态规划和列夫·庞特里亚金②(Lev Pontryagin)的控制论;在思想上受行为心理学、认知科学、动物学习的影响。人们通常把传统强化学习与深度学习的结合称为深度强化学习(deep reinforcement learning,DRL)。可以认为,深度强化学习是一种使用深度学习技术扩展传统强化学习方法的机器学习方法。

强化学习的设计灵感,源于心理学中的行为主义理论,即有机体如何在环境给予的奖励或惩罚的刺激下,逐步形成对刺激的预期,产生能获得最大利益的习惯性行为。

整个强化学习系统由智能体(agent)、环境(environment)、奖赏(reward)、状态(state)、动作(action)5部分组成,如图12.2所示。

① 智能体(agent):智能体是整个强化学习系统的核心。它能够感知环境的状态,并且根据环境提供的强化信号——回报,通过学习选择

---

① 理查德·贝尔曼:美国数学家,美国国家科学院院士,动态规划的创始人。
② 列夫·庞特里亚金:苏联俄罗斯数学家。

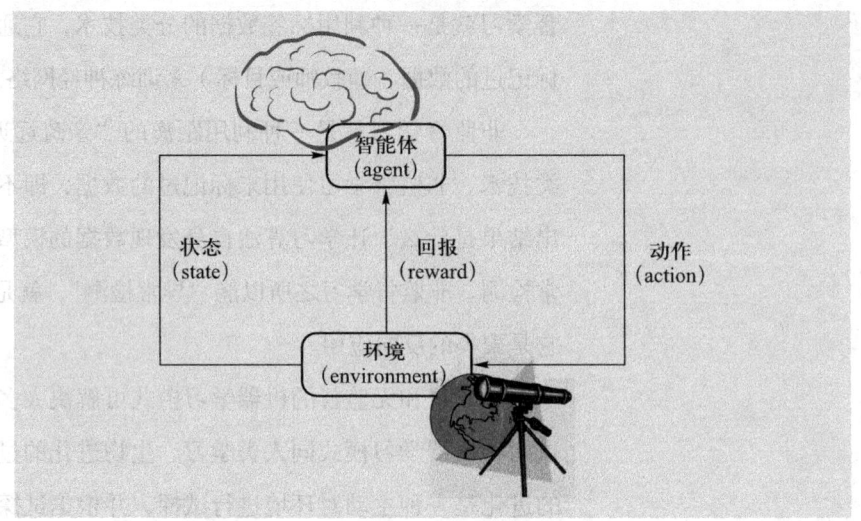

图12.2 强化学习示意图

一个合适的动作，来最大化长期的"回报"值。简而言之，依据环境提供的"回报"值作为反馈，智能体学习了一系列的环境状态到动作的映射。动作选择的原则是最大化未来累计"回报"的概率，选择的动作不仅影响当前时刻的"回报"值，还会影响下一时刻甚至未来的"回报"值。因此，智能体在学习过程中的基本规则是：如果某个动作带来了环境的正回报，那么这一动作会被加强，反之则会逐渐削弱。

② 环境（environment）：环境会接收智能体执行的一系列的动作，并且对这一系列的动作的好坏进行评价，并转换成一种可量化的（标量信号）回报值，反馈给智能体，而不会告诉智能体应该如何去学习动作。智能体只能靠自己的历史经历去学习。同时，环境还向智能体提供它所处的状态信息。环境有完全可观测（fully observable）和部分可观测（partial observable）两种情况。

③ 回报（reward）：环境提供给智能体的一个可量化的标量反馈信号，用于评价智能体在某一个时间步（time step）所做动作的好坏。强化学习中，智能体进行一系列动作选择的目标是最大化未来的累计回报（maximization of future expected cumulative reward）。

在机器学习问题中，环境通常被规范为一个马尔可夫决策过程（Markov decision processes，MDP），许多强化学习算法就是在这种情况下使用的动态规划技巧。

马尔可夫决策过程提供了一个数学架构模型，用于面对部分随机、部分可由决策者控制的状态下，如何进行最佳决策？在强化学习场景中，假设机器处于环境E中，状态空间为X，其中每个状态$x \in X$是机器所能感知的环境描述。针对种西瓜的例子，状态就是瓜秧的长势。机器所能采取的行动就构成了动作空间A。

若某个动作$a \in A$作用于当前状态x上，那么潜在的转移函数将驱使环境，从当前状态按照某种概率P，转移到另一个状态。

当一种状态转移到另外一种状态时，环境会根据潜在的回报函数R反馈给机器一个奖赏r。综合起来，强化学习的任务可形式化描述为：给定一个四元组$E=\{X, A, P, R\}$，其中转移函数P指定了状态转移概率，可定义为：$X \times A \times X a \; \Re$ 这里的"×"表示取该集合中一个元素的意思，a表示某种映射关系，$\Re$表示某一个实数。类似地，R指定了奖赏，也可以定义为：$X \times A \times X a \; \Re$。

④ 历史（history）：历史就是智能体过去的一系列观测、动作和回报的序列信息。智能体根据历史的动作选择，和选择动作之后，环境做给出的反馈和状态，决定如何选择下一个动作。

⑤ 状态（state）：状态指智能体所处的环境信息，包含了智能体用于进行行动选择的所有信息，它是历史的一个函数。

可见，强化学习的主体是智能体和环境。智能体为了适应环境，最大化未来累计回报，做出的一系列的动作，这个学习过程称为强化学习。

强化学习方法的主要任务是使得主体根据从环境中获得的奖赏能够学习到最大化奖赏的行为。传统无模型强化学习方法需要使用函数逼近技术使得主体能够学习出值函数或者策略。在这种情况下，深度学习强大的函数逼近能力自然成为了替代人工指定特征的最好手段，并为性能更好的端到端学习的实现提供了可能[5]。所以说深度强化学习是一种使用深度学习技术扩展传统强化学习方法的一种机器学习方法。

相比于其他机器学习，深度强化学习的特点有：① 它没有教师信号，即没有标签（label）信息，只有激励机制，其实这个激励的作用，在某种程度上，功效相当于标签信息；② 强化学习的反馈有延时，不是能立即返回；③ 输入数据是一个序列数据，这个有点像"摸石头过河"，"摸石头"是个持续不断的过程，直到过河这个任务得以完成才停止；④ 感知单元（即agent）执行的动作，也会影响之后的序列数据。简而言之，深度强化学习最大的特色是在交互中学习（learning from interaction），智能体在与环境的交互中根据获得的奖励或惩罚不断地学习知识,更加适应环境。

深度强化学习的应用很广,比如说DeepMind的强化学习技术,协助谷歌显著降低了其数据中心的能耗。此外,它还在非线性控制、通信和数字信号处、机器人控制、组合优化和调度、人工智能问题求解等领域,都有着广泛的应用。

12.2 生成对抗网络(GAN)

世间万物都是在不停地和其他事物对抗中成长和发展的。生成对抗网络的学习过程也和这类似,不断地和其他对手对抗,在对抗中积累经验,提升自己的技能。在解释"生成对抗网络(generative adversarial network,GAN)"这个概念之前,先用一个生动的案例来做引导性描述。

12.2.1 感性认识

在图12.3中,展示了3幅来自不同流域(黄河流域、长江流域及珠江流域)女性的脸部图像。这里,并不用担心是否侵犯了她们的肖像权。为什么呢?这是因为,她们压根就不存在于这个物理世界,而是通过对海量不同流域的女性图像,进行统计分析后,合成出来的女性平均值面孔。

或许,你觉得这不太像真人。例如,你认为黄河流域女性的鼻梁可能还要再高一点。于是,计算机绘画程序会根据你的反馈,就把黄河流域的女性鼻梁高一点。然后再问你是不是像真人。如果你认为某个部位还有不像的地方,那么计算机绘画就再调整,力图绘制出一个"以假乱

图12.3 不同流域的女性平均值

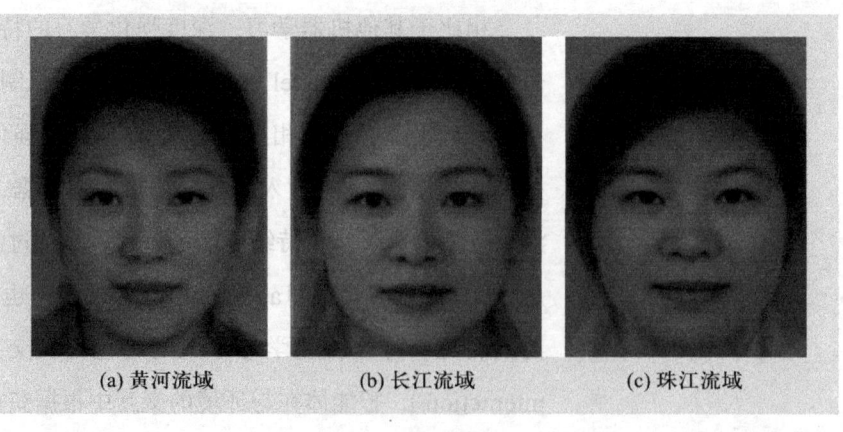

真"的图像。就这样不断地反馈、调整、再反馈、再调整……直至你无法挑出毛病,无法分辨出图片是真的女性图片,还是计算机给出的"作品",那么计算机的绘画任务,就大功告成。

为什么会描述上述流程呢?事实上,刚才的你和计算机之间,已经完成了一场"生成对抗网络"的实践操作。有了上面的感性认识,下面再给出它更加严谨的学术定义。

12.2.2 基本原理

在生成对抗网络GAN被提出之前,深度学习在计算机视觉领域最令人瞩目的成果基本上都基于判别模型(discriminative models),如图像分类、目标识别等。但其实还有另一种应用,即深度生成模型(deep generative models)。生成模型的影响力一直很小,主要原因是对深度神经网络(如第7章提到的卷积神经网络)使用最大似然估计时,遇到了麻烦的概率计算问题,而GAN的提出则巧妙地绕过了这个问题。

生成对抗网络是非监督学习的一种深度学习模型,让两个"生成模型"(generative model)和"判别模型"(discriminative model)神经网络以互相博弈的方式进行学习。该方法由伊恩·古德费洛(Ian Goodfellow)等人于2014年提出[3]。

在这个术语中,有三个关键词很重要,它们分别是"生成""对抗"和"网络"。其中"生成"表示的是一个"生成模型(generative model)",即它可以随机生成观测数据。例如,前面提到的某个流域的女性照片,它就是一个训练好的生成模型"创作"出的全新女性照片。

"生成对抗网络"中提及的"网络",实际上是由"生成网络(generative network)"和"判别网络(discriminative network)"两部分构成。前者用来生成数据,后者负责辨别数据的真伪。以前面的案例来说明,"生成网络"就好比画家,而"判别网络"就如同鉴赏家,判断画像是机器仿制(即不太像)还是如同真人。"生成对抗网络"的基本思想,就是通过生成网络和对抗网络之间的相互"对抗"来学习,彼此在对抗中,双方的水平(画家的绘画水平和鉴赏家的甄别水平)都得到提升。

现在的问题是,它们是如何对抗的?为什么对抗会让生成网络的质量越来越高?在回答这个问题之前,需要做点理论铺垫,回顾一下数据空间和数据分布这两个概念。

现在的人工智能系统，其智能特性在很大程度上，取决于训练这些系统的数据质量，生成模型也不例外。例如，假设现在的任务就是让计算机自动生成中国各大流域的平均颜值女性图片，这就需要提供大量各大流域的女性图片以供计算机学习参考。

对于生成模型而言，这些大量的图片数据构成了一个整体，共同勾画出各大流域女性的颜值特征。生成模型对某个具体的女性图片并不在意，它更在乎的是相关流域全体女性照片在整体上的特性。那如何来刻画这些数据的特性呢？这时，就离不开数据空间和数据分布两个概念来辅助理解。

数据空间（data space），顾名思义，就是数据所处的空间。假设女性照片的分辨率是256×256像素，那么每张照片都可以和一个256×256×3的三阶张量等同起来（这里的"3"表示通道数，表示RGB三色）。那么，此时的数据空间就可以理解为所有形状为256×256×3的张量集合。由于任务是生成图像，那么这个数据空间，实际上就是图像空间，每张采集到的图片，都是这个数据空间上的一个点。

数据点在数据空间上的分布规律是可循的，某些位置附近汇集的数据点比较多，而有些位置则比较少或全无。这种数据在数据空间的分布情况就是数据分布（data distribution）。实际上，所有图片在高维的图像空间构成了复杂的数据分布，不直观，也难以被人所理解。生成网络的核心贡献之一在于，它找到一种巧妙的方法，把相对简单的、容易理解的分布（比如说正态分布），"演变"成所需的复杂的、难以把握的数据分布。这样，通过研究相对简单的分布，来间接研究复杂网络，它的作用有点像电工中常用的"继电器"功效——小马拉大车。

在"生成对抗网络"中，这个相对简单的分布，称之为"潜在空间（latent space）"。生成网络的作用在于，把一个"潜在空间"上随机抽取的样本点，变换成与数据集相似的图片，以达到"以假乱真"的程度，如图12.4所示，图像空间中，每一个点都代表一张符合要求的图片。从图12.4可以看出，生成网络实际上就是完成一定功能的函数，其功能就是实现"点到点"的变换——它把潜在空间的点，变成图像空间中的点。生成网络中的点叫"生成点"，由此有时也把生成网络称为生成器（generator，简称模型G）。

真实图像在图像空间的分布情况可能非常复杂，由于简单函数的表

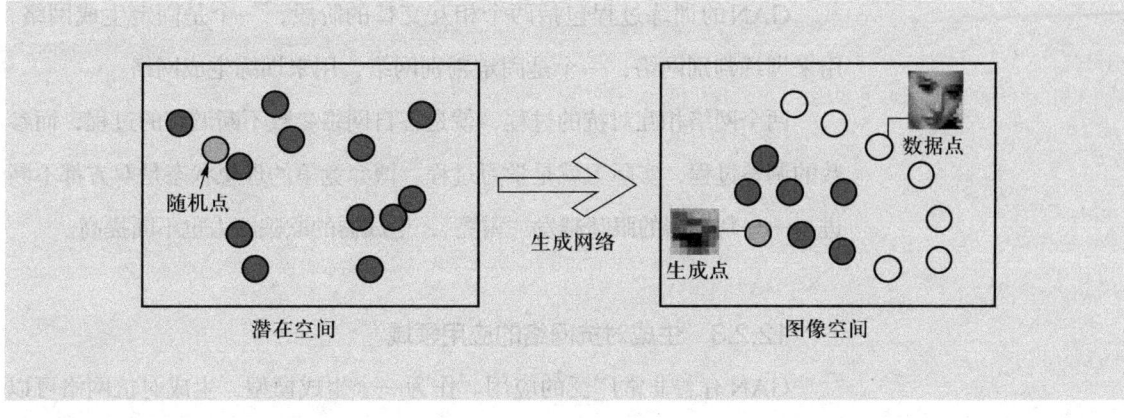

图12.4 生成网络示意图

达能力有限,很难将潜在空间的随机点恰好都映射到真实图像空间合适的位置,所以在实践中,常采用深度神经网络。之所以用"深度"神经网络,就是因为"深度"在某种程度上意味着非线性组合的层级多,从而表达能力强,它使得生成逼真图片成为可能。

一个任意设定的网络生成的图片,通常是毫无意义的,那么该如何确保生成的图片有意义呢?这就得需要生成对抗网络的另一半——"判别网络"出面了。

"判别网络"的主要任务就是判定一张图片到底是来自真实数据集,还是由生成网络"伪造"的。在训练判定网络时,通过不断给它输入两种不同类别的图片,并标注不同的分值,分值越高,说明图片越逼真,通过这样的反馈信息,来提高判定网络的甄别能力。例如,如果输入图片是来自真实数据集,则输出为1,如果输入图片来自生成网络,则输出为0。如果不能断然决定图片的来源,则给出一个概率值,如0.5,它表示这个图片有50%的概率来自真实数据集,也有50%的概率来自生成网络。有时,也把判定网络称为判别器(discriminator,简称模型D)。

生成对抗网络的核心思想源于博弈论的纳什均衡。纳什均衡是指博弈中这样的局面,对于每个参与者来说,只要其他人不改变策略,他就无法改善自己的状况。

如前所述,GAN模型包括了一个生成模型G和一个判别模型D。对应于GAN来说,当生成模型G恢复了训练数据的分布(生成了和真实数据一模一样的样本),判别模型再也判别不出来结果,准确率为50%,约等于乱猜。这时,双方网络都得到利益最大化。于是,不再改变自己的策略,也就是不再更新自己的权重。

GAN的训练过程包括两个相互交替的阶段,一个是固定生成网络,用来训练判别网络,一个是固定判别网络,用来训练生成网络。

两个网络相互对抗的过程,就是各自网络参数不断调整的过程,而参数的调整过程,实际上就是学习过程。博弈竞争的理想状态是双方都不断进步——判别器的眼睛越发"雪亮",生成器的欺骗能力也不断提高。

12.2.3 生成对抗网络的应用领域

GAN有着非常广泛的应用。作为一个生成模型,生成对抗网络可以生成一些图像和视频,以及生成一些自然语句和音乐等。因为其内部对抗训练的机制,GAN可以解决一些传统机器学习中所面临的数据不足问题,因此可以应用在半监督学习、无监督学习、多视角、多任务学习的任务中。GAN最常使用的地方就是图像生成,如超分辨率任务、语义分割等。还可用于生成以假乱真的图片。此外,该方法还被用于生成视频、三维物体模型等,下面举几个应用的例子[4]。

① 将文本翻译成图像

使用自然语言描述的属性生成相应的图像是可行的。文本转换成图像的方法还可以用来说明生成模型模拟真实数据样本的性能。图片生成的主要问题在于有太多的图像例子符合文本描述的内容,而GAN有助于解决这一问题。

② 药物匹配

Insilico Medicine的研究人员提出了一种运用GAN进行药物匹配的方法。目标是通过训练生成器,尽可能精确地从一个药物数据库中对现有药物进行按病取药的操作。经过训练后,可以使用生成器获得一种以前不可治愈的疾病的药方,并使用判别器确定生成的药方是否治愈了特定疾病。

③ GAN应用于超分辨率(super resolution)

这是一种能把低分辨率图像重建为高清图像的技术。在机器学习中,实现超分辨率需要用成对样本对系统进行训练:一个是原始高清图像,一个是降采样后的低分辨率图像。低分辨率图像输入生成器,重建出高分辨率图像;然后,重建图片和原始图片被一起交给判别器,来判断哪一幅是原始图像。

12.3 可解释的深度学习理论

许多领域中，能取得最好表现的系统都是基于深度神经网络的，例如，图像识别和语音识别中，深度神经网络已成为常用的方法。但这些方法也被称为"黑盒（black box）系统"[5]。也就是说，只有它的输入端和输出端为人们所见，但为何有这样的输出，人们却不知道，这就是深度学习"端到端（end-to-end）"的方法论，如图12.5所示。

随着网络结构和损失函数的设计越来越复杂，深度神经网络是否能如实表达人们希望它表达的知识呢？科研人员对此抱有疑虑。于是，在深度学习系统中，神经网络就有了一个灰色区域：可解释性问题（explain-ability problem）。

尝试解释深度神经网络可能会很难，但意义至关重要。例如，如果想基于深度学习模型开发一个帮助医生判定病人病情的应用，除了能给出最终的判定结果之外，还需要了解该模型为何有这样的判定，是基于病人的哪些病症考虑的。不可解释性，就意味着风险，如果不能很好地解释这些模型，人们是不敢轻易使用它的。

12.3.1 深度学习的不足

深度学习网络功能很强大，但毋庸讳言，它也存在很多不足之处。以至于，贝叶斯网络的创始人朱迪亚·珀尔（Judea Pearl）评价说，"深度学习所有突破性，从本质上来讲，不过是些曲线拟合罢了（*All the impressive achievements of deep learning amount to just curve fitting*）"，他认为，今天人工智能领域的技术水平只不过是上一代机器已有功能的增强版（intelligence augmentation，IA）。具体来说，深度学习有如下不足。

① 它不会直接学习知识。它的知识是从数据中提炼出来的。如果你要把人类凝练的知识直接教给它，它反而无法产生相应的解决方案。

② 它不会判断数据正确性。深度学习并没有完全"理解"数据，而是模仿数据中的内容，它不会否定任何数据，而只是机械地"学习数据"。

图12.5 黑盒系统

③ 它缺少理论的支持和指导。如果能有相应的理论支撑,深度学习的发展可能会更高效。深度学习的性能(如分类正确性)非常高,但为何高?网络的参数为何是那个值,研究者们并没有给出一个合理的解释。

④ 训练成本比较高。需要大量的训练才能达到满意的程度,而很多问题找不到足够的数据,所以这类问题并不能很好地解决,这和人类的学习成本有些差距。例如,人类识别猫狗,仅仅需要几十个样本就够了,而深度学习算法动辄需要数以万(甚至几十万)计。

12.3.2 理论探索的方向

有关深度学习可解释的研究方向,有如下几个。

① 卷积神经网络的可视化(visualization of CNN knowledge)。很多学者开设致力于研究让CNN中每个单元的知识表示,清晰的展现在人们的面前。

② 新的神经网络操作工具。该工具可以让神经网络有更清晰的符号化的内部知识表达,然后去匹配人类自身的知识框架(如基于逻辑的规则、图模型表达等),从而人们可以在语义层面对神经网络进行诊断和修改。

③ 利用信息论来解释神经网络。在机器学习中,经验学习准则一般基于各式各样的经验函数,如误差、泛化误差、误差边界、损失、召回率、准确率等;而信息学习理论准则不同,它通常是基于熵的函数,如通过信息熵、信息散度、交叉熵、互信息等表征来衡量。

④ 信息瓶颈理论的研究。2015年,希伯来大学计算机科学家和神经学家Naftali Tishby等人提出了一种叫做"信息瓶颈"的理论[6]。该理论认为,深度神经网络在学习过程中像把信息从瓶颈中挤压出去一般,去除噪音输入,只保留与通用概念最相关的特征。Tishby认为,这一理论不但能够解释深度学习的根本原理,还能解释人类学习过程。

12.4 神经胶囊网络

第7章讨论了卷积神经网络(CNN)的应用。在大计算和大数据的背景下,深度学习大行其道、大受欢迎,究其原因,卷积神经网络的出色表现,可谓居功至伟。尽管如此,卷积神经网络也有其局限性,如训练数据需求大、环境适应能力弱、可解释性差、数据分享难等不足。

2017年10月，Hinton教授和他的团队在机器学习的顶级会议"神经信息处理系统大会（conference and workshop on neural information processing systems，NIPS）"上发表论文，超越了自己前期的理论研究——反向传播算法（BP），提出了一种全新的神经网络——胶囊网络（CapsNet）[7,8]。

神经胶囊网络将传统神经元的标量（scalar）输出，提升为胶囊的向量（vector）输出，表示的内容更丰富，便于识别更加复杂多变的场景，而且具有一定的可解释性，提供了一种新的结构及方法，可以作为一种新的探索方向。

12.4.1 基于反向传播的神经网络缺陷

基于反向传播的神经网络训练量比较大，且很难理解数据之间的关系，一旦发生一点变化，可能就识别不出来或者识别错误化，在实际的设计过程中往往还需要反复测试隐含层神经元的个数，不断进行训练才可能得到比较满意的结果。

传统的基于反向传播的人工神经网络，是一个神经元关注一个特征，传统的神经元（neuron）是标量神经元（scalar neuron，SN），一个神经元只能输出一个数值，能够保存的信息有限。而胶囊（capsule）则是向量神经元（vector neuron，VN）。胶囊的输入是一个向量，是用一组神经元来关注多个特征。很显然，一组神经元输出的信息量，要多于一个神经元输出的信息量。

12.4.2 神经胶囊网络的核心思想

胶囊里封装的检测特征的相关信息是以向量的形式存在的，其输入输出均为高维的活动向量（activity vector），通过归一化处理，向量的"长度"可表示检测特征存在的概率，也就是向量的输出数值大小；向量的"方向"表示检测特征的各个属性，也就是向量的各个维度信息。这些特征的属性一般包括各种不同种类的实例化参数（instantiation parameter），如姿态（位置、大小、方向）、变形、速度、色相、纹理等。胶囊神经网络擅长处理不同类型的视觉刺激，未来甚至可能取代常用的卷积神经网络。

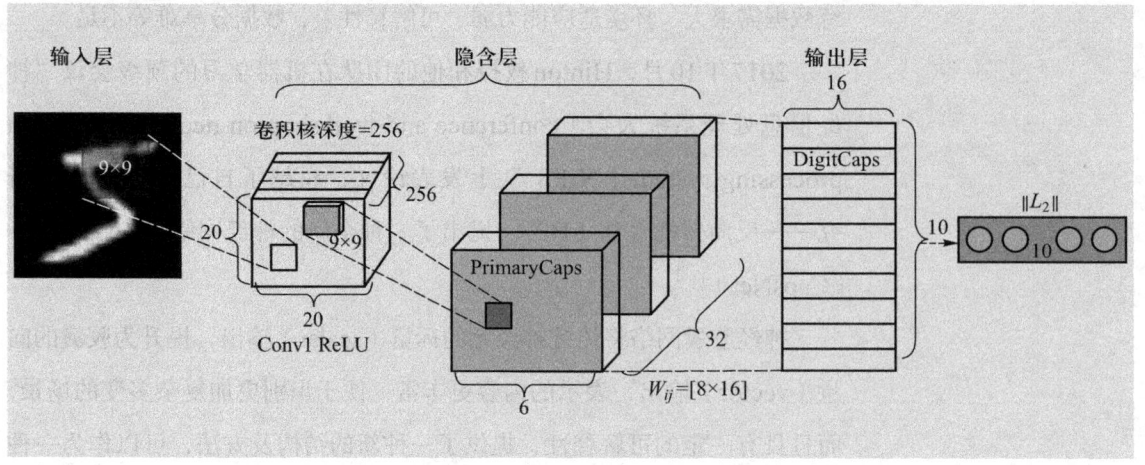

图12.6 CapsNet结构示意图（含输入层）

图12.6所示为一个简易的浅层CapsNet网络结构。这个结构有点"浅"，一共就有4层，即输入层，两个卷积层，外加一个全连接层。输入层就是数字图片本身，有时在分析时，不把它作为一层。后面三层分别记作Conv1、PrimaryCaps和DigitCaps。虽然CapsNet的网络架构并不深，但由于它利用了向量神经元和动态路由等创新性技术，导致其性能已不逊于同类的深层卷积网络[9]。

真正意义上算作设计出来的第一个网络层，是Conv1，它是一个标准的卷积层，有256个通道，每个通道均用9×9的卷积核，将输入层图片中的像素亮度转化成局部特征输出，作为Conv1层的输入。该层的激活函数是ReLU（修正线性单元）。

由于一层卷积神经网络不足以抽取到合适的特征，因此，在Conv1之后，CapsNet又加了一个卷积层，称为Primary Capsules（简称PrimaryCaps）。

对于PrimaryCaps而言，它才是胶囊真正开始的地方。为了抽取特征，它依然属于卷积层，但不同于普通CNN卷积层的是，在PrimaryCaps层中，参与卷积操作的对象不再是单个神经元，而是粒度更大的神经胶囊。因此，可以将PrimaryCaps理解为"胶囊版本"的卷积层。

DigitCaps层是胶囊神经网络（CapsNet）的全连接层。在这一层里，因为要识别的就是10类数字（0～9），因此该层的胶囊个数共有10个。因为拓扑结构为全连接，所以每个胶囊都会接受前一层（即PrimaryCaps）所有胶囊的输出。

使用胶囊神经网络的一个很大的优势在于，它需要的训练数据量，远小于卷积神经网络，它采用动态路由协议算法，仅使用三层网络便可表现出很出色的性能，效果却不输给卷积神经网络。胶囊网络还解决了卷积神经网络存在的信息丢失、视角变化等问题。和其他模型相比，胶囊网络在不同角度的图片分类上，甚至图像本身重叠或者丢失了部分信息，仍然有着良好的辨识度。对象分割也是现在图像分析领域中最重要的研究方向之一。

从这个意义上来讲，卷积网络的工作机理显然不如人类的大脑，胶囊网络更接近人脑的工作方式。这是计算机视觉领域的一个新视角，它利用不同方法从图像中提取更多信息，而不只是用于数据拟合和预测的传播。

12.5 自动机器学习

开发一个机器学习模型是一个耗时、耗力又复杂的工作流程，而自动机器学习（AutoML），使用了许多不同的统计和深度学习技术，旨在使开发机器学习模型这个工作流程实现自动化。AutoML可以减小编程的难度，即使开发者没有扎实的背景，也能够开发机器学习模型。它也有望缩短数据科学家用来创建模型的时间，提高生产效率[10]。

12.5.1 自动学习的背景

对大多数从事机器学习工作的人来说，设计一个神经网络的工作比较复杂，首先需要建立一个常见的架构，然后需要对参数不断地进行调整和优化，直到找到一个比较合适的隐含层、激活函数、优化参数和正则化器。

在一些知名的神经网络架构中，人们还需要对网络的超参数（即机器难以学习，通常由人来设定的参数）进行反复测试，直到网络达到期望的速度与准确度。随着网络处理能力的不断提高，将网络优化处理程序自动化变得越来越迫切[11]。

在诸如随机森林（Random Forests）和支持向量机（SVM）这样的浅度模型中，人们已经可以达到让机器的超参数优化操作自动化进行了。不过，它还会存在资源浪费及效率不高等缺陷。

从本质上讲，AutoML 的策略就是利用神经网络设计其他神经网络，促使程序为其他程序编写代码，正是未来机器学习的魅力所在。

12.5.2 创建无需编程的学习模型

2017年5月，谷歌公司推出了名为"自动机器学习（automatic machine leaning，AutoML）"的技术，虽然它是面向那些没有专业机器学习知识的人，但 AutoML 依然向机器学习专业人士提供了一些新的工具，如图12.7所示。

图12.7 谷歌公司AutoML的工作机制

使用 AutoML，就像使用一个简单的办公软件一般，人们只需要将训练数据集传入 AutoML，然后这个工具就会自动生成参数，形成训练模型。这样一来，即使不具备机器学习方面深入的专业知识，人们也可以进行机器学习方面的工作。自动化机器学习就是这样的一种全新解决方案，用于加速、优化机器学习的过程。

12.6 其他人工智能高阶技术

除了上述介绍的人工智能前沿技术之外，还有如下人工智能前沿研究领域值得关注[12]。

12.6.1 云端人工智能

云端人工智能（cloud AI）是指，将云计算的运作模式与人工智能深度融合，在云端集中使用和共享机器学习工具的技术。

云端人工智能以"人工智能即服务（artificial intelligence as a service，AIaaS）"作为宗旨，将人工智能算法部署在公共云之上。

该技术将庞大的人工智能运行成本（主要是运算和运维）转移到云平台，从而能够有效地降低终端设备使用人工智能技术的门槛，有利于扩大用户群体，未来将广泛应用于医疗、制造、能源、教育等多个行业和领域。

云端人工智能的构建大致如图12.8所示。其中 AI 基础设施部分提供

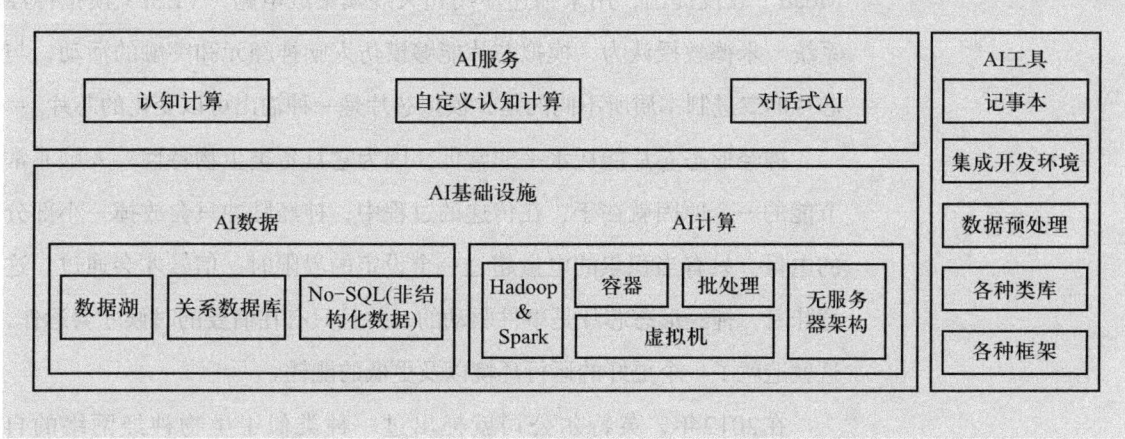

图12.8 云端人工智能的构建

了人工智能的两大支柱——数据和计算服务。AI服务部分提供各种API（应用程序接口）和一些交互式的接口，用户无需自己创建自定义的机器学习模型，这一切都由云服务提供商提供。其中，对话式AI是指融合语音识别、语义理解、自然语言处理、语音合成等技术的AI解决方案。

除了提供AI服务之外，云服务商还提供一系列的开发工具。

目前开展此项业务的都是比较有名的云计算公司，如阿里巴巴公司的阿里云、亚马逊公司的AWS，微软公司的Azure等。

12.6.2 神经形态计算

很久以来，人脑一直给人们提供各式各样的灵感。因为大脑以有效的生物能量支持人类的计算能力，并以神经元作为基本激发单位。例如，深度学习网络，在某种程度上，就是对人脑的仿生，但这种仿生的方向可能"南辕北辙"。因为深度学习是在消耗巨大能量，才能提供有效智能。

对比而言，人脑提供高智能的基础却是建立在低功耗和高并发计算的基础上。这些特征能不能启发神经形态芯片的设计呢[13]？

神经形态计算（neuromorphic computation）是指仿真生物大脑神经系统，在芯片上模拟生物神经元、突触的功能及其网络组织方式，赋予机器感知和学习能力的技术。它与目前普遍采用的冯·诺依曼计算机体系结构，形成鲜明对比。这种仿生学方法创造了高度连接的合成神经元和突触，它们可用于神经科学理论建模，并解决具有挑战性的机器学习问题。

该概念最早在1980年代由美国计算机科学家卡福·米德（Carver

Mead）教授提出，用来描述使用超大规模集成电路（VLSI）模拟神经系统。米德教授认为，模拟芯片能够模仿人脑神经元和突触的活动，与芯片的二进制本质所不同的是，模拟芯片是一种输出可以变化的芯片。

神经形态芯片能耗水平非常低，因为它具备类生物特性。人脑非常节能的一个原因就在于，在传递的过程中，神经脉冲只会放掉一小部分的电量。只有当积累的电量超过一个设定的界限时，信号才会通过。这意味着，神经形态芯片是事件驱动的，并且只有在需要的时候才会运作，这就造就了一个更好的运行环境以及更低的能耗。

在2012年，英特尔公司就提出过一种类似于生物神经网络的自旋——CMOS混合人工神经网络（spin-CMOS hybrid ANN）的设计样例。在这个设计中，神经元磁体构成了触发部位，磁隧道结（MTJ）类似于神经元的细胞体，域墙磁体（domain wall magnets，DWM）类似于突触。通道中央区域的自旋势能用来控制激活/非激活状态的细胞体电势能。CMOS的检测和传输单元可以比作传输电信号到接受神经元的突触，其结构示意如图12.9所示。

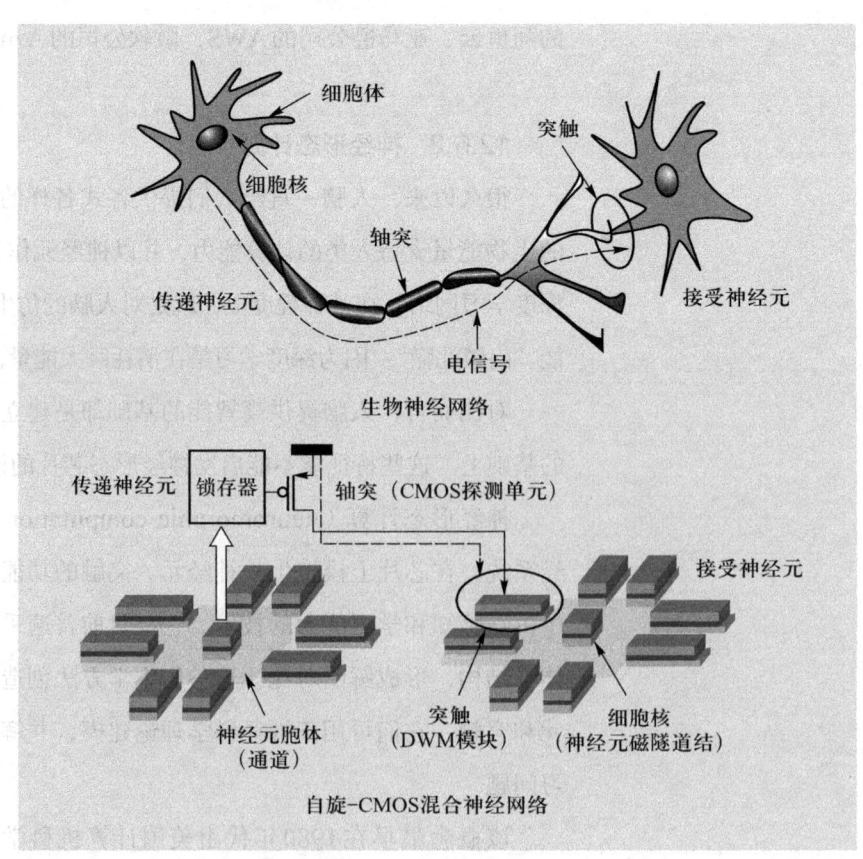

图12.9 神经形态计算的结构

事实上，IBM公司在2014年生产的SyNAPSE芯片，也借鉴了神经形态芯片构建，它的功耗在实时运行中仅有70mW。近来，神经形态芯片再次引起了IBM和英特尔这些大公司的研究热情。

神经形态计算的目标在于，使机器具备类似生物大脑的低功耗、高效率、高容错等特性，将在智能驾驶、智能安防、智能搜索等领域具有广阔的应用前景。

12.6.3 元学习

一个小孩子能通过数张图片就能学习到什么是猫什么是狗，而当前的机器学习算法却需要大量的（数以几十万计）样本才能达到类似的功能。能不能像孩子一样学习呢？即学习孩子是如何学习的。

元学习是一个学习"学会学习（learning to learn）"的过程。它是指将神经网络与人类注意机制相结合，构建通用算法模型使机器智能具备快速自主学习能力的技术。

最早的元学习法（meta learning）可以追溯到20世纪80年代末至90年代初，包括于尔根·施密德胡伯（Jürgen Schmidhuber，提出RNN的变种算法LSTM）和约书亚·本吉奥（Yoshua Bengio，著名深度学习专家）等人的研究工作。

最近，元学习再次成为热门话题，相关研究成果大量涌现。多数研究使用超参数选择（hyperparameter）和神经网络优化（neural network optimization）等技术，发现性能更优的网络拓扑架构、实现小样本图像识别和快速强化学习。元学习已成为继强化学习之后又一个重要的研究分支。

一个元学习算法要面对一组任务，其中每一个任务都是一个学习问题。然后算法会产生一个快速学习器，这个学习器有能力从很小数目的一组样本中泛化。

"one-shot" learning就是从一个（或极少个）样本学习的算法[13]。它着力于解决基于小样本去学习归类，并且这个训练好的模型不需要经过调整，也可以用在对训练过程中未出现过的类别进行归类。该模型的结构示意如图12.10所示。

元学习技术能够使机器智能真正实现自主编程，显著提升现有算法模型的效率与准确性，未来的进一步应用将成为促使人工智能从专用阶

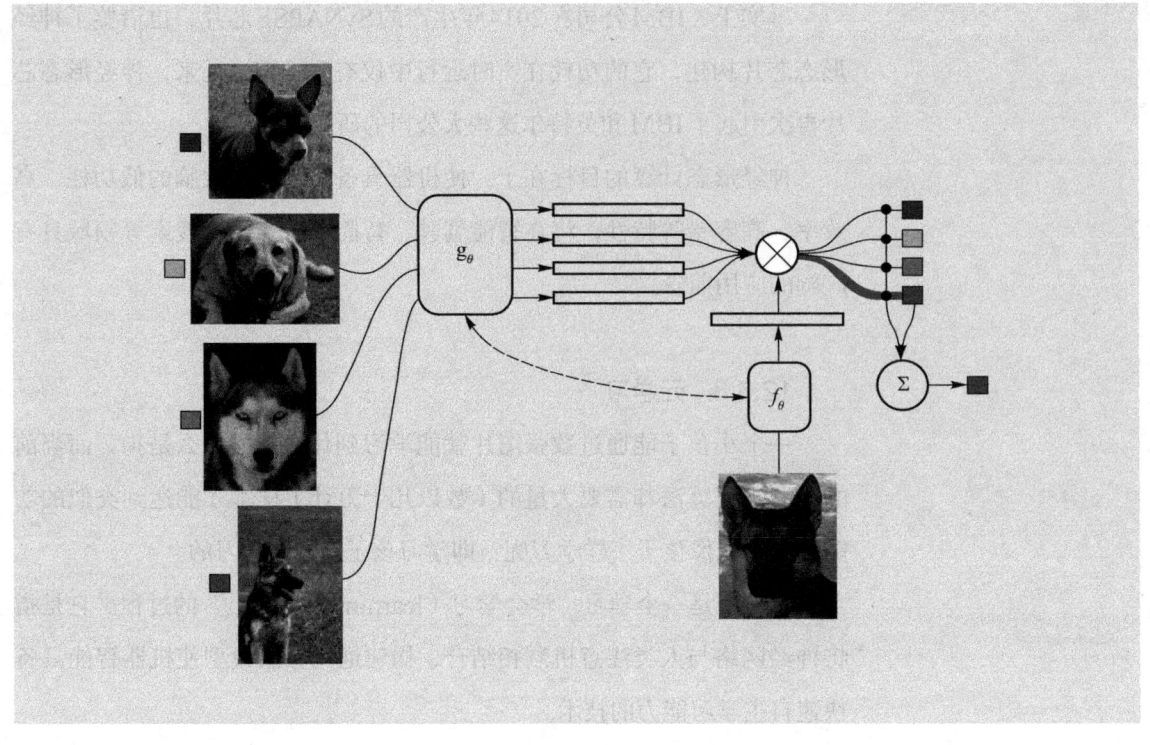

图12.10 元学习实现快速自主学习[13]

段迈向通用阶段的关键。

12.7 本章小节

本章主要介绍了深度强化学习、生成对抗网络、传统深度学习的不足、神经胶囊网络以及自动机器学习的相关概念。

强化学习简单理解就是,在训练的过程中,不断地去尝试,错了就惩罚,对了就奖励,由此训练得到在各个状态环境当中最好的决策。

生成对抗网络就是不断地和其他对手对抗,在对抗中积累经验,提升自己的技能。

最后还介绍了云端人工智能、神经形态计算和元学习等高阶人工智能技术。

习题

1. 深度强化学习存在哪些弱点和局限？
2. 强化学习和其他机器学习方法有什么区别？
3. 神经胶囊网络有什么优缺点？
4. 人工智能研究还有哪些前沿方向？

参考文献

[1] SILVER D, SCHRIFTWIESTERJ, SIMONYANK, et al. Mastering the game of Go without human knowledge[J]. Nature, 2017, 550(7676): 354–359.

[2] 周志华.机器学习[M].北京：清华大学出版社，2016.

[3] GOODFELLOW I, POUGET-ABADIE J, MIRZA M, et al. Generative adversarial nets[C]//Proceedings of International Conference on neural information processing systems. Cambridge:MIT press, 2014: 2672–2680.

[4] ZHAO D B, SHAO K, ZHU Y H, et al. Review of deep reinforcement learning and discussions on the development of computer Go[J]. Control Theory & Applications, 2016.

[5] ERIC N. New Theory Cracks Open the Black Box of Deep Learning[J]. Quanta Magazine, 2017.

[6] TISHBY N, ZASLAVSKY N. Deep learning and the information bottleneck principle[C]//Information Theory Workshop (ITW), 2015 IEEE. Washington DC: IEEE press, 2015: 1–5.

[7] SABOUR S, FROSST N, HINTON G E. Dynamic routing between capsules[C]//Proceedings of International Conference on Neural Information Processing Systems.Cambridge: MIT press, 2017: 3859–3869.

[8] HINTON G E, SABOUR S, FROSST N. Matrix capsules with EM routing[J]. 2018.

[9] 张玉宏.深度学习之美：AI时代的数据处理与最佳实践[M].北京：电子工业出版社，2018.

[10] KOTTHOFF L, THORNTON C, HOOS H, et al. Auto-WEKA 2.0: Automatic model selection and hyperparameter optimization in WEKA[J]. Journal of Machine Learning Research, 2017: 1–5.

[11] FEURER M, KLEIN A, EGGENSPERGER K, et al. Efficient and Robust Automated Machine Learning[C]//proceedings of International Conference on Neural Information Processing Systems. Cambridge: MIT press, 2015: 2962–2970.

[12] 中国电子学. 新一代人工智能领域十大最具成长性技术展望（2018—2019年）[C]// 2018世界机器人大会，2018.

[13] VINYALS O, BLUNDELL C, LILLICRAP T, et al. Matching networks for one shot learning[C]//Proceedings of International Conference on Neural Information Processing Systems.Cambridge: MIT press, 2016: 3630–3638.

附录 A 实验

实验一 A*算法

一、实验目的

熟练掌握启发式搜索的定义、估价函数和算法过程,并利用 A*算法求解"八数码"问题,理解求解流程和搜索顺序。

二、实验原理

A*算法是一种静态路网中求解最短路径最有效的直接搜索方法,也是解决许多搜索问题的有效算法。算法中的距离估算值与实际值越接近,最终搜索速度就越快。A*算法的公式表示为

$$f(n) = g(n)+h(n)$$

其中,$f(n)$ 是从初始状态经由状态 n 到目标状态的代价估计,$g(n)$ 是在状态空间中从初始状态到状态 n 的实际代价,$h(n)$ 是从状态 n 到目标状态的最佳路径的估计代价。

八数码问题即在一个九宫格里面放入 8 个数字,每一个数字每次只能往上往下往左或者往右移动一步,并且只能移动到空白处,从而形成一种新的局面。通过若干次的将数字移动,将初始图像中的数字位置移动成为目的图像中的数字位置,如图 A.1 所示。

解决八数码问题的启发策略是:每次移动的时候,正确位置数码的个数要大于交换前正确位置数码个数。正确位置数码的个数是指每个数码的位置与最终格局的对比,如果位置相同,则说明此数码在正确位置。

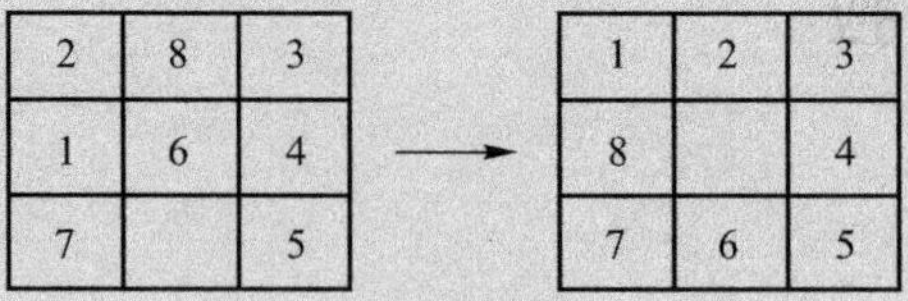

图A.1 八数码游戏初始与目的

三、实验内容

1. 以八数码问题为例实现A*算法的求解程序（编程语言不限），要求设计两种不同的估价函数。

2. 设置相同的初始状态和目的状态，针对不同的估价函数求解同一问题，并比较两种估价函数的算法性能，包括拓展结点数、生成结点数等。

3. 运用宽度优先搜索算法（即令$h(n)=0$的A*算法）求解2中相同的问题，与1中设计的两种估价函数的A*算法的性能进行比较。

4. 提交实验报告和源程序。

四、实验源代码及注释

运行环境：Windows

使用工具：Python 3.7.1

算法代码A.py

```
# coding=utf-8
from __future__ import print_function
import copy

def showMap(array_g):
    for x in range(0, 3):
        for y in range(0, 3):
            print(array_g[x][y], end='')
        print(" ")
    print("--------")
    return;
def move(array_g, srcX, srcY, drcX, drcY):
    temp = array_g[srcX][srcY]
    array_g[srcX][srcY] = array_g[drcX][drcY]
    array_g[drcX][drcY] = temp
    return array_g;

#描述A算法中的结点数据
class Node:
    def __init__(self, array_g, g = 0, h = 0):
```

```python
            self.array_g = array_g          #二维数组
            self.father = None              #父结点
            self.g = g                      #g值
            self.h = h                      #h值

    def setH(self, endNode):
        for x in range(0, 3):
            for y in range(0, 3):
                for m in range(0, 3):
                    for n in range(0, 3):
                        if self.array_g[x][y] == endNode.array_g[m][n]:
                            self.h += abs(x*y - m*n)

    def setG(self, g):
        self.g = g

    def setFather(self, node):
        self.father = node

    def getG(self):
        return self.g

class A:
    # A算法 python 3.7.1
    def __init__(self, startNode, endNode):
        """
        starNode: 寻找起点
        endNode: 寻找终点
        """
        #开放列表
        self.openList = []
        #封闭列表
        self.closeList = []
        #起点
        self.startNode = startNode
        #终点
        self.endNode = endNode
        #当前处理的结点
        self.currentNode = startNode
        #最后生成的路径
        self.pathlist = []
        #step 步
        self.step = 0
        return;

    def get_Node_MinF(self):
        """
        获得openlist中F值最小的结点
        """
        Node_Temp = self.openList[0]
        for node in self.openList:
```

```
            if node.g + node.h < Node_Temp.g + Node_Temp.h:
                Node_Temp = node
        return Node_Temp

    def Node_In_Openlist(self, node):
        for nodeTmp in self.openList:
            if nodeTmp.array_g == node.array_g:
                return True
        return False

    def Node_In_Closelist(self, node):
        for nodeTmp in self.closeList:
            if nodeTmp.array_g == node.array_g:
                return True
        return False

    def endNode_In_Openlist(self):
        for nodeTmp in self.openList:
            if nodeTmp.array_g == self.endNode.array_g:
                return True
        return False

    def get_Node_From_OpenList(self, node):
        for nodeTmp in self.openList:
            if nodeTmp.array_g == node.array_g:
                return nodeTmp
        return None

    def search_Node(self, node):
        """
        搜索一个结点
        """
        #忽略封闭列表
        if self.Node_In_Closelist(node):
            return
        #G值计算
        gTemp = self.step

        #如果不再openList中，就加入openlist
        if self.Node_In_Openlist(node) == False:
            node.setG(gTemp)
            #H值计算
            node.setH(self.endNode);
            self.openList.append(node)
            node.father = self.currentNode

        #如果在openList中，判断currentNode到当前点的G是否更小
        #如果更小，就重新计算g值，并且改变father
        else:
```

```python
                            nodeTmp = self.get_Node_From_OpenList(node)
                            if self.currentNode.g + gTemp < nodeTmp.g:
                                nodeTmp.g = self.currentNode.g + gTemp
                                nodeTmp.father = self.currentNode
                    return;

        def search_next_Node(self):
                """
                搜索下一个可以动作的数码
                找到0所在的位置并以此进行交换
                """
                flag = False
                for x in range(0, 3):
                        for y in range(0,3):
                                if self.currentNode.array_g[x][y] == 0:
                                        flag = True
                                        break;
                        if flag == True:
                                break;
                self.step += 1
                if x - 1 >= 0:
                        arrayTemp = move(copy.deepcopy(self.currentNode.array_g), x, y, x - 1, y)
                        self.search_Node(Node(arrayTemp));
                if x + 1 < 3:
                        arrayTemp = move(copy.deepcopy(self.currentNode.array_g), x, y, x + 1, y)
                        self.search_Node(Node(arrayTemp));
                if y - 1 >= 0:
                        arrayTemp = move(copy.deepcopy(self.currentNode.array_g), x, y, x, y - 1)
                        self.search_Node(Node(arrayTemp));
                if y + 1 < 3:
                        arrayTemp = move(copy.deepcopy(self.currentNode.array_g), x, y, x, y + 1)
                        self.search_Node(Node(arrayTemp));
                return;

        def start(self):
                """
                开始寻路
                """

                #将初始结点加入开放列表
                self.startNode.setH(self.endNode);
                self.startNode.setG(self.step);
                self.openList.append(self.startNode)

                while True:
                        #获取当前开放列表里F值最小的结点
                        #并把它添加到封闭列表，从开发列表删除它
```

```
            self.currentNode = self.get_Node_MinF()
            self.closeList.append(self.currentNode)
            self.openList.remove(self.currentNode)
            self.step = self.currentNode.getG();

            self.search_next_Node();

            #检验是否结束
            if self.endNode_In_Openlist():
                nodeTmp = self.get_Node_From_OpenList(self.endNode)
                while True:
                    self.pathlist.append(nodeTmp);
                    if nodeTmp.father != None:
                        nodeTmp = nodeTmp.father
                    else:
                        return True;
            elif len(self.openList) == 0:
                return False;
            elif self.step > 30:
                return False;

        return True;

    def showPath(self):
        for node in self.pathlist[::-1]:
            showMap(node.array_g)
```

测试文件ATest.py

```
# coding=utf-8
import A

if __name__ == '__main__':
    ##构建A
    a = A.A(A.Node([[2,8,3],[1,6,4],[7,0,5]]), A.Node([[1,2,3],[8,0,4],[7,6,5]]));
    print ("A start:");
    ##开始寻路
    if a.start():
        a.showPath();
    else:
        print ("no way");
```

实验二　家用洗衣机模糊推理系统

一、实验目的
理解和掌握模糊推理的原理及特点，熟练应用模糊推理。

二、实验内容
采用Matlab7.0的Fuzzy Logic Tool设计洗衣机洗涤时间的模糊控制。

三、实验要求
已知某个人用洗衣机洗衣服时的操作经验为：
（1）"衣服上的污垢越多且油脂越多，设定洗涤时间越长"；
（2）"衣服上的污垢适中且油脂适中，设定洗涤时间适中"；
（3）"衣服上的污垢越少且油脂越少，设定洗涤时间越短"。

模糊控制规则如表A.1所示：

表A.1　家用洗衣机的模糊控制规则表

x（衣服上的污垢）	y（衣服上的油脂）	z（设定的洗涤时间）
SD	NG	VS
SD	MG	M
SD	LG	L
MD	NG	S
MD	MG	M
MD	LG	L
LD	NG	M
LD	MG	L
LD	LG	VL

其中，SD表示衣服上的污垢少，MD表示衣服上的污垢适中，LD表示衣服上的污垢多，NG表示衣服上的油脂少，MG表示衣服上的油脂适中，LG表示衣服上的油脂多，VS表示设定洗涤时间很短，S表示设定洗涤时间短，M表示设定洗涤时间中等，L表示设定洗涤时间长，VL表示设定洗涤时间很长。

（1）假设衣服上的污垢、衣服上的油脂、设定的洗涤时间对应的论域分别为[0,100]、[0,100]和[0,120]，设计相应的模糊推理系统，给出输入、输出语言变量的隶属函数图、模糊控制规则表推论结果立体图。

（2）假设当前传感器测得的信息为 x_0(污垢)=70，y_0(油脂)=80，采用模糊决策，给出模糊推理结果，并观察模糊推理的动态仿真环境，给出其动态仿真环境图。

实验三 梯度下降求最小值

一、实验目的

理解梯度下降优化算法，不调用框架编程实现梯度下降。

二、实验内容

已知函数 $z = (x-2)^2 + (y-1)^2 + 10$，用梯度下降求最小值，试用Python语言编程实现。

三、实验步骤

1. 理解流程伪代码

（1）设置目标函数，本例目标函数是 z。

（2）求解目标函数对参数的偏导数，本例参数为 x, y，求解 $\frac{\partial z}{\partial x}$, $\frac{\partial z}{\partial y}$。

（3）设置步长 $step$，最大循环次数 max_iter，随机选择 x, y 的初始值。

（4）设置循环，循环体内计算 z 的值，更新参数 x, y 的值，$x := x - step \cdot \frac{\partial z}{\partial x}$，$y := y - step \cdot \frac{\partial z}{\partial y}$，更新参数后再次计算 z 的值，比较两次 z 的值的误差在 0.00001 范围内跳出循环（或者设置最大迭代次数，当循环超过最大迭代次数默认达到最小值）。

2. Python代码实现

```
z=(x-2)²+(y-1)²+10              #步骤1 设置目标函数z
dx=2*(x-2)
dy=2*(y-1)                       #步骤2
step=0.1
max_iter=2000
x=4
y=4                              #步骤3 设置步长、max_iter，随机选择xy初始值均为4
while(True):                     #步骤4 设置循环、循环体内计算z，更新xy，计算更新后的z，
                                  二者比较
    dx=2*(x-2)
    dy=2*(y-1)
    z1=(x-2)**2+(y-1)**2+10  #计算z
    x=x-step*dx                  #更新x原有的x减去step乘以（z对x的偏导数）
    y=y-step*dy                  #更新y原有的y减去step乘以（z对y的偏导数）
    z2=(x-2)**2+(y-1)**2+10  #再次计算z
    if abs(z1-z2)<0.00001:
        break
print("梯度下降法获得的参数、最小值分别为x, y, z", x, y, z)
```

运行上述代码，最终得到的 x, y, z 分别为 2.0020,1.0030,10.0000(假设保留四位小数)，不同机器上的运行结果可能不一样，但是基本上 x 的值在 2 附近，y 的值在 1 附近，z 的值在 10 附近。

实验四 线性回归

一、实验目的
应用梯度下降优化算法，实现线性回归。

二、实验内容
已知房屋面积 *sizes* = [60, 80, 100, 120, 140, 160]，价格 *prices* = [70, 90, 130, 150, 175, 180]，试用Python语言编程实现房屋和价格之间的线性回归方程。

三、实验步骤

1. 理解流程伪代码

（1）设置线性回归方程 $y = a+bx$ 其中 a，b 是要求解的参数。

（2）设置目标损失函数为平方损失 $L = \dfrac{1}{2N}\sum\limits_{i=0}^{N}(y_i - \hat{y}_i)^2$。

（3）求损失函数L对参数 a，b 的偏导数 $\dfrac{\partial L}{\partial a}$，$\dfrac{\partial L}{\partial b}$。

（4）设置步长 *step*，随机选择参数 a，b 的初始值。

（5）设置循环，循环体内更新参数 a，b，$a := a - step \cdot \dfrac{\partial L}{\partial a}$，$b := b - step \cdot \dfrac{\partial L}{\partial b}$，当达到一定迭代次数时候停止循环。

2. Python代码实现

```python
import numpy as np
import matplotlib.pyplot as plt
x=np.array([60,80,100,120,140,160])
y=np.array([70,90,130,150,175,180])
def model(a, b, x):# 步骤1 设置模型线性回归方程
    return a*x + b

def cost_function(a, b, x, y):# 步骤2 设置损失函数 平方损失
    n = 6
    return 0.5/n * (np.square(y-a*x-b)).sum()
def optimize(a,b,x,y): #设置优化算法，包含参数更新
    n = 6
    step = 0.0001#设置步长 step
    y_hat = model(a,b,x)
    da = (1.0/n) * ((y_hat-y)*x).sum()
    db = (1.0/n) * ((y_hat-y).sum())
    a = a - step*da
    b = b - step*db
    return a, b
```

```
def iterate(a,b,x,y,times):# 设置优化次数 times, 迭代次数
    for i in range(times):
        a, b = optimize(a,b,x,y)
    y_hat=model(a,b,x)#迭代完成求出预测结果
    cost = cost_function(a, b, x, y)#求出损失函数
    print(a,b,cost)#打印出参数ab和cost损失
    plt.scatter(x,y)#画出拟合曲线
    plt.plot(x,y_hat)#画出拟合曲线
    return a,b
a = 1# 设置初始值开始调用
b = 1
a, b = iterate(a, b, x, y, 400000)# 调用更新
```

3. 结果最终 a = 1.1790, b = 2.8021, cost = 30.3573, 如图A.2所示。

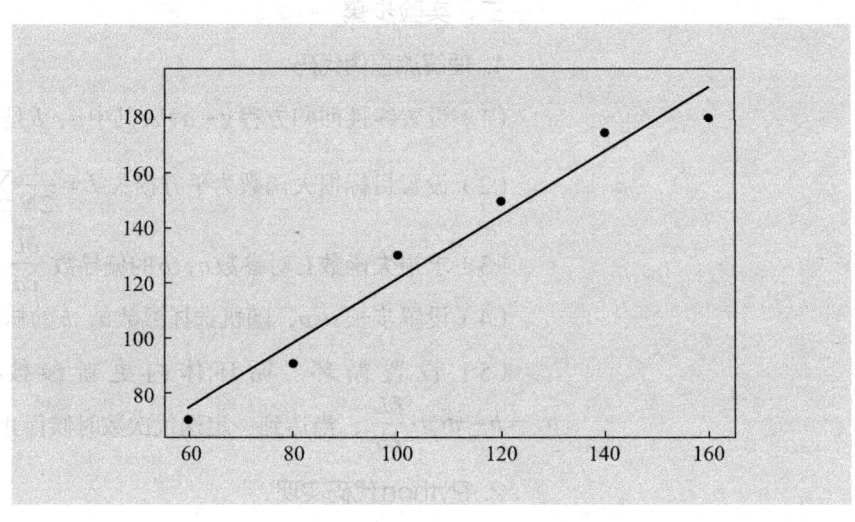

图A.2 线性回归

实验五 KNN分类算法

一、实验目的

1. 了解机器学习KNN算法。
2. 了解scikit_learn库中KNN模块的调用。

二、实验要求

本次试验后,要求学生能:

1. 熟悉KNN算法的思想和基本流程;
2. 能够利用scikit_learn库构建KNN算法。

三、实验原理

1. KNN算法的核心思想

最近邻域算法的思想很简单,其先将训练集看作训练模型,然后基于新数据点与训练集的距离来预测新数据点。最直观的最近邻域算法是让预测值与最接近的训练数据集作为同一类。但是大部分样本数据集包含一定程度的噪声,更通用的方法是K个邻域的加权平均,该方法称为K最近邻域算法(K-nearest neighbor, KNN)。

一般来说,KNN分类器有2个重要参数:邻居个数和数据点之间距离的度量方法。

在实践中,使用较小的邻居个数(比如3个或5个)往往可以得到比较好的效果,但应该调节这个参数。

在KNN中,通过计算对象间距离作为各个对象之间的非相似性指标,避免了对象之间的匹配问题。常用的距离度量是L1范数和L2范数。公式如下:

$$d_{L1}(x_i, x_j) = |x_i - x_j| = |x_{i1} - x_{j1}| + |x_{i2} - x_{j2}| + \cdots$$

$$d_{L2}(x_i, x_j) = \|x_i - x_j\| = \sqrt{(x_{i1} - x_{j1})^2 + (x_{i2} - x_{j2})^2 + \cdots}$$

距离计算方法有"euclidean"(欧氏距离),"wski"(明科夫斯基距离),"maximum"(切比雪夫距离),"manhattan"(曼哈顿距离),"canberra"(兰式距离),"minkowski"(马氏距离)等,以欧氏距离最为常见。但是在本实验中,将使用L1范数和L2范数。

也需要选择如何加权距离。最直观的方式是用距离本身来加权，即加权权重为1。考虑到更近的数据点对预测数据点的预测值影响应该更小，因而最通用的加权方式是距离的归一化倒数。

2. KNN算法的基本流程

基本的KNN算法流程如下。

① 计算测试对象到训练集中每个对象的距离；

② 按照距离的远近排序；

③ 选取与当前测试对象最近的K的训练对象，作为该测试对象的邻居；

④ 统计这K个邻居的类别概率；

⑤ K个邻居里频率最高的类别，即为测试对象的类别。

3. KNN算法的示例

KNN算法最简单的版本只考虑一个最近邻，也就是想要预测的数据点最近的训练数据点。预测结果就是这个训练数据点的已知输出。图A.3给出这种分类方法在forge数据集上的预测结果。

在图A.3中，添加了3个新数据点（用五角星表示）。对于每个新数据点，标记了训练集中与它最近的点。单一最近邻算法的预测结果就是那个点的标签（对应五角星颜色的深浅）。除了仅考虑最近邻，还可以考虑任意一个（K个邻居）。图A.4用到了3个近邻。

和上面一样，预测结果可以从五角星的深浅看出。左上角新数据点的预测结果与只用一个邻居时的预测结果不同。对于二维数据集，还可以在xy平面上画出所有可能的测试点的预测结果。根据平面中每个点所属的类别对平面进行着色。这样可以查看决策边界，即算法对类别0和

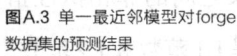

图A.3 单一最近邻模型对forge数据集的预测结果

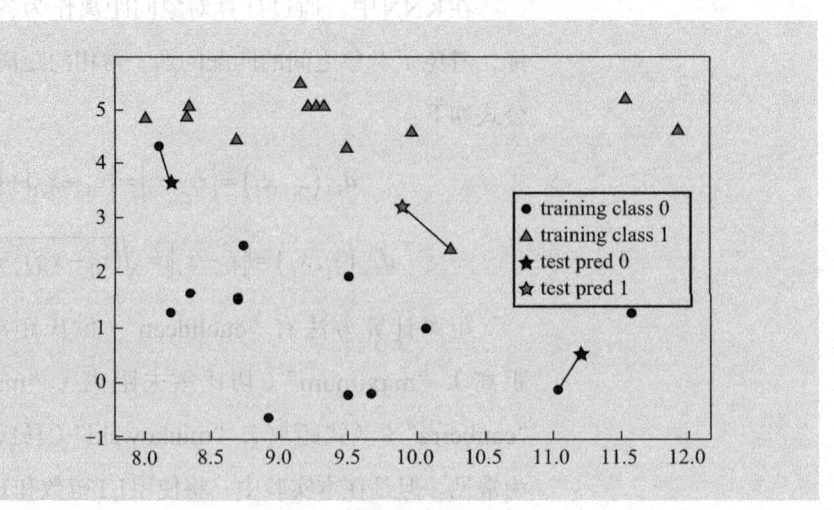

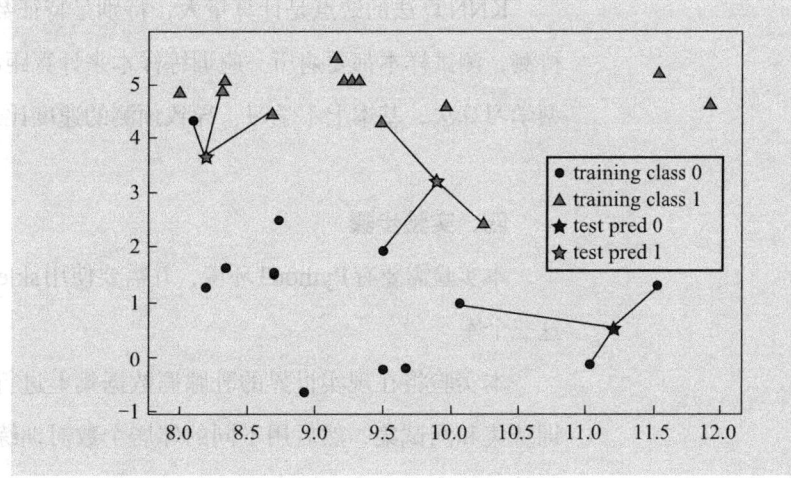

图A.4 3近邻模型对forge数据集的预测结果

类别1的分界线。图A.5为1个、3个和9个邻居的决策边界可视化效果。

从图A.5（1）可以看出，使用单一邻居绘制的决策边界紧跟着训练数据。随着邻居个数越来越多，决策边界也越来越平滑。更平滑的边界对应着更简单的模型。换句话说，使用更少的邻居对应更高的复杂度，而使用更多的邻居对应更低的模型复杂度。

4. KNN算法的优缺点

KNN算法的优点之一就是模型很容易理解，通常不需要过多调节就可以得到不错的性能。其理论成熟，既可以用来做分类也可以做回归，并且训练时间复杂度比支持向量机等的算法低。在考虑使用更高级的技术之前，尝试此算法是一个很好的基准算法。构建最近邻模型的速度通常很快，但如果训练数据集很大（特征数很多或者样本数很大），预测速度可能会比较慢。

图A.5 不同neighbors值的k近邻模型的决策边界

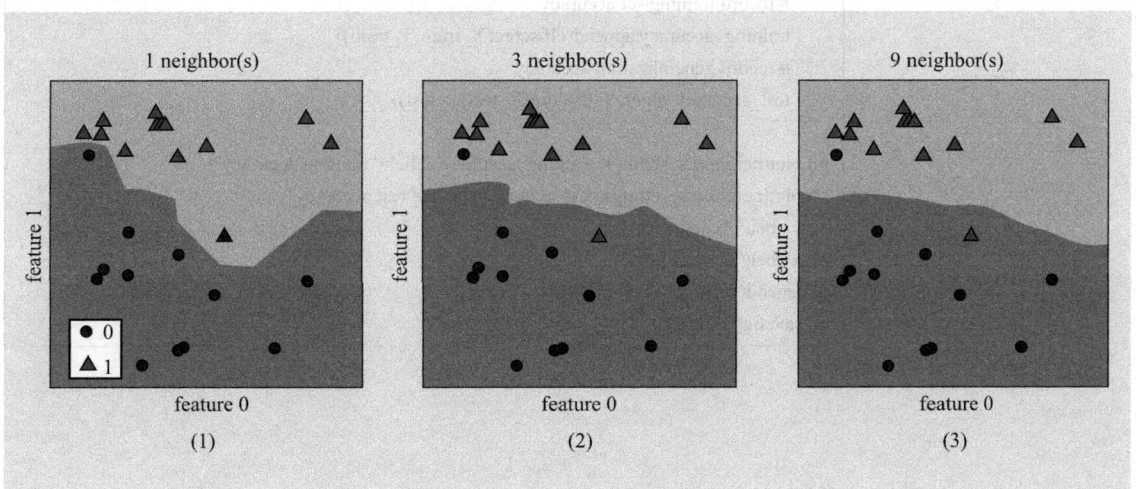

KNN算法的缺点是计算量大，特别是特征数非常多的时候，每一次待测，测试样本都要遍历一遍训练样本来计算距离。并且KNN是慵懒散型学习算法，基本上不学习，导致预测的速度比逻辑回归等的算法慢。

四、实验步骤

本实验需要有Python3环境，并需要使用sklearn、numpy、matplotlib这三个库。

本实验将在现实世界的乳腺癌数据集上进行研究，先将数据集分成训练集和测试集，然后用不同的邻居个数对训练集和测试集的性能进行评估，并输出结果。创建knn1.py如下。

```python
# vim knn1.py
from sklearn.datasets import load_breast_cancer
from sklearn.model_selection import train_test_split
from sklearn.neighbors import KNeighborsClassifier
import matplotlib
matplotlib.use('Agg')
import matplotlib.pyplot as plt
cancer = load_breast_cancer()
X_train, X_test, y_train, y_test = train_test_split(
    cancer.data, cancer.target, stratify=cancer.target, random_state=66)
training_accuracy = []
test_accuracy = []
# try n_neighbors from 1 to 10
neighbors_settings = range(1, 11)

for n_neighbors in neighbors_settings:
    # build the model
    clf = KNeighborsClassifier(n_neighbors=n_neighbors)
    clf.fit(X_train, y_train)
    # record training set accuracy
    training_accuracy.append(clf.score(X_train, y_train))
    # record generalization accuracy
    test_accuracy.append(clf.score(X_test, y_test))

plt.plot(neighbors_settings, training_accuracy, label="training accuracy")
plt.plot(neighbors_settings, test_accuracy, label="test accuracy")
plt.ylabel("Accuracy")
plt.xlabel("n_neighbors")
plt.legend()
plt.savefig('knn.png')
```

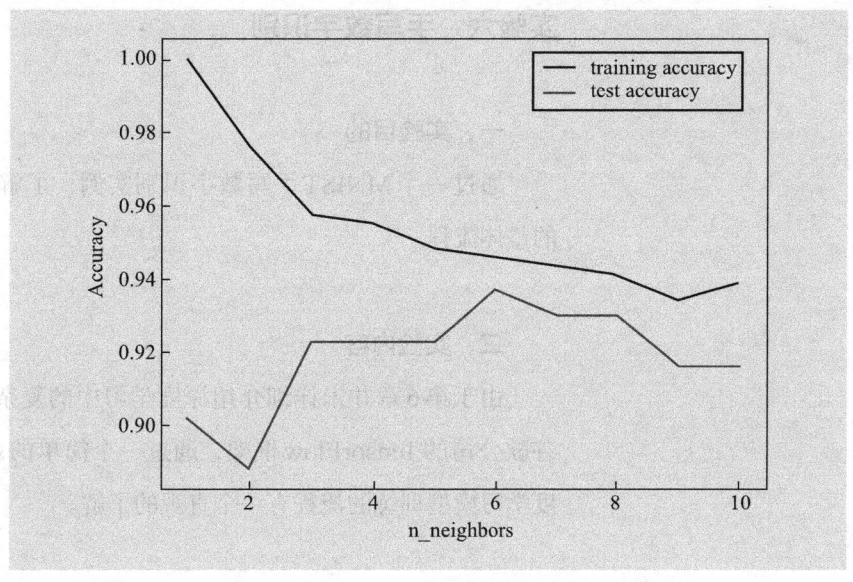

图A.6 以n_neighbors为自变量，对比训练集精度和测试集精度

执行代码：

python3 knn1.py

五、实验结果

knn1.py 的运行结果如图 A.6 所示。

从图 A.6 可以看出，仅考虑单一近邻时，训练集上的预测结果十分完美。但随着邻居个数的增多，模型变得更简单，训练集精度也随之下降。单一邻居时的测试集精度比使用更多邻居时要低，这表示单一近邻的模型过于复杂。与之相反，当考虑10个邻居时，模型又过于简单，性能甚至变得更差。观察发现，最佳性能在中间的某处，邻居个数大约是6。但是观察这张图的坐标刻度，最差的性能约为88%的精度，这个结果也还是可以接受的。

实验六 手写数字识别

一、实验目的

通过一个MNIST手写数字识别实例,了解深度学习相关算法实现的整体流程。

二、实验内容

由于第6章并未详细介绍深度学习中的复杂结构,所以本实验使用谷歌公司的TensorFlow框架,通过一个简单的softmax回归模型来对深度学习模型训练的流程有一个直观的了解。

三、实验步骤

1. TensorFlow的基本使用

(1)综述

TensorFlow是一个采用数据流图、用于计算数值的开源软件库。

在使用之前需要了解几个基本概念:

- TensorFlow的计算任务是以图(graph)的形式表示的;
- 会话(session)是执行的入口,在session的上下文(context)中执行图;
- 使用tensor表示数据[①];
- 通过变量(variable)表示可变状态,如模型参数;
- 用feed和fetch为结点赋值或获取数据。

TensorFlow中所有的计算都表示为图的形式,图中的结点称为一个op(operation),一个op可以获得0个或多个tensor,产生0个或多个tensor。每个tensor都是一个类型化的多维数组。例如,一组图像可以表示为一个四维的浮点型数组[batch, height, width, channels],分别表示图的个数和每个图的高、宽、通道数。

一个TensorFlow图描述了计算的过程。为了进行计算,图(graph)

---

① 在机器学习中,数值通常由4种类型构成。
  (1)标量(scalar):即一个数值,它是计算的最小单元,如"1"或"3.2"等。
  (2)向量(vector):由一些标量构成的一维数组,如[1, 3.2, 4.6]等。
  (3)矩阵(matrix):是由标量构成的二维数组。
  (4)张量(tensor):由多维(通常)数组构成的数据集合,可理解为高维矩阵。

必须在会话（session）里被启动。会话将图的op分发到诸如CPU或GPU之类的设备上，同时提供执行op的方法，这些方法被执行后，将产生的tensor返回。

（2）计算图

TensorFlow程序通常被描绘成构建和执行阶段。构建阶段，op的执行步骤被描述为一个图；执行阶段，使用会话执行op。例如，构建阶段创建一个图，表示训练神经网络，则执行阶段可反复执行图中的训练op，以实现多次迭代的功能。

TensorFlow支持Python、C、C++语言，其中，Python库中提供了大量的辅助函数用来简化构图的工作，而C和C++中，很多辅助函数还未被支持。

（3）构建图

构建图首先需要构建源op（source op），源op不一定需要输入，可以用常量（constant）构建一个运算结点，它不需要输入，输出的是内部存储的值。

TensorFlow的Python库有一个默认图（default graph），op构造器可以为其增加结点。这个默认图基本够用，可通过下面一个例子了解。

```
import tensorflow as tf
# 创建一个常量 op, 产生一个 1x2 矩阵. 这个 op 被作为一个结点
# 加到默认图中.
# 构造器的返回值代表该常量 op 的返回值.
matrix1 = tf.constant([[3., 3.]])

# 创建另外一个常量 op, 产生一个 2x1 矩阵.
matrix2 = tf.constant([[2.],[2.]])

# 创建一个矩阵乘法 matmul op , 把 'matrix1' 和 'matrix2' 作为输入.
# 返回值 'product' 代表矩阵乘法的结果.
product = tf.matmul(matrix1, matrix2)
print product
```

程序创建了一个默认图，有3个结点，两个constant() op，和一个matmul() op，运行程序，输出如下。

```
Tensor("MatMul:0", shape=(1, 1), dtype=float32)
```

注意，打印结点并不能像预期的那样输出值12.0。相反，为了实际计算结果，必须在一个会话中运行计算图。

（4）会话中启动图

```
# 启动默认图.
sess = tf.Session()
# 调用 sess 的 'run()' 方法来执行矩阵乘法 op, 传入 'product' 作为该方法的参数.
# 整个执行过程是自动化的, 会话负责传递 op 所需的全部输入. op 通常是并发执行的.
# 函数调用 'run(product)' 触发了图中三个 op (两个常量 op 和一个矩阵乘法 op) 的执行.
# 返回值 'result' 是一个 numpy `ndarray` 对象.
result = sess.run(product)
print result
# ==> [[ 12.]]
# 任务完成, 关闭会话.
sess.close()
```

会话对象在使用完后需要关闭以释放资源。除了显式调用close外，也可以使用"with"代码块，来自动完成关闭动作。代码如下。

```
with tf.Session() as sess:
  result = sess.run([product])
  print result
```

由于使用close方法时，代码在close前异常结束，容易造成资源泄露，所以使用with更好。

（5）设备资源分配

在实现上，TensorFlow将图形定义转换成分布式执行的操作，以充分利用可用的计算资源（如CPU或GPU）。一般不需要显式指定使用CPU还是GPU，TensorFlow可以自动检测。如果检测到GPU，TensorFlow会尽可能地利用找到的第一个GPU来执行操作。

如果机器上有超过一个可用的GPU，除第一个外的其他GPU默认是不参与计算的。为了让TensorFlow使用这些GPU，必须将op明确指派给它们执行。With…Device语句用来指派特定的CPU或GPU执行操作。操作如下。

```
with tf.Session() as sess:
  with tf.device("/gpu:1"):
    matrix1 = tf.constant([[3., 3.]])
    matrix2 = tf.constant([[2.],[2.]])
    product = tf.matmul(matrix1, matrix2)
    ...
```

设备用字符串进行标识，目前支持的设备包括:"/cpu:0": 机器的CPU；"/gpu:0": 机器的第一个GPU（如果有的话）；"/gpu:1": 机器的第二个GPU，以此类推。

（6）交互式使用

为了便于使用诸如 IPython 之类的 Python 交互环境，可以使用 InteractiveSession 代替 Session 类，使用 Tensor.eval() 和 Operation.run() 方法代替 Session.run()。这样可以避免使用一个变量来持有会话。

```
# 进入一个交互式 TensorFlow 会话.
import tensorflow as tf
sess = tf.InteractiveSession()

x = tf.Variable([1.0, 2.0]) #x 为一个一行两列的变量 [x1,x2]
a = tf.constant([3.0, 3.0]) #a 为常量 [3.0,3.0]

# 使用初始化器 initializer op 的 run() 方法初始化 'x'
x.initializer.run()
# 增加一个减法 subtract op, 从 'x' 减去 'a'. 运行减法 op, 输出结果
sub = tf.subtract (x, a) # 旧版本中 subtract 写作 sub
print sub.eval()
# ==> [-2. -1.]
```

（7）Tensor

TensorFlow 中，所有数据均用 tensor 结构代表。计算图中操作间传送的数据都是 tensor。可以将其看作是一个 n 维的数组。

（8）变量

变量维护图在执行过程中的状态信息。先创建变量，再初始化。通常会将一个统计模型中的参数表示为一组变量。例如，可以将一个神经网络的权重作为某个变量存储在一个 tensor 中。在训练过程中，通过重复运行训练图，更新这个 tensor。

TensorFlow 中的 Varible 对象（variable.py）的使用方法可以参考如下代码。

```
import tensorflow as tf

my_state = tf.Variable(0, name = "counter")
one = tf.constant(1)
new_value = tf.add(my_state, one)
update = tf.assign(my_state, new_value)

init_Op = tf.global_variables_initializer()

with tf.Session() as sess:
    sess.run(init_Op)
    print(sess.run(my_state))
    for _ in range(3):
        sess.run(update)
        print(sess.run(my_state))
```

【运行结果】

```
0
1
2
3
```

（9）Fetch

为了取回操作的输出内容，可以在使用 Session 对象的 run() 函数调用执行图时，传入一些 tensor，这些 tensor 帮助取回结果。在之前的例子里，只取回了单个结点，但是也可以取回多个 tensor，代码如下。

```
input1 = tf.constant(3.0)
input2 = tf.constant(2.0)
input3 = tf.constant(5.0)
intermed = tf.add(input2, input3)
mul = tf. multiply (input1, intermed)
with tf.Session():
  result = sess.run([mul, intermed])
  print result
# 输出：[21.0, 7.0]
```

（10）Feed

上述示例在计算图中引入了 tensor，以常量或变量的形式存储。TensorFlow 还提供了 feed 机制，该机制可以临时替代图中任意操作中的 tensor，还可以对图中任何操作提交补丁，直接插入一个 tensor。

feed 使用一个 tensor 值临时替换一个操作的输出结果。可以提供 feed 数据作为 run() 函数调用的参数。feed 只在调用它的方法内有效，方法结束，feed 就会消失。最常见的用例是将某些特殊的操作指定为 "feed" 操作，标记的方法是使用 tf.placeholder() 为这些操作创建占位符。代码如下。

```
input1 = tf.placeholder(tf.types.float32)
input2 = tf.placeholder(tf.types.float32)
output = tf. multiply(input1, input2)
with tf.Session() as sess:
  print sess.run([output], feed_dict={input1:[7.], input2:[2.]})
# 输出：
# [array([ 14.], dtype=float32)]
```

2. MNIST 数据集

MNIST 是一个经典的机器学习数据集，数据集包含 0 到 9，十个数字。共 70 000 张图片。其中，训练样本有 60 000 个、测试样本有 10 000 个。TensorFlow 中有用于下载 MNIST 数据集的 Python 代码，可调用其中模块，下载MNIST数据集。源码为TensorFlow根目录下的examples/tutorials/mnist/input_data.py，调用方式如下。

```
from tensorflow.examples.tutorials.mnist import input_data
mnist = input_data.read_data_sets("MNIST_data/", one_hot=True)
```

底层源码会执行下载、解压、重构图片和标签数据来组成data_sets.train、data_sets.validation、data_sets.test。其中data_sets.train有55 000组图片和标签用于训练，data_sets.validation有5 000组图片和标签用于迭代验证训练的准确性，data_sets.test有10 000组图片和标签，用于测试训练的准确性。每一个数据单元由两部分构成——图片和对应的标签。如训练数据的图片和标签分别为mnist.train.images和mnist.train.labels。

执行read_data_sets（）函数将会返回一个Dataset实例，实例包含了以上3个数据集。DataSet.next_batch()函数用于获取batch_size大小的一个元祖，其中包含了一组图片和标签，该元祖会用于当前TensorFlow运算会话中。

```
images_feed, labels_feed = data_set.next_batch(FLAGS.batch_size)
```

每张图片的大小均为28×28像素，均可用一个数字数组表示，如图A.7所示。

将此数组展开成为一个向量，长度为28×28 = 784，由此，则MNIST数字训练集中的每个图片都可以变成一个784维的向量，此时的图片数组其实会丢失它的二维结构信息。

在MNIST训练数据集中，mnist.train.images是一个形状为[60000, 784]

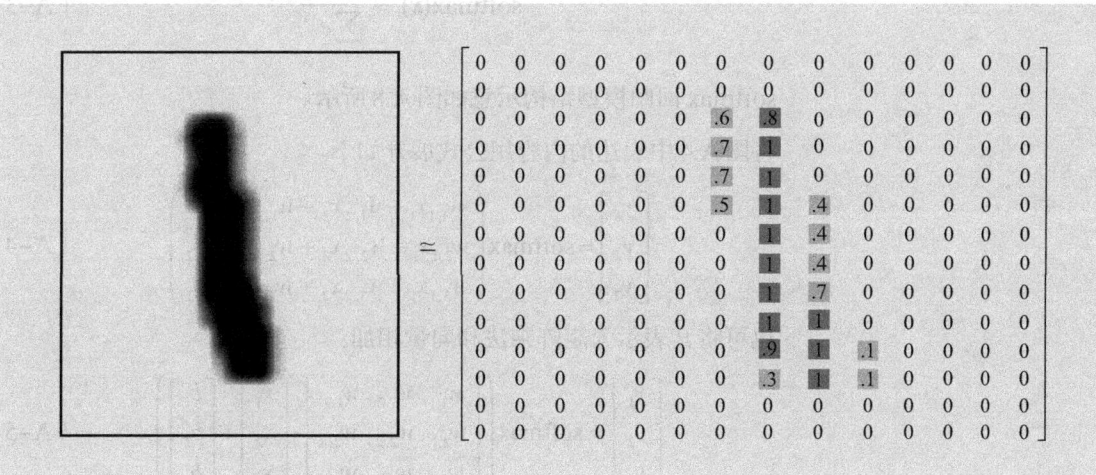

图A.7 MNIST手写数字的数组表示

大小的张量，第一维数字表示60 000个训练数据集的第几个数据，第二维数字表示某一个训练图片（拉伸为784维的向量）中的第几个像素。张量的每一个元素值介于0~1之间，表示了像素值的强弱。而mnist.train.labels为一个形状为[60000, 10]的张量，第二维对应每张图片的标签，标签为"one-hot vector"即只有一位为1，其余均为0。例如，2的标签为[0, 0, 1, 0, 0, 0, 0, 0, 0, 0]。

3. 模型结构

本实验用到一个非常简单的softmax回归（softmax regression）模型。softmax函数又叫归一化指数函数，常用于模型的最后，输出多个分类的概率。在更复杂的卷积神经网络中，softmax也常用于模型的最后一步，用于输出分类的概率。可以说softmax是多分类算法的标配。

整个模型的设计为简单的一层线性函数，再加上一个softmax函数。

首先，图片输入网络，对其中的每个像素值进行加权求和。这过程中，需要加上一个偏置（bias）常量，对于给定的图片，其加权求和之后的数值可以表示为：

$$evidence_i = \sum_j w_{i,j} x_j + b_i \tag{A-1}$$

其中，w_i为权重，b_i为偏置，j代表输入的索引值。得到加权求和值后，使用softmax函数将其转化为分类的概率值。

$$y = \text{softmax}(evidence) \tag{A-2}$$

这里的softmax函数，可以看作一个激活函数，用于将线性函数的值转化为0~9这10个数字的分类概率，且10种类别的总和为1，softmax表示如下：

$$\text{softmax}(x)_i = \frac{e^{x_i}}{\sum_j e^{x_j}} \tag{A-3}$$

softmax回归模型结构示意如图A.8所示。

将图A.4中表达的内容用公式展开如下。

$$\begin{bmatrix} y_1 \\ y_2 \\ y_3 \end{bmatrix} = \text{softmax} \begin{pmatrix} w_{1,1}x_1 + w_{1,2}x_2 + w_{1,3}x_3 + b_1 \\ w_{2,1}x_1 + w_{2,2}x_2 + w_{2,3}x_3 + b_2 \\ w_{3,1}x_1 + w_{3,2}x_2 + w_{3,3}x_3 + b_3 \end{pmatrix} \tag{A-4}$$

也可将其表示为矩阵乘法和向量相加：

$$\begin{bmatrix} y_1 \\ y_2 \\ y_3 \end{bmatrix} = \text{softmax} \left(\begin{bmatrix} w_{1,1} & w_{1,2} & w_{1,3} \\ w_{2,1} & w_{2,2} & w_{2,3} \\ w_{3,1} & w_{3,2} & w_{3,3} \end{bmatrix} \cdot \begin{bmatrix} x_1 \\ x_2 \\ x_3 \end{bmatrix} + \begin{bmatrix} b_1 \\ b_2 \\ b_3 \end{bmatrix} \right) \tag{A-5}$$

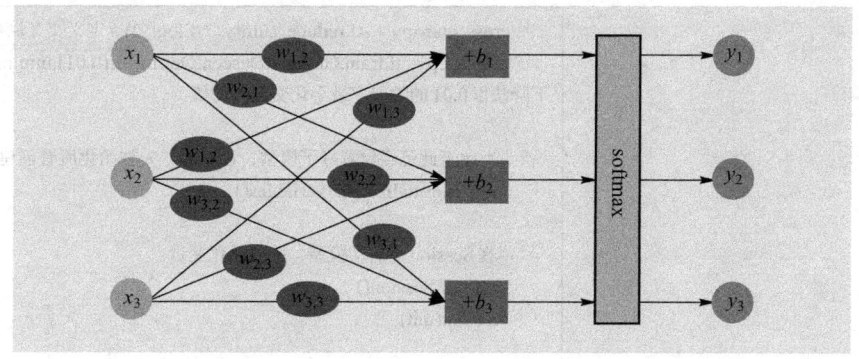

图A.8 softmax回归模型示意图

注意：实际模型的输入和输出数量需要根据实际数据集设置，图A.8、公式（A-4）和公式（A-5）仅为示意，在输入和输出的个数上与本实验使用的模型还存在一些差别。

四、实验源代码及注释

新建文件my_softmax.py，用于手写数字识别。

```
# vim my_softmax.py
```

其实现代码如下。

```
# coding:utf-8 # 采用utf-8编码格式，避免中文读取错误

# 导入TensorFlow
import tensorflow as tf

# 导入TensorFlow中的imput_data模块
from tensorflow.examples.tutorials.mnist import input_data

# 读取数据集；调用方法时，会自动在当前目录下生成MNIST_data文件夹，数据集将会下载在其中。
mnist = input_data.read_data_sets("MNIST_data/", one_hot=True)

#创建一个占位符，用于TensorFlow计算时，输入数据集，其中None表示程度不固定，784对应了每个图片的大小28*28
x = tf.placeholder("float", [None, 784])

#创建权重W和偏置b变量，并初始化为0
W = tf.Variable(tf.zeros([784,10]))    #输入为28*28，输出为10，所以权重张量的形状为[784,10]
b = tf.Variable(tf.zeros([10]))        #共有10个输出，所以偏置张量的形状为[10]
y = tf.nn.softmax(tf.matmul(x,W) + b)  #调用tf.matmul实现加权求和，tf.nn.softmax实现Softmax分类
y_ = tf.placeholder("float", [None,10])  #创建一个占位符，用于输入数据集的标签，即正确值。
```

```
    cross_entropy = -tf.reduce_sum(y_*tf.log(y)) #定义交叉熵损失函数
    train_step = tf.train.GradientDescentOptimizer(0.01).minimize(cross_entropy) #使用梯度
下降法以0.01的学习率最小化交叉熵的值

        #至此已经设置好了模型，计算前，先初始化所有创建变量
    init = tf.initialize_all_variables()

    #在Session里启动模型，并初始化变量
    sess = tf.Session()
    sess.run(init)

    #训练模型，设置迭代次数为1000，每次迭代，批量输入100张。
    for i in range(1000):
    batch_xs, batch_ys = mnist.train.next_batch(100)
        sess.run(train_step, feed_dict={x: batch_xs, y_: batch_ys}) #将数据集喂入（feed）我们
设置的占位符

#评估模型
    correct_prediction = tf.equal(tf.argmax(y,1), tf.argmax(y_,1)) #判断预测值是否等于标签
值，返回一组布尔值，如[True,True,False,True]，表示4个中，只有第3个预测错误

    accuracy = tf.reduce_mean(tf.cast(correct_prediction, "float"))  #将预测结果转化为浮点
值[1,1,0,1]，取平均值后，得到正确率0.75

    print (sess.run(accuracy, feed_dict={x: mnist.test.images, y_: mnist.test.labels})) #打印最
后的准确率
```

运行代码。

```
# python3 my_convolutional.py
```

五、实验参考结果

由于第一次运行，需要下载数据集，所以运行速度较慢。执行命令后，在当前目录下会生成存放数据集的文件夹。最终模型在测试集上的准确率达到了90.84%，程序部分输出结果如图A.9所示。

图A.9 实例运行结果图

```
root@master:~# python3 my_softmax.py
Extracting MNIST_data/train-images-idx3-ubyte.gz
Extracting MNIST_data/train-labels-idx1-ubyte.gz
Extracting MNIST_data/t10k-images-idx3-ubyte.gz
Extracting MNIST_data/t10k-labels-idx1-ubyte.gz
WARNING:tensorflow:From /usr/local/lib/python3.5/dist-packages/tensorflow/python/util/tf_should_use.py:107
: initialize_all_variables (from tensorflow.python.ops.variables) is deprecated and will be removed after
2017-03-02.
Instructions for updating:
Use `tf.global_variables_initializer` instead.
2018-08-17 08:49:27.226697: I tensorflow/core/platform/cpu_feature_guard.cc:137] Your CPU supports instruc
tions that this TensorFlow binary was not compiled to use: SSE4.1 SSE4.2 AVX AVX2 FMA
2018-08-17 08:49:28.744690: I tensorflow/core/common_runtime/gpu/gpu_device.cc:1030] Found device 0 with p
roperties:
name: GeForce GTX 1080 Ti major: 6 minor: 1 memoryClockRate(GHz): 1.582
pciBusID: 0000:84:00.0
totalMemory: 10.91GiB freeMemory: 10.75GiB
2018-08-17 08:49:28.744762: I tensorflow/core/common_runtime/gpu/gpu_device.cc:1120] Creating TensorFlow d
evice (/device:GPU:0) -> (device: 0, name: GeForce GTX 1080 Ti, pci bus id: 0000:84:00.0, compute capabili
ty: 6.1)
0.9084
```

实验七　利用CNN神经网络识别手写数字

一、实验目的

理解卷积神经网络各个层的特点，熟练应用TensorFlow搭建网络。

二、实验内容

实现MNIST手写图片识别。
- 软件配置：Python（3.6）、TensorFlow（1.9）。
- 有条件的可使用Jupiter分步完成实验。

三、实验步骤

MNIST的调用可参照实验六。

1. 多层卷积神经网络拓扑结构

创建如图A.10所示的卷积神经网络，用于MNIST手写数字分类（该图可用可视化数据流图TensorBoard自动给出）。

2. 定义权重初始化函数

为了创建这个模型，需要创建大量的权重和偏差。一般来说，对于这些参数，在初始化时，需要制造一些随机噪音，来打破它们的完全对称性，以防止零梯度的产生。例如，可以用标准方差为0.1的截断正态分布来完成这个任务。神经元的激活函数使用的是ReLU，其初始化方式是用一个较小的正数来初始化，以避免"死"神经元结点的出现。

为了在构造函数时，不必反复做初始化，这里定义了两个函数用于初始化权重和偏置。

```
def weight_variable(shape):
    initial = tf.truncated_normal(shape, stddev=0.1)
    return tf.Variable(initial)

def bias_variable(shape):
    initial = tf.constant(0.1, shape=shape)
    return tf.Variable(initial)
```

3. 定义卷积和池化

TensorFlow提供了灵活的卷积和池化操作。如何处理边界问题？步幅是什么？这里，使用步长（stride）为1，填充（padding）方式为"SAME"的卷积核，这样输入和输出的张量大小就是一样的。池化操作

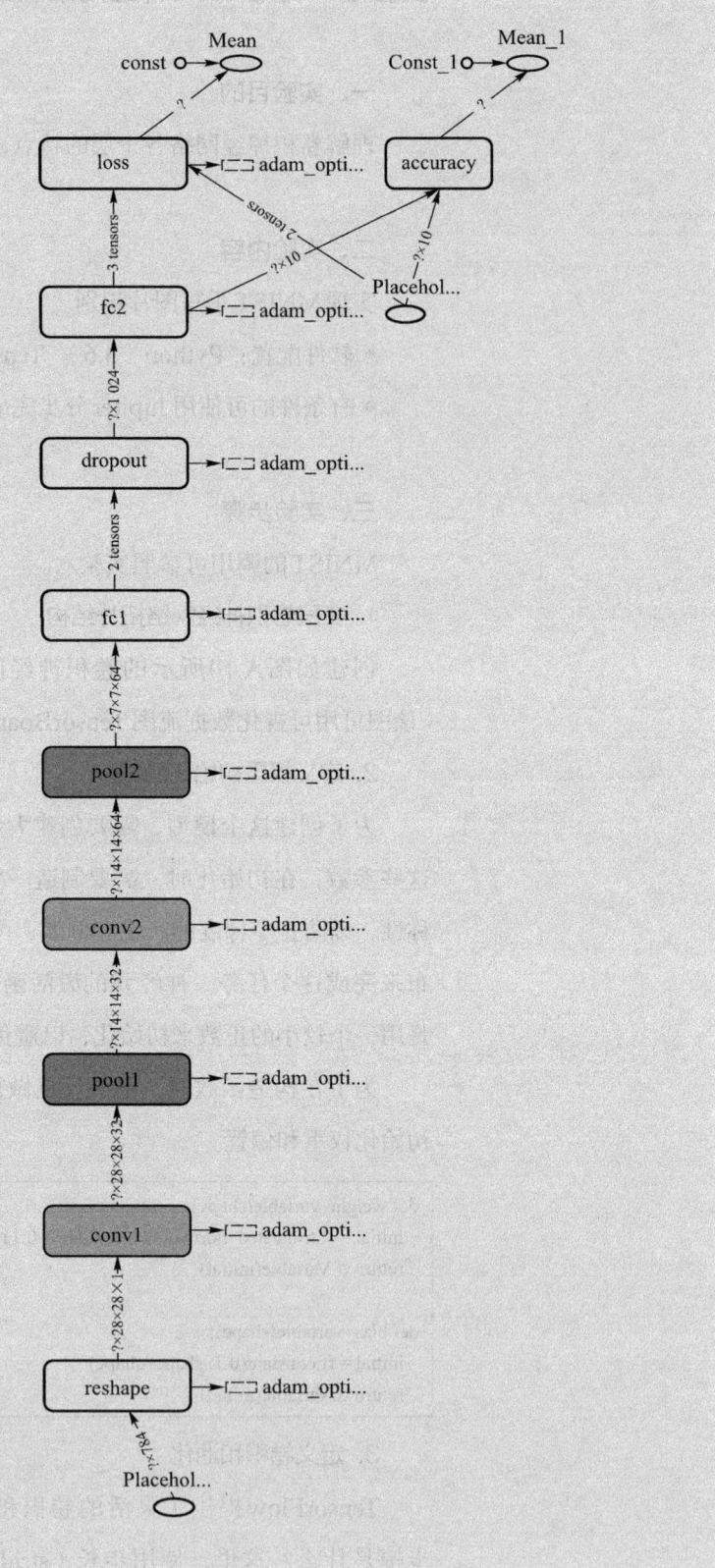

图A.10 MNIST识别网络结构

使用2×2大小的最大池化。为了保持代码的整洁，依旧将这些操作抽象为函数。

```
def conv2d(x, W):
    return tf.nn.conv2d(x, W, strides=[1, 1, 1, 1], padding='SAME')
def max_pool_2x2(x):
    return tf.nn.max_pool(x, ksize=[1, 2, 2, 1],
                strides=[1, 2, 2, 1], padding='SAME')
```

在设计卷积层之前，要做部分铺垫工作。首先要给网络"喂"数据，由于数据在没有运行时，还不确定，所以用占位符（placeholder）来在计算流图中"占个位"。这里的占位符主要有两个，一个是输入张量x，就是MNIST数据集。另外一个是数据的标签y_。

```
x = tf.placeholder(tf.float32, [None, 784])
y_ = tf.placeholder(tf.float32, [None, 10])
```

读取的张量维度为1×784，这是个1D张量，None表示不限数量。接下来，定义第一个真正意义上的卷积层。

4. 定义第一层卷积

第一个层由一个卷积和最大池化组合而成。这层共有32个卷积核，每个卷积核大小为5×5，最终生成32个特征图。它的权重张量的形状为[5 5 1 32]。前两个维度的含义是卷积大小，第3个维度是输入通道的数量（目前为单通道），最后一个维度是输出通道的数量。每个输出通道有一个对应的偏置。

```
W_conv1 = weight_variable([5, 5, 1, 32])
b_conv1 = bias_variable([32])
```

由于卷积神经网络可以利用图片的2D信息，即可以利用图片的结构信息，更加有利于分类，所以上述代码最后1行，利用reshape( )函数，将x变成一个4D的张量，其第二、三维对应图片的宽和高，第四维对应图片的通道数。原始的x形状由1×784"变形"为28×28。reshape( )函数的第一个参数是"-1"，它表示数量样本不固定，最后的参数为"1"，它表示颜色的通道为"1"，即此处使用的灰度单色。如果图像是RGB彩色图片，通道数则为"3"。

```
x_image = tf.reshape(x, [-1, 28, 28, 1])
```

然后将x_image与权重张量进行卷积,添加偏置项,再使用ReLU激活函数,最后是进行最大池化操作。用Max_pool_2×2方法将把图像大小减少到14×14。

```
h_conv1 = tf.nn.relu(conv2d(x_image, W_conv1) + b_conv1)
h_pool1 = max_pool_2x2(h_conv1)
```

5. 定义第二层卷积

为了构建一个深度网络,将这种类型的多个层堆叠在了一块。第二层每个卷积核大小为5×5,共有64个,生成64个特征图。

```
W_conv2 = weight_variable([5, 5, 32, 64])
b_conv2 = bias_variable([64])

h_conv2 = tf.nn.relu(conv2d(h_pool1, W_conv2) + b_conv2)
h_pool2 = max_pool_2x2(h_conv2)
```

6. 全连接层

现在的图像的大小已经减少到7×7,添加一个有1 024个神经元全连接的层,用于处理整张图像。将这个张量从池化层reshape成一组向量,乘以一个权重矩阵,加上一个偏差,再使用一个ReLU激活函数。

```
W_fc1 = weight_variable([7 * 7 * 64, 1024])
b_fc1 = bias_variable([1024])

h_pool2_flat = tf.reshape(h_pool2, [-1, 7*7*64])
h_fc1 = tf.nn.relu(tf.matmul(h_pool2_flat, W_fc1) + b_fc1)
```

7. dropout层

为了减少过拟合的现象,在输出层之前加上dropout(随机失活),随机地丢弃部分神经元之间的连接。创建一个占位符(placeholder),用来表示一个神经元的输出在dropout中保持不变的概率。这样,就可以在训练期间开启dropout,在测试期间关掉dropout。TensorFlow的 tf.nn.dropout操作除了可以屏蔽神经元的输出外,还会自动处理缩放神经元的输出,因此使用dropout的时候,可以不用考虑scale。

```
keep_prob = tf.placeholder("float")
h_fc1_drop = tf.nn.dropout(h_fc1, keep_prob)
```

8. 输出层

最后,添加一个softmax层,用于输出分类概率。

```
W_fc2 = weight_variable([1024, 10])
b_fc2 = bias_variable([10])

y_conv=tf.nn.softmax(tf.matmul(h_fc1_drop, W_fc2) + b_fc2)
```

9. 训练评估

在训练和评估部分，使用效果较好的Adam优化器来实现梯度最速下降，在feed_dict中加入额外的参数keep_prob来控制dropout比例，并且每100次迭代输出一次日志。

这里，还会用到tf.Session而不是使用tf.InteractiveSession，这会更好地将创建计算图和评估计算图分开。下面的这段代码是一万次的训练迭代，可能需要运行一段时间，时间的长短取决于处理器速率。

```
cross_entropy = -tf.reduce_sum(y_*tf.log(y_conv))
train_step = tf.train.AdamOptimizer(1e-4).minimize(cross_entropy)
correct_prediction = tf.equal(tf.argmax(y_conv,1), tf.argmax(y_,1))
accuracy = tf.reduce_mean(tf.cast(correct_prediction, "float"))
sess.run(tf.initialize_all_variables())
for i in range(10000):
  batch = mnist.train.next_batch(50)
  if i%100 == 0:
    train_accuracy = accuracy.eval(feed_dict={
        x:batch[0], y_: batch[1], keep_prob: 1.0})
    print ("step %d, training accuracy %g"%(i, train_accuracy))
  train_step.run(feed_dict={x: batch[0], y_: batch[1], keep_prob: 0.5})

print ("test accuracy %g"%accuracy.eval(feed_dict={
    x: mnist.test.images, y_: mnist.test.labels, keep_prob: 1.0}))
```

10. 实现代码

新建文件my_cnn.py，用于手写数字识别。

```
# vim my_cnn.py.py
```

其实现代码如下。

```
from tensorflow.examples.tutorials.mnist import input_data
mnist = input_data.read_data_sets("MNIST_data/", one_hot=True)
import tensorflow as tf
sess = tf.InteractiveSession()

x = tf.placeholder("float", shape=[None, 784])
y_ = tf.placeholder("float", shape=[None, 10])

def weight_variable(shape):
  initial = tf.truncated_normal(shape, stddev=0.1)
  return tf.Variable(initial)
```

```python
def bias_variable(shape):
    initial = tf.constant(0.1, shape=shape)
    return tf.Variable(initial)

def conv2d(x, W):
    return tf.nn.conv2d(x, W, strides=[1, 1, 1, 1], padding='SAME')

def max_pool_2x2(x):
    return tf.nn.max_pool(x, ksize=[1, 2, 2, 1],
                          strides=[1, 2, 2, 1], padding='SAME')

W_conv1 = weight_variable([5, 5, 1, 32])
b_conv1 = bias_variable([32])
x_image = tf.reshape(x, [-1,28,28,1])
h_conv1 = tf.nn.relu(conv2d(x_image, W_conv1) + b_conv1)
h_pool1 = max_pool_2x2(h_conv1)

W_conv2 = weight_variable([5, 5, 32, 64])
b_conv2 = bias_variable([64])
h_conv2 = tf.nn.relu(conv2d(h_pool1, W_conv2) + b_conv2)
h_pool2 = max_pool_2x2(h_conv2)

W_fc1 = weight_variable([7 * 7 * 64, 1024])
b_fc1 = bias_variable([1024])
h_pool2_flat = tf.reshape(h_pool2, [-1, 7*7*64])
h_fc1 = tf.nn.relu(tf.matmul(h_pool2_flat, W_fc1) + b_fc1)

keep_prob = tf.placeholder("float")
h_fc1_drop = tf.nn.dropout(h_fc1, keep_prob)

W_fc2 = weight_variable([1024, 10])
b_fc2 = bias_variable([10])
y_conv=tf.nn.softmax(tf.matmul(h_fc1_drop, W_fc2) + b_fc2)

cross_entropy = -tf.reduce_sum(y_*tf.log(y_conv))
train_step = tf.train.AdamOptimizer(1e-4).minimize(cross_entropy)
correct_prediction = tf.equal(tf.argmax(y_conv,1), tf.argmax(y_,1))
accuracy = tf.reduce_mean(tf.cast(correct_prediction, "float"))
sess.run(tf.initialize_all_variables())
for i in range(20000):
    batch = mnist.train.next_batch(50)
    if i%100 == 0:
        train_accuracy = accuracy.eval(feed_dict={
            x:batch[0], y_: batch[1], keep_prob: 1.0})
        print ("step %d, training accuracy %g"%(i, train_accuracy))
    train_step.run(feed_dict={x: batch[0], y_: batch[1], keep_prob: 0.5})
print('test accuracy %g' % accuracy.eval(
    feed_dict={x: mnist.test.images, y_: mnist.test.labels, keep_prob: 1.0}))
```

运行代码。

```
# python my_cnn.py
```

11. 实验结果

第一次运行程序较慢，运行后，当前目录下会生成存放数据集的文件夹。

训练初期的训练结果如下所示。

```
step 0, training accuracy: 0.2
step 100, training accuracy: 0.82
step 200, training accuracy: 0.9
step 300, training accuracy: 0.98
step 400, training accuracy: 0.92
step 500, training accuracy: 0.94
step 600, training accuracy: 0.96
step 700, training accuracy: 0.96
step 800, training accuracy: 0.98
step 900, training accuracy: 1
step 1000, training accuracy: 0.92
```

最终模型在测试集上的准确率达到99.1%左右，程序部分输出如下运行结果。

```
step 9100, training accuracy: 1
step 9200, training accuracy: 1
step 9300, training accuracy: 1
step 9400, training accuracy: 1
step 9500, training accuracy: 1
step 9600, training accuracy: 1
step 9700, training accuracy: 1
step 9800, training accuracy: 0.98
step 9900, training accuracy: 1
test accuracy: 0.991
```

需要说明的是，在这种小型网络中，有无dropout（随机失活）操作，效果几乎一样，但在大型网络中，dropout的效果就会凸显出来。

实验八 基于LSTM模型的股票预测

一、实验目的

1. 了解LSTM模型的原理和流程。
2. 提供一个将深度学习应用在金融方面的案例。
3. 希望案例启发更多相关的应用。

二、实验要求

本次试验后,要求学生能:

1. 了解LSTM的工作原理;
2. 按照实验步骤实现实验。

三、实验原理

本实验主要实现了基于LSTM模型和股票数据集来预测股票每日最高价,根据股票历史数据中的最低价、最高价、开盘价、收盘价、交易量、交易额、跌涨幅等因素,对下一日股票最高价进行预测。

1. 股票数据集

此股票数据集中有10种特征,共有6 109条记录,从1990年到2015年的股票记录。label是标签y,也就是下一日的最高价,如图A.11所示。

(1)加载数据

获取股票数据。

```
f=open('./dataset/dataset_1.csv')
df=pd.read_csv(f)        #读入股票数据
data=df.iloc[:,2:10].values #取第3-10列
```

(2)生成训练集和测试集

本实验用前5 800个数据做训练数据,剩下的为测试集。time_step是LSTM认为每个输入数据与前多少个陆续输入的数据有联系。

图A.11 股票数据集的部分数据

index_code	date	open	close	low	high	volume	money	change	label
sh000001	########	104.3	104.39	99.98	104.39	197000	85000	0.044109	109.13
sh000001	########	109.07	109.13	103.73	109.13	28000	16100	0.045407	114.55
sh000001	########	113.57	114.55	109.13	114.55	32000	31100	0.049666	120.25
sh000001	########	120.09	120.25	114.55	120.25	15000	6500	0.04976	125.27
sh000001	########	125.27	125.27	120.25	125.27	100000	53700	0.041746	125.28
sh000001	########	125.27	125.28	125.27	125.28	66000	104600	7.98E-05	126.45
sh000001	########	126.39	126.45	125.28	126.45	108000	88000	0.009339	127.61
sh000001	########	126.56	127.61	126.48	127.61	78000	60000	0.009174	128.84

```
def get_train_data(batch_size=60,time_step=20,train_begin=0,train_end=5800):
    batch_index=[]
    data_train=data[train_begin:train_end]
    normalized_train_data=(data_train-np.mean(data_train,axis=0))/np.std(data_train,axis=0)  #标准化
    train_x,train_y=[],[]   #训练集x和y初定义
    for i in range(len(normalized_train_data)-time_step):
        if i % batch_size==0:
            batch_index.append(i)
        x=normalized_train_data[i:i+time_step,:7]
        y=normalized_train_data[i:i+time_step,7,np.newaxis]
        train_x.append(x.tolist())
        train_y.append(y.tolist())
    batch_index.append((len(normalized_train_data)-time_step))
    return batch_index,train_x,train_y

def get_test_data(time_step=20,test_begin=5800):
    data_test=data[test_begin:]
    mean=np.mean(data_test,axis=0)
    std=np.std(data_test,axis=0)
    normalized_test_data=(data_test-mean)/std  #标准化
    size=(len(normalized_test_data)+time_step-1)//time_step  #有size个sample
    test_x,test_y=[],[]
    for i in range(size-1):
        x=normalized_test_data[i*time_step:(i+1)*time_step,:7]
        y=normalized_test_data[i*time_step:(i+1)*time_step,7]
        test_x.append(x.tolist())
        test_y.extend(y)
    test_x.append((normalized_test_data[(i+1)*time_step:,:7]).tolist())
    test_y.extend((normalized_test_data[(i+1)*time_step:,7]).tolist())
    return mean,std,test_x,test_y
```

2. LSTM

LSTM（long short term memory 长短时记忆）神经网络是一种特殊的RNN类型，可以学习长期依赖信息。经典的LSTM模型如图A.12所示。

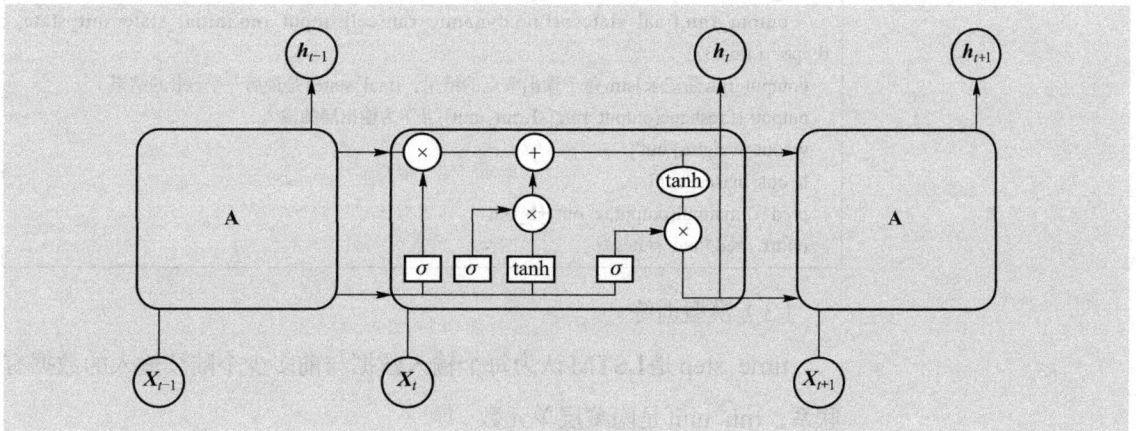

图A.12 LSTM模型

LSTM的特点就是在RNN结构以外添加了各层的阀门节点。阀门有3类：遗忘门（forget gate），输入门（input gate）和输出门（output gate）。这些阀门可以打开或关闭，用于将判断模型网络的记忆态（之前网络的状态）在该层输出的结果是否达到阈值从而加入到当前该层的计算中。如图A.12所示，阀门节点利用sigmoid函数将网络的记忆态作为输入计算；如果输出结果达到阈值则将该阀门输出与当前层的计算结果相乘作为下一层的输入；如果没有达到阈值则将该输出结果遗忘掉。每一层包括阀门节点的权重都会在每一次模型反向传播训练过程中更新。

（1）定义神经网络输入层、输出层权重和偏置

```
weights={
    'in':tf.Variable(tf.random_normal([input_size,rnn_unit])),
    'out':tf.Variable(tf.random_normal([rnn_unit,1]))
    }
biases={
    'in':tf.Variable(tf.constant(0.1,shape=[rnn_unit,])),
    'out':tf.Variable(tf.constant(0.1,shape=[1,]))
    }
```

（2）定义LSTM模型

```
def lstm(X):
    batch_size=tf.shape(X)[0]
    time_step=tf.shape(X)[1]
    w_in=weights['in']
    b_in=biases['in']
    input=tf.reshape(X,[-1,input_size]) #需要将tensor转成2维进行计算，计算后的结果作为隐藏层的输入
    input_rnn=tf.matmul(input,w_in)+b_in
    input_rnn=tf.reshape(input_rnn,[-1,time_step,rnn_unit]) #将tensor转成3维，作为lstm cell的输入
    cell=tf.nn.rnn_cell.BasicLSTMCell(rnn_unit)
    init_state=cell.zero_state(batch_size,dtype=tf.float32)
    output_rnn,final_states=tf.nn.dynamic_rnn(cell, input_rnn,initial_state=init_state, dtype=tf.float32)
    #output_rnn是记录lstm每个输出节点的结果，final_states是最后一个cell的结果
    output=tf.reshape(output_rnn,[-1,rnn_unit]) #作为输出层的输入
    w_out=weights['out']
    b_out=biases['out']
    pred=tf.matmul(output,w_out)+b_out
    return pred,final_states
```

（3）模型训练

time_step是LSTM认为每个输入数据与前多少个陆续输入的数据有联系，rnn_unit是隐藏层单元数。

```
def train_lstm(batch_size=80,time_step=15,train_begin=2000,train_end=5800):
    X=tf.placeholder(tf.float32, shape=[None,time_step,input_size])
    Y=tf.placeholder(tf.float32, shape=[None,time_step,output_size])
    batch_index,train_x,train_y=get_train_data(batch_size,time_step,train_begin,train_end)
    pred,_=lstm(X)
    loss=tf.reduce_mean(tf.square(tf.reshape(pred,[-1])-tf.reshape(Y, [-1])))
    train_op=tf.train.AdamOptimizer(lr).minimize(loss)
    saver=tf.train.Saver(tf.global_variables(),max_to_keep=15)
    #module_file = tf.train.latest_checkpoint()
    with tf.Session() as sess:
        sess.run(tf.global_variables_initializer())
        #saver.restore(sess, module_file)
        for i in range(2000):
            for step in range(len(batch_index)-1):
                _,loss_=sess.run([train_op,loss],
                    feed_dict={X:train_x[batch_index[step]:batch_index[step+1]],
                    Y:train_y[batch_index[step]:batch_index[step+1]]})
            print(i,loss_)
            if i % 200==0:
                print("save model",saver.save(sess,'./models2/stock2.model',global_step=i))
```

（4）预测模型

```
def prediction(time_step=20):
    X=tf.placeholder(tf.float32, shape=[None,time_step,input_size])
    #Y=tf.placeholder(tf.float32, shape=[None,time_step,output_size])
    mean,std,test_x,test_y=get_test_data(time_step)
    pred,_=lstm(X)
    saver=tf.train.Saver(tf.global_variables())
    with tf.Session() as sess:
        module_file = tf.train.latest_checkpoint('./models2')
        saver.restore(sess, module_file)
        test_predict=[]
        for step in range(len(test_x)-1):
            prob=sess.run(pred,feed_dict={X:[test_x[step]]})
            predict=prob.reshape((-1))
            test_predict.extend(predict)
        test_y=np.array(test_y)*std[7]+mean[7]
        test_predict=np.array(test_predict)*std[7]+mean[7]
        acc=np.average(np.abs(test_predict-test_y[:len(test_predict)])/test_y[:len(test_predict)])
        plt.figure()
        plt.plot(list(range(len(test_predict))), test_predict, color='b')
        plt.plot(list(range(len(test_y))), test_y,  color='r')
        plt.show()
        plt.savefig('/root/stock_predict/images/result2.png')
```

四、实验步骤

本实验使用Python3环境，并需要安装有TensorFlow、Matplotlib和Pandas。

1. 创建代码文件

```
# vim stock_predict_2.py
```

代码内容如下。

```python
import matplotlib
matplotlib.use('Agg')

import pandas as pd
import numpy as np
import matplotlib.pyplot as plt
import tensorflow as tf

rnn_unit=10       #hidden layer units
input_size=7
output_size=1
lr=0.0006
f=open('./dataset/dataset_2.csv')
df=pd.read_csv(f)
data=df.iloc[:,2:10].values

def get_train_data(batch_size=60,time_step=20,train_begin=0,train_end=5800):
    batch_index=[]
    data_train=data[train_begin:train_end]
    normalized_train_data=(data_train-np.mean(data_train,axis=0))/np.std(data_train,axis=0)
    train_x,train_y=[],[]
    for i in range(len(normalized_train_data)-time_step):
        if i % batch_size==0:
            batch_index.append(i)
        x=normalized_train_data[i:i+time_step,:7]
        y=normalized_train_data[i:i+time_step,7,np.newaxis]
        train_x.append(x.tolist())
        train_y.append(y.tolist())
    batch_index.append((len(normalized_train_data)-time_step))
    return batch_index,train_x,train_y

def get_test_data(time_step=20,test_begin=5800):
    data_test=data[test_begin:]
    mean=np.mean(data_test,axis=0)
    std=np.std(data_test,axis=0)
    normalized_test_data=(data_test-mean)/std
    size=(len(normalized_test_data)+time_step-1)//time_step
    test_x,test_y=[],[]
    for i in range(size-1):
        x=normalized_test_data[i*time_step:(i+1)*time_step,:7]
        y=normalized_test_data[i*time_step:(i+1)*time_step,7]
        test_x.append(x.tolist())
        test_y.extend(y)
    test_x.append((normalized_test_data[(i+1)*time_step:,:7]).tolist())
    test_y.extend((normalized_test_data[(i+1)*time_step:,7]).tolist())
```

```python
    return mean,std,test_x,test_y

weights={
    'in':tf.Variable(tf.random_normal([input_size,rnn_unit])),
    'out':tf.Variable(tf.random_normal([rnn_unit,1]))
    }
biases={
    'in':tf.Variable(tf.constant(0.1,shape=[rnn_unit,])),
    'out':tf.Variable(tf.constant(0.1,shape=[1,]))
    }
def lstm(X):
    batch_size=tf.shape(X)[0]
    time_step=tf.shape(X)[1]
    w_in=weights['in']
    b_in=biases['in']
    input=tf.reshape(X,[-1,input_size])
    input_rnn=tf.matmul(input,w_in)+b_in
    input_rnn=tf.reshape(input_rnn,[-1,time_step,rnn_unit])
    cell=tf.nn.rnn_cell.BasicLSTMCell(rnn_unit)
    init_state=cell.zero_state(batch_size,dtype=tf.float32)
    output_rnn,final_states=tf.nn.dynamic_rnn(cell, input_rnn,initial_state=init_state, dtype=tf.float32)
    output=tf.reshape(output_rnn,[-1,rnn_unit])
    w_out=weights['out']
    b_out=biases['out']
    pred=tf.matmul(output,w_out)+b_out
    return pred,final_states

def train_lstm(batch_size=80,time_step=15,train_begin=2000,train_end=5800):
    X=tf.placeholder(tf.float32, shape=[None,time_step,input_size])
    Y=tf.placeholder(tf.float32, shape=[None,time_step,output_size])
    batch_index,train_x,train_y=get_train_data(batch_size,time_step,train_begin,train_end)
    pred,_=lstm(X)
    loss=tf.reduce_mean(tf.square(tf.reshape(pred,[-1])-tf.reshape(Y, [-1])))
    train_op=tf.train.AdamOptimizer(lr).minimize(loss)
    saver=tf.train.Saver(tf.global_variables(),max_to_keep=15)
    #module_file = tf.train.latest_checkpoint()
    with tf.Session() as sess:
        sess.run(tf.global_variables_initializer())
        #saver.restore(sess, module_file)
        for i in range(2000):
            for step in range(len(batch_index)-1):
                _,loss_=sess.run([train_op,loss],feed_dict={X:train_x[batch_index[step]:batch_index[step+1]],Y:train_y[batch_index[step]:batch_index[step+1]]})
            print(i,loss_)
            if i % 200==0:
                print("save model",saver.save(sess,'./models2/stock2.model',global_step=i))

with tf.variable_scope('train'):
    train_lstm()
```

```
def prediction(time_step=20):
    X=tf.placeholder(tf.float32, shape=[None,time_step,input_size])
    #Y=tf.placeholder(tf.float32, shape=[None,time_step,output_size])
    mean,std,test_x,test_y=get_test_data(time_step)
    pred,_=lstm(X)
    saver=tf.train.Saver(tf.global_variables())
    with tf.Session() as sess:
        module_file = tf.train.latest_checkpoint('./models2')
        saver.restore(sess, module_file)
        test_predict=[]
        for step in range(len(test_x)-1):
            prob=sess.run(pred,feed_dict={X:[test_x[step]]})
            predict=prob.reshape((-1))
            test_predict.extend(predict)
        test_y=np.array(test_y)*std[7]+mean[7]
        test_predict=np.array(test_predict)*std[7]+mean[7]
        acc=np.average(np.abs(test_predict-test_y[:len(test_predict)])/test_y[:len(test_predict)])
        plt.figure()
        plt.plot(list(range(len(test_predict))), test_predict, color='b')
        plt.plot(list(range(len(test_y))), test_y, color='r')
        plt.show()
        plt.savefig('/root/stock_predict/images/result2.png')

with tf.variable_scope('train',reuse=True):
    prediction()
```

2. 模型训练

在代码的同级目录下,创建文件夹dataset用于存放数据集。

```
# mkdir dataset
```

创建目录用于存放结果的图片。

```
# mkdir images
```

创建目录用于存放模型。

```
# mkdir models2
```

训练模型并预测模型。

```
# python3 stock_predict.py
```

五、实验结果

实验训练结果如图A.13所示,迭代2000次。

实验预测结果如图A.14所示,偏差大概在1.36%

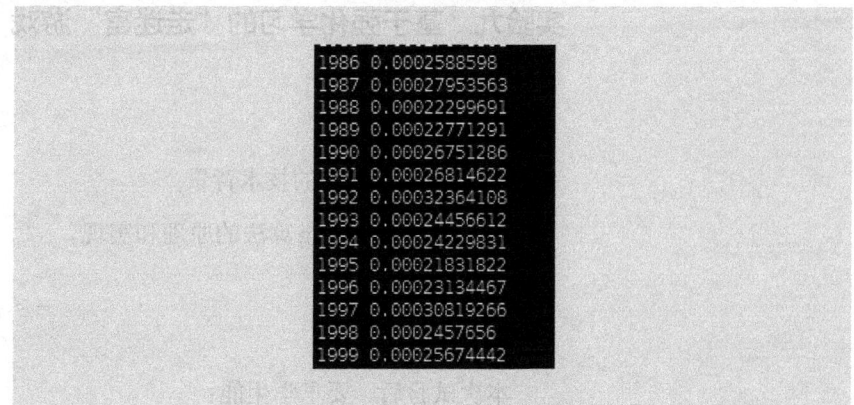

图A.13 实验运行的部分结果

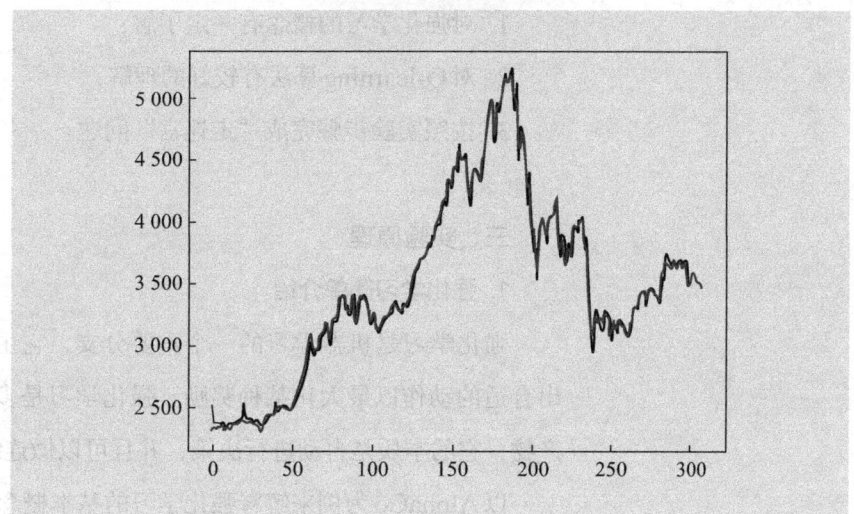

图A.14 真实值和预测值的比较结果

实验九 基于强化学习的"走迷宫"游戏

一、实验目的

1. 了解强化学习的技术背景。
2. 了解 Q-learning 算法的原理和实现。

二、实验要求

本次试验后，要求学生能：

1. 对强化学习的概念有一定了解；
2. 对 Q-learning 算法有较好的理解；
3. 按照实验步骤完成"走迷宫"问题。

三、实验原理

1. 强化学习简单介绍

强化学习是机器学习的一个重要分支，它主要研究如何在环境中做出合适的动作以最大化某种奖励。强化学习是多学科多领域交叉的一个产物，它的本质是自动进行决策，并且可以做连续决策。

以 AlphaGo 为例来解释强化学习的基本概念。AlphaGo 是由 Google 公司 DeepMind 团队研发出来的人工智能围棋程序，自 2016 年 3 月对韩国李世石九段以 4∶1 获胜后，进入大众视野，如图 A.15 所示，开始关注 AlphaGo 背后所使用的深度强化学习算法。之后，2016 年 12 月其在网络围棋平台上以 Master 为名取得了 60 连胜。2017 年 5 月，AlphaGo 二代以 3∶0 战胜了世界排名第一的柯洁，使得人们对 AlphaGo 深度强化学习的认识更近了一步。

围棋棋盘上典型的 19×19 网络，可能的状态有 3^{361} 种，非常巨大。在传统的计算机中，依靠暴力搜索完全不能够实现围棋的内容。因此，如何降低棋盘搜索空间非常关键。AlphaGo 的深度强化学习方法，采用蒙特卡洛树搜索，可以在较短时间内搜索较多步骤，取得了很好的效果。

图 A.15 AlphaGo 与李世石围棋大战

在强化学习中，有智能体、环境、行为三个基本概念。以 AlphaGo

为例,智能体就是AlphaGo,环境就是围棋的当前棋盘,行为就是AlphaGo打算落子的动作。智能体存在于环境中,并会在环境中做出一些动作,这些动作会使得智能体获得一些奖励,奖励可能为正,也可能为负。强化学习的目标是学习一个策略,使得智能体可以在合适的时候做出合适的动作,以获得最大的奖励。

此外,还有一个重要的概念:状态。顾名思义,"状态"描述了智能体和环境的状况,它和环境以及智能体都有关。智能体一般以当前的状态作为决策依据,做出决策后,智能体的行为又会引起状态的改变。

在每个时间t内,智能体需要:① 做出行动A_t;② 观察环境O_t;③ 计算收益$reward_t$。环境需要:① 感知Agent做出的行动A_t;② 做出环境反应O_{t+1};③ 反馈收益R_{t+1}。

强化学习的学习目标是让Agent学习到一个好的策略policy,使总体期望reward最大。一开始并不知道最优的策略是什么,因此往往从随机的策略开始,使用随机的策略进行试验,可以得到一系列的状态,动作和反馈:$\{s1, a1, r1, s2, a2, r2, \cdots\}$。

强化学习主要方法有:

(1)有模型学习(Bellman和策略迭代,值迭代);

(2)无模型学习(蒙特卡洛方法,时序差分学习(Q-learning));

(3)值函数近似;

(4)模仿学习。

2. Q-learning算法

Q-learning是强化学习的一种基础算法,其核心是Q-table。Q-table的行和列分别表示state和action的值,即每一行代表一个状态,每一列代表一个行为,用Q-table的值$Q(s, a)$来衡量当前state采取action到底有多好,如图A.16所示。

$Q(s, a)$的值是"在s状态执行了a行为后的期望奖励数值"。只要得到了正确的Q函数,就可以在每个状态做出合适的决策了,$Q(s, a)$函数可以被看作是一个"表格"。

图A.16 Q-Table的结构

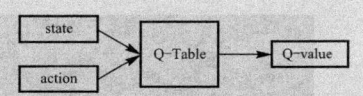

	行为$a1$	行为$a2$	行为$a3$	……
状态$s1$	$Q(s1, a1)$	$Q(s1, a2)$	$Q(s1, a3)$	……
状态$s2$	$Q(s2, a1)$	$Q(s2, a2)$	$Q(s2, a3)$	……
状态$s3$	$Q(s3, a1)$	$Q(s3, a2)$	$Q(s3, a3)$	……
……				

例如在走迷宫问题中，设s为某个位置$s1$，如何决定智能体下一步应该往哪里走呢？由于a的取值为0、1、2、3，只需要考虑$Q(s1, 0)$，$Q(s1, 1)$，$Q(s1, 2)$，$Q(s1, 3)$四个值，并挑选其中最大的并执行相应的动作即可。

Q-learning具体的算法如下。

初始化$Q(s, a)$，$\forall s \in S$，$a \in A(s)$，任意的数值，并且$Q(\text{terminal-state}, \cdot) = 0$

重复(对每一节episode)：

初始化状态S

重复（对episode中的每一步）：

使用某一个policy比如（ϵ-greedy）根据状态S选取一个动作执行

执行完动作后，观察reward和新的状态S'

$Q(S_t, A_t) \leftarrow Q(S_t, A_t) + \alpha(R_{t+1} + \lambda \max_\alpha Q(S_{t+1}, a) - Q(S_t, A_t))$

$S \leftarrow S'$

循环直到S终止

其中，ϵ-greedy策略是一种平衡"经验"和"探索"的方法，即事先设置一个较小的ϵ值（如$\epsilon=0.1$），智能体有$1-\epsilon$的概率根据学习到的Q函数（已有经验）行动，剩下ϵ的概率智能体会随机行动，用于探索新的经验。

3. 实验流程

本实验是通过Q-learning算法实现一个"走迷宫"的问题，先考虑如图A.17所示的一个简单例子。

图A.17 "迷宫"的简单样例

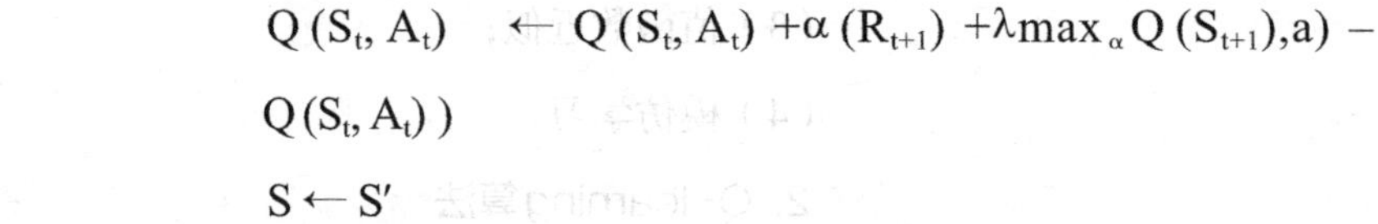

这是一个非常简单的"迷宫"。"A"表示智能体，它一共有4个动作：向上走、向下走、向左走、向右走。实心点号"·"表示迷宫的边缘，智能体在行走时不能逾越这个边缘。而"O"表示一个"宝藏"，当智能体走到宝藏的位置时，将自动获得值为100的奖励，而当智能体走到空白位置时，奖励为0。

在本试验中环境定义的代码在env.py文件中，在q_learning.py文件中，定义了一个完整的Q-learning算法。

在q_learning.py中，定义Q函数的部分是：

```
e = Env()
Q = np.zeros((e.state_num，4))
```

其中，e.state_num为状态的总数45，4表示一共可以执行4个动作。接下来介绍如何学习计算定义好的Q函数的值。

四、实验步骤

本实验需要有Python3环境，并需要使用TensorFlow以及Numpy、reprint这两个库。

1. 创建代码文件

创建走迷宫代码文件：

```
# vim q_learning.py
```

编辑内容如下。

```python
from __future__ import print_function
import numpy as np
import time
from env import Env
EPSILON = 0.1
ALPHA = 0.1
GAMMA = 0.9
MAX_STEP = 30
np.random.seed(0)
def epsilon_greedy(Q, state):
    if (np.random.uniform() > 1 - EPSILON) or ((Q[state, :] == 0).all()):
        action = np.random.randint(0, 4)  # 0~3
    else:
        action = Q[state, :].argmax()
    return action

e = Env()
Q = np.zeros((e.state_num, 4))
```

```
for i in range(200):
    e = Env()
    while (e.is_end is False) and (e.step < MAX_STEP):
        action = epsilon_greedy(Q, e.present_state)
        state = e.present_state
        reward = e.interact(action)
        new_state = e.present_state
        Q[state, action] = (1 - ALPHA) * Q[state, action] + \
            ALPHA * (reward + GAMMA * Q[new_state, :].max())
        e.print_map()
        time.sleep(0.1)
    print('Episode:', i, 'Total Step:', e.step, 'Total Reward:', e.total_reward)
    time.sleep(2)
```

2. 初步运行

在q_learning.py中，实现了基本的Q-Learning算法，用于解决上面提到的走迷宫问题，使用下面的命令运行：

```
# python3 q_learning.py
```

运行过程如图A.18所示，A表示智能体初始的位置，O表示宝藏的位置。

屏幕会不断打出智能体在图上探索的过程。在程序中，智能体一共会玩200次这个游戏（对应的语句是for i in range(200):），每一次最多走30步（对应的语句是MAX_STEP=30）。每次结束后屏幕上都会打印出这轮游戏走的步数以及获得的奖励。

图A.18 运行程序q_learning.py的实验结果

3. 使用reprint库代替print函数

由于q_learning.py会不断刷新输出，不太适合观察，因此又提出了q_learning_reprint.py。

q_learning_reprint.py和q_learning.py在算法部分是完全一样的，只是使用reprint库代替了print函数，更便于观察结果。

q_learning_reprint.py代码如下。

```python
from __future__ import print_function
import numpy as np
import time
from env import Env
from reprint import output

EPSILON = 0.1
ALPHA = 0.1
GAMMA = 0.9
MAX_STEP = 30
np.random.seed(0)
def epsilon_greedy(Q, state):
    if (np.random.uniform() > 1 - EPSILON) or ((Q[state, :] == 0).all()):
        action = np.random.randint(0, 4)  # 0~3
    else:
        action = Q[state, :].argmax()
    return action

e = Env()
Q = np.zeros((e.state_num, 4))

with output(output_type="list", initial_len=len(e.map), interval=0) as output_list:
    for i in range(100):
        e = Env()
        while (e.is_end is False) and (e.step < MAX_STEP):
            action = epsilon_greedy(Q, e.present_state)
            state = e.present_state
            reward = e.interact(action)
            new_state = e.present_state
            Q[state, action] = (1 - ALPHA) * Q[state, action] + \
                ALPHA * (reward + GAMMA * Q[new_state, :].max())
            e.print_map_with_reprint(output_list)
            time.sleep(0.1)
        for line_num in range(len(e.map)):
            if line_num == 0:
                output_list[0] = 'Episode:{} Total Step:{}, Total Reward:{}'.format(i, e.step, e.total_reward)
            else:
                output_list[line_num] = ''
        time.sleep(2)
```

重新运行代码:

```
# python3 q_learning_reprint.py
```

运行结果如图A.19所示。

可以看到,由于一开始Q函数没有学习到任何内容,智能体只会随机性地行动。随着游戏轮数的增加,智能体不停地获得宝藏的奖励,因此Q函数会得到更新。最后,当游戏进行到30轮后,智能体基本都会"直奔宝藏而去",在比较短的步数内得到奖励。

4. 改用更复杂的"迷宫"

之前的地图中元素很少,只有空格和宝藏,因此非常简单,现在考虑更复杂的一种地图,如图A.20所示。

在这个地图中,用符号"X"来表示陷阱。智能体碰到陷阱后会得到惩罚,即获得负数的奖励。在程序中设定这个数值为–5。如果需要获得宝藏,智能体有两种选择:一种是直接穿过陷阱,一种是选择绕路。

修改地图对应的命令为:

```
# vim env.py
```

将原先的地图用#号注释掉,如图A.21所示,然后再运行:

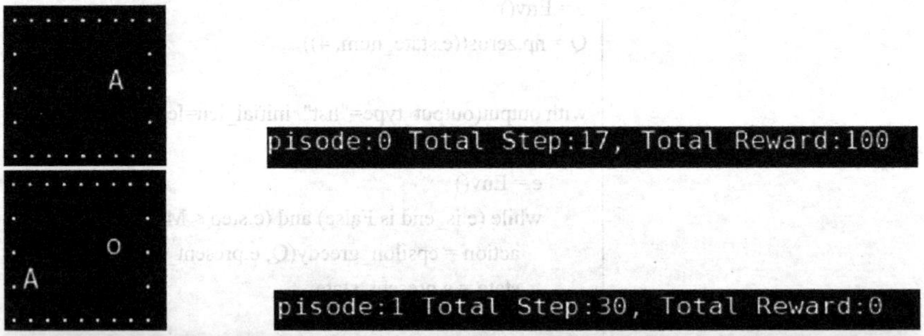

图A.19 运行程序q_learning_reprint.py的实验结果

图A.20 更复杂的"迷宫"样例

图A.21 修改地图示意图

```
# python3 q_learning_reprint.py
```

改用更复杂的"迷宫",运行结果,如图A.22所示。

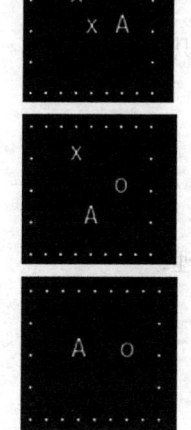

图A.22 运行程序q_learning_reprint.py的实验结果

实验十 基于GAN的手写数字生成

一、实验目的

1. 了解GAN的原理。
2. 了解GAN的相关扩充知识。

二、实验要求

本次试验后，要求学生能：

1. 简单了解GAN模型的原理；
2. 完成GAN模型的训练。

三、实验原理

1. GAN模型原理

生成式对抗网络（generative adversarial networks，GAN）是一种深度学习模型，是近年来复杂分布上无监督学习最具前景的方法之一。

GAN最基本的功能是，从训练样本中学习所对应的概率分布，用来生成更多的"样本"，实现数据扩张。GAN主要由生成器（generator）和判断器（discriminator）构成。原始GAN理论中，并不要求生成器和判断器都是神经网络，只需要是能拟合相应生成和判别的函数即可。但实用中一般均使用深度神经网络作为生成器和判断器。

首先来看"生成器"，"生成器"的主要功能就从一个噪声，生成一个符合某种数据分布的假数据，例如，逼真的人脸或者动物的图片。而"判别器"的作用就是将"生成器"生成的假数据和真实数据输入网络，要能判别出那些是真实数据，哪些是造假数据。在训练的过程中，生成器要不断地优化自己，让"判别器"判别不出自己生成的假数据。而"判别器"也在不断优化自己，努力让自己判断更准确。两者形成对抗关系，这也是GAN名字的由来。

GAN结构示意如图A.23所示。

2. 目标函数

用1代表真，0代表假，用$G(x)$表示生成器，用$D(x)$表示判别器，对其博弈过程进行直观建模。对判别器来说，需要最大化$D(x)-D(z)$，也就是说让假数据和整数据的区别尽可能大。对生成器来说。要最大化

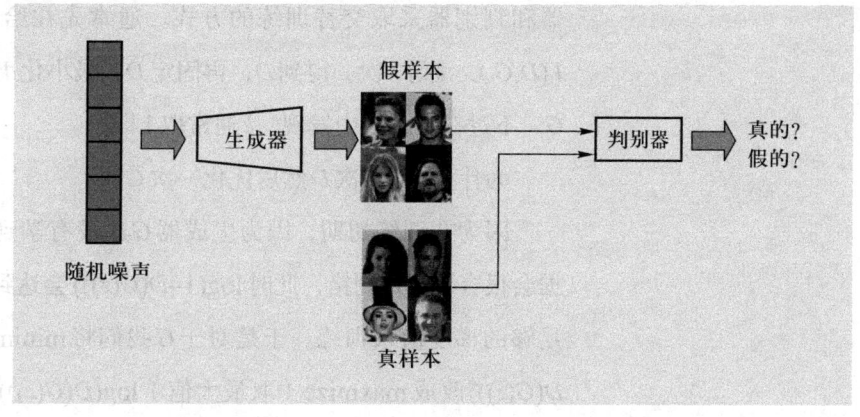

图A.23 GAN原理图

$G(z)$，也就是最小化$-G(z)$，即让生成的网络尽量真。将两者合并，目标函数即为：

$$\min_G \max_D D(x) - D(G(x)) \quad （A-6）$$

而原始GAN论文中的目标函数如下：其中 x~Pdata(x) 表示数据为真实数据，z~Pz(z) 表示噪声数据。

$$\min_G \max_D V(D,G) = E_{x\sim Pdata(x)}[\log D(x) + E_{z\sim Pz(z)}[\log(1-D(G(z)))]] \quad （A-7）$$

公式（A-7）在（A-6）的基础上增加了求对数和求期望的操作。求对数的操作在理论上并不会影响最终收敛到的最优值，但对数算子的变换可以缓解数据分布偏差问题，如减少数据分布的单边效应的影响，减少数据分布形式上的波动等，同时在实际的程序实现中，对数算子也可以避免许多数值问题，因此成为统计学中的常用做法。

加入求期望的操作是希望生成数据的分布 Pg(G(z)) 能够与真实数据的分布 Pdata(x) 一致，换句话说，相当于在数据量无限的条件下，通过拟合 $G(z)$ 得到的分布与通过拟合 x 得到的分布尽量一致，这一点不同于要求各个 $G(z)$ 本身和各个真实数据 x 本身相同，这样才能保证生成器产生出的数据既与真实数据有一定相似性，同时又不同于真实数据。

除了以上两点之外，还有一点改变，$-D(G(z))$ 变成了 $1-D(G(z))$。直观上来说，加了对数操作以后，要求 log f 的 f 必须是正数，所以不能直接用 $-D(G(z))$，加上1，保证了 $1-D(x)$ 大于0，并不影响最终的最优解。

3. GAN训练的迭代方式

像GAN这样的二人博弈问题，该怎么优化呢？实际训练时，生成器和判别器采取交替训练的方式。通常先在给定G的情况下，最大化$V(D,G)$，训练k次，得到D；再固定D，最小化$V(D,G)$，训练1次，得到G。不过在实践当中发现，k通常取1即可。

为什么优化k次D然后优化一次G？

因为在训练初期，因为生成器G还没有学到数据分布，G产生的数据会很容易被D判错，此时$\log(1-D(G(z)))$会达到饱和，这样G会得不到足够的梯度值来训练。于是对于G我们将minimize（取最小值）$\log(1-D(G(z)))$改成maxmize（取最大值）$\log(D(G(z)))$，这样可以加快训练收敛速度，如图A.24所示。

4. 实验所用数据集

本实验中使用MNIST数据集，可视化后，如图A.25所示。

5. 实验所用模型结构

搭建一个GAN网络，生成器和判别器均使用一个二层神经网络。利用MNIST数据集，训练一个可用的生成器。

本实验中，生成器和判别器的结构如图A.26所示。

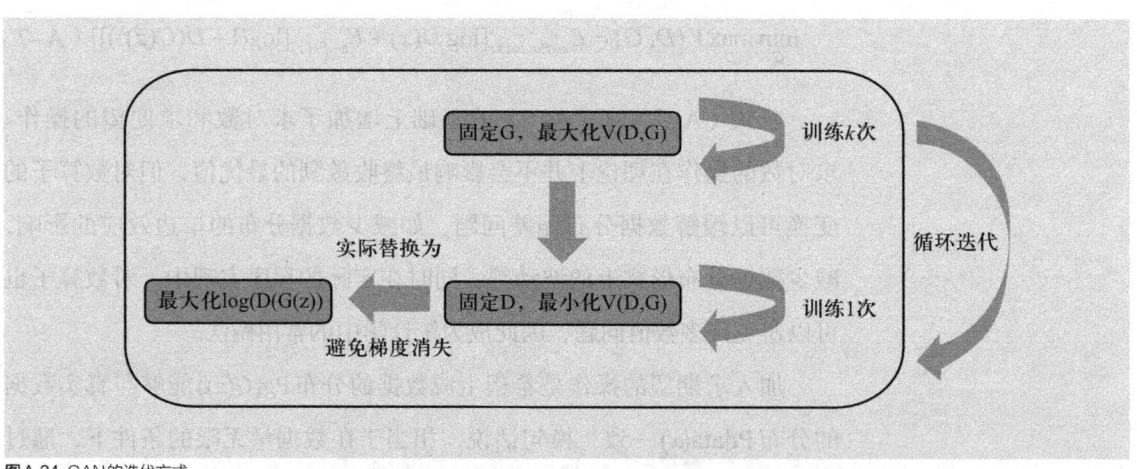

图A.24 GAN的迭代方式

图A.25 MNIST可视化图

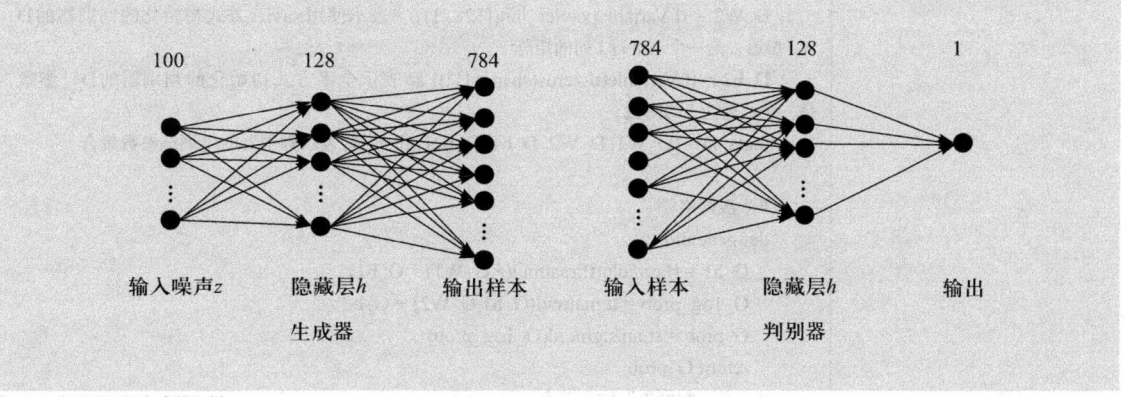

图A.26 代码采用的生成器和判别器结构图

四、实验步骤

实验运行在Python3环境下，需要安装有TensorFlow、Matplotlib。

创建GAN代码文件：

```
# vim gan.py
```

内容如下。

```
#coding:utf-8
import tensorflow as tf
import numpy as np
from tensorflow.examples.tutorials.mnist import input_data
mnist = input_data.read_data_sets(train_dir=r"./MNIST_data",one_hot=True)
import matplotlib.pyplot as plt #plt是绘图工具，在训练过程中用于输出可视化结果
import matplotlib.gridspec as gridspec #gridspec是图片排列工具，在训练过程中用于输出可视化结果
import os # 导入os

def xavier_init(size): #初始化参数时使用的xavier_init函数
    in_dim = size[0]
    xavier_stddev = 1. / tf.sqrt(in_dim / 2.) #初始化标准差
    return tf.random_normal(shape=size, stddev=xavier_stddev) #返回初始化的结果

def save(saver, sess, logdir, step): #保存模型的save函数
    model_name = 'model' #模型名前缀
    checkpoint_path = os.path.join(logdir, model_name) #保存路径
    saver.save(sess, checkpoint_path, global_step=step) #保存模型
    print('The checkpoint has been created.')

X = tf.placeholder(tf.float32, shape=[None, 784]) #X表示真的样本(即真实的手写数字)
#定义模型参数：
D_W1 = tf.Variable(xavier_init([784, 128])) #表示使用xavier方式初始化的判别器的D_W1参数，是一个784行128列的矩阵
D_b1 = tf.Variable(tf.zeros(shape=[128])) #表示全零方式初始化的判别器的D_1参数，是一个长度为128的向量
```

```python
        D_W2 = tf.Variable(xavier_init([128, 1])) #表示使用xavier方式初始化的判别器的D_
W2参数，是一个128行1列的矩阵
        D_b2 = tf.Variable(tf.zeros(shape=[1])) ##表示全零方式初始化的判别器的D_1参数，
是一个长度为1的向量
        theta_D = [D_W1, D_W2, D_b1, D_b2] #theta_D表示判别器的可训练参数集合

        #生成网络
        def generator(z):
            G_h1 = tf.nn.relu(tf.matmul(z,G_W1) + G_b1)
            G_log_prob = tf.matmul(G_h1,G_W2) + G_b2
            G_prob = tf.nn.sigmoid(G_log_prob)
            return G_prob
        #定义"判别器"输入节点
        X = tf.placeholder (tf.float32,shape=[None,784],name='X')
        #判别器参数设置：
        G_W1 = tf.Variable(xavier_init([100, 128])) #表示使用xavier方式初始化的生成器的G_
W1参数，是一个100行128列的矩阵
        G_b1 = tf.Variable(tf.zeros(shape=[128])) #表示全零方式初始化的生成器的G_b1参数，
是一个长度为128的向量
        G_W2 = tf.Variable(xavier_init([128, 784])) #表示使用xavier方式初始化的生成器的G_
W2参数，是一个128行784列的矩阵
        G_b2 = tf.Variable(tf.zeros(shape=[784])) #表示全零方式初始化的生成器的G_b2参数，
是一个长度为784的向量
        theta_G = [G_W1, G_W2, G_b1, G_b2] #theta_G表示生成器的可训练参数集合

        #判别器网络
        def discriminator(x): #判别器，x的维度为[N, 784]
            D_h1 = tf.nn.relu(tf.matmul(x, D_W1) + D_b1) #输入乘以D_W1矩阵加上偏置D_
b1，D_h1维度为[N, 128]
            D_logit = tf.matmul(D_h1, D_W2) + D_b2 #D_h1乘以D_W2矩阵加上偏置D_b2，
D_logit维度为[N, 1]
            D_prob = tf.nn.sigmoid(D_logit) #D_logit经过一个sigmoid函数，D_prob维度为[N,
1]
            return D_prob, D_logit #返回D_prob, D_logit

        def sample_Z(m, n):
            '''Uniform prior for G(Z)'''
            return np.random.uniform(-1., 1., size=[m, n])
        def plot(samples): #保存图片时使用的plot函数
            fig = plt.figure(figsize=(4, 4)) #初始化一个4行4列包含16张子图像的图片
            gs = gridspec.GridSpec(4, 4) #调整子图的位置
            gs.update(wspace=0.05, hspace=0.05) #置子图间的间距

            for i, sample in enumerate(samples): #依次将16张子图填充进需要保存的图像
                ax = plt.subplot(gs[i])
                plt.axis('off')
                ax.set_xticklabels([])
                ax.set_yticklabels([])
                ax.set_aspect('equal')
                plt.imshow(sample.reshape(28, 28), cmap='Greys_r')
            return fig
```

```python
#定义"生成器"生成的假数据
G_sample = generator(Z)
D_real, D_logit_real = discriminator(X)
D_fake, D_logit_fake = discriminator(G_sample)

#TensorFlow中的优化函数智能做最小化,所以为了最大化损失函数,在价值函数前面
加了一个负号。
D_loss_real = tf.reduce_mean(tf.nn.sigmoid_cross_entropy_with_logits(logits=D_logit_real, labels=tf.ones_like(D_logit_real))) #对判别器对真实样本的判别结果计算误差(将结果与1比较)
D_loss_fake = tf.reduce_mean(tf.nn.sigmoid_cross_entropy_with_logits(logits=D_logit_fake, labels=tf.zeros_like(D_logit_fake))) #对判别器对虚假样本(即生成器生成的手写数字)的判别结果计算误差(将结果与0比较)
D_loss = D_loss_real + D_loss_fake #判别器的误差
G_loss = tf.reduce_mean(tf.nn.sigmoid_cross_entropy_with_logits(logits=D_logit_fake, labels=tf.ones_like(D_logit_fake))) #生成器的误差(将判别器返回的对虚假样本的判别结果与1比较)

dreal_loss_sum = tf.summary.scalar("dreal_loss", D_loss_real) #记录判别器判别真实样本的误差
dfake_loss_sum = tf.summary.scalar("dfake_loss", D_loss_fake) #记录判别器判别虚假样本的误差
d_loss_sum = tf.summary.scalar("d_loss", D_loss) #记录判别器的误差
g_loss_sum = tf.summary.scalar("g_loss", G_loss) #记录生成器的误差

summary_writer = tf.summary.FileWriter('snapshots/', graph=tf.get_default_graph()) #日志记录器

#训练网络
# 只更新 D(X)的参数, var_list = para_D
D_solver = tf.train.AdamOptimizer().minimize(D_loss, var_list=theta_D) #判别器的训练器
# 只更新 G(X)的参数, 所以 var_list = para_G
G_solver = tf.train.AdamOptimizer().minimize(G_loss, var_list=theta_G) #生成器的训练器

mb_size = 128 #训练的batch_size
Z_dim = 100 #生成器输入的随机噪声的列的维度
with tf.Session() as sess:
    sess.run(tf.global_variables_initializer()) #初始化所有可训练参数
    if not os.path.exists('out/'): #初始化训练过程中的可视化结果的输出文件夹
        os.makedirs('out/')
    if not os.path.exists('snapshots/'): #初始化训练过程中的模型保存文件夹
        os.makedirs('snapshots/')

    saver = tf.train.Saver(var_list=tf.global_variables(), max_to_keep=50) #模型的保存器

    i = 0 #训练过程中保存的可视化结果的索引
    for it in range(1000000):
        if it % 1000 == 0: #每训练1000次就保存一下结果
            samples = sess.run(G_sample, feed_dict={Z: sample_Z(16, Z_dim)})
```

```
                fig = plot(samples) #通过plot函数生成可视化结果
                plt.savefig('out/{}.png'.format(str(i).zfill(3)), bbox_inches='tight') #保存可视化结果
                i += 1
                plt.close(fig)

            X_mb, _ = mnist.train.next_batch(mb_size) #得到训练一个batch所需的真实手写数字(作为判别器的输入)

            #下面是得到训练一次的结果,通过sess来run出来
            _, D_loss_curr, dreal_loss_sum_value, dfake_loss_sum_value, d_loss_sum_value
                = sess.run([D_solver, D_loss, dreal_loss_sum, dfake_loss_sum, d_loss_sum], feed_dict={X: X_mb, Z: sample_Z(mb_size, Z_dim)})
            _, G_loss_curr, g_loss_sum_value = sess.run([G_solver, G_loss, g_loss_sum],
                feed_dict={Z: sample_Z(mb_size, Z_dim)})

            if it%100 ==0: #每过100次记录一下日志,可以通过tensorboard查看
                summary_writer.add_summary(dreal_loss_sum_value, it)
                summary_writer.add_summary(dfake_loss_sum_value, it)
                summary_writer.add_summary(d_loss_sum_value, it)
                summary_writer.add_summary(g_loss_sum_value, it)

            if it % 1000 == 0: #每训练1000次输出一下结果
                save(saver, sess, 'snapshots/', it)
                print('Iter: {}'.format(it))
                print('D loss: {:.4}'.format(D_loss_curr))
                print('G_loss: {:.4}'.format(G_loss_curr))
                print()
```

五、实验结果

模型每隔1000次保存一次结果,生成的结果保存在代码的同级目录下的out文件夹内。前4000次的结果如图A.27所示。

可以看到"生成器"生成的数据正逐渐从"随机噪声"变为MNIST风格的数据集。

迭代到50 000到53 000次的结果如图A.28所示。

可以看到,后期生成的"假数据",基本可以以假乱真,与真实的MNIST数据几乎相同。

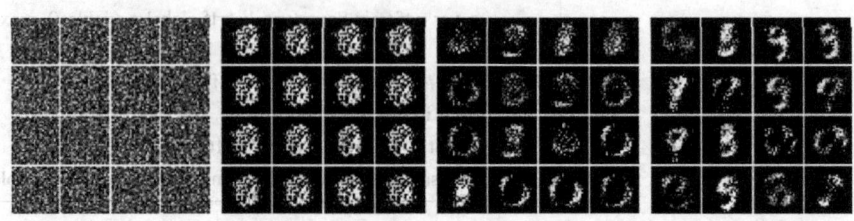

图A.27 GAN前4000次的生成结果

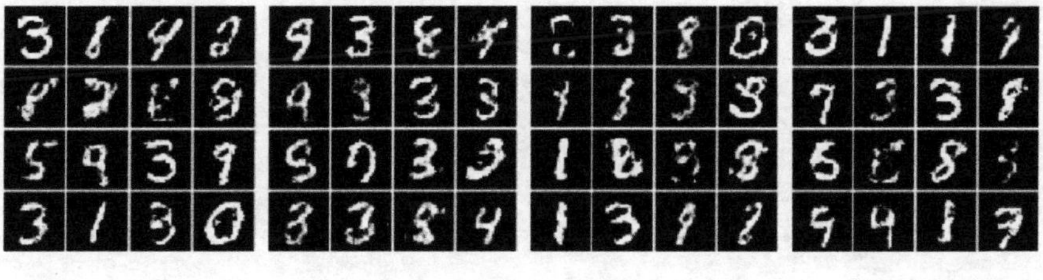

图A.28 50 000次后的生成图片

附录 B 人工智能实验平台介绍

AIRack人工
智能实验平台

在国家政策支持以及人工智能发展新环境下,全国各大高校纷纷发力,设立人工智能专业,成立人工智能学院。然而,大部分院校仍处于起步阶段,需要探索的问题还很多。例如,实验教学未成体系,实验环境难以使学生开展并行实验,同时存在实验内容仍待充实,以及实验数据缺乏等难题。

在此背景下,AIRack 人工智能实验平台提供了基于 Docker 容器集群技术开发的多人在线实验环境。平台基于深度学习计算集群,支持主流深度学习框架,可快速部署训练环境,支持多人同时在线实验,并配套实验手册、实验代码、实验数据,同步解决人工智能实验配置难度大、实验入门难、缺乏实验数据等难题,可用于深度学习模型训练等教学、实践应用,如图 B.1 所示。

图 B.1 人工智能实验平台体系架构

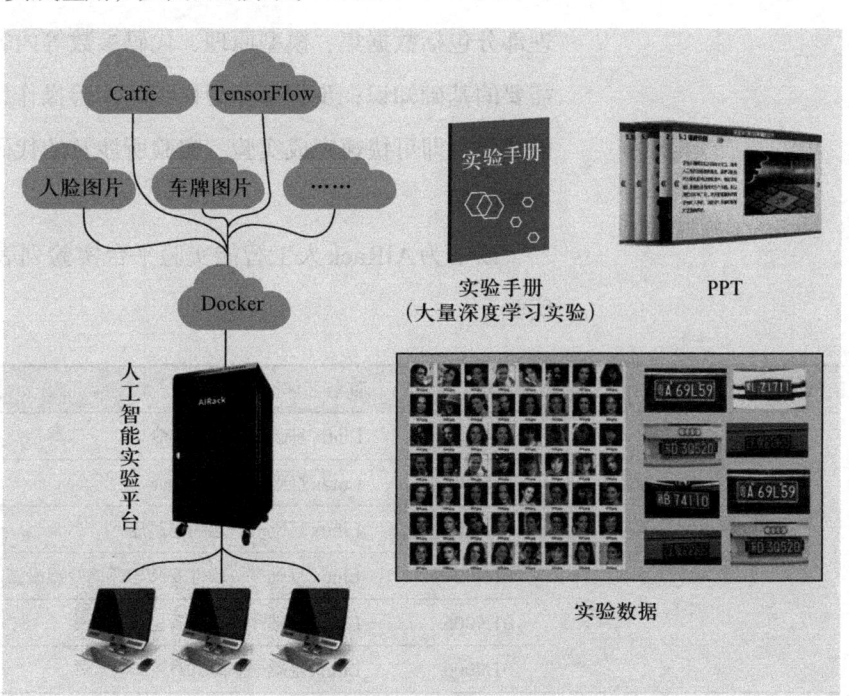

1. 实验环境可靠

- 平台采用CPU+GPU混合架构,基于Docker容器技术,用户可一键创建运行的实验环境,仅需几秒。
- 同时支持多个人工智能实验在线训练,满足实验室规模使用需求。
- 每个账户默认分配1个GPU,可以配置不同大小的CPU数量和内存,满足人工智能算法模型在训练时对高性能计算的需求。
- 采用Kubernetes容器编排架构管理集群,用户实验集群隔离、互不干扰。

2. 实验内容丰富

目前实验内容主要涵盖基础实验、机器学习实验、深度学习基础实验、深度学习算法实验四个模块,每个模块具体内容如下。

- 基础实验:深度学习Linux基础实验、Python基础实验、基本工具使用实验。
- 机器学习实验:常用机器学习Python库实验、机器学习算法实验。
- 深度学习基础实验:图像处理实验、Caffe基础使用实验、TensorFlow基础使用实验、Keras基础使用实验、PyTorch基础使用实验。
- 深度学习算法实验:基础实验、进阶实验。

目前平台实验总数达到了120个,并且还在持续更新中。每个实验呈现详细的实验目的、实验内容、实验原理和实验流程指导。其中,原理部分包括数据集、模型原理、代码参数等内容,以帮助用户了解实验需要的基础知识;步骤部分为详细的实验操作,参照手册,执行步骤中的命令,即可快速完成实验。实验所涉及的代码和数据集均可以在平台上获取。

以下为AIRack人工智能实验平台实验列表,粗体部分为本书配套实验。

板块分类	序号	实验名称
基础实验/深度学习Linux基础	01N001	Linux基础——基本命令
	01N002	Linux基础——文件操作
	01N003	Linux基础——压缩与解压
	01N004	Linux基础——软件安装与环境变量设置
	01N005	Linux基础——训练模型常用命令
	01N006	Linux基础——sed命令

续表

板块分类	序号	实验名称
基础实验/Python基础	02N001	Python基础——运算符
	02N002	Python基础——Number
	02N003	Python基础——字符串
	02N004	Python基础——列表
	02N005	Python基础——元组
	02N006	Python基础——字典
	02N007	Python基础——集合
	02N008	Python基础——流程控制
	02N009	Python基础——文件操作
	02N010	Python基础——异常
	02N011	Python基础——迭代器、生成器和装饰器
基础实验/基本工具	03N001	Jupyter的基础使用
机器学习/Python库	04N001	Python库——OpenCV(Python)
	04N002	Python库——Numpy(一)
	04N003	Python库——Numpy(二)
	04N004	Python库——Matplotlib(一)
	04N005	Python库——Matplotlib(二)
	04N006	Python库——Pandas(一)
	04N007	Python库——Pandas(二)
	04N008	Python库——Scipy
机器学习/机器学习算法	05N001	**人工智能——A*算法**
	05N002	**人工智能——家用洗衣机模糊推理系统**
	05N003	**机器学习——线性回归**
	05N004	机器学习——决策树(一)
	05N005	机器学习——决策树(二)
	05N006	**机器学习——梯度下降求最小值**
	05N007	机器学习——手工打造神经网络
	05N008	机器学习——神经网络调优(一)
	05N009	机器学习——神经网络调优(二)
	05N010	机器学习——支持向量机SVM
	05N011	机器学习——基于SVM和山鸢尾花数据集的分类
	05N012	机器学习——PCA降维
	05N013	机器学习——朴素贝叶斯分类
	05N014	机器学习——随机森林分类

续表

板块分类	序号	实验名称
机器学习/机器学习算法	05N015	机器学习——DBSCAN聚类
	05N016	机器学习——K-means聚类算法
	05N017	**机器学习——KNN分类算法**
	05N018	机器学习——基于KNN算法的房价预测(TensorFlow)
	05N019	机器学习——Apriori关联规则
	05N020	**机器学习——基于强化学习的"走迷宫"游戏**
深度学习基础/图像处理	06N001	图像处理——OCR文字识别
	06N002	图像处理——人脸定位
	06N003	图像处理——人脸检测
	06N004	图像处理——数字化妆
	06N005	图像处理——人脸比对
	06N006	图像处理——人脸聚类
	06N007	图像处理——微信头像戴帽子
	06N008	图像处理——图像去噪
	06N009	图像处理——图像修复
深度学习基础/Caffe框架	07N001	Caffe——基础介绍
	07N002	Caffe——基于LeNet模型和MNIST数据集的手写数字识别
	07N003	Caffe——Python调用训练好的模型实现分类
	07N004	Caffe——基于AlexNet模型的图像分类
深度学习基础/TensorFlow框架	08N001	TensorFlow——基础介绍
	08N002	TensorFlow——基于BP模型和MNIST数据集的手写数字识别
	08N003	TensorFlow——单层感知机和多层感知机的实现
	08N004	**TensorFlow——基于CNN模型和MNIST数据集的手写数字识别**
	08N005	TensorFlow——基于AlexNet模型和CIFAR-10数据集的图像分类
	08N006	TensorFlow——基于DNN模型和Iris data set的鸢尾花品种识别
	08N007	TensorFlow——基于Time Series的时间序列预测
深度学习基础/keras框架	09N001	Keras——Dropout
	09N002	Keras——学习率衰减
	09N003	Keras——模型增量更新
	09N004	Keras——模型评估
	09N005	Keras——模型训练可视化
	09N006	Keras——图像增强
	09N007	Keras——基于CNN模型和MNIST数据集的手写数字识别
	09N008	Keras——基于CNN模型和CIFAR-10数据集的分类

板块分类	序号	实验名称
深度学习基础/keras框架	09N009	Keras——基于CNN模型和鸢尾花数据集的分类
	09N010	Keras——基于JSON和YAML的模型序列化
	09N011	Keras——基于多层感知器的印第安人糖尿病诊断
	09N012	Keras——基于多变量时间序列的PM2.5预测
深度学习基础/PyTorch框架	10N001	PyTorch——基础介绍
	10N002	PyTorch——回归模型
	10N003	PyTorch——世界人口线性回归
	10N004	PyTorch——神经网络实现自动编码器
	10N005	PyTorch——基于CNN模型和MNIST数据集的手写数字识别
	10N006	PyTorch——基于RNN模型和MNIST数据集的手写数字识别
	10N007	PyTorch——基于CNN模型和CIFAR10数据集的分类
深度学习算法/基础实验	11N001	基于LeNet模型的验证码识别
	11N002	基于GoogLeNet模型和ImageNet数据集的图像分类
	11N003	基于VGGNet模型和CASIA WebFace数据集的人脸识别
	11N004	基于DeepID模型和CASIA WebFace数据集的人脸验证
	11N005	基于Faster R-CNN模型和Pascal VOC数据集的目标检测
	11N006	基于FCN模型和Sift Flow数据集的图像语义分割
	11N007	基于R-FCN模型的物体检测
	11N008	基于SSD模型和Pascal VOC数据集的目标检测
	11N009	基于YOLO2模型和Pascal VOC数据集的目标检测
	11N010	**基于LSTM模型的股票预测**
	11N011	基于Word2vec模型和text8语料集的实现词的向量表示
	11N012	基于RNN模型和sherlock语料集的语言模型
	11N013	**基于GAN的手写数字生成**
深度学习算法/进阶实验	12N001	基于RNN模型和MNIST数据集的手写数字识别
	12N002	基于CapsNet模型和Fashion-MNIST数据集的图像分类
	12N003	基于Bi-LSTM和涂鸦数据集的图像分类
	12N004	基于CNN模型的绘画风格迁移
	12N005	基于Pix2Pix模型和Facades数据集的图像翻译
	12N006	基于改进版Encoder-Decode结构的图像描述
	12N007	基于CycleGAN模型的风格变换
	12N008	基于U-Net模型的细胞图像分割
	12N009	基于Pix2Pix模型和MS COCO数据集实现图像超分辨率重建
	12N010	基于SRGAN模型和RAISE数据集实现图像超分辨率重建

板块分类	序号	实验名称
深度学习算法/进阶实验	12N011	基于ESPCN模型实现图像超分辨率重建
	12N012	基于FSRCNN模型实现图像超分辨率重建
	12N013	基于DCGAN模型和Celeb A数据集的男女人脸转换
	12N014	基于FaceNet模型和IMBD-WIKI数据集的年龄性别识别
	12N015	基于自编码器模型的换脸
	12N016	基于ResNet模型和CASIA WebFace数据集的人脸识别
	12N017	基于玻尔兹曼机的编解码
	12N018	基于C3D模型和UCF101数据集的视频动作识别
	12N019	基于CNN模型和TREC06C邮件数据集的垃圾邮件识别
	12N020	基于RNN模型和康奈尔语料库的机器对话
	12N021	基于LSTM模型的相似文本生成
	12N022	基于NMT模型和NiuTrans语料库的中英文翻译

3. 教学相长

• 实时监控与掌握教师角色与学生角色对人工智能环境资源使用情况及运行状态，帮助管理者实现信息管理和资源监控。

• 学生在平台上实验并提交实验报告，教师在线查看每一个学生的实验进度，并对具体实验报告进行批阅。

• 增加试题库与试卷库，提供在线考试功能，学生可通过试题库自查与巩固，教师通过平台在线试卷库考查学生对知识点的掌握情况（其中客观题实现机器评分），使教师完成备课+上课+自我学习，使学生完成上课+考试+自我学习。

4. 一站式应用

• 提供实验代码以及MNIST、CIFAR-10、ImageNet、CASIA WebFace、Pascal VOC、Sift Flow、COCO等训练数据集，实验数据做打包处理，为用户提供便捷、可靠的人工智能和深度学习应用。

• 提供OpenVPN、Chrome、Xshell 5、WinSCP等配套资源下载服务。

5. 软硬件高规格

• 硬件采用GPU+CPU混合架构，实现对数据的高性能并行处理。

• CPU选用英特尔E5-2600系列至强处理器，搭配英伟达多系列GPU。

• 最大可提供每秒176万亿次的单精度计算能力。

- 预装CentOS操作系统，集成TensorFlow、Caffe两套行业主流深度学习框架。

AIRack人工智能实验平台配置参数如下。

- 管理服务器配置参数

产品型号	详细配置	单位	数量
CPU	Xeon E5-2620 V4	颗	2
内存	32GB 内存	根	3
硬盘	240G 固态硬盘	块	1
SSD	480GB SSD固态硬盘	块	2
企业硬盘	4TB 7.2K RPM 企业硬盘	块	1

- 处理服务器配置参数

产品型号	详细配置	单位	数量
CPU	Xeon E5-2650 V4	颗	2
内存	32GB 内存	根	8
硬盘	240G 固态硬盘	块	1
SSD	480GB SSD固态硬盘	块	2
GPU	Geforce RTX 2080	块	8

- 支持同时上机人数与服务器数量

上机人数	服务器数量
8人	1（管理服务器）+1（处理服务器）
24人	1（管理服务器）+3（处理服务器）
48人	1（管理服务器）+6（处理服务器）
72人	1（管理服务器）+9（处理服务器）

AIRack人工智能实验平台从实验环境、实验手册、实验数据、实验代码、教学支持等多方面为人工智能教学提供一站式服务，大幅度降低人工智能课程学习门槛，可满足课程设计、课程上机实验、实习实训、科研训练等多方面需求。

人工智能
réngōng Zhìnéng

图书在版编目（CIP）数据

人工智能 / 刘鹏, 张玉宏编著. -- 北京：高等教育出版社, 2020.5（2024.8重印）
ISBN 978-7-04-052943-2

Ⅰ.①人… Ⅱ.①刘…②张… Ⅲ.①人工智能－高等学校－教材 Ⅳ.①TP18

中国版本图书馆 CIP 数据核字(2019)第 241435 号

郑重声明

高等教育出版社依法对本书享有专有出版权。任何未经许可的复制、销售行为均违反《中华人民共和国著作权法》，其行为人将承担相应的民事责任和行政责任；构成犯罪的，将被依法追究刑事责任。为了维护市场秩序，保护读者的合法权益，避免读者误用盗版书造成不良后果，我社将配合行政执法部门和司法机关对违法犯罪的单位和个人进行严厉打击。社会各界人士如发现上述侵权行为，希望及时举报，我社将奖励举报有功人员。

反盗版举报电话
（010）58581999　58582371

反盗版举报邮箱
dd@hep.com.cn

通信地址
北京市西城区德外大街4号
高等教育出版社法律事务部
邮政编码　100120

策划编辑	韩　飞
责任编辑	韩　飞
书籍设计	张申申
插图绘制	于　博
责任校对	吕红颖
责任印制	刘弘远

出版发行　高等教育出版社
社址　北京市西城区德外大街4号
邮政编码　100120
购书热线　010-58581118
咨询电话　400-810-0598
网址　http://www.hep.edu.cn
　　　http://www.hep.com.cn
网上订购　http://www.hepmall.com.cn
　　　　　http://www.hepmall.com
　　　　　http://www.hepmall.cn

印刷　唐山市润丰印务有限公司
开本　787mm×1092mm　1/16
印张　26.5
字数　420千字
版次　2020年5月第1版
印次　2024年8月第4次印刷
定价　45.00元

本书如有缺页、倒页、脱页等质量问题，请到所购图书销售部门联系调换

版权所有　侵权必究
物料号　52943-00